U0887743

程序员学Python

裘宗燕◎著

人 民 邮 电 出 版 社
北 京

图书在版编目（C I P）数据

程序员学Python / 裘宗燕著. -- 北京 : 人民邮电出版社, 2018.8
ISBN 978-7-115-48262-4

Ⅰ. ①程… Ⅱ. ①裘… Ⅲ. ①软件工具－程序设计 Ⅳ. ①TP311.561

中国版本图书馆CIP数据核字(2018)第074189号

内 容 提 要

本书是面向学过编程、有一定编程经验的计算机专业人员，相关专业的大学生和教师的 Python 读物，也可作为以 Python 为第二门编程语言的高校课程教材或参考书。本书全面介绍了 Python 语言的各方面特征和应用技术，讨论了准确理解和正确使用 Python 语言所需要了解的深入概念和情况，还介绍了用 Python 开发较大型或较复杂程序时应该了解的一些高级功能，如程序的模块组织和导入系统，生成器、闭包和装饰器，基本的和高级的面向对象编程机制和技术，以及作为 Python 最新扩展的协程和异步编程等。

◆ 著　　　　裘宗燕
　责任编辑　罗子超
　责任印制　焦志炜
◆ 人民邮电出版社出版发行　　北京市丰台区成寿寺路 11 号
　邮编　100164　　电子邮件　315@ptpress.com.cn
　网址　http://www.ptpress.com.cn
　固安县铭成印刷有限公司印刷
◆ 开本：800×1000　1/16
　印张：26　　　　　　2018 年 8 月第 1 版
　字数：584 千字　　　2024 年 7 月河北第 4 次印刷

定价：89.00 元

读者服务热线：(010)81055410　印装质量热线：(010)81055316
反盗版热线：(010)81055315
广告经营许可证：京东市监广登字20170147号

序

本书是针对程序员或其他学过用过至少一种编程语言、有一些编程经验的人们（如学过计算机基础课程的大学生）的 Python 编程著作。本书假定读者对于计算机的基础概念、程序和编程，都有一定的理解，但是没用过 Python。书中介绍了 Python 的基本特征，深入讨论了各方面的重要问题、高级机制和重要技术，目标是帮助读者深入理解 Python 语言，理解如何用好这门语言，理解如何用它写出真正能用的良好程序。

Python 是目前非常热门的一种编程语言，有关 Python 编程和应用的书籍，虽不能说是汗牛充栋、铺天盖地，也是林林总总、选择很多。本书与其他书籍有什么不同呢？基于上面提出的基本目标，本书的特点主要体现在如下几个方面：

根据对读者已有知识基础的考虑，书中对 Python 中与其他语言类似的基本编程机制的介绍相对精练，将更多篇幅集中于各种反映了 Python 特点的特征及相关编程和应用技术方面。例如，书中前两章详细讨论了函数定义的嵌套结构和作用域规则，丰富的形参/实参机制和形实参匹配规则，高阶函数的概念和应用，迭代器和可迭代对象的概念和定义，lambda 表达式（匿名函数）及其应用，标准组合对象的构造和使用，描述式的概念和应用等。书中还通过较大型的实例展示组合数据对象的应用和相关编程技术。

程序员学习 Python 不是为了写几个玩具程序，而是为了开发有用的系统。针对这种需求，本书深入讨论了许多与开发复杂和大型程序有关的问题，以及相关的 Python 特征和应用技术。书中内容包括程序的功能分解、信息局部化、模块化；Python 函数定义、类定义和模块机制的使用；Python 中面向对象机制的相关概念、结构和应用技术，以及一些特殊功能类的构造；程序的模块分解和管理，复杂模块结构的物理组织和导入技术等。

本书对 Python 语言中的各种高级机制和编程技术都有非常详细的介绍和讨论，如生成器函数的定义和使用，利用高阶函数的闭包技术，错误处理的概念和 Python 的异常处理功能及其应用，装饰器的概念、定义和应用，抽象基类、元类和各种高级面向对象机制和技术（属性操作、property 和描述器等），异步程序的概念和 Python 最新版本引进的协程等异步编程机制及其应用等。书中还给出了许多应用实例。正确运用这些结构和技术，可以提高程序的模块化、可读性和易维护性。如果读者希望用 Python 开发复杂的应用系统，准确理解和掌握这些高级特性，就更加重要了。

人们常说 Python 语言简单，编写简单程序时好像也确实如此。但实际上 Python 绝不简单，它也是一种很复杂的语言，其功能特征非常丰富，能支持多种编程风格，在几乎所有方面都能深度定制。要想用好 Python，用它解决复杂问题，开发功能正确的、效率高的程序，需要很好地理解上面说明的许多高级概念和特征，还需要理解这门语言的内在性质。本书的另一个特点就是深入分析了 Python 语言的各方面语义细节和重要性质。有关讨论随着各种语言特征的介绍散布全书，也有些基本问题集中在第 3 章专门讨论，那里特别关注了由引用语义带来的共享问题，由函数嵌套结构和高阶函数带来的复杂语义问题等。Python 的强大功能也容易误用，容易编写出意义正确但效率低下，以致根本不能实用的程序。第 3 章特别讨论了效率问题，分析了一些情况，提出了一些设计原则和技术。

Python 语言带有一个很大的、不断增长的标准库，包含数百个程序包。一些程序包是通用的，与具体应用领域无关，如提供访问底层系统的 API，或支持程序开发与调试的功能；有些包是专用的，如支持互联网应用或图形用户界面等。有些书籍用很大篇幅介绍若干程序包，示例也是围绕一些程序包的应用进行讲解。本书的考虑有所不同，这里集中关注 Python 语言本身的功能和特性。对于标准库，书中只涉及少量程序包，如核心的包（如 sys、io、types 等）或最常用的包（如 math、random 等），以及与某些语言功能关系密切、必须讨论的包（如 asyncio 等）。作者认为，学习一门语言，首要的也是最重要的，是全面准确地掌握这门语言的核心概念和重要性质。由于读者已有编程和使用编程语言的经验，理解了 Python 的基本特征和相关技术后，应该可以查阅有关文档，自己弄清有关的标准库功能。

总而言之，本书是一本全面介绍 Python 语言各方面特征和编程技术的著作，其内容涵盖了 Python 核心语言的所有方面，讨论的内容足以支持读者使用 Python 去开发复杂的大型 Python 程序。当然，为了应对具体的应用领域，读者可能还应该考察一些针对其目标应用领域的标准库包，或者第三方程序包，以更方便地完成自己的工作。

由于讨论如此宽泛和丰富，本书的内容绝不简单，不是几天就能读完的简单教程。阅读本书需要一些时间，还需要编程实践。严肃地学习任何一种新编程语言时，情况也都差不多。由于内容比较全面，本书还可以作为 Python 程序员手头的参考手册，供人们在用 Python 做应用开发的时候参考。附录 A 是一个简明的 Python 手册，总结了 Python 语言的各方面特征，并索引到书中有关章节，供读者查阅。

在撰写本书的过程中，作者最主要的参考材料就是 Python 的标准文档（语言手册和标准库手册），还参考了 Mark Lutz 的两本著作（见最后的“推荐阅读书目”）和互联网上的一些材料、报告和讨论（如 stackoverflow 上的讨论），在此一并向相关材料和书籍的作者表示感谢。人民邮电出版社的陈冀康编辑认真审阅了本书的草稿，发现了一些错误和不足之处，作者对其认真工作表示感谢。此外，作者也希望得到读者的反馈意见和建议，先在这里表示感谢。本书将在 http://www.math.pku.edu.cn/teachers/qiuzy/books.htm 有一个页面，维持一个勘误表和一些相关信息，供读者查看。

裘宗燕

2018 年 3 月，北京

前言

Python 已经成为目前最流行的编程语言之一，在各种语言排行榜中位居前列。人们用 Python 自学编程，用它教大学里的第一门计算机科学课程。Python 也被广泛用在互联网应用、数据处理和科学计算领域，以及各种应用系统的开发中。

本前言首先简单介绍 Python 语言的一些基本情况，包括其发展和使用的情况，而后简单介绍 Python 语言系统的安装和使用。

Python 语言简介

Python 语言是 CWI（荷兰国家数学和计算机研究中心）的程序员 Guido van Rossum 从 1989 年开始开发的一种高级语言，他的初始目标是希望能更方便地管理 CWI 的 Amoeba 操作系统，后来该语言由于各方面的优点而逐渐流行。今天，Python 已经发展成世界上使用最广泛的编程语言之一，在全世界（包括中国）形成了巩固的用户社群。人们已经用 Python 开发了大量实际应用系统，也积累了许多基础资源。

Python 语言的发展和应用

Python 语言目前由 Python 软件基金会（Python Software Foundation，PSF）主导开发和管理。PSF 是一个非营利性的国际组织。Python 的官方网址为 python.org，在那里可以找到有关 Python 语言和系统开发的最新信息，还有许多资源信息和链接。

Python 语言的开发经历了许多版本。2000 年发布的 Python 2.0 表明该语言进入了一个新阶段，也是国际上较广泛地接受它的标志性事件。Python 3.0 于 2008 年年底发布，设计中整合了有关语言发展的许多成熟想法，对语言做了全面清理，修正了许多重要缺陷，使整个语言的概念体系更加清晰，各方面的结构更具有统一性。

目前，Python 的发展和使用还处于 2.0 版与 3.0 版并存的阶段。PSF 早已宣告 Python 2.7 是 Python 2 的最后版本，今后只做有限完善，不再做大的版本升级，开发和研究力量将集中到 Python 3.0 的开发。经过几年发展，Python 3.5 于 2015 年 9 月发布，Python 3.6 于 2016 年 12 月发布。有统计显示，目前，Python 2.0 和 3.0 在实际开发中的使用比例大约各占一半

（2016 年下半年的情况），后者的使用比例正在不断上升。有消息说 PSF 和各重要 Python 库的开发者都已确定，在 2020 年以后不再支持 Python 2。

由于这些情况，本书选择 Python 3.0 作为工作语言，以适应发展需要。书中所有实例（及所附代码）都在 3.5 或 3.6 版本的系统中开发和测试，但这些代码并不特定于这些版本（除个别专门说明的例外），大都能在各种 Python 3.0 版本的系统上运行。

Python 语言的特点

Python 的一个重要设计目标是让程序简单、清晰和优雅，坚持一套整齐划一的设计风格。Python 程序具有易写、易读、易维护的特点，受到广大程序员欢迎。这些特质也是导致 Python 的使用越来越广泛的原因。21 世纪以来，Python 已发展为世界上最受欢迎的编程语言之一，其使用非常广泛。国际上一些公司做过（或一直在做）各种编程语言使用情况的调查，统计结果中 Python 都位于前四五名之内。它还被 TIOBE 编程语言排行榜（最有影响力的语言排行榜之一）评为 2010 年的年度语言。

Python 被广泛认为是一种容易入门的语言。实际上，Python 语言机制的跨度比较大，从完成最简单计算的表达式开始，一直延伸到许多当前最先进的编程概念，如面向对象的程序设计、数据抽象、迭代器、异步编程等。这些情况有利于学习者在一个语言里逐步深入地学习许多编程概念和技术。Python 用正文缩进形式表现程序的结构，具有较好的可读性。

Python 是一种比较高级的编程语言。除了最基本的编程机制外，它还提供了使用方便的数据功能，可以很方便地组织和管理大批数据。Python 的所有编程机制和结构都围绕着**对象**的概念，程序里定义和操作的各种实体都是对象，不仅所有数据都是对象，函数和类等也是对象。它也能很好支持**面向对象编程**的理念和相关技术。

由于其基本设计的一些特点，Python 代码和部件比较容易重用，已开发的程序容易修改和扩充，有利于软件的升级改造，可以减轻软件开发者的工作负担，提高程序开发的效率。此外，Python 语言的设计也为开发大规模软件系统提供了很好支持。这些是许多 IT 公司乐于选择和使用 Python 作为其主要开发语言的重要原因。

在用 Python 开发程序时，可以采用交互式的执行方式，随时把代码发送给系统，立刻看到执行效果。这种方式使人更容易在编程中做各种试验，可以提高工作效率。一个 Python 程序文件（称为模块）的内容就是一系列简单或复杂的命令的序列。人们也把这样的语言称为**脚本语言**（script language），其程序就像一个工作脚本。

实际上，Python 并不是简单的脚本语言，而是一个能支持大规模软件开发的通用编程语言，其实现具有较高的执行效率。PSF 的 Python 系统带有一个很大的标准库，提供了很多在实际开发中非常有用的功能。此外，全世界的开发者已经为 Python 开发了面向各种应用领域的大量专用程序包，例如面向图形用户界面的设计和编程，面向网络应用、数值计算、数据统计和处理、图形图像处理、可视化等。针对所有重要应用领域，都可以找到相关的程序包，大大方便了人们用 Python 开发领域应用软件和综合性软件的工作。

Python 语言和标准库的设计特别考虑了可扩充性，提供了丰富的接口和工具，使有经验的程序员比较容易使用其他语言，例如 C、C++、CPython（一种专门用于扩充 Python 的 C 语言工具）等编写 Python 模块，然后能像 Python 标准库包一样方便地使用。这种情况也使一些大公司把 Python 用作高级的**粘接语言**（glue language），用一些较低级的语言实现一批性能要求较高的完成具体工作任务的模块，而后用 Python 实现整个系统的高层控制和调度。这样做，既能获得很好的开发效率，也有利于修改和扩充。

Python 基金会提供最新版本的 Python 语言系统和基本开发环境，任何人都可以免费获取。该系统可以在各种主流计算机和软件平台上运行，包含了丰富的标准程序库和完整文档。此外，也存在另外一些商业的或非商业的 Python 系统可供选择。经过多年使用，全世界的 Python 开发者和使用者已经形成了一个活跃的专业社群，活跃在世界各地（包括中国），探讨、交流学习和使用 Python 的经验。互联网有很多与 Python 有关的信息，有许多 Python 讨论组。这些都促进了 Python 语言的学习和传播。

当然，Python 也不是完美无缺的（完美的语言并不存在），也有些缺点。还有一些使用需要注意的问题。后面讨论中也会提到一些这方面的情况。

Python 的应用情况

Python 已经有了非常广泛的实际使用。国际上的许多知名 IT 公司和机构以其作为主要开发语言，如美国的 Google、Yahoo!、Dropbox 等大公司，CERN（欧洲原子能研究中心）、NASA（美国国家航空航天局）等重要机构，还有大量较小的公司和机构。国内企业的应用正在发展，有较大影响的豆瓣网就是用 Python 开发的。

此外，全世界 Python 社区一直在努力，开发了许多适合各领域需要的 Python 包，这些工作也大大推动了 Python 的应用。例如，Python 的科学计算专用扩展库，包括 NumPy（高效的数组数据处理）、SciPy（高性能数值运算）和 matplotlib（数学绘图库）等。大量面向数据处理和计算的开源包也为 Python 使用提供了接口（可作为库调用，支持 Python 应用开发），如著名的计算机视觉库 OpenCV、三维可视化库 VTK、医学图像处理库 ITK 等。Python 语言与这些库结合，构成的开发环境很适合工程技术人员和科研人员处理实验数据、制作图表，以及开发科学和工程计算方面的应用程序。在应用系统领域，Python 社群开发了一批支持网络应用开发的 Python 库和其他方面的库及编程框架，这些工作和后续经验的积累，已经使 Python 成为目前使用最多的应用系统开发语言之一。

Python 还被广泛用于复杂的和大规模的数据处理，成为目前人们在研究、开发大数据和人工智能等热门发展方向时使用最多的语言之一。

Python 语言参考材料

Python 软件基金会通过 python.org 提供了很多与 Python 语言和编程有关的材料，其 Python 系统（称为 CPython 实现，详见下一节）包含一套文档，主要内容包括如下。

- The Python Tutorial（Python 教程），其内容是 Python 各方面基本情况的介绍，基本使用规则，以及一些简单的程序示例。
- The Python Language Reference（Python 语言手册），详细介绍 Python 语言的整体情况和各种特征。学习和使用中应经常查阅这个手册。
- The Python Standard Library（Python 标准库手册），介绍 Python 的所有内置常量、内置函数和内置类型，以及标准库的一大批程序包。这些程序包提供了许多重要功能，包括一些系统功能，以及许多支持应用开发的功能。
- 其他内容，包括 CPython 系统的情况，典型编程问题的常见处理方式（HOWTO），一些常见问题（FAQ）、术语和解释等。

近年来，由于 Python 语言的发展和普及，国内外出版了不少有关 Python 编程的书籍。国外出版的许多相关书籍有中文译本，也有一些国内作者撰写的书籍。本书最后的“推荐阅读书目”列出了几本，供读者参考。

Python 系统和编程环境

本节简单介绍 PSF 主导开发的 CPython 系统及其附带的编程环境。对初学者而言，使用这个系统及其所带的程序包就足够了。一些开源社团或软件厂商开发了更强大的开发环境，利用 CPython 的功能或其他 Python 实现。鉴于本书的基本设想和目标读者群，这里不准备涉及任何超出 CPython 系统的内容。有兴趣的读者可以自己学习。

Python 是一种高级语言，具有易读易用的形式。为了运行 Python 程序，需要有一个 Python 解释器来填补 Python 源程序和计算机之间的鸿沟。PSF 的 Python 系统（CPython，以下说 Python 系统时专指这个系统）的主要部分就是一个解释器[①]。

下面以 Windows 系统中安装 Python 的情况为例，在其他系统里的安装情况类似。从 PSF 网站或其他地方下载 Python 安装文件，在所用计算机环境成功安装后，通常可以看到快捷启动方式。Python 系统各部分的安装位置、系统的启动方式、启动后窗口显示的情况，在不同环境里可能有些不同，但在功能上没有本质差别。

以命令行方式启动 Python 解释器，启动后的情况如图 0.1 所示。解释器显示版本等信息，最后一行是**提示符**串>>>，可以在这里输入要求执行的命令（程序）。

---

① Python 官网介绍了一些其他 Python 系统，本书不涉及。

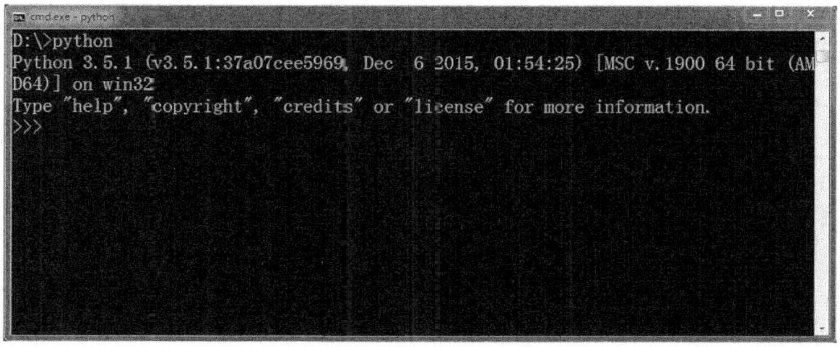

图 0.1 启动 Python 解释器后显示的命令行窗口

Python 解释器采用解释方式工作。一旦得到一个完整的程序单元，它就执行该单元并输出结果，然后重复。后面还会介绍解释器工作方式的一些细节。

CPython 提供了一个程序开发环境 IDLE，使程序员可以方便地编辑程序并随时运行。启动 IDLE 将看到一个窗口，顶部有标准的菜单条。图 0.2 显示了 IDLE 的解释执行窗口的一个情况[①]，可以看到解释器的提示符。输入一个程序单元（表达式或语句）后换行，解释器就会执行它并显示结果。这里显示的是执行 3 个表达式后的情况。第一个表达式要求计算 1 的值，解释器给出 1；第二个表达式要求计算 1+2；第 3 个表达式要求计算 2 的 1000 次幂，得到的大整数输出了几行。

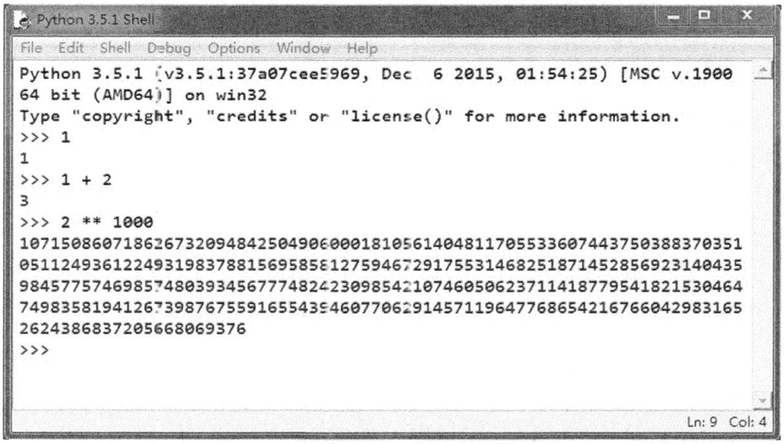

图 0.2 启动 IDLE 执行窗口（Shell）的情况

IDLE 的另一种窗口是编辑器，如图 0.3 所示。在这里编辑的程序可以随时运行。一个代码单元称为一个**模块**，执行前需要保存为文件。Python 术语中**模块**和**程序文件**基本是同义词，程序文件应该以 py 作为扩展名。

① 通过 Options 菜单可以选择打开的是执行窗口或编辑窗口，默认为打开执行窗口。

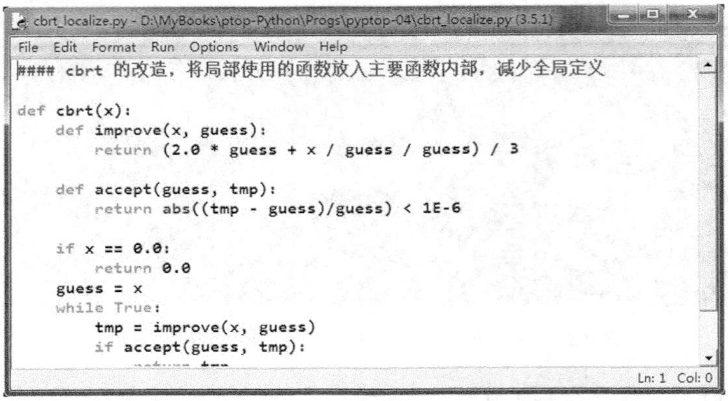

图 0.3 IDLE 编辑器窗口

IDLE 窗口支持常规的编辑命令。与执行窗口相比，这里多了 Format 和 Run 两个菜单。Format 里的命令用于修改被编辑程序的格式。Run 菜单用于启动模块执行，包括启动（或激活）关联执行窗口，调用解释器检查代码的语法，从空环境开始执行所编代码。运行时，解释器逐一执行其中语句，代码的标准输入和输出（常见的是用标准函数 `input` 和 `print`）通过关联的执行窗口实现。

IDLE 的执行窗口还有一个 Debug 菜单，其中命令服务于程序调试，需要与编辑窗口配合使用。有关功能将在“附录 C”介绍。此外，运行 IDLE 时按 F1 功能键，或者通过 Help 菜单的相应选项，都能打开 Python 系统自带的语言文档。

用 IDLE（或其他编辑器）开发的 Python 程序（模块）可以脱离编辑器，直接交给 Python 解释器执行。假设要执行的文件是 prog.py，只需在命令行窗口中键入：

```
python prog.py
```

就能启动 Python 执行该程序了［假设 Python 解释器已在操作系统（OS）的命令路径上］。

IDLE 是一个简单的开发环境，在开发复杂的应用系统时可以考虑用其他开发环境。有些通用开发环境带有配合使用 CPython 的插件，例如 Eclipse，可以在安装插件后用于 Python 程序开发。JetBrains 公司的 PyCharm 是目前比较流行的一个专业开发环境，提供了很好的开发支持。由于 Python 程序文件的内容就是普通文本，完全可以用任何文本编辑器编辑开发。CPython 的标准库还提供了一些支持调试的包。

前面说过，CPython 系统带有一个标准库，包含一大批程序包，系统文档中包含了标准库包的文档。标准库包的情况丰富多彩，有些包提供一些基础功能，如数学函数、文件操作、文件输入输出、随机数生成等。另一些包提供通用的编程服务功能，例如字符串处理、正则表达式、数据持久性、图形用户界面编程、并发编程、程序源文件组织等。一些包提供了某些特殊功能，如支持 Web 应用程序、媒体处理、加密解密等；还有一些支持程序开发、调试等。如果开发中需要某些功能，但语言没提供，可以到标准库中找找。

本书主要关注 Python 语言本身的编程问题，下面的讨论将不涉及工具的使用。本书也不准备作为标准库的使用手册，对标准库的介绍将限于书中讨论 Python 语言基本功能和编程技术的需要。读者可以查看 CPython 的自带文档或其他材料，找到更多信息。

除了基本的 Python 系统和标准库程序包，一些个人、组织或公司也开发了许多第三方库，或对一些有用的库做了 Python 定制。有些库已被广泛使用，如支持图形用户界面开发的 wxPython 和 PyQt。CPython 推荐用自带的库安装工具 pip 安装其他库和程序包，Python 参考手册中有说明，另见本书 5.1 节。

本书结构和各章简介

本书假定读者学过某种编程语言，例如 C 语言等，有一定的编程经验，对程序语言的基本概念有些理解，对如何针对问题去开发程序有一定的认识。本书希望帮助这类读者学习 Python 语言和程序设计。基于上述基本假设，对于 Python 中最基本的和常规的特征，本书将只给出简短介绍，不过多解释，而把注意力集中到 Python 比较特殊的方面，讨论各种重要语言特征和相关的重要技术，书中还仔细地解释了 Python 的许多深入问题。总之，我们的目的是帮助读者深入理解 Python，理解怎样用它开发正确而高效的程序，如何利用其优势组织程序结构，使之更清晰，更容易理解，而且容易修改、维护和扩充。

本书比较全面地介绍了 Python 语言的各方面机制，各章的基本内容如下。

第 1 章介绍 Python 语言的基本编程特征，包括类型和表达式、基本类型、基本操作和控制结构、函数定义和输入输出等。本章也讨论了一些具有 Python 特色的概念和问题，如高阶函数、lambda 表达式、函数的嵌套组织等。这里还特别讨论了函数定义和使用的相互配合、变量的作用域问题，以及一些特殊的函数参数机制。

第 2 章讨论 Python 的数据功能。首先介绍了序列的概念和各种标准的序列类型（表、元组）及其操作，还介绍了字典和集合类型的性质和操作、字符串操作和格式化、文件的概念和使用等。这里还讨论了计算机信息处理的一些重要概念，包括数据持久性问题和 Python 系统支持数据持久性的 pickle 标准库包。

第 3 章包含两部分内容，主要是讨论了一些与 Python 的基本性质有关的问题，另外还介绍了若干不适合放在前两章的编程特征和相关技术。为了支持方便灵活的数据对象创建和自动存储管理，Python 的变量（和对象属性）都采用引用语义，变量的值是独立存在的对象，这种情况与 C 语言完全不同，带来了复杂的对象共享问题。另一方面，Python 支持函数的嵌套定义和高阶函数，还支持生成器、迭代器等重要编程概念。这些功能都非常有用，但也蕴涵着较为复杂的语义问题。本章详细讨论了这些语义问题及其对编程的各种影响，以帮助读者准确理解 Python 程序中各种操作的意义，理解应如何正确使用这些操作。此外，Python

使用方便，但也容易写出看起来简单但却极端低效的程序。3.5 节专门讨论了 Python 程序的效率问题，特别是与复杂数据对象的构造和使用有关的问题，提出了一些实现高效程序的准则和技术。此外，本章还讨论了生成器函数的定义，通过高阶函数实现的功能强大的闭包技术，以及程序中的错误处理和 Python 异常处理机制的使用。

第 4 章集中关注 Python 的面向对象特征和相关编程技术。人们说 Python 是一种面向对象的语言，最重要的就是它有一套面向对象编程的特征，支持重要的面向对象编程技术。实际上，Python 的面向对象特征与 C++或 Java 都不同，有关机制完全是动态的，并允许深度定制。本章主要关注如何按比较规范的方式做面向对象编程，讨论了类定义的方法、几类不同方法的定义技术、实例的生成和使用、通过继承定义派生类的技术，以及抽象基类的概念和基于接口的编程技术等。这里还介绍了几种重要特殊类的定义，包括迭代器类、容器类、上下文管理器类等，以及 Python 中特殊方法名的概念和使用等。

第 5 章讨论了一些与开发大型和复杂 Python 程序有关的问题，以及一些高级的 Python 编程机制和技术。这里首先总结了 Python 模块和程序的概念，介绍了一些与程序有关的基本问题，而后详细讨论了 Python 的导入系统和基于它的程序组织技术，还介绍了动态编译的概念等。5.2 节专门讨论装饰器的概念和技术，这个概念也是 Python 中许多机制的基础（例如类定义中的类方法和静态方法）。在这一章里，我们还介绍了与面向对象编程有关的一些高级概念和技术，包括类的创建和元类、属性的管理和一些相关机制，还有最基础的描述器机制和相关应用技术。本章最后一节介绍了 Python 最新和最重要的发展：协程和它所支持的异步编程概念和技术，以及另一些相关的异步特征，如异步迭代器、异步循环、异步生成器、异步描述式等。协程和其他异步编程机制是 Python 3.5 引入的新特征，Python 3.6 又做了一些重要扩充。基于这种机制，我们可以开发出一类超轻量级的并发程序，满足许多复杂应用的需要，特别是与互联网有关的应用等。

本书中每章都有一节“总结和补遗”，其中通常会介绍一些与该章内容有关的语言细节，也对该章里讨论的主要内容做一点简单总结。

本书最后有 4 个附录：“附录 A”是 Python 语言的一个浓缩手册，其中罗列了该语言的各方面特征，并给出了与之相关的章节索引；“附录 B”列出了 Python 的所有标准函数；“附录 C”简单介绍了 IDLE 开发环境，特别是它所支持的调试功能；“附录 D”列出了本书中使用（并有所介绍）的几个标准库包。最后给出了推荐阅读的相关图书。

资源与支持

本书由异步社区出品，社区（https://www.epubit.com/）为您提供相关资源和后续服务。

配套资源

本书提供如下资源：

- 本书源代码。

要获得以上配套资源，请在异步社区本书页面中点击 配套资源 ，跳转到下载界面，按提示进行操作即可。注意：为保证购书读者的权益，该操作会给出相关提示，要求输入提取码进行验证。

提交勘误

作者和编辑尽最大努力来确保书中内容的准确性，但难免会存在疏漏。欢迎您将发现的问题反馈给我们，帮助我们提升图书的质量。

当您发现错误时，请登录异步社区，按书名搜索，进入本书页面，点击“提交勘误”，输入勘误信息，单击“提交”按钮即可。本书的作者和编辑会对您提交的勘误进行审核，确认并接受后，您将获赠异步社区的 100 积分。积分可用于在异步社区兑换优惠券、样书或奖品。

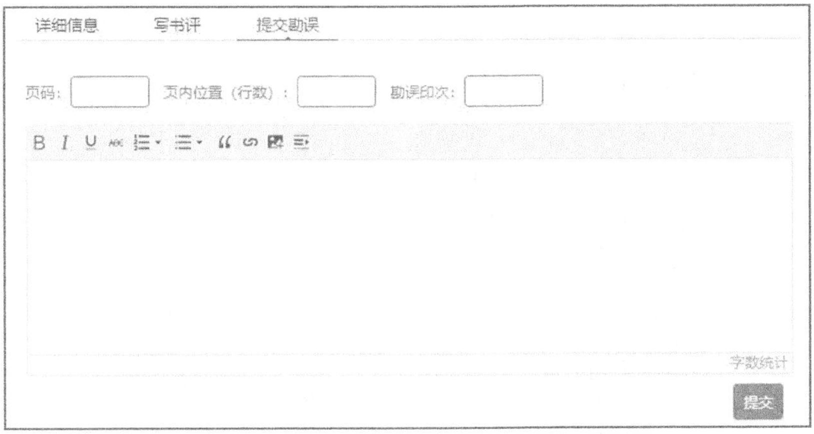

扫码关注本书

扫描下方二维码，您将会在异步社区微信服务号中看到本书信息及相关的服务提示。

与我们联系

我们的联系邮箱是 contact@epubit.com.cn。

如果您对本书有任何疑问或建议，请您发邮件给我们，并请在邮件标题中注明本书书名，以便我们更高效地做出反馈。

如果您有兴趣出版图书、录制教学视频，或者参与图书翻译、技术审校等工作，可以发邮件给我们；有意出版图书的作者也可以到异步社区在线提交投稿（直接访问 www.epubit.com/selfpublish/submission 即可）。

如果您是学校、培训机构或企业，想批量购买本书或异步社区出版的其他图书，也可以发邮件给我们。

如果您在网上发现有针对异步社区出品图书的各种形式的盗版行为，包括对图书全部或部分内容的非授权传播，请您将怀疑有侵权行为的链接发邮件给我们。您的这一举动是对作者权益的保护，也是我们持续为您提供有价值的内容的动力之源。

关于异步社区和异步图书

“**异步社区**”是人民邮电出版社旗下 IT 专业图书社区，致力于出版精品 IT 技术图书和相关学习产品，为作译者提供优质出版服务。异步社区创办于 2015 年 8 月，提供大量精品 IT 技术图书和电子书，以及高品质技术文章和视频课程。更多详情请访问异步社区官网 https://www.epubit.com。

“**异步图书**”是由异步社区编辑团队策划出版的精品 IT 专业图书的品牌，依托于人民邮电出版社近 30 年的计算机图书出版积累和专业编辑团队，相关图书在封面上印有异步图书的 LOGO。异步图书的出版领域包括软件开发、大数据、AI、测试、前端、网络技术等。

异步社区

微信服务号

目录

第 1 章

Python 基础

本章介绍 Python 语言的基本特征和基本编程技术。与其他语言类似，Python 也用表达式描述计算，用基本语句描述基本操作，用函数做计算抽象。Python 的一个特点是把定义都看作语句，例如，执行函数定义的效果就是定义出一个函数。

1.1 表达式和计算

我们从简单的计算实例开始。

1.1.1 数值计算

前言中有表达式的简单例子，下面通过一些交互式计算介绍有关细节。启动 IDLE 的程序执行窗口，或在命令行方式下启动 Python，可以看到**提示符**“>>>”，说明解释器已处于等待输入的状态。输入表达式后回车，就能看到计算结果：

```
>>> 1
1
```

这里解释器实际上完成了 3 步工作：读入一个代码单元（这里是一个**表达式**），完成要求的工作（这里是计算表达式的值），显示结果。1 就是最简单的完整 Python 程序。

表达式也是 Python 命令（称为**表达式语句**），把表达式送给解释器，就是要求它算出表达式的**值**。这种操作也称表达式**求值**。为清晰起见，在表示交互式计算时，我们用正体表示人的输入（提示符之后），用斜体表示解释器给出的结果。

算术表达式

表 1-1 中的算术运算符可用于描述整数、浮点数和复数的计算。

表 1-1 算术运算符

+	加/正号	//	整除
-	减/负号	%	求余数
*	乘	**	乘幂
/	除		

加号和减号既作为一元正负号，又作为二元加减运算符。整数和浮点数都能求余数，运算规则保证“**被除数＝除数×商+余数**”（无论正数还是负数）。

与大多数语言不同，Python 有两个除法运算符：

```
>>> 10 / 3
3.3333333333333335
>>> 10 // 3
3
```

作用于整数时，/得到浮点数结果，//表示整除，得到整数结果。下面的例子说明了把这两种除法应用于浮点数的情况，以及浮点数求余数的情况：

```
>>> 10.0 / 3.0
3.3333333333333335
>>> 10.0 // 3.0
3.0
>>> 10.0 % 3.0
1.0
```

复数用一对浮点数表示，它们分别表示复数的实部和虚部：

```
>>> (1 + 2j)**10
(237-3116j)
>>> (1 + 2j)**100
(-6.443164690985892e+34-6.113241307762508e+34j)
```

虚部加后缀 j 或 J。复数输出时总显示一对括号。注意，整除和求余不能用于复数：

```
>>> (12 + 3j) // (5 + 2j)
Traceback (most recent call last):
  File "<pyshell#4>", line 1, in <module>
    (12 + 3j) // (5 + 2j)
TypeError: can't take floor of complex number.
```

这个例子还表现了执行中出错的情况，解释器报告“不能对复数向上取整”，并说这里出现了类型错误（TypeError）。Python 把运行错误统一处理为**异常**，有关情况将在第 3 章介绍。如果交互式计算中出现的异常没处理，当前程序（计算）立刻结束并回到交互状态（如上例所示）。如果独立启动的 Python 程序在执行中出现异常，而且没有处理程序立刻（以非正常方式）结束，也会给出一些信息。还有一点应该提出，Python 的类型错是运行时错误，与 C 和 Java

等语言不同，那里的类型错误由编译器检查。

Python 算术功能的一个特点是能处理任意大的整数：

```
>>> 3 ** 500
36360291795869936842385267079543319118023385026001623040346035832580600
19158389548419850826297938878330817970253440385575285593151701306614299
24309165620257800217712478476434501253428365658132099725903715901525787
2800083859901397953776100001
```

计算机硬件只支持固定长度的整数，Python 的整数通过软件技术实现，结果总是**精确的**（除一些特殊情况，如使用/运算符）。当然，Python 能表达的整数仍然受计算机系统的限制，如计算机的存储量等，但一般计算中出现的整数不会达到系统的极限。也应注意另一面，整数越大占用的存储越多，完成一次运算需要的时间也越多。

Python 允许写任意复杂的算术表达式，其形式要符合语法，否则是语法错。复杂表达式有计算顺序问题，与其他语言类似，Python 运算符有优先级和结合顺序：先乘方，再乘除（包括求余），最后加减，允许用括号规定顺序。多个乘除或多个加减运算符顺序出现时从左到右计算，多个乘幂运算符顺序出现时从最右边开始计算。对乘幂还有一个特殊规定：底数前的正负号在乘幂之后作用，其他情况下正负号先作用。例如：

```
>>> -3**4
-81
>>> -5 ** -3
-0.008
```

负指数得到浮点结果。最后，如果运算符有多个运算对象，解释器总从左到右计算它们（C 语言与此不同，它没有规定运算对象的求值顺序）。

直接写出的数据称为**字面量**，各种数值数据的字面量写法与其他语言类似。整数最常用的是十进制写法，还可以用二进制写法（如 0b1101 和 0B101），八进制写法（如 0o172 和 0O267）或十六进制写法（如 0xabC 和 0X1f4D）。浮点数有小数写法（必须包含一个小数点）和科学写法（包含指数部分），如 1.3E-3，3.11E5。

即使表达式的形式正确，计算中也可能出错。例如：

```
>>> 12 / 0
Traceback (most recent call last):
  File "<pyshell#68>", line 1, in <module>
    12 / 0
ZeroDivisionError: division by zero
```

这里出现以 0 作为除数的错误，ZeroDivisionError 是异常名。

Python 允许写任意长的表达式，但在交互式计算中可以看到，一旦换行，解释器就认为表达式结束，立刻处理得到的输入。实际上，Python 允许在表达式中间换行（例如，表达式太长或者不适合写成一行）。在下面两种情况下，解释器遇到换行时会认为当前程序单元（例如表达式）还没结束，下一行是本行的继续，它继续读入：

1. 读到换行符时存在明显的未完成结构。以算术表达式为例，如果一行结束时存在未匹配括号，解释器就继续读入下一行，将其内容连接在本行之后。

2. 一行的最后字符是反斜线\，这时解释器把下一行作为本行的继续。注意，反斜线和换行之间不能有字符，特别是不能有空格。这种反斜线称为**续行符**。

利用这两条规则可以写出任意长的表达式。这些规则也适用于其他 Python 结构。

Python **浮点数**模拟一定范围里精度有限的实数。CPython 采用硬件支持的浮点数，通常用 IEEE754 的双精度浮点数标准，16 到 17 位十进制精度，范围大致$\pm5\times10^{-324}$到 1.7×10^{308}，超出范围的数无法表示。数值的绝对值过小时用 0.0 表示，过大时不认为出错，而是给出 `inf` 作为结果（表示无穷大）。浮点数的描述形式不唯一，如 `1234.0`、`1.234e3`、`0.1234e4` 表示同一个浮点数。解释器显示结果时自动选择合适的形式：

```
>>> 1.3e5
130000.0
>>> 12345678901234567890.0
1.2345678901234567e+19
```

如果数的有效位数太多，超出浮点数的表达能力，解释器自动截断和舍入。第二个例子的输入为 20 位有效数字，输出产生截断，最后一位是 7 而不是 8，就是由于舍入误差。浮点数计算常称为**数值计算**，计算会出现**误差**，是**近似计算**，结果是不精确的。

对象和类型

Python 把程序运行中存在的实体统称为**对象**（object），整数是对象，浮点数也是对象，计算也就是从一些对象算出另一些对象。性质相同的一集对象称为一个**类型**，每个类型有一个名字（**类型名**）。用标准函数 `type` 可以得到对象的类型：

```
>>> type(100)
<class 'int'>
>>> type(100.0)
<class 'float'>
>>> type(100+0j)
<class 'complex'>
>>> int
<class 'int'>
```

第一个结果说明对象 100 属于整数类型，类型名是 `int`，浮点数的类型名是 `float`，复数的类型名是 `complex`。最后的例子说明类型名也是合法表达式，其值是它表示的类型。

`type` 可以作用于任何表达式，得到表达式求值结果的类型：

```
>>> type(100 + 200)
<class 'int'>
>>> type(1.27 * 2.8)
<class 'float'>
```

int、float 和 complex 统称为**数值类型**（numerical types），它们都是 Python 的预定义类型，称为**标准类型**或**内置类型**。整数类型也简称**整型**，其他类型也可以类似地简称。

算术表达式计算中可能出现了不同类型的对象，这时就是要求做混合类型计算。Python 的规则与 C 语言类似：整数和浮点数运算时，先把整数转换为“与之等值”的浮点数，然后再计算。整数或浮点数与复数运算时，转换到复数之后计算。注意，这里说**转换**，其实原数不变，按规则做出所需类型的数作为结果。“与之等值”加引号表示这个说法不准确。整数可以任意大，具有任意精度，浮点数只能表示其近似值（因此并不等值），甚至无法表示（整数太大将报错）。混合类型计算中可能出现这些情况。

如果自动转换规则不满足需要，可以自己描述所需转换，称为**强制类型转换**。强制类型转换用类型名加括号的形式描述，例如：

```
>>> int(2.37**5.6) * 4
500
```

int(2.37**5.6)要求把浮点数计算的结果转换为整数，然后再用它乘以 4 得到（整数）结果。从浮点数转换到整数的规则是丢掉小数，取整数部分。

float 也能用于描述转换。例如，计算 float(12**20)得到括号里整数计算结果的浮点数近似值。Python 不允许把复数转换到 float 或 int，数学中也没有这种定义。不能正常完成转换时解释器也报错。例如：

```
>>> float((2 + 1.2j)**3)
Traceback (most recent call last):
  File "<pyshell#69>", line 1, in <module>
    float((2 + 1.2j)**3)
TypeError: can't convert complex to float
```

下面例子说明如何取得复数的实部和虚部：

```
>>> (2 + 3j).real
2.0
>>> (2 + 3j).imag
3.0
```

这里出现了 Python 中常用的圆点记法（.）可以用类型名 complex 构造复数：

```
>>> complex(12**20, 1.25**20)
(3.833759992447475e+21+86.73617379884035j)
```

括号里逗号分隔的表达式分别表示复数的实部和虚部。

1.1.2 标准函数和数学函数包

Python 语言里描述复杂计算功能的概念是**函数**。函数有名字，可以用在表达式或其他结构里。Python 提供了一组**标准函数**（或称**内置函数**），还通过标准库**程序包**提供了许多有用的函数。本节首先介绍几个与数值有关的标准函数，而后介绍标准库的浮点数数学函数包，其中包含三角函数、对数函数、双曲函数等常用数学函数。

使用函数的结构称为**函数调用**，前面的 type(1.4)、int(2.3**12)、complex(2.3, 3.5) 都是函数调用，其中 type、int、complex 作为函数名，圆括号里的表达式是调用的**实际参数**，简称**实参**，多个实参用逗号分隔。为更清晰地区分调用中的实参，人们建议在逗号后面加空格。函数调用也是基本表达式。

处理数值的标准函数

上面提到 type、int、complex 都是 Python **标准函数**，所有标准函数在附录 B 列出。数值类型名也是标准函数名，其作用就是要求做类型转换。

函数 abs 求绝对值，实参应该是值为整数、浮点数或复数的表达式：

```
>>> abs(-2.347**5)
71.2140111123765
>>> abs((2+3.5j)**5)
1064.4699683300428
```

复数的绝对值就是它的模，也就是复数在复平面上表示的向量的长度。abs 对整数实参返回整型结果，对浮点数或复数实参返回浮点数结果。

标准函数 max 和 min 分别求出实参中的最大值和最小值。这两个函数的特殊之处在于允许任意多个实参（至少两个）。例如：

```
>>> max(2, 3.57, 4.3, 3.6)
4.3
```

函数 round 求浮点数的近似值。该函数有两种用法：round(*number*) 给出浮点数 *number* 舍入得到的整数。还可以增加一个整数参数说明保留的小数位数。例如：

```
>>> round(1.27**10)
11
>>> round(1.27**10, 4)
10.9153
```

函数 round 采用称为**银行家舍入**的计算规则，比四舍五入规则更公平。

函数调用 pow(*a*, *b*) 相当于 *a****b*。以 pow(a, *b*, *c*) 形式调用时计算 *a****b* % *c*，但算法更高效。与密码有关的程序中常需要做这种计算。

数学函数包及其使用

计算中经常用到各种数学函数。由于数学函数很多，也不是每个程序都用，Python 没把它们包括在标准函数中，而是通过标准库包提供。正常安装的 CPython 系统已经包含完整的标准库，数学函数包是其中一个程序包，包的名字是 math。

要使用一个函数包的功能，必须先用导入语句将该包**导入**。例如：

```
>>> from math import *
>>> sin(3.14)
0.0015926529164868282
>>> cos(3.14)
-0.9999987317275395
```

第一个语句要求导入 math 包，后面语句使用了其中的功能。

导入语句 import 有几种形式，下面以数学函数包为例说明有关情况：

1. from math import *：导入 math 包的所有功能，使它们都能直接使用；

2. from math import sin, cos：导入 math 包，并使其中两个函数 sin 和 cos 直接可用，列出多个名字时用逗号分隔；

3. import math：导入整个数学包，但其中的功能只能通过 math.sin、math.cos 的形式使用。这样做只在环境中加入 math 的定义，有利于避免名字冲突。

Python 导入系统主要为支持复杂程序的模块化开发，详情在第 5 章介绍。

math 包里的数学函数包括：

1. 指数和对数函数：exp(*n*) 计算自然常数 e 的 *n* 次幂；log(*x*) 计算 *x* 的自然对数值。log 有可选的第二个参数，用于指定对数的底，如 log(3.0, 2) 计算以 2 为底 3.0 的对数。另有 sqrt(*x*) 函数计算 *x* 的平方根。

2. 三角函数和反三角函数，如 sin 和 cos，还有 tan、asin、acos 等；还有双曲函数和反双曲函数，如 sinh 和 cosh 等。

3. 其他函数，如从角度计算弧度值的 radians，从弧度计算角度值的 degrees 等。这里还有数学常数 pi 和 e，导入后可以用在表达式里。

math 包中的其他函数、功能和调用形式见 Python 标准库手册。

Python 为复数提供了另一个标准库包 cmath，其中的函数与 math 类似，但计算对象是复数。下面的表达式验证了数学里最奇妙的一个公式：

```
>>> from cmath import exp
>>> exp(1.0j * pi) + 1
1.2246467991473532e-16j
```

这里做的是近似计算，得到的结果很接近正确结果 0。

1.1.3 字符串

字符串是 Python 的一类数据对象，其类型称为**字符串类型**，类型名是 str。字符串就是字符的序列，Python 没有独立的字符类型。

字符串字面量

字符串有几种字面量形式，最简单的是用一对单引号或者一对双引号括起的一串字符（两种括号的作用相同，需正确配对）。例如：

```
>>> 'University'
'University'
>>> "University"
'University'
>>> type('University')
<class 'str'>
```

这两种形式的限制是字面量中间不能换行，因此适合描述较短的串。

另外两种字面量形式是用一对连续的三个单引号或者一对连续的三个双引号作为括号。在这种字面量中可以换行，换行符也作为字符串内容：

```
>>> """Python is an interpreted, interactive,
object-oriented programming language. It
incorporates modules, exceptions, dynamic
typing, very high level dynamic data types,
and classes."""
'Python is an interpreted, interactive, \nobject-oriented programming l
anguage. It \nincorporates modules, exceptions, dynamic \ntyping, very
high level dynamic data types, \nand classes.'
```

可以看到，字面量里出现的换行都显示为**换意序列**（或称**转意序列**）\n。

与 C 语言类似，Python 也用换意序列描述特殊字符，如表 1-2 所示。

表 1-2 Python 中的换意序列

\换行符	续行	\n	换行符
\\	反斜线	\r	回车符
\'	单引号	\t	制表符
\"	双引号	\v	垂直制表符
\a	响铃符	\ooo	八进制字符描述
\b	退格符	\xhh	十六进制字符描述
\f	换页符		

“\ooo”是八进制数字表示的换意序列，“\xhh”是十六进制数字表示的换意序列。Python 还支持写 Unicode 字符的换意序列，参看 1.6.2 节的说明及语言手册。

字符串操作

字符串支持很多操作，这里先介绍几个最常用的操作。首先，字符串中的字符个数称为字符串的**长度**（length），标准函数 `len` 求字符串长度：

```
>>> len("University")
10
```

字符串里的每个字符有一个位置，称为下标。字符串 s 的合法下标从 0 开始，可以通过下标取字符串里的字符：

```
>>> "University"[0]
'U'
>>> "University"[8]
't'
>>> "University"[10]
Traceback (most recent call last):
  File "<pyshell#26>", line 1, in <module>
    "University"[10]
IndexError: string index out of range
```

得到的是只包含一个字符的串。下标表达式的值必须合法（0 到 `len(s)-1`），超出范围就是**下标越界**（IndexError）。Python 允许负数下标，–1 表示最后一个字符，以此类推：

```
>>> "University"[-3]
'i'
```

加法运算符也表示字符串**拼接**操作，用于从几个字符串构造出更大的字符串：

```
>>> "Peking" + " " + "University"
'Peking University'
```

乘法运算符做出字符串的几个拷贝的顺序拼接：

```
"Ok!" * 3
'Ok!Ok!Ok!'
>>> 3 * "Ok!"
'Ok!Ok!Ok!'
```

操作的另一运算对象应该是整数，两种运算对象顺序的意义相同。

切片操作也用方括号描述，用于获得字符串里一段连续字符构造出的新串。括号里的切片描述有两种不同形式。设 s 是字符串：

- s[m:n]　　得到包含字符 s[m] 到 s[$n-1$]的串，$m \geq n$ 时得到空串。
- s[m:n:d]　　得到下标 m 到 $n-1$ 范围里，按下标步进值 d 选出的字符构造出的串。d 是正数但 $m \geq n$ 时，或者 d 是负数且 $n \geq m$ 时都得到空串。

m、n、d 应该是整数表达式，其值可以是负数。描述中的 m、n、d 都可以省略，但冒号不能省。m 省略时表示 0（从首字符开始），n 省略时表示 `len(s)`（到末字符为止），d 省略时表示 1。

全省略时表示做字符串拷贝。注意，下标范围描述采用**左闭右开规则**，也就是说，总包含第一个下标位置的字符，但不包括第二个下标位置的字符，表示左闭右开的下标区间。Python 语言里的各种区间描述都采用左闭右开规则。

下面是几个简单示例：

```
>>> "Universities in Beijing"[16:]
'Beijing'
>>> "Universities in Beijing"[:12]
'Universities'
>>> "Universities in Beijing"[::2]
'Uieste nBiig'
```

数值可以转换到字符串，输出数据时经常需要做这种转换：

```
>>> str(101)
'101'
>>> str(101) + str(2.3**4)
'10127.984099999999999'
```

第二个例子的最后一步做拼接，没有实际意义，只是为了说明问题。如果字符串里的字符都是十进制数字（可带正负号），可以转换为整数或浮点数：

```
>>> int("-1234")
-1234
>>> int("00011234")
11234
>>> float("00011234")
11234.0
```

开头的 0 自动忽略。如果字符串符合 Python 浮点数的形式，可以从它构造浮点数：

```
>>> float("-256.38")
-256.38
>>> float("0.276e-3")
0.000276
```

字符串的其他操作将在下一章介绍。

1.2 变量和赋值

本节介绍变量、关键字和几种基本语句。

1.2.1 名字、变量和赋值

为了记录和使用计算得到的结果，就需要变量和赋值。

标识符和关键字

变量名用**标识符**表示。Python 程序员常用类似 C 语言的标识符形式：字母开头的字母数字串。下划线也当作字母。下面是一些合法标识符：

```
if        An_name    not_valid    _____      ABC123    abc123
from      _1234567   __1__        a123b04    import    not_me
```

实际上，Python 允许标识符包含非英文国际语言字母，但为了拼写和识别方便，人们通常只用英文字母。Python 区分大小写，OK、ok、Ok、oK 是 4 个不同标识符。

Python 规定了一组**关键字**，前面用过的 from 和 import 都是。Python 语言共有 34 个关键字，在 1.6.2 节和附录 A 中列出。除 False、True 和 None（这 3 个关键字都是字面量，后面介绍）之外，其他关键字都是全小写英文字母拼写的。

变量和赋值

关键字之外的标识符都可用作名字。前面已经出现过一些名字，如类型名（int、float、str 等）、函数名（type、len 等）、程序包名（math 等）和数学常量名（e 和 pi）。标准类型名、标准函数名、程序包名都不是关键字，而是普通标识符。

变量是在程序运行中记录信息的机制，变量名用标识符表示。给变量建立约束值的操作用**赋值语句**描述，这种语句的基本形式是：

```
变量 = 表达式
```

其中**变量**部分应该是一个标识符（允许其他形式，后面介绍），等号表示赋值（赋值符）。赋值语句把**表达式**的值赋给变量。赋过值的变量可以用在表达式里：

```
>>> area = pi * 7.26**2
>>> volume = area * 13.49
>>> volume
2233.752562713233
```

Python 允许在代码中随时引进新变量，不需要声明。给原来没定义的变量赋值，该变量就有了定义（**赋值即定义**规则）。对无定义的变量求值是错误：

```
>>> 24 * volune
Traceback (most recent call last):
  File "<pyshell#53>", line 1, in <module>
    24 * volune
NameError: name 'volune' is not defined
```

这里不小心把 m 写成了 n，解释器找不到该变量（没定义），所以报错。

好的变量名很有意义。Python 社团建议变量名只用小写字母、数字和下划线，如 cylinder_volume，start_point 等。此外，下划线开头的名字服务于特殊用途，以两个下划线开头和结尾的名字保留给 Python 系统，编程中不要随便用。

1.2.2 简单脚本程序

要发挥计算机的威力，就必须发挥其自动执行能力，把一系列命令做成程序后要求解释器自动执行。Python 程序也称为**脚本**，执行脚本是解释器的基本工作方式。

一个简单的 Python 程序（脚本）就是一个**文件**，**扩展名**用 py，文件内容就是一系列 Python 语句。解释器执行这种脚本时将顺序执行其中的语句。

任何文本编辑器都可用于开发 Python 脚本，CPython 系统的 IDLE 开发环境是一个专用工具，还有其他 Python 开发环境。启动 IDLE 后执行**打开新文件**命令就会看到一个编辑器窗口，还可以装入已有文件。IDLE 的编辑功能与常见编辑器类似，但能自动维护 Python 程序格式，加亮显示其中的关键字、数值字面量、字符串等成分。

图 1.1 显示了一个 IDLE 编辑器窗口，其中已输入两行代码。把新建脚本保存为文件后点击 Run 菜单里的 Run 命令，解释器就会执行该脚本，并在执行窗口显示程序输出，然后再显示提示符。执行完图 1.1 的脚本后在执行窗口输入 `area`，就可以看到变量的值。

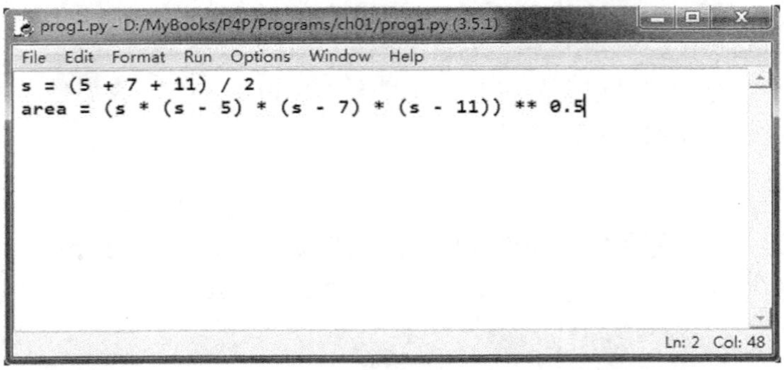

图 1.1 IDLE 编辑器窗口

输出函数 print

解释器执行脚本时，并不显示表达式语句的求值结果。要想让脚本产生输出，必须借助标准函数 `print`（打印语句或**输出函数**）。`print` 的使用形式是：

```
print(表达式, 表达式, ……)
```

参数表里可以写多个**表达式**，`print` 逐个求出它们的值并输出，多项输出之间加空格分隔，完成输出之后换一行。把图 1.1 中的脚本修改为：

```
s = (5 + 7 + 11) / 2
area = (s * (s - 5) * (s - 7) * (s - 11)) ** 0.5
print("Area of the triangle:", area)
```

执行这个 Python 脚本，就可以在执行窗口看到下面的输出：

```
>>> ==================== RESTART ======================
>>>
Area of triangle: 12.968712349342937
```

第一行说明解释器已重新启动，最后一行是执行脚本中 print 产生的输出。

一个 Python 脚本文件对应一个简单 Python 程序（模块），下面一些讨论中将不区分这两个概念，说建立一个 Python 程序，就是指建立一个包含该程序的文件。

输入函数 input

标准函数 input 用于与用户交互。执行 input(**字符串**)时，**字符串**被作为**提示串**输出到执行环境，程序等待用户输入。用户输入信息并回车，input 把得到的输入（不包括换行符）做成字符串返回。用户可根据需要把字符串转换到具体类型。

修改前面脚本加入输入命令，就完成了一个简单的求三角形面积的程序：

```
a = float(input("Length of edge a: "))
b = float(input("Length of edge b: "))
c = float(input("Length of edge c: "))
s = (a + b + c) / 2
area = (s * (s - a) * (s - b) * (s - c)) ** 0.5
print("Area of the triangle:", area)
```

下面是该程序一次执行时的情况：

```
>>>
Length of edge a: 5
Length of edge b: 7
Length of edge c: 11
Area of the triangle: 12.968712349342937
```

1.2.3 若干情况

这里介绍 Python 语言中的一些简单情况。

注释

Python 的注释用井号字符（#）开头，延伸到当前行尾。Python 社群提倡把长注释写成独立的行，短小注释也可以写在代码行最后。为节省篇幅，本书实例中只有不多的注释。实际程序中的注释应该写得更全面完整。

扩展赋值运算符

赋值语句还有两种扩展形式：

```
变量 = 变量 = …… = 表达式
变量, 变量, …… = 表达式, 表达式, ……
```

第一种形式把一个**表达式**的值赋给多个**变量**，逐个赋值。第二种形式要求把一系列**表达式**的值分别赋给一系列**变量**，按位置对应，**变量**和**表达式**的个数必须相同。

Python 也像 C 语言一样提供了扩展赋值运算符，如表 1-3 所示。

表 1-3 扩展赋值运算符

+=	-=	*=	/=	//=	%=	**=
增量	减量	加倍	除	整除	余数	乘幂

这些操作都是**原地更新**，直接修改赋值符左边的变量，它们也看作赋值语句。

pass 语句

pass 语句形式上就是关键字 pass，执行时什么也不做，常用于填补结构缺位。如果结构中要求一个语句，但实际上并不需要做任何操作，就可以用 pass 填补。

None 值

函数调用是基本表达式，独立的函数调用是表达式语句。有些函数不返回值，如 print。Python 中不返回值的标准函数都返回特殊值 None。None 也是关键字，表示没有特别的意义。如果不需要结果，或没有合适的值作为结果，就可以考虑用 None。

如果一个表达式的结果是 None，在交互方式下该结果不显示。因此，在提示符下输入表达式 None 时，解释器不产生输出。

在一行里写多个语句

Python 允许在一行中写多个语句，这时需要在语句之间加分号。例如：

```
x = len; y = x + 1
```

这样一行仍看作一个语句，执行中顺序执行其成分语句，执行完最后的成分语句时整个语句完成。这种语句是顺序控制的一种形式，Python 允许语句最后出现一个分号。但是，Python 社群并不建议这种形式，提倡一行一个语句的基本规则。

1.3 逻辑和控制

程序中需要用逻辑判断控制命令的执行，本节介绍这方面的基本情况。

1.3.1 条件判断和条件语句

Python 有专门的逻辑类型 bool，逻辑值用关键字 True 和 False 表示，True 表示逻辑关系成立，False 表示逻辑关系不成立。

比较运算符和逻辑运算符

表 1-4 所示的**比较运算符**可用于构造关系表达式。

表 1-4 比较运算符

==	!=	<	<=	>	>=
等于	不等于	小于	小于等于	大于	大于等于

其他关系运算符后面介绍。关系表达式求值得到 bool（逻辑类型）结果。

表 1-5 所示的逻辑运算符（都是关键字）用于**逻辑表达式**，描述关系的逻辑组合。

表 1-5 逻辑运算符

or	and	not
或（或者）	与	非（否定）

A 和 B 都为真时 A and B 为真；A 和 B 中至少一个为真时 A or B 为真；A 为假时 not A 为真。为了方便，x > 1 and x < 10 可简写为 1 < x < 10。x > 10 and x > y**2 也可简写为 10 < x > y**2。数学里没有后一种形式。

比较运算符和逻辑运算符的优先级和结合性规定如下：

- 比较运算符的优先级低于算术运算符，因此 x + y > x**2 是合法的关系表达式，相当于(x + y) > (x**2) 。所有比较运算符的优先级相同。如上所述，连续出现的比较表示对相邻运算对象的关系运算之后用 and 连接。
- 逻辑运算符中 not 的优先级最高，但低于比较运算符，or 的优先级最低，and 介于两者之间。因此，not x**2 > 5 or y < 6 and x * y > 8 相当于 not (x**2 > 5) or ((y < 6) and (x * y > 8)) 。

条件语句（if 语句）和条件表达式

条件语句（if 语句）实现条件控制，有两种基本形式，其一是：

```
if 表达式:
    语句组
```

表达式为真时执行**语句组**；**表达式**为假时这个 if 语句直接结束。第二种形式是：

```
if 表达式:
    语句组
else:
    语句组
```

表达式为真时执行第一个**语句组**，为假时执行第二个**语句组**。

从关键字 `if` 到相应语句组结束称为语句的 `if` **段**，从关键字 `else` 开始的部分称为 `else` **段**。其中“`if` **表达式**:”和“`else:`”是段的**头部**，**语句组**称为所在段的**体**，可以包含一条或多条语句，执行语句组就是顺序执行其中语句。如果语句组只有一条语句，可以写在该段头部的同一行里。但人们不倡导这种写法。

C 和 Java 都是**自由格式语言**，书写形式不影响程序的意义。Python 与它们不同，是**有格式语言**，对程序格式有严格规定，格式影响程序的意义。组合结构的写法有两方面要求：同层成分必须相互对齐，下一层成分统一缩进。以 `if` 语句为例，如果包含 `else` 段，两个头部必须在同一列对齐；语句组中的语句要**统一缩进**并**相互对齐**。

格式规定可以突出程序的结构，提高可读性。IDLE 或其他针对 Python 的编辑器都能自动对齐同层结构，确定下层结构的对齐位置。IDLE 默认下一层缩进 4 个空格，Tab 键将光标移到下一对齐位置；Backspace 将光标退回前一对齐位置。需要特别注意：Python 程序里不能混用 Tab 字符和空格，采用非专用于的编辑器时有可能出现这类错误。对程序中的对齐错误，解释器将作为语法错定位和报告。

if 语句的扩展形式

如果需要区分和处理多种情况，可以用嵌套的 `if` 语句描述。Python 为常见情况提供了扩展的 `if` 语句形式，允许用一系列逻辑表达式区分多种情况：

```
if 表达式:
    语句组
elif 表达式:
    语句组
……
else:
    语句组
```

`if` 段之后可以有 0 个或多个 `elif` 段，最后可以有一个 `else` 段。解释器顺序求值其中的**表达式**，遇到某个表达式的值为真时就执行该段的**语句组**，完成后 `if` 语句结束。如果所有**表达式**都为假，存在 `else` 段时执行该段的语句组，否则语句结束。注意，无论出现多少个 `elif` 段（及最后的 `else` 段），解释器至多执行其中的一个语句块。

条件表达式

条件表达式是一种表达式，描述在不同情况下求值不同成分。其形式是：

```
表达式1 if 条件 else 表达式2
```

解释器处理时先求值**条件**部分，其值为真时求值**表达式 1**，以其值作为条件表达式的值；否则求值**表达式 2** 并以其值作为结果。

例如，下面语句把 x 的绝对值赋给 y：

```
y = x if x >= 0 else -x
```

对于条件表达式，有两个问题需要注意。首先，求值条件表达式时，两个成分表达式中只有一个被实际求值。例如，下面语句不会出现除 0 错误：

```
z = y/x if x != 0 else y/(x + 1)
```

此外，条件表达式与条件语句不同：语句没有值，条件表达式有值。

程序控制和短路求值规则

与 C 语言类似，不仅逻辑类型的 True 和 False 能用于执行控制（如作为 if 语句的条件），其他基本类型的值也可以当作真或假用于执行控制。各种数值类型的 0 值都当作假，这些类型的所有非 0 值都当作真。另外， None 也被当作假。第 2 章介绍的组合类型的各种空值也当作假，包括空表、空元组、空字典、空集合。

前面说逻辑运算符得到**真或假**，现在来准确说明它们的意义。Python 采用与 C 类似的短路求值规则。设 a 和 b 是任意表达式，逻辑运算符的求值方式如下：

- a and b：先求值表达式 a；如果 a 的值为假，就以这个值作为整个 and 表达式的值；a 不为假时再求值 b，以 b 的值作为 and 表达式的值。
- a or b：先求值表达式 a；如果求出的值为真就以这个值作为 or 表达式的值；否则求值 b，并以其值作为 or 表达式的值。
- not a，如果表达式 a 的值是假，就得到 True，否则得到 False。

这些规定带来许多推论。首先，逻辑运算对象不必是逻辑值，可以是其他能表示真假的对象。此外，这里说 and 和 or 得到真或假，没说得到 True 或 False。这意味着 and 和 or 的结果不一定是 True 或 False，也可能是其他类型的对象。例如，3 and 0 的值是整数 0，而 0 or "abc"的值是字符串"abc"。最后，and 和 or 采用特殊求值规则：如果左边运算对象为假，and 不求值右边运算对象；如果左边运算对象为真，or 不对其右边运算对象求值。这种规则称为**短路运算**规则，在一定情况下把右边表达式**短路**了。

短路规则有时很有用。例如，程序里可能需要下面形式的判断：

```
if x > 0 and y/x > 1:
    ... x ... y ...
```

如果 and 不采用短路运算规则，我们就不能这样写，因为当 x 的值为 0 时求值这个条件就会出错（出现除 0）。必须考虑更复杂的写法，例如：

```
if x > 0:
    if y/x > 1:
        ... x ... y ...
```

1.3.2 循环语句

Python 有两种循环语句，它们都控制一个语句组的重复执行：for 语句用于描述比较规范的循环；while 语句用于描述一般的逻辑条件控制的循环。

for 语句

for 语句用一个迭代描述来控制成分语句组的重复执行，基本形式是：

```
for 变量 in 迭代描述:
    语句组
```

for 和 in 是关键字，for 开始的行称为**循环头部**，**语句组**是**循环体**，其中语句应缩进对齐。这里的特殊结构是**迭代描述**，它应该描述一系列值。for 语句执行时，**变量**顺序取得**迭代描述**给出的一个个值，对每个值执行**语句组**一次。

现在介绍两种简单的迭代描述，后面章节将介绍更多可以用作迭代描述的结构。第一种描述形式是用逗号分隔列出若干表达式，表示一个值序列。例如：

```
n = 3
for i in 2, n + 5, n**2 + 12:
    print(i**3)
```

执行中变量 i 依次取 3 个表达式的值，print 被调用 3 次。

标准函数 range 描述整数的等差序列，常用于 for 语言。例如：

```
s = 0
for x in range(100):
    s = s + x
```

执行完成时变量 s 将保存着 0 到 99 之和。range 有几种调用形式：

- range(n)表示序列 0, 1, 2, …, $n-1$。
- range(m, n)表示序列 $m, m+1, m+2,$ …, $n-1$。例如，range(10, 16)表示序列 10、11、12、13、14、15。
- range(m, n, d)表示序列 $m, m+d, m+2d,$ …，是等差值为 d 的序列(d 为负时序列递减)，直至最接近但不包括 n 的那个值。例如，range(10, 16, 2)表示序列 10、12、14；range(15, 4, -3)表示序列 15、12、9、6。

这里也采用前面说过的左闭右开规则，包括左边界 m 但不包括右边界 n。

如果**迭代描述**表示的序列为空，for 语句就不执行循环体，立刻结束。对于 range(n)，

$n \leqslant 0$ 时序列为空。对于 range(m, n)，$m \geqslant n$ 时序列为空。range(m, n, d) 中的 d 可为正整数或负整数，也可能出现空序列的情况。调用 range 得到的对象称为迭代器（对象），一个迭代器表示一个对象序列，可用作迭代描述。

考虑求阶乘的问题：正整数 n 的阶乘是：

$$n! = 1 \times 2 \times \cdots \times n$$

0 的阶乘定义为 1。用 for 循环实现，主要问题是确定 range 的调用方式，写出正确的迭代描述，生成正确的整数序列。下面程序能完成所需工作：

```
n = int(input("Factorial for: "))

prod = 1
for i in range(2, n + 1):
    prod = prod * i

print("The factorial of", n, "is", prod)
```

注意

循环描述只在 for 语句开始时求值一次。看下面例子：

```
n = 3
for i in range(n):
    print(i**3)
    n = n + 3
```

虽然循环体中修改了 n，但并不影响循环体的执行次数。

while 语句

while 语句用一个逻辑表达式描述循环条件，形式是：

```
while 表达式:
    语句组
```

执行 while 语句时先求值条件**表达式**，值为真时执行循环体语句组一次，然后重复上述动作；表达式为假时 while 语句结束。

如果循环很规范，可以确定循环次数等，用 for 语句和 range 写出的程序往往更简单清晰。while 应该专用于描述只能通过逻辑条件控制的循环。

假设现在要开发一个阶乘计算器，希望它接受输入整数后算出其阶乘输出，直至用户要求结束。为结束工作，需要给用户提供表达结束的方式。由于负数的阶乘无定义，我们规定用户输入负数时循环结束。确定这个方案后可以写出下面的程序：

```
print("This is a factorial calculator. -1 to stop.")
```

```
n = int(input("Factorial for: "))

while n >= 0:
    prod = 1
    for i in range(2, n+1):
        prod = prod * i

    print("The factorial of", n, "is", prod)

    n = int(input("Factorial for: "))

print("Bye!")
```

循环控制

Python 和 C 语言一样提供了两个循环控制语句：break 语句的执行导致当前循环语句结束，continue 语句的执行导致循环体的本次迭代结束，转回循环头部继续。两个语句都只能用在循环体里，控制包含它们的最内层循环语句。

利用 break 改造阶乘计算器，可以消除重复的输入语句：

```
print("This is a factorial calculator. -1 to stop.")

while True:
    n = int(input("Factorial for: "))
    if n < 0:
        break

    prod = 1
    for i in range(2, n+1):
        prod = prod * i

    print("The factorial of", n, "is", prod)


print("Bye!")
```

循环条件 True 表示永远成立的条件，循环体里用带条件的 break 语句控制结束。

1.4 定义函数

两类控制结构加上顺序执行，形成了顺序、条件和循环 3 种基本计算模式。我们可以利用这 3 种结构分解程序功能，然后逐步展开并具体实现，这是开发程序的基本技术。但这种做法也有缺点：不断展开使程序越来越长，可理解性迅速恶化。缓解这个问题的方法是维持程序中的抽象，就像科学技术领域中需要不断定义概念一样，编程也不能始终在语言层进行，必须引进高级概念，以包装和隔离复杂性。完成这项的重要机制就是**函数**。

1.4.1 计算的抽象：函数

变量是程序中最基本的抽象机制，把计算结果赋给变量就是建立值抽象，重用时只需要写变量名，简化程序描述，这是**值抽象**的第一层意义。假设 25.4 是三角形面积，把它赋给变量 `area` 后，我们可以基于面积的概念去考虑问题，而不是计算面积的代码或没有明确意义的 25.4。合适的名字能成为良好提示，减轻编程中的思维负担。

需要建立抽象，适当命名并支持方便使用的不仅是计算结果，我们还希望为一段代码建立抽象，通过命名支持重用。计算抽象的性质与值抽象不同，为使一个抽象能够解决一类问题，需要将计算过程参数化。函数的另一层意义是建立高级编程概念，一个**函数抽象**就是一个高级操作，通常更接近应用领域，包含更多面向应用的知识。

Python 提供了一批标准函数，还有程序包，使用很方便。但无论系统提供多少函数，都不可能满足所有人的所有需要，人们总需要自己定义函数（**自定义函数**）。一个**函数**包装起一段计算，然后可以方便地、任意多次地使用。

函数定义

函数定义也是一种复合语句。一个函数定义语句里包装着一段代码，执行这种语句将建立一个函数抽象并予命名（**函数名**）。函数定义的语法是：

```
def 函数名(参数列表):
    语句组
```

函数名应是标识符，后跟**形式参数列表**，其中列出 0 个或多个**形式参数**（简称**形参**），用逗号分隔（这是最简单情况，Python 参数还有更丰富的情况，将在后面介绍）。直到冒号的部分称为**函数头部**，随后的**语句组**是**函数体**。

函数定义的执行将创建一个**函数对象**，并将其约束到**函数名**。定义好的函数可以通过调用的方式使用。函数**调用式**的基本形式是：

```
函数名(实际参数, 实际参数, ...)
```

实际参数（**实参**）可以是一般表达式，需要与函数定义的形参匹配，最简单情况是一个实参对应一个形参。更复杂的情况后面介绍。

很多函数需要返回值，函数的返回值用函数体里的 `return` 语句描述。先看一个简单例子，下面是计算三角形面积的函数和一些使用代码：

```
# 计算三角形面积的函数及其使用

def triangle(a, b, c):
    s = (a + b + c) / 2
    area = (s * (s - a) * (s - b) * (s - c)) ** 0.5
    return area
```

```
x = triangle(6, 8, 11)
y = triangle(12, 17, 19) - triangle(4, 7, 9)
z = triangle(3, 9, 7) * 4
print("Area of a triangle:", x)
print("Area of a triangle with a hole:", y)
print("Volume of a triangle prism:", z)
```

这里的 def 语句定义了一个名字为 triangle 的函数。

return 语句只能出现在函数里，有两种形式：

```
return 表达式
return
```

执行中遇到 return 语句时，函数体的执行结束。如果该语句有**表达式**部分，结束前算出表达式的值作为函数返回值；不包含表达式部分时函数返回 None。

执行一个函数调用时，有关操作如下。

1．根据调用式中的函数名部分找到应该执行的函数对象。

2．从左到右求值实际参数（表达式），把实参值约束于对应形参，然后执行函数体。

3．遇 return 语句时函数结束。如果 return 语句带有表达式部分，求出表达式的值作为函数返回值，没有表达式时返回 None。

4．执行完函数体中的语句时（未遇到 return）函数也结束，返回 None。

注意，如果有多个实参表达式，Python 规定了求值顺序（与 C 语言不同）。

前面函数定义中先把面积赋给变量 area，后面的 return 语句返回 area 的值。完全可以不引进变量，直接把求面积的表达式写在 return 语句中：

```
def triangle(a, b, c):
    s = (a + b + c) / 2
    return sqrt(s * (s - a) * (s - b) * (s - c))
```

把程序中关键部分提取出来定义为函数，可以使程序的结构更清晰，意义更容易理解。下面是阶乘计算器的另一个版本，其中定义了一个函数来完成阶乘计算：

```
def fact(n):
    prod = 1
    for k in range(2, n+1):
        prod = prod * k
    return prod

while True:
    n = int(input("Next int:"))
    if n < 0:
        break
    print("Factorial of", n, "is", fact(n))

print("Bye!")
```

把阶乘计算部分独立出来，程序的结构更清晰了。

参数检查和断言语句 assert

并非任意三个数都能表示一个三角形，定义求面积函数时应该考虑这个问题。这里有一个麻烦：参数不符合函数要求时返回什么？数学函数库的方法是报错，自定义函数也可以报错，有关情况在后面讨论。现在考虑一个简单方法，让函数返回特殊值。

浮点计算无法完成，就是无法得到浮点数可以表示的值。在 Python 里，这种值可以用 `float("nan")` 表示，其中 `nan` 是 Not A Number 的缩写（小写形式），表示不是 `float` 能表示的数值。修改后的函数定义如下：

```
def triangle(a, b, c):
    if a > 0 and b > 0 and c > 0 and \
       a+b > c and a+c > b and b+c > a:
        s = (a + b + c) / 2
        return sqrt(s * (s - a) * (s - b) * (s - c))
    else:
        return float("nan")
```

调用这种函数有点麻烦：它可能返回正常结果，也可能返回非正常的特殊值。如果能保证实参符合函数需要，例如在调用前检查实参，就不需要担心第二种情况。一般而言，执行中出错是必须考虑的情况，Python 为发现和处理程序错误提供了一套异常机制，专用于解决这方面问题，有关情况将在第 3 章讨论。

有时还需要考虑参数的类型。例如，对于求三角形面积的函数，可以允许用整数和浮点数都作为边长。标准函数 `isinstance(`*x*, *t*`)` 专用于检查 *x* 的类型是否为 *t*。下面是加入了完整检查的求三角形面积函数：

```
def triangle(a, b, c):
    if (ininstance(a, int) or isinstance(a, float)) and \
       (ininstance(b, int) or isinstance(b, float)) and \
       (ininstance(c, int) or isinstance(c, float)) and \
       a > 0 and b > 0 and c > 0 and \
       a + b > c and b + c > a and a + c > b:
        s = (a + b + c)/2
        return (s * (s - a) * (s - b) * (s - c))**0.5
    else:
        return float("nan")
```

也可以用前面讲过的 `type` 检查类型（这样做与 `isinstance` 的微妙差别将在第 4 章说明）。可以看到，完整的检查条件可能变得很长。

也有些时候，实参不满足要求就是运行时的错误，不应该让函数返回值。还有些时候某些变量的值不满足条件就无法继续计算，典型情况是做除法时发现除数为 0。Python 为这类检查提供了**断言语句**，断言语句有两种形式：

```
assert 条件
assert 条件, 表达式
```

这里的**条件**应该是一个表示逻辑条件的表达式，称为**断言**。断言语句强制要求**断言**成立，否则就报错。如果执行时**条件**为真，这个语句就结束；**否则**就报告 AssertionError，默认情况下导致程序终止。第二种形式里的**表达式**可以是任意表达式，**条件**为假时求值该**表达式**，得到的值作为 AssertionError 的参数。

与 if 语句不同，断言语句应该只用于描述程序正确执行的必要条件。如果在函数开始用断言语句描述参数必须满足的条件，就能保证只有参数正确时才执行函数体。人们常利用断言语句帮助程序调试，或用它检查一些重要的执行条件。

以求阶乘函数为例。显然，这个函数的参数必须是整数，参数为负时阶乘无定义（前面函数定义对这种情况采用了权宜的做法）。加入断言语句后的函数定义是：

```
def fact(n):
    assert isinstance(n, int) and n >= 0
    prod = 1
    for k in range(2, n+1):
        prod = prod * k
    return prod
```

用不满足条件的实参调用 fact，解释器就会报错：

```
>>> fact(-2)
Traceback (most recent call last):
  File "<pyshell#4>", line 1, in <module>
    fact(-2)
  File "D:/Progs/pyptop-02/fact-assert.py", line 4, in fact
    assert isinstance(n, int) and n >= 0
AssertionError
```

错误信息说明执行到哪个文件里的哪个函数时发生错误，并显示行号（第 4 行）和出错的语句代码。第二种断言语句形式用于提供更多信息。修改函数定义：

```
def fact(n):
    assert isinstance(n, int) and n >= 0, "Argument is " + str(n)
    prod = 1
    for k in range(2, n+1):
        prod = prod * k
    return prod
```

如果出错，解释器不但给出出错信息，还给出当时实参的值。例如

```
>>> fact(-3)
Traceback (most recent call last):
  File "<pyshell#3>", line 1, in <module>
    fact(-3)
  File "D:\MyBooks\ptop-Python\Progs\basic.py", line 98, in fact
    assert isinstance(n, int) and n >= 0, "Argument is " + str(n)
AssertionError: Argument is -3
```

用断言语句描述对变量的要求，有几方面价值。

- 程序运行中发生错误可以及早报告，避免其潜伏下来，直到后来报告一个难以理解的错误，或造成隐蔽的错误行为（例如，算出无意义值，或造成其他破坏）。
- 有助于错误定位和更正，可以用第二种形式提供更多现场信息。
- 程序中的断言形成了一种有实际效果的嵌入式文档，以可执行的形式明确描述了运行中必须满足的条件，有助于程序阅读和理解。

文档串

考虑函数问题的另一种想法是给用户提供信息，希望他们只用合适的参数来调用函数。常规做法是用注释说明函数的参数要求。但注释只供人阅读，解释器处理程序时丢掉所有注释。为能保留一些说明信息，Python 提供了**文档串**机制。如果函数体里第一个语句是字符串，它就是该函数的**文档串**。解释器将记录这种串以备运行中查看。人们常用文档串描述函数的功能和参数要求。这种描述可能较长，常用一对三个引号的字符串形式。

提供文档串是 Python 编程习惯，标准函数和标准库包的函数都有文档串。例如：

```
>>> print(abs.__doc__)
abs(number) -> number

Return the absolute value of the argument.
```

最后 3 行就是 abs 的文档串。解释器把文档串保存在函数名下的__doc__属性里（doc 前后各有两个下划线符）。abs 的文档串第一行说该函数要求一个数值参数，返回一个数值。实际功能是返回参数的绝对值（上例中最后一行文字说明）。

1.4.2 递归定义的函数

Python 允许**函数的递归定义**，可以在函数体里调用自身。本小节讨论这方面情况。

递归和循环

Python 有乘幂运算符，不需要定义乘幂函数，下面以这个问题作为示例说明一些情况。只考虑自然数指数的乘幂，可以有简单的递归定义（数学）：

$$x^n = \begin{cases} 1 & 当 n = 0 \\ x \times x^{n-1} & 当 n > 0 \end{cases}$$

很容易把这个数学定义翻译成 Python 的递归函数定义：

```
def power(x, n):
    if n == 0:
        return 1
```

```
    else:
        return x * power(x, n-1)
```

在一般情况中，函数把对 n 的计算归结为对 n-1 的计算。每次递归调用时参数值减一，不断递归必能达到基本情况，保证对非负整数都能给出结果。

实际上，任何递归函数定义都应该是这样的分情况处理：基本情况直接给出结果，一般情况通过递归处理，把对较“复杂”参数的计算归结为对较“简单”参数的计算，才能保证得到结果（保证函数定义的有效性）。

用条件表达式定义的同一个函数更简短：

```
def power(x, n):
    return 1 if n == 0 else x * power(x, n-1)
```

上面的乘幂函数是正确的，但执行中要做较多递归，实参为 n 时递归 n 层。为防止**无穷递归**，Python 对程序执行中的最大函数调用深度有默认限制。例如：

```
>>> power(2, 1000)
Traceback (most recent call last):
  File "<pyshell#0>", line 1, in <module>
    power(2, 1000)
... ...
```

错误信息说明函数调用的深度超过 Python 的默认限制，程序被强行终止①。

考虑计算 x^n 的另一种算法：指数是偶数时可以利用公式 $x^{2k}=(x^2)^k$，指数为奇数的情况可以归结到偶数的情况。严格的数学定义如下：

$$x^n=\begin{cases}1 & \text{当}n=0\\ x\times x^{n-1} & \text{当}n>0\text{且为奇数}\\ (x^2)^{n/2} & \text{当}n>0\text{且为偶数}\end{cases}$$

与之对应的递归函数定义：

```
def power(x, n):
    if n == 0:
        return 1
    elif n % 2 != 0:
        return x * power(x, n-1)
    else:
        return power(x*x, n//2)
```

表达式 n % 2 != 0 判断奇数，n//2 做整除。由于 if 语句顺序检查条件，执行到 elif 时可以保证参数不为 0。函数的递归次数请读者自行分析。

---

① 可以通过 sys 标准库包的函数 getrecursionlimit()检查系统的调用深度上限，通过 sys 包的函数 setrecursionlimit(n)把调用深度的上限设置为 n。

Python 语言有循环结构，也允许递归的函数定义。实际上这两种功能有一个就够了。但是为了程序员的方便，多数编程语言都提供了两种机制，使人可以根据情况选择。

考虑乘幂函数的循环实现。前面函数在递归调用中传递 x、n 和返回值，n 值不断减小（整除 2 或减 1），x 不断求平方，指数为奇数时返回值乘以当时的 x。为在循环里记录返回值，需要引进变量 p。由于这里用乘法累积，p 的初值应该设为 1。

根据这些分析，可以写出下面的函数定义：

```
def power(x, n):
    p = 1
    while n > 0:
        if n % 2 != 0:
            p *= x
            n -= 1
        else:
            x *= x
            n //= 2
    return p
```

注意，由于 p 的初始化，即使循环体一次也没执行，结果也是对的。

递归和执行时间

斐波那契（Fibonacci）序列是数学中一个很重要的自然数序列，在计算领域也有非常重要的意义。斐波那契序列的数学定义如下：

$$F_0 = 0, \qquad F_1 = 1$$
$$F_n = F_{n-1} + F_{n-2} \qquad n > 1$$

与乘幂不同，这里有两个基本情况，一般项是两个下标较小的项之和。因为定义中出现了两个递归项，可以称为**二路递归**。用递归方式定义的函数如下：

```
def fib(n):
    if n < 1:
        return 0
    if n == 1:
        return 1
    return fib(n - 1) + fib(n - 2)
```

这个定义把参数为负的所有情况硬性定义为 1，是一种合理处置。

上面函数定义直接对应数学定义，很容易理解。但这个定义有一个重要缺点：参数每增加 1，计算量增长约 1.6 倍（理论估计）。在作者的机器上 fib(40) 需要算 1 分多钟。标准库包 time 提供了一个计时函数 time，它得到的浮点数表示从 1970 年 1 月 1 日开始的秒数值。通过两次调用 time 就可以为一段计算计时，例如：

```
from time import time

def test_fib(n):
    t = time()
    f = fib(n)
    print("Fib[" + str(n) + "] =", f,
          "Timing:", str(time() - t) + "s\n")
```

函数输出两次 time 调用之差，基本上等于计算 fib 的时间（这里的计时按最小单位增长）。考虑定义一个函数，输出一些斐波那契序列值以及计算所需的时间：

```
def test_fibs(m, n):
    for k in range(m, n):
        test_fib(k)
```

下面是在一台计算机上执行函数的输出，可以清晰地看到计算时间的迅速增长：

```
>>> test_fibs(32, 40)
Fib[32] = 2178309 Timing: 1.4560840129852295s
Fib[33] = 3524578 Timing: 2.1551239490509033s
Fib[34] = 5702887 Timing: 3.5712039470672607s
Fib[35] = 9227465 Timing: 5.6563239097595215s
Fib[36] = 14930352 Timing: 9.236528873443604s
Fib[37] = 24157817 Timing: 14.828848123550415s
Fib[38] = 39088169 Timing: 24.034374952316284s
Fib[39] = 63245986 Timing: 39.42125487327576s
```

如果发现自己开发的程序太慢，不能满足实际需要，可以通过计时找出耗时的关键部分并设法改进。标准库包 timeit 可以方便地完成各种计时（与上面做法类似），另外的 cProfile 和 profile 包可用于统计程序中各部分的耗时，这些都是很有用的工具。

循环和正确性

斐波那契数列的计算规则很简单，前面函数的代价不太合理，主要原因是执行中出现大量重复计算。不难找到计算斐波那契数的更好（更快）方法：

（1）F_0 和 F_1 已知；

（2）由 F_0 和 F_1 可以算出 F_2；

（3）一般而言，已知连续两个斐波那契数，就可以算出序列中下一个数。

这 3 条规则给出的方法是从 F_0 和 F_1 开始推算，直至算出所需要的 F_n。计算中需要用一个计数变量保存当前斐波那契数的下标。新函数的定义如下：

```
def fib(n):
    if n < 0:
        return 0
    f1, f2 = 0, 1 # 开始时分别表示 F_0 和 F_1
    k = 0
    while k < n:
```

```
        f1, f2 = f2, f2 + f1
        k += 1
    return f1
```

用具体参数试验，得到的结果都对。但是，函数对任何参数都能正确算出斐波那契数吗？下面回答这个问题，其中涉及一点程序理论，但采用直观的讨论方式。

这里的核心问题是确定函数里的循环总能正确工作。在基本编程设施中，while 是最复杂的东西：条件控制下的循环体可能执行任意多次，我们无法通过测试穷尽其所有的执行可能性。要正确理解循环的行为，就需要理论和逻辑。我们写循环时，必须考虑清楚希望它做什么，怎样做。下面通过实例介绍有关的思考路径。

对于函数 fib 里的循环，我们希望变量 k 增加到等于 n 时 f1 的值正好是第 n 个斐波那契数，这样就能保证函数结果正确。循环可能迭代任意次，为确保循环结束时结果正确，就要求每次迭代都正确。如果“每次判断循环条件时 f1 的值总是第 k 个斐波那契数，而 f2 的值总是第 k+1 个斐波那契数”，当 k 值等于 n 时循环结束，f1 就一定是第 n 个斐波那契数了。不难判定，函数 fib 里的循环确实能保证这种关系。

循环里用了两个递推变量，更新方式是逐步前推。我们可以如下论证：

- 首先，进入循环第一次判断循环条件时，k 的值为 0 而 f1 的值等于 0，也就是 F_0，而且 f2 的值是 F_1，是下一个斐波那契数。所需关系成立。
- 假设某次判断循环条件时 f1 的值是 F_k 且 f2 的值是 F_{k+1}。循环体里的赋值使 f1 和 f2 分别变成 F_{k+1} 和 F_{k+2}。随后变量 k 的值增加 1，使得 f1 和 f2 重新变成 F_k 和 F_{k+1}。因此在下一次判断循环条件时，所需关系仍然成立。

根据这些论证，我们可以断定这个循环是正确的，对任何正整数 n 都算出第 n 个斐波那契数，因此函数 fib 是正确的。注意，这一结论与具体实参值无关，是一个数学意义上的**证明**。这样做出的论证与用具体数据测试完全不同：一次测试结果正确，只说明程序对一个（或一套）数据能正确工作。函数 fib 的实参可以是任意自然数，因此，无论做多少次测试，也不能断定 fib 对所有自然数都能给出正确结果[①]。

循环描述的是反复进行的操作，循环体有可能执行任意多次。在这种情况下，如何保证一个循环总能正确完成所需要的计算呢？人们发现，写循环时，特别需要关注其中某些变量之间的关系。虽然在循环体的一次次执行中，这些变量的值都在变，但它们之间的某些关系却应该保持不变。这种关系就反映了循环的本质，称为**循环不变式**。

人们写简单循环时更多依靠直觉，实际上也有不变关系。如下面求平方和的循环：

```
ssum = 0
k = 1
while k < 101:
```

① 注意，Python 的 int 可以任意大。即使不是这样，例如整数用 32 位二进制表示，由于可能取值非常多，通过测试确定循环对所有非负整数都能给出正确结果，也是不现实的。

```
        ssum += k * k
        k += 1
```

它维持的不变关系就是：“检查循环条件时 ssum 是前 k-1 个正整数的平方和”。进入循环时 k 为 1，ssum 为 0，这个关系成立；每次迭代中把 k 的平方加入 ssum，同时 k 值加 1，循环不变式得到维持。循环结束时 k < 101 不成立了，也就是说当时 k 是 101。由这些分析可以确定，循环结束时 ssum 的值一定是前 100 个数的平方和。应该说，循环不变式并不是深奥而无法理解的东西，它就是人们的直观认识的凝练和提升。

要写好一个循环，最重要的是弄清**循环中应当维持哪些东西不变**（维持哪些变量之间的什么关系），才能保证循环结束时有关变量一定处于所需状态，写出循环后应该仔细检查提出的条件。对简单循环，问题的回答可能很自然。而在开发复杂的循环时，情况可能不那么明显，有意识地思考这个问题就非常重要了。

这个新函数定义比前面递归定义的函数复杂许多，其中有较复杂的循环，弄清它能完成的工作还要借助循环不变式的概念。从这方面看，该函数不如前面递归定义的函数。但是新函数在效率上有绝对优势。函数主体是一个循环，迭代次数基本上等于 n，计算 fib(100) 只需约 100 次循环，几乎察觉不到运行时间，而前面函数的时间将以“万年”计。

完成同样计算，前面递归定义的函数比用循环函数慢得多，这是普遍规律吗？不一定！下面是另一个递归定义的斐波那契函数，速度与用循环函数差不多：

```
def fib0(f1, f2, k, n):
    if  k > n:
        return f1
    else:
        return fib0(f2, f1 + f2, k + 1, n)

def fib(n):
    return fib0(0, 1, 1, n)
```

辅助函数 fib0 是递归定义的，主函数 fib 启动计算。当然，说明这个函数正确又不太容易了，请读者自行考虑，还请将这个函数与前面循环定义的函数对比。

利用 Python 的平行赋值功能，前面的循环程序还可以简化。例如：

```
def fib(n):
    f1, f2 = 0, 1
    for k in range(n):
        f1, f2 = f2, f2 + f1
    return f1
```

参数为负的情况也统一处理了。函数的正确性请读者自己分析。

最大公约数

最大公约数（greatest common divisor，简写为 GCD 或 gcd）是一个重要数学概念。整数 *n*

的**约数**就是能整除 n 的整数。整数 m 和 n 的最大公约数，就是能同时整除两者的整数中绝对值最大的数。由于 1 是任何整数的约数，最大公约数一定存在。求解这个问题的著名方法是**欧几里得算法**（即**辗转相除法**），其递归定义如下：

$$\gcd(m,n)=\begin{cases} m & \text{当} n \bmod m = 0 \\ \gcd(n \bmod m, m) & \text{当} n \bmod m \neq 0 \end{cases}$$

这里假定 m 和 n 都是自然数，而且 m 不为 0。

考虑函数的递归定义：先假定函数的第一个参数非 0，而且两个参数都不小于 0。下面的函数定义直接对应于辗转相除法的数学定义：

```
def gcd(m, n):
    if n % m == 0:
        return m
    return gcd(n % m, m)
```

有关欧几里得算法的研究保证这个函数一定结束，而且速度很快。

为处理各种特殊情况，可以另写一个函数，其中调用上面函数：

```
def gcd_main(m, n):
    if m < 0:
        m = -m
     if n < 0:
        n = -n
    if m == 0:
        return n
    return gcd(m, n)
```

辗转相除也是重复性工作，可以通过循环实现。考虑这里的循环：

（1）循环开始时 m 和 n 是求最大公约数的出发点；

（2）每次循环判断 n % m 是否为 0。如果为 0，m 就是最大公约数，结束；

（3）否则做变量更新：n 取原来 m 的值，m 取原来 n % m 的值，用平行赋值实现：

```
m, n = n % m, m
```

下面的函数定义假定了两个参数均不小于 0，将其补充完整的工作留给读者：

```
def gcd(m, n):
    if m == 0:
        return n
    while n % m != 0:
        m, n = n % m, m
    return m
```

n 值为 0 以及 m 和 n 都为 0 的情况不需要特殊处理。函数里有一个较复杂的循环，按前面说法，为保证循环正确，需要考虑某种不变关系。这个问题请读者自行考虑。

本例也说明了平行赋值的价值。采用平行赋值，代码既简单又清晰，意义也正确。用简单赋值完成同样功能，需要引进辅助变量。这些说法请读者自己验证。

1.4.3 比较复杂的递归问题

前面几个递归定义的函数都很容易改为用循环实现，但也确实有些问题，用递归方式求解自然而简单，相应循环程序则不容易写出。下面的例子代表一个著名的计算问题。

兑换硬币

人民币硬币共有 1 分、2 分、5 分、10 分、50 分和 1 元（100 分）6 种。现在考虑一个硬币兑换问题：给了一定人民币款额，问有多少种不同方法将其兑换成硬币。

用具体实例试试，就会发现这个问题不太简单，必须找到一种系统化的列举方式，才能保证给出正确结果。考虑一种递归观点，币值 n 的兑换方式数等于：

- 用了一个币值为 a 的硬币后 n - a 的兑换方式数，加上
- 不用硬币 a 时 n 的兑换方式数。

这是两种递归的情况。下面几种（基本）情况可以直接得到结果：

- n 等于 0 时，就是找到一种兑换方式（计 1 种兑换方式）；
- n 小于 0 是没找到兑换方式（说明前面安排有误，计 0 种兑换方式）；
- 硬币的种类数等于 0 说明没找到兑换方式（安排有误，0 种兑换方式）。

有一项递归中要去掉一种硬币，因此可能出现最后这种情况。有了对问题的递归观点（和自然得到的算法）后，在考虑算法的实现前还要解决一个小问题。

人民币硬币的币值没规律，计算中不好用。我们给硬币一个编号，把整数 1 到 6 分别对应到 1 分到 1 元（100 分）的硬币，从编号可以方便地取得币值。用函数实现这种对应：

```
def amount(k):
    if k == 1:
        return 1
    if k == 2:
        return 2
    if k == 3:
        return 5
    if k == 4:
        return 10
    if k == 5:
        return 50
    if k == 6:
        return 100
```

开始时硬币的编号范围是 1～6，缩小范围就能实现减少一种硬币的操作。

有了这些准备，前面的分析就能直接翻译为递归定义的函数了。`ccoins(k, n)`返回用 k

种硬币去兑换币值 n 时，不同兑换方式的总数：

```
def ccoins(k, n):
    if n == 0:
        return 1
    if k == 0 or n < 0:
        return 0
    return ccoins(k, n - amount(k)) + ccoins(k - 1, n)
```

最后定义一个主函数，它调用 ccoins(6, n)完成对具体币值的计算：

```
def num_coins(n):
    return ccoins(6, n)
```

本问题的解由 3 个函数构成：amount 是辅助函数，为了实现方便。核心函数 ccoins 采用递归的方式实现前面的算法。主函数只是一个包装，为了人使用更方便、少出错（保证不给错参数、防止错误使用等，如 ccoins(8, 100)）。

上面解法隐含着先试验币值较大的硬币，分析中并没有对硬币顺序提出任何要求。请读者修改程序的实现，先考虑币值最小的硬币，看看能否得到结果。再用较大的币值做试验，看看两种处理顺序是否造成计算效率上的差异。如果有，请想想为什么。

用循环的方式也可能写出求解这个问题的程序，但需要用一个栈，求解脉络也不很清晰。读者可以自己试试。此外，假设国家增发了两种新硬币，分别是 200 分和 500 分。如何修改上面程序完成计算？如何修改不用递归实现的程序？

相互递归

前面讨论的递归都是一个函数调用自身，可称为**自递归**。实际中也会出现两个或多个函数相互调用，形成复杂递归的情况。例如，在 f 里调用 g，在 g 里调用 f。

如需定义两个相互调用的函数，就会遇到了一个问题：无论先定义哪一个，其函数体里都需要调用另一个尚未定义的函数。在 Python 程序里，这样两个函数定义可以任意排列。Python 解释器处理函数的定义时，并不检查其中调用的函数有无定义，只要求在实际执行时被调用的函数有定义，找不到函数时报错。

下面是两个相互递归的函数，它们分别判断参数的奇偶：

```
def even(n):
    if n == 0:
        return True
    else:
        return odd(n-1)

#even(4) # will be an error

def odd(n):
    if n == 0:
```

```
        return False
    else:
        return even(n-1)
```

如果在函数 even 的定义之后调用 even(4)，系统就会报错。因为解释器执行这个语句时，函数 odd 还没有定义。在 odd 有定义后写 even(4) 就没问题了。

这个例子没有什么意思，但实际程序中确实可能出现复杂的递归情况。

1.5 函数定义的若干问题

解决复杂问题的基本方法是分解和抽象：一方面把复杂问题分解为相对简单的子问题，分别处理，基于子问题的解构造整个问题的解；另一方面还需要抽象，把复杂过程抽象为简单描述。要把握和处理复杂的计算过程，构造出解决它们的良好程序或软件，必须掌握这些思想和技术。随着计算机应用和程序技术的发展，各种抽象机制被引入到编程语言中。Python 包含许多抽象机制，最基本就是函数。

1.5.1 函数的意义

理论上说，函数定义功能没带来新的描述能力，没有函数的语言也能描述所有可能的计算。一个函数就是一段代码的包装，调用就是要求执行包装的代码。我们可以把这段代码直接写在调用函数的地方，为什么要定义为函数呢？从实践角度看，把一段段代码抽象定义为函数非常重要，没有函数分解和定义，不可能写出复杂的程序。

函数抽象的意义和作用

定义函数的作用是多方面的，下面列出一些情况。

- **作用 1**：把适当的代码片段包装为函数，有可能缩短程序。这是最直接的功利性原因。如果函数定义体比较长，在程序里多处调用，这种效果会很明显。
- **作用 2**：把一种有用功能定义为函数，如果发现所需功能的实现不正确，只需要在一个地方修正（只要函数调用形式不变）。在实际中，完成的程序也经常需要修改，不仅是在发现错误后。我们可能发现解决问题的新方法，计算的环境可能变化，需要增加功能等。在大程序里很多地方进行修改，既耗时又容易出错。
- **作用 3**：定义函数就是定义新的编程概念，扩充语言。假设语言里没有立方的概念，定义求立方函数 cube 就增加了这个概念。随后思考、讨论、设计、实现程序时都可以利用这个新概念。反之，程序里无论写多少次 x*x*x，也没引进新的编程概念。

  编程语言是通用的，只能提供大多数程序可能用到的基本概念和基本结构，而实际程序是具体的。只使用语言的基本机制，写出的代码层次太低，解决复杂问题时代码可能变得太复杂。利用函数可以逐步建立起越来越接近实际问题的新概念，把每一步工作控制在较简单的范围内，更容易做好所需要的程序。

- **作用 4**：函数是功能分解机制，可用于分解复杂问题，分解程序复杂性。在程序开发中，应该设法把复杂需求分解为一些概念清晰、功能较简单的待开发函数。不够简单时再进一步分解。这样做，既分解实现的困难，也得到了程序的实现结构。
- **作用 5**：函数可以作为划分工作任务的开发单元。复杂程序的开发需要多人参与，需要把编程工作分解为相对独立的部分。函数是很自然的独立开发单元。
- **作用 6**：作用 5 提出的独立性很有意义。需求清晰的单元可以独立地设计、开发、调试，既有利于控制工作规模，发现了错误也比较容易定位和更正。即使是一个人工作，函数分解也可以作为划分工作阶段和步骤的手段。
- **作用 7**：函数具有独立性和通用性，其使用可能超越当前程序。如果某个函数实现了某种通用功能，经过良好的设计、检查和调整，有较高效率，那么它不仅可以用于当前程序，还可能用于其他程序。这就是程序（或程序部分）的**重用**。Python 的标准库和其他库是这方面的典范。例如，数学函数库就是人们开发的一组函数。

函数和函数分解还有很多可能的作用。

上述讨论还提出了一些非常重要的软件开发原则或技术。作用 2 被总结为一条重要编程原则（**唯一定义原则**）：**程序中的任何重要功能都应该只有一个定义**。作用 3 倡导的构造方式称为**自下而上**的开发，从底层出发，一步步构造功能块，支持复杂功能的实现；作用 4 提出的构造方式称为**自顶向下**的开发，又称为**逐步求精**。

函数和程序的执行

一个 Python 程序由一系列语句构成，通常包含一些函数定义和一系列普通语句，后面还会看到其他结构。解释器执行普通语句时直接产生效果，执行函数定义时创建函数对象并命名，但不执行函数体里的语句。只有被调用时，函数体才真正执行。可见，一个函数要在程序的执行中起作用，它必须被某个普通语句调用，或者被另一个正在执行的函数调用。没被调用的函数不会在程序执行中产生作用。

Python 解释器的基本方式是按行读入和处理。

- 默认方式是遇到换行即认为语句（或表达式）结束，立即执行这个语句。因此，程序中不能在语句（或表达式）的中间随意换行。
- 如果读入行最后是反斜线符\，解释器丢掉反斜线符和换行符，把下一行看作本行的继续。如果已读内容明显未结束（存在未配对的括号等），也继续读入下一行。
- 字面上的一行是一个物理的程序行，根据上面的规则，解释器可能把连续的几个**物理行**拼接成一个逻辑的程序行。解释器一次处理一个逻辑行。
- 如果读到的行是一个复杂结构的头部（控制结构、函数定义等），解释器将继续读完这个结构（根据代码的缩进关系），然后一次完成这个结构的执行。

在交互式工作方式下，解释器的基本处理循环反复做下面 3 件事：

- 读入一个逻辑行或一个跨行的复杂结构，如 def、if、for、while 等；
- 执行读入的行或结构（完成它要求的操作）；
- 输出得到的值（如果有非 None 结果），或者报错。

执行模块时解释器也采用同样规则，只是不输出求值结果（即使结果非 None）。

1.5.2 函数分解：定义和调用

函数比较复杂，因为它牵涉到定义和使用（调用）两个方面。定义函数时需要做很多工作，在深入分析和理解情况之后需要精心设计。具体工作包括。

- 确定功能：这是第一位的问题，是定义函数的基础。
- 选定参数：把计算中涉及的一些数据抽出来作为参数，也就是把针对具体数据的计算抽象为相对于一组参数的计算，使函数的功能通用化。
- 为函数命名。选择名字是实践中非常重视的问题，“名不正，则言不顺”。
- 选择适当的方法（算法）实现函数体：这一部分的工作量最大，但也比较具体。做好了前几步，这里的问题就是选择适当的算法并正确实现之。

最后一点很重要，但也是一般编程中都需要考虑和处理的问题，不是定义函数的特殊问题，因此不是本节主题。下面主要关注前两个问题。

程序的函数分解

什么样的程序片段应该定义为函数？这个问题没有万能的评价准则，需要开发者分析和思考，根据具体情况选择和设计。有两条基本线索可供参考。

- 重复出现的相同或相似的代码片段，可以考虑从中抽取共性结构，定义为函数。这样做不但能缩短代码，也能提高程序的可读性和易修改性。
- 具有逻辑独立性的片段，无论其是否使用多次，也应该定义为函数。这样做的主要作用是定义高层概念，分解程序的复杂性。有一个行之有效的评价方法：如果能用一句简单的话说明一段代码的功能，就应该将其定义为函数。反过来，如果定义了一个函数，但其功能很难说清楚，就应该质疑这一定义的合理性了。

一个程序部分可能有多种分解方案，寻找合理或有效的分解是需要学习的。人们提出的经验准则是：**如果一段计算可以定义为函数，就应该把它定义为函数。**

函数是包装起来并命名的一段参数化代码，是逻辑独立的动作性实体。函数使用者主要关注其功能，不需要考虑其具体实现。实际使用时提供合适的实参，并正确接受返回值。函数实现者需要关心细节：外部提供的参数及其类型（虽然 Python 函数定义不描述参数类型，但实现者应该有明确的想法），如何基于参数完成计算，在什么情况下结束，如何取得返回值？他们不应该关心具体调用的情况。

函数头部规定函数调用和定义的联系，应该在定义函数之前全面考虑。一旦明确了函数功能，设计好函数头部，函数的定义和使用完全可以由两批人分别做。当然，他们必须遵循共同规范，对函数功能有共同理解。在这里出偏差就会导致错误。

确定了要定义的函数，下一步是开发函数体。如果函数功能比较简单，容易基于 Python 基本操作和标准函数实现，可以直接完成函数定义。功能很复杂时应该考虑进一步分解：把其中一个（或几个）部分抽象为函数，通过函数调用完成操作，而后再去实现相应的函数。这种分解可以一层层做下去，直到比较容易直接实现为止。

调用函数时应该提供数目正确、类型和值满足要求的实参，调用无参函数时也必须写括号，实参个数不对时解释器将报 `TypeError`。如果实参表达式里又有函数调用，解释器就会先做那个函数调用，以其返回值作为实参。可以有任意深度的函数调用。

定义和调用的配合

函数调用与函数定义之间需要相互配合。如果被调函数是一个“**全函数**”，也就是说，对所有（类型合适的）实参都能工作，情况最简单。有些函数确实如此，例如 `print`，它甚至对参数个数也没有限制。然而大多数函数都不是全函数，它们可能对参数的值有一些要求，只能对满足要求的参数完成工作。

非全函数应该如何定义呢？前面三角形面积函数的定义是一种做法，它在参数不满足要求时返回 nan（利用了 Python 的功能）。这样做的优点是使函数对所有数值都返回结果（相当于把函数“补全”）。进而，由于正确参数的结果都不是 nan，返回这个值不会产生**误解**。只要在调用后检查结果是不是 nan，就知道是否得到了三角形面积。

仔细考虑可以发现，如果要实现的函数原本不是“全函数”，考虑函数定义和调用之间的配合时，实际上存在两种可能的做法：

1. 在函数定义时设法将其“补全”，对原无定义的参数返回特殊值。这样做的条件是能找到合适的、可以与正确结果区分的返回值，使函数调用后可以检查。

2. 直接定义函数，只处理满足要求的参数，不考虑无定义的参数情况。只要调用时提供的参数能保证满足函数的需要，这样定义函数也不会有问题。

按第一种思路定义函数，应该在函数的开始检查参数，满足要求时正常处理，发现参数不满足需要时返回特殊值。这样定义的函数比较安全，无论用什么样的具体参数调用，它都不会做坏事。但在另一方面，采用这种定义方式，实际上要求调用方得到结果后检查，处理得到特殊值的情况。还要求能找到合适的特殊值。

采用第二种方式定义函数，实际上是要求调用方承担保证函数正常执行的责任，在每次调用函数时保证参数满足需要，否则结果就没有保证了。

上面讨论说明，函数对参数的要求和处理方式，也是函数定义与调用之间的约定的一部分。在定义函数时应该有清晰的考虑，通过文档（或程序里的注释，或函数的文档串）提供信息。调用方也需要弄清函数的这方面要求，通过合适的方式处理。

第 3 章讨论 Python 的异常处理机制可能更好地解决这方面问题。

函数的嵌套组织

C 语言只允许全局函数（`static` 函数是访问受限的全局函数），Python 则支持更丰富的函数定义结构。本小节介绍函数的定义结构，以求立方根的函数为例。

x 的立方根可以用下面公式逼近计算，其中令 $x_0=x$：

$$x_{n+1}=\frac{1}{3}(2x_n+\frac{x}{x_n^2})$$

理论研究说明这个序列收敛到 x 的立方根。循环逼近需要有判断结束，为保证函数对不同实参数值的行为一致，采用相对误差更合适，可以考虑：

$$\left|\frac{x-x_n^3}{x}\right|<0.000001\text{ ，或者}\left|\frac{x_{n+1}-x_n}{x}\right|<0.000001$$

后一公式可行，是因为收敛中逼近的步距必定越来越小，步距小也说明当时的近似值距离目标近了。基于逼近公式和第一种判断方式定义的函数如下：

```
def cbrt(x):
    if x == 0.0:
        return 0.0

    guess = x
    while abs((guess**3 - x) / x) > 1e-6:
        guess = (2.0 * guess + x / guess / guess) / 3
    return guess
```

通过试验可以确定，对各种实参值，这个函数都能得到合理精度的结果。

函数里的循环就是反复做两件事：检查当前近似值是否足够好，不够好时按规则改善近似值。可以把这两项工作提取出来定义为函数[①]，更清晰地描述计算过程：

```
def not_enough(x, guess):
    return abs((guess**3 - x) / x) > 1e-6

def improve(x, guess):
    return (2.0 * guess + x / guess / guess) / 3

def cbrt(x):
    if x == 0.0:
```

① 这个函数已经很简单，实际中不一定考虑继续分解。这里用它作为例子讨论函数的构造问题。

```
        return 0.0

    guess = x
    while not_enough(x, guess):
        guess = improve(x, guess)
    return guess
```

这样分解很好，但也带来一个副作用：一些内部工作暴露到函数外，局部用的函数名出现在全局中。Python 允许把局部使用的函数定义在内部。整理后的定义如下：

```
def cbrt(x):
    def not_enough(x, guess):
        return abs((guess**3 - x) / x) > 1e-6

    def improve(x, guess):
        return (2.0 * guess + x / guess / guess) / 3

    if x == 0.0:
        return 0.0

    guess = x
    while not_enough(x, guess):
        guess = improve(x, guess)
    return guess
```

这样就做到了信息局部化，避免局部使用的函数“污染”全局环境。

Python 规定，只要没重新定义，外围函数里的变量可以在内部嵌套的函数里直接使用。因此我们可以修改上面函数定义，不通过参数传递 `x` 和 `guess` 的值，而是在内部函数定义里直接使用它们。下面函数的功能与上面函数完全一样：

```
def cbrt(x):
    def not_enough():
        return abs(guess**3 - x) > 1e-6

    def improve():
        return (2.0 * guess + x / guess / guess) / 3

    if x == 0.0:
        return 0.0

    guess = x
    while not_enough():
        guess = improve()
    return guess
```

两个内部函数都没有参数，其中的 `x` 和 `guess` 就是外围函数里的参数和变量。

对于这种**函数的嵌套定义**，1.5.5 节有更多讨论。C 语言和 Java 语言都不允许函数的嵌套定义，后面讨论中也会给出一些解释。

1.5.3 程序框架和函数的函数参数

重看 1.5.2 节分解功能后的 cbrt，其主函数体实际上是一个模式，反映了很具有普遍性的一类计算：**通过迭代逐步逼近**。相关计算从一个初值出发，通过一种能求出更好近似值的方法，在一种继续工作的判断控制下不断迭代，直至得到满意的结果。这种实现逼近计算的模式也可能重复使用（称为**重用**或**复用**），因为它不仅表达了求立方根的各种逼近计算方法的共性，还可能用于能通过逼近方式求解的其他问题。

基于拷贝和修改的重用

要实现另一种求立方根的逼近计算方法，只需要找到能解决求立方根问题的另一种近似值改进方法，或者（也可以同时）选择另一种判断继续工作的标准。要用同一计算模式完成另一个问题的计算，关键就是找到一个适用的近似值改进操作。

例如，如果想基于上面模式求平方根，可以采用下面改进函数：

```
def sq_improve(x, guess):
    return (guess + x / guess) / 2
```

拷贝 cdrt 的定义并把函数名改为 sqrt，用 sq_improve 代替原来的 improve 再拷贝 not_enough，就得到了一个求平方根函数（还可以局部化，这里不再专门讨论）。

遇到其他可以用同样计算模式解决的问题，也可以如法炮制。假如应用系统里需要一批求立方根、求平方根等可以通过逼近技术定义的函数，通过拷贝和修改的方式把它们一个个做好，问题就解决了。这也是一种**重用技术**。

但是这种做法并不好。基于**拷贝和修改**的方式重用，任何时候都不是好办法。拷贝导致代码重复、程序变长；修改代码很容易弄错，消除错误的代价可能很高。进一步说，如果希望改用另一种逼近模式，所有拷贝都可能需要修改，更是绝大的麻烦。

现在考虑能否直接利用同一个函数？观察上面的模式，可以看到其表达的高层计算过程被许多函数（如求立方根函数、求平方根函数等）共用，不同计算（及其函数）的差异就是计算中的一些片段不同，具体片段由需要解决的具体问题确定。

回想一下普通函数，如前面的求幂函数，可以看到情况有些类似：作为函数，每次调用时执行的计算过程是共同的，但通过参数给定的整数是具体的。通过统一计算过程处理参数表示的具体实例，求出所需结果。求幂计算的**共性**由函数定义描述，具体实例的**差异**由函数调用的实参描述。这样，我们就用一个函数解决了所有求幂问题。

目前的问题也可能套用这套想法：这里的共性是迭代计算的公共模式，通过不断改进近似值逼近问题的解。不同迭代计算之间的差异表现为一个或几个具体计算片段不同。例如，求立方根和求平方根，只是改进近似值的方法不同。如果所用编程语言（Python）允许通过参数定制具体计算片段，就能支持计算模式的重用。

实现计算模式的函数

Python 允许以函数（计算片段的抽象）作为函数的参数，这样就有可能描述一批类似计算过程的共性特征。回到原问题，实现逼近计算框架的函数可以如下定义：

```
def appr_method(x, not_enough, improve):
    if x == 0.0:
        return 0.0

    guess = x
    while not_enough(x, guess):
        guess = improve(x, guess)
    return guess
```

立方根函数可以基于 appr_method 重新定义：

```
def cbrt(x):
    return appr_method(x, not_enough, improve)
```

函数抽象的一个重要意义就是可以重用。基于同一框架 appr_method，很容易定义能采用同样模式完成计算的其他函数。例如求平方根的函数：

```
def sqrt_improve(x, guess):
    return (guess + x / guess) / 2

def sqrt(x):
    return appr_method(x, not_enough, sqrt_improve)
```

这里直接重用了 not_enough 的定义。如果一个系统里的所有逼近函数都采用同样标准，可以把 not_enough 定义为全局函数。

同样可以考虑函数定义的局部化问题，例如：

```
def cbrt(x):
    def improve(x, guess):
        return (2.0 * guess + x / guess / guess) / 3

    return appr_method(x, not_enough, improve)
```

appr_method 一类函数描述的是计算模式（或称计算框架），支持计算模式的重用。实现计算模式的函数可用于定义任意多个完成具体计算的函数，这是这类函数的第一层意义。进一步说，函数 appr_method 描述了一类计算的共性，把**逼近**的概念引进我们的编程环境，这个意义更重要。逼近表达了一类问题的通用解决模式，基于它可以实现许多具体计算。在程序层面上描述抽象的计算过程，是非常有意义的工作。利用这种抽象，可以对很多问题做出更好的功能分解。这种编程思想有广泛的应用价值。

高阶函数

函数 appr_method 的参数 improve 和 not_enough 用于引进在函数体里作为函数调用

的对象，这种参数称为**函数的函数参数**，以函数作为操作对象（如作为参数或返回值）的函数称为**高阶函数**，它们比普通函数高一个层阶，这个概念来自数理逻辑（那里有**高阶逻辑**的概念）。在 Python 里，高阶函数的定义和使用都非常自然：函数形参也就是局部变量，可以以任何对象为值。另一方面，函数也是对象，可以赋给变量后使用，自然可以作为值传给某函数的参数，而后在这个函数里作为函数使用（调用）。

函数对象的唯一用途就是作为函数，用在调用式里。前面用函数名描述函数对象，是最简单情况，调用式的函数位置可以写任何关联着函数对象的变量或函数形参等。如果一个变量的值不是函数，放在要求函数的地方执行就会出错。例如：

```
>>> f1 = "func"
>>> f1(1)
Traceback (most recent call last):
  File "<pyshell#15>", line 1, in <module>
    f1(1)
TypeError: 'str' object is not callable
```

Python 的函数定义中没有参数类型说明，说“函数参数”只是约定。在设计高阶函数时，我们要设计好每个**函数参数**，确定其参数和返回值情况，正确而且一致地使用函数参数。在调用时，提供的实参函数也必须符合高阶函数的需要。解释器处理调用式时不能检查参数合法性，实际执行实参函数的调用时才可能发现错误。具体到 `appr_method`，调用时送给 `not_enough` 和 `improve` 的实参都必须是函数，还要满足 `appr_method` 体中相应调用式的要求：`not_enough` 的实参应该是要求两个浮点数参数并返回逻辑值的函数；`improve` 的实参应是要求两个浮点数参数，返回浮点数的函数。

从上面的讨论可以看到，一方面，高阶函数是一种重要编程技术，有可能帮助我们写出更好、更清晰，能更好支持重用的程序组件。但另一方面，定义和使用高阶函数时，需要注意更多方面的相互协调，避免定义或使用不当造成的错误。

`appr_method` 一类高阶函数就像是有几个插接口的通用插板，插上几个合适的功能插件（函数），就变成了能完成实际工作的具体设备。这种思想近年在应用开发领域变得越来越重要、越来越流行，人们开发出许多非常有意义的应用系统框架。当然，实际应用框架的结构和功能比 `appr_method` 复杂得多，但背后的思想却很类似。

随机数和模拟

计算机实现的计算通常是**确定性的**，这是大多数应用的需要。但是，也有这样的应用，其中希望引入一些随机因素。例如，假设要用计算机模拟真实世界中的现象或者过程，如果每次模拟得到的结果一模一样，这种模拟就没太大意思了。

把**非确定性**（随机性）引进计算需要一些特殊的功能，首先是需要有**随机数**。标准库包 random 提供了一批与随机数有关的功能，主要是生成各种随机数的函数，下面是几个常用函数

（更多详情见标准库手册）：

- `random()`返回半闭半开区间[0.0, 1.0)中一个**随机浮点数**；
- `randrange(n)`、`randrange(m, n)`、`randrange(m, n, d)`返回给定区间里的**随机整数**（相当于按同样形式调用 `range`，从生成的序列里随机选择）；
- `randint(m, n)`相当于 `randrange(m, n+1)`；
- `choice(s)`从字符串 `s` 里随机选取一个字符；
- `seed(n)`用整数 `n` 重置随机数生成器，其无参形式用系统当时的时间重置随机数生成器。调用 `seed()`就是要求重新开始一个随机序列。

实际上，随机数也是通过算法生成的，只是看起来随机，是所谓**伪随机数**。上面几个函数生成**平均分布**的随机数，random 包的另一些函数能生成具有其他分布的随机数。

现在考虑一个具体的模拟问题，其中开发的模拟框架可用于实现其他随机模拟程序。我们用这个问题进一步展示高阶函数的重要性，也说明相关的技术。

已知两个正整数互素的概率为 $6/\pi^2$，现在想写程序检验这一结论：用**蒙特卡罗模拟**①做验证，也就是说做一系列随机试验，统计正反两面的证据。

这种试验就是简单重复，很容易写出模拟的算法梗概（假设做 *n* 次试验）：

```
passed = 0
for i in range(n):
    做一次试验
    如果通过，passed -= 1
return passed/n
```

现在的具体试验需要反复生成一对对随机正整数，判断它们是否互素。互素表示试验通过，否则就是没通过。通过的次数除以试验的次数之比，就是所需要的结果。

我们考虑把蒙特卡罗试验的实现定义为一个函数，让它以具体试验为参数，完成指定次数的试验。显然，一次试验对应于一段计算，应该用函数来抽象。为此就需要给蒙特卡罗试验函数引进一个函数参数。反映具体试验的函数应该无参，试验通过时返回真，否则返回假。基于这些考虑，可以写出下面**通用随机试验模拟函数**：

```
def montecarlo(test, num): # num 给定试验的次数
    passed = 0
    for i in range(num):
        if test():
            passed += 1
    return passed/num
```

有了这个通用框架，要实现具体试验，只需要定义一个完成该试验的函数。

回到前面提出的问题，考虑为模拟该问题定义一个函数。试验得到的值应该趋近于 $6/\pi^2$，

---

① 蒙特卡罗模拟的概念来自赌博和掷骰子，蒙特卡罗是欧洲的一个以赌博闻名的城市。

我们再写一个后处理函数，将结果转换到π，以便检查：

```
# Suppose m >= 0, n > 0
def gcd(m, n):
    if m%n == 0:
        return n
    return gcd(n, m%n)

from random import randrange
def pi_test():
    a = randrange(1, 2**31)
    b = randrange(1, 2**31)
    return gcd(a, b) == 1

def my_test(num):
    return (6 / monte_carlo(pi_test, num))**0.5
```

pi_test 实现具体试验，其中用到求最大公约数函数 gcd。最后的 my_tests 调用 monte_carlo 并做一些后处理，使人可以较方便地检查试验结果。

下面是几次试验的情况：

```
>>> my_test(100)
3.2732683535398857
>>> my_test(1000)
3.208051620104573
>>> my_test(10000)
3.138051279001121
>>> my_test(100000)
3.144379433777722
```

这个实现对蒙特卡罗试验做了很好的分解：用一个高阶函数描述试验过程，具体试验被参数化，两部分相互独立，可以分别开发，分别修改变化。具体来说，montecarlo(test, num) 实现通用蒙特卡罗试验框架，参数 test 是完成具体试验的函数。最后用 my_test 包装起具体试验，以方便使用，也使人容易看到试验的效果。很显然，上述通用试验函数可以重用于其他随机试验。在这一功能分解中，高阶函数起着关键作用，使我们能把一类计算工作（随机模拟）抽象定义为一个随机模拟函数。

1.5.4 匿名函数和 lambda 表达式

重看基于 appr_method 定义的求平方根和立方根函数，可以看到一个问题：实现中定义了几个辅助函数，它们都既短小又特殊，只用一次。虽然可以定义在函数内部，但还是需要命名。为这种一次性使用的特殊小函数命名，不太理想。

实际上，这里需要的就是具有函数功能的对象，而函数定义创建的是命名函数，也就是说，既创建函数对象又给予命名，这样做有时并不必要。

数学里描述函数时常用 $f(x)=\sin(x)+x$ 一类写法，是想说明 f 是有一个参数的函数，右边表达式说明 f 表示的函数关系。这种描述方法并不好，没区分函数的定义和命名，去掉 f 就失去意义，描述本身也有歧义。程序语言的函数定义参考了这种描述方式，但没采用等号这种带歧义的写法。美国数学家和逻辑学家 A Church[①]在 20 世纪 30 年代提出 λ-表达式，基于函数定义和函数作用来研究计算问题。λ-表达式是一种与图灵机等价的计算模型，相关理论在计算机科学领域有重要作用。一个 λ-表达式描述一个无名函数，正好满足我们的需要。Python 提供了用于描述**匿名函数**的 lambda 表达式，许多今天流行的语言也有类似结构。下面介绍 Python 的 lambda 表达式及其应用。

lambda 表达式

lambda 表达式是一种表达式，用于描述小的匿名函数。这种表达式可以看作是直接描述函数对象的"函数字面量"，其语法形式是：

```
lambda 参数, ...: 表达式
```

关键字 lambda 是表达式的引导符，其后可以有若干逗号分隔的**参数**，冒号之后的**表达式**是表达式体。对这种表达式求值得到一个匿名的函数对象，它以描述中的**参数**为形参。调用这种函数对象时先建立形实参关联，而后算出**表达式**的值作为结果。

lambda 表达式可以直接当作函数使用，也可以赋给变量或传给需要函数参数的函数等。下面表达式里的 lambda 表达式被作为函数直接应用于实参：

```
(lambda x, y: x**2 + y**2)(3, 4)
```

这是一个函数调用式，其值是 25。注意，由于优先级问题，这里的 lambda 表达式必须加括号。不加括号的 lambda x, y: x**2 + y**2(3, 4)将冒号后的整个部分作为 lambda 表达式体，其中要求把 2 当作函数应用于参数 3 和 4，显然是错误。当然，这个例子只为说明情况，实际中没必要写这样的调用式。

重新考虑基于逼近函数定义 sqrt 和 cbrt 的问题，用 lambda 表达式直接描述 appr_method 的参数（不另外定义辅助函数），写出定义如下：

```
def cbrt(x):
    return appr_method(x, not_enough,
                       lambda x, y: (2.0 * y + x / y / y)/3)

def sqrt(x):
    return appr_method(x, not_enough,
                       lambda x, y: (y + x / y) / 2)
```

实际上，这个例子没有表现 lambda 表达式的威力。没有这种结构，我们也可以定义出上面的两个函数。但下面例子的情况就完全不同了。

① A Church 是阿兰•图灵博士学习阶段的导师，他还有几个学生也获得了图灵奖。

牛顿迭代法和函数生成

科学和工程计算中经常需要求函数的根。**牛顿迭代法**是求数值根常用的方法，求函数 f 根的牛顿迭代公式是（前面求平方根和立方根的公式是其特例）：

$$x_{n+1}=x_n-f(x_n)/f'(x_n)$$

其中的 f' 是 f 的导函数。这里要求 f 是一个可导的实函数。

现在考虑定义一个用牛顿迭代法求函数根的函数 newton。为完成工作，这个求根函数必须同时知道被求根函数及其导函数。如果没有其他办法，我们只能人工做出导函数送给 newton。按这种考虑，newton 应该有两个函数参数，定义如下：

```
def newton(f, df, init):
    def improve(x1):
        return x1 - f(x1)/df(x1)

    x1 = init
    while abs(f(x1)) > 1e-6:
        x1 = improve(x1)
    return x1
```

函数的工作方式与前面 appr_method 类似，很好理解。

虽然上面函数满足问题的要求，但它也很不理想，主要是用起来太麻烦。假设现在需要求函数 g 的根，我们不仅要把 g 定义为 Python 函数，还要人工求出 g 的导函数，并把这个导函数也定义为 Python 函数，然后才能用 newton。

这种做法有两大缺点。首先是需要人做的事情太多（求出导函数并定义为 Python 函数），既麻烦又不自动化。另外，有规律的数值变化都可以定义为 Python 函数，但可能写不出数学表达形式，做不出导函数，这时上面的函数就不能用了。

解决这个问题的最理想方法是让程序从原函数生成导函数。但是，原函数来自 newton 的参数，我们只能要求它是数值计算函数，不能有更多限制。这就意味着需要一种技术，能从任意的数值计算函数生成相应导函数。这是一个全新的计算问题，计算结果应该是函数而不是简单的数据。利用 lambda 表达式可以解决这种问题。

微积分里的求导是一种符号操作，从一个函数得到导函数（从一个代数表达式得到另一个代数表达式）。计算机能做符号表达式计算，有关领域称为**符号计算**，目前最有名的符号计算系统包括 Maple 和 Mathematica 等。Python 完全可以做符号计算，但比较复杂，现在不考虑，我们还是希望在数值计算的范围内找到解决方法。

下面考虑导函数的一种数值近似，称为**数值求导**：

$$\mathrm{D}f(x)=(f(x+d)-f(x))/d \qquad \text{其中 } d \text{ 为很小的正实数}$$

这样得到的不是真正的导函数，但可以看作导函数的近似函数。只要所用常量 d 充分小，作为数值计算函数时，其行为与真正的导函数差不多。

下面考虑一个数值求导函数 diff，我们希望它能作用于任意数值计算函数，得到其数值导函数，也就是说，diff 应返回一个新构造的函数。函数的定义很简单：

```
epsilon = 0.001
def diff(f):
    return lambda x: (f(x + epsilon) - f(x))/epsilon
```

注意，return 后面是一个 lambda 表达式，它的值是一个函数对象。

如果在文件里包含上面函数定义，执行下面语句（包括函数定义）：

```
from math import sin, pi
print("diff(sin)(0.0) =", diff(sin)(0.0))
print("diff(sin)(pi/2) =", diff(sin)(pi/2))
print("diff(sin)(pi) =", diff(sin)(pi))

def cube(x):
    return x*x*x

print("diff(cube)(1.0) =", diff(cube)(1.0))
print("diff(cube)(10.0) =", diff(cube)(10.0))
```

可以看到下面输出：

```
diff(sin)(0.0) = 0.9999998333333416
diff(sin)(pi/2) = -0.0004999999583255033
diff(sin)(pi) = -0.9999998333332315
diff(cube)(1.0) = 3.0030009999995055
diff(cube)(10.0) = 300.0300009998682
```

数值计算有误差，但可以看出 diff 确实具有所需要的功能。

利用上面技术，可以实现一个通用的牛顿迭代法求根函数，其参数是被求根函数和一个初值（不能是导函数的 0 点，这是数学里的要求），它返回该函数的根（近似值）：

```
def newton(f, init):
    def diff(f):
        return lambda x: (f(x + epsilon) - f(x))/epsilon

    def improve(x1):
        return x1 - f(x1)/df(x1)

    epsilon = 0.001
    df = diff(f)
    x1 = init
    while abs(f(x1)) > 1e-6:
        x1 = improve(x1)
    return x1
```

执行下面语句：

```
from math import sin, cos
print("A root of sin:", newton(sin, 1.0))
print("A root of cos:", newton(cos, 10.0))
```

可以看到：

```
A root of sin: 1.193439510898623e-11
A root of cos: 10.995574287548497
```

第一个结果接近 0，第二个结果接近 3.5π（很容易验证）。

函数 diff 很特殊，它能从一个函数生成另一函数，返回值是函数，可以赋给变量或传进函数，在需要的时候使用。还有一个情况值得提出：在浮点数计算中，两个很接近的数相减，或两个很小的数相除，相对误差都将急剧增大。从数值计算的角度看，上面定义的 diff 不是一个好的函数。这里只是想用它展示一种技术。

在后面的章节里，可以看到高阶函数的更多有意义的应用。

1.5.5　作用域，嵌套的函数定义

本节讨论程序中变量的定义和作用范围。

全局和局部作用域

程序里的每个变量（及其与对象的关联）只在一定范围内起作用。例如，前面多次说到函数里的变量是局部变量，只能在函数体里使用。一个变量的可用范围称为其**作用域**（scope），一个作用域是程序中可以静态确定的一段代码，或说是模块里的一部分。

Python 程序的作用域分为两种：一个程序文件（即一个模块）的整体构成一个**全局作用域**；在全局作用域里的可以出现一些**局部作用域**。局部作用域里还可以出现更局部的作用域，形成一种嵌套结构。下面讨论与作用域有关的问题。

Python 程序中的变量不需要声明（与 C 或 Java 不同），基本规则是**赋值即定义**。前面说过，只要给一个变量赋值，它就存在了，就可以使用了。

如果在交互环境里给一个变量赋值，该变量从这里开始就有了定义。这种变量具有全局作用域，在随后的交互计算中一直可用。对 Python 程序文件（模块），在其表层（而不是在某种结构内部，如函数定义内部）赋值的变量、定义的函数，都具有全局作用域。原则上说，这种变量可以在模块中的任何地方使用，例外情况下面说明。

另一方面，一个函数定义确定了一个局部作用域，其范围就是该函数的体语句组，函数的形参和局部变量只在这部分代码中起作用。形参也是这里的局部变量，列在参数表里就是定义。在函数体里给一个变量赋值，就在相应局部作用域里建立了这个变量。局部建立的变量在函数体之外无意义。假设下面是一个模块的代码：

```
def fun(x):
    y = x + 1
    return x**2 + y**3

z = fun(4)

y
```

解释器执行到最后一行时就会报错，因为 fun 的形参 x 和函数体里赋值的变量 y 具有局部作用域，只能在函数 fun 内部用，在函数之外无效。另一方面，模块表层定义的函数名 fun 和变量 z 具有全局作用域，可以在模块里任何地方使用。

人们通常把具有全局作用域的变量称为**全局变量**，把具有局部作用域的变量称为**局部变量**。同样可以说**全局函数**和**局部函数**等。

程序里的任何位置都有一个**当前作用域**。例如，在上面代码中对 z 的赋值语句处，当前作用域就是全局作用域；在 fun 函数体里，当前作用域都是该函数的体代码块。**赋值即定义**原则即是：给一个变量赋值，就在**当前作用域**里定义了这个变量。另一原则是在一个作用域里，一个名字（变量名和函数名统一看待）只有一个定义。在这个作用域里的任何地方，只要提到这个变量，用的都是这个**唯一定义**。

作用域嵌套和同名变量遮蔽

全局作用域包围着全局函数的定义体的局部作用域，是其**外围作用域**。函数里面还可以定义局部函数，假如在函数 f 里定义了局部函数 g，f 的局部作用域就是 g 的局部作用域的外围作用域。因此，在一个模块里，所有的作用域形成了一层层的嵌套结构：每个作用域（除了全局作用域外）都有一个唯一的外围作用域。

这样就出现了几个问题：(1) 在一个局部作用域（例如一个函数体）里可以使用全局变量吗？ (2) 如果在全局作用域里某个变量有了定义，在某函数里又给这个变量赋值，将出现什么情况？对于更深嵌套的作用域，也有类似问题。(3) 在不同的相互不嵌套的作用域里也可能定义同名变量，它们之间是什么关系？

Python 语言的规定如下。

- **赋值即定义**是基本原则。如果在全局作用域里有 x 的定义，在一个函数体里又出现给 x 的赋值（或将 x 作为函数参数，或定义名为 x 的函数），x 就有了另一个局部定义。x 的局部定义将在这个作用域里**遮蔽**其全局定义，该函数体里的 x 都是这个局部的 x。在局部函数里的变量定义产生局部的变量，同样遮蔽外围的同名变量。一般规则就是，局部定义将遮蔽外围作用域里同名的已有定义。
- 如果在全局作用域（或一般的外围作用域）里有一个变量，在内部嵌套的函数里未定义同名变量，外部定义的变量就可以在这个函数体里使用。也就是说，外围作用域里定义的变量，其作用域自动延伸到嵌套的函数体内（只要未被新定义遮蔽）。

- 相互不嵌套的不同作用域里的变量，即使同名也相互无关。

看下面示例程序：

```
x = 2
y = 3
z = 4

def fun1(x):
    y = x**2 + z
    return z**2 - y

print(fun1(x + 2*y + 3*z))
```

这里先定义了全局变量 x、y、z 和全局函数 fun1，而后用 print 输出 fun1 返回的结果。由于函数里定义了局部的 x 和 y，全局的 x 和 y 在函数体里被屏蔽，看不到了。但函数体里没对 z 赋值，因此全局变量 z 在这里仍可用（换句话说，这里出现的 z 就是全局的 z）。另一方面，最后的函数调用语句出现在全局作用域里，其中用到的 fun1 和参数表达式里使用的变量 x、y 和 z 是前面定义的全局变量和全局函数。

Python 解释器处理程序时首先扫描代码，根据**赋值即定义**规则静态确定[①]局部作用域里定义的变量。在一些特殊情况下，这种规定可能带来出人意料的现象。

看一个例子，执行下面程序时解释器会报错：

```
x = 1
def fun2():
    y = x # 这时 x 无定义
    x = 2
    return x + y

fun2()
```

错误信息说在带注释的语句处变量 x 未赋值就使用是错误的。这是语言规则的自然后果。首先，函数定义看作一个整体，解释器静态检查 fun2 函数体的代码，确定局部定义的变量。这里出现了对 x 和 y 的赋值，因此它们都是局部变量。根据唯一定义原则，fun2 里出现的 x 和 y 都是这两个局部变量的使用。然而，在执行函数体的第一条语句时，局部变量 x 没有赋值，因此解释器发现了局部变量未赋值就使用的错误。

还有一个特殊情况：Python 认为 for 语句头部出现了对循环变量的赋值（看作赋值）。循环执行中该变量可能经历一系列值，循环结束后该变量仍然存在，并保持结束循环前得到的值，可以像当前作用域里的其他变量一样使用。例如：

```
>>> for i in range(10):
    if i > 5:
        break
```

① 这里说的静态，就是说在程序开始执行之前，运行中的行为称为是动态行为。

```
>>> i
6
>>> for i in range(10): pass
>>> i
9
```

第一个 for 语句在 i 大于 5 时跳出循环，i 保持当时的值 6。第二个语句一直执行到循环结束，i 将维持由迭代器得到的最后一个值 9。

总结一下，在变量定义与作用域的关系方面有 3 条规则：（1）在一个作用域里，一个名字只有一个定义，赋值即定义；（2）如果出现作用域嵌套，内层作用域里的变量定义屏蔽外层作用域里的同名变量。如果没有屏蔽，局部作用域里可以使用外围作用域中定义的变量；（3）互不嵌套的不同作用域里定义的同名变量相互无关。

Python 允许在局部作用域里重新定义外围已有定义的变量，并为这种情况规定了清晰的语义。但是，随意地重新定义可能影响程序的可读性，编程中应有所节制。Python 允许在函数内部嵌套函数定义，这导致了更复杂的作用域结构。

全局和非局部声明

有时我们可能希望在一个函数里修改全局定义的变量或者外围函数里定义的变量。考虑一个简单例子，假设现在希望修改上面的 cbrt 定义，统计在一次立方根计算中所有函数调用的次数。这显然是臆造的例子，但是在复杂的函数调用中统计一些信息，却是实际软件中经常需要的功能。可以认为本例代表了这种需求。

统计调用次数需要用一个变量，问题是在哪里定义这个变量。注意，如果变量定义在函数里，那么变量的生存期间（称为变量的**生存期**）就是该函数一次调用。函数结束后其中的局部变量也消失了，要想在函数结束后还能找到统计信息，只有两种可能：把它作为函数的返回值，或者使用生存期更长的变量，如全局变量。针对目前问题，函数返回值已被使用（用于返回求得的立方根），我们只能考虑全局变量。

现在考虑用全局变量 count 记录函数调用的次数，在每个函数里更新它的值。为此，需要在函数定义之前加上 count = 0 定义变量，在 cbrt 里把它的值设置为 1（因为调用了函数一次），在两个局部函数里加入计数语句：

```
count += 1
```

但是，如果真这样做，执行 cbrt 函数时将看到 UnboundLocalError 错误。错误定位到函数 improve 里更新 count 的语句（请读者自己确认这一情况）。

原因很简单，**赋值即定义**是 Python 的基本规则。improve 里的 count+=1 要求给 count 赋值，基本规则说由于出现赋值，count 就是本函数的局部变量。计数语句要更新 count 的值，这要求变量已经有值。但在执行这个语句前里还没给（这个局部的）count 赋值，因为我们希望修改的是全局的 count。

这个例子说明了一种需求：有时我们希望能在函数里修改全局变量，但**赋值即定义**的基本规则阻止这种操作。为了解决这个问题，让程序员有可能表述修改全局变量的意图，Python 引进了一种全局变量**声明语句**，其形式是：

```
global 变量名, …
```

这种语句应该出现在局部作用域里，关键字 global 后可以列出多个**变量名**，用逗号分隔。与其他语句不同，解释器执行声明语句时不做操作，而是记录一点内部使用的信息，使所列变量在本作用域里的出现都使用相应的全局变量，无论是否出现对它们的赋值。

有了 global 声明语句，前面要求的程序就很容易完成了：

```
count = 0

def cbrt(x):
    global count

    def not_enough(x, guess):
        global count
        count += 1
        return abs((guess**3 - x) / x) > 1e-6

    def improve(x, guess):
        global count
        count += 1
        return (2.0 * guess + x / guess / guess) / 3

    count = 1

    if x == 0.0:
        return 0.0

    guess = x
    while not_enough(x, guess):
        guess = improve(x, guess)
    return guess
```

几个函数里都需要把 count 声明为全局变量。下面是运行情况：

```
>>> cbrt(8.0)
2.0
>>> count
17
>>> cbrt(100.0)
4.641588833612779
>>> count
25
```

统计结果说明，这个函数收敛得比较快。

还有一点细节：假设某个函数把 x 声明为全局变量，如果函数执行到给 x 赋值时全局名字空间里没有 x，解释器就会把 x 加进全局名字空间并完成赋值。

另一方面，有时也需要在内部函数定义里修改外围函数的变量（而不是全局变量）。Python 为这种需要引进了 nonlocal 声明语句，形式是：

nonlocal **变量名**, …

这种语句声明在本函数体里出现的（这些）**变量名**不是局部变量，应该到外围（但非全局）作用域去找它们的定义，找不到就是错误。如果外围存在多层非全局作用域，那么就从内向外逐层查找最近的定义。应特别说明，查找 nonlocal 变量时，解释器只在非全局的外围作用域查找，也就是说，nonlocal 并不是 global 的扩充。

应该特别说明，函数里的 nonlocal 和 global 声明都必须出现在被声明变量在本作用域中的使用之前。Python 把 global 和 nolocal 声明也看作建立变量约束的操作，具有与其他变量约束相同的性质，但并不创建新变量。

lambda 表达式的作用域问题

一个 lambda 表达式也引进一个局部作用域。lambda 表达式中不能出现赋值和函数定义，但它可以有参数，参数就是局部变量，只在表达式的体内部有效。lambda 表达式一定出现在某个作用域里，该作用域就是 lambda 表达式体的外围作用域，形成作用域嵌套。在 lambda 表达式中可以使用外围作用域中有定义的变量。如果表达式中用到非参数的变量，解释器就会到外围作用域去找它们的定义。

1.5.6 带默认值形参和关键字实参

许多标准函数和库函数的一些参数可以缺省，调用时没提供实参时用相应的**默认值**。例如，标准函数 input 的使用形式说明为 input([prompt])[①]，调用时可以为 prompt 提供实参，不提供实参则是以空串为值。math 包函数 log 的调用形式是 log(x[, base])，如果调用时只给一个实参，log 计算自然对数（base 以 e 为默认值）。complex 的调用形式是 complex([real[, imag]])，说明它有 3 种使用形式：

```
>>> complex()
0j
>>> complex(1)
(1+0j)
>>> complex(1, 2)
(1+2j)
```

print 的默认参数

print 允许任意多个实参，实参可以是任何标准类型的表达式。实际上，print 还有几

① Python 手册描述函数时，简单名字表示形参，[]括起表示可缺省，带“=表达式”表示有默认值，表达式说明参数的默认值。还可以有带星号形参和带双星号形参。有关情况在第 2 章解释。

个带默认值的参数，手册里的说明是：

```
print(*objects, sep=' ', end='\n', file=sys.stdout, flush=False)
```

这里*objects 表示允许任意多个任意类型的实参。后面是几个**带默认值参数**：`sep` 表示输出项的分隔串，默认为空格；`end` 表示输出的结束串，默认为换行符；`file` 表示输出位置，默认值 `sys.stdout` 表示输出到屏幕窗口，`flush` 的意义后面解释。

如果要给带默认值形参提供值，应该用“**形参名=表达式**”的实参形式，这种实参形式称为**关键字实参**，**形参名**称为**关键字**。例如，如果希望输出项用逗号加空格分隔，调用就应该写成 `print(..., sep=", ")`；如果希望调用的最后输出逗号和空格而不是换行，应该写 `print(..., end=", ")`。关键字实参必须出现在普通实参之后，多个关键字实参的顺序不重要。解释器用实参的关键字与函数**形参**匹配。

看一个例子。执行下面函数定义和调用：

```
def print_fibs1(n):
    f1 = 0
    f2 = 1
    print(0, 1, sep=", ", end="")
    for k in range(1, n):
        f1, f2 = f2, f2 + f1
        print(",", f2, end="")
    print("\n")

print_fibs1(12)
```

解释器将只产生一行输出：

```
0, 1, 1, 2, 3, 5, 8, 13, 21, 34, 55, 89, 144, 233
```

下面的技术有时候很有用：

```
for i in range(100):
    print(i, end=", " if i%10 != 9 else "\n")
```

作为测验，请读者先想想这个语句产生的输出，再实际运行检验。

自定义带默认参数的函数

自定义函数也可以有带默认值形参，方法是在参数表里的形参名后加“**=表达式**”描述默认值。带默认值形参应该排在所有无默认值的形参之后。例如：

```
def ratio(pre, post=1):
    return pre/post
```

如果调用时没提供第二个实参，就用 1 作为 `post` 的实参。

如果函数有多个带默认值形参，调用时会出现复杂的实参匹配问题。假设定义了：

```
def func(a, b=1, c=2, d=3): ... ...
```

func(0)的意义很明确，但 func(1,4,5)中后两个实参对应哪些形参？Python 的规则是无关键字实参顺序匹配，所以 4 和 5 分别关联于 b 和 c，剩下 d 取默认值。如果希望 b 和 c 取默认值而 d 取值 4，就必须用关键字实参写成 func(2, d=5)。

由于 print 允许任意多个表示输出的实参（为自定义函数引入这种形参的技术在第 2 章介绍），调用中的其他实参都必须采用关键字实参的形式。

1.6 总结和补遗

本节补充 Python 语言中的一些与本章有关的情况，并对本章内容做些总结。

1.6.1 整数的位运算

与 C 语言一样，Python 也提供了整数的二进制位操作，有**按位运算符**。基本**位运算**是按位运算符的基础。位运算是对二进制位的运算，4 个位运算的规则如表 1-6 所示。

表 1-6 位运算

运 算 对 象		位“否定”	位“与”	位“或”	位“异或”
0	0	1	0	0	0
0	1	0	0	1	1
1	0	无关	0	1	1
1	1	无关	1	1	0

按位运算符把整数看成二进制位序列。按位否定是一元运算符，其余三个都是二元运算符。它们对运算对象的一个个（或一对对）二进制位分别做位运算，如表 1-7 所示。

表 1-7 按位运算

~	&	|	^
按位否定	按位与	按位或	按位异或

这些运算符都能作用于任意大的整数，得到任意大的结果。如果两个整数的长度不同，解释器保证不丢失信息。这里还有左移运算符“<<”和右移运算符“>>”，其左边是被位移的整数，右边运算对象说明位移的位数。移位空出的二进制位全部补 0。运算符的优先级与 C 语言一样：一元否定的优先级与一元正负号相同，移位的优先级低于加减，二元按位运算符的优先级低于移位，从高到低依次为&、|、^。二元运算符从左到右结合。

Python 也有与上面 5 个二元位运算符对应的扩充赋值运算符，如表 1-8 所示。

表 1-8 扩充的按位运算赋值运算符

&=	|=	^=	<<=	>>=
按位与赋值	按位或赋值	按位异或赋值	左移位赋值	右移位赋值

1.6.2 基本字符集和一些词法规则

本节说明 Python 的程序编码、标识符、关键字、字符串的一些基本情况。

字符集

Python 采用统一码**字符集** Unicode，源文件默认为采用 UTF-8 编码，但允许在源文件第一行给出特定的编码说明。如果文件的第一或者第二行是形式上符合要求的注释，这一行就被看作该文件的编码说明。最常见的编码说明形式是：

```
# -*- coding: <encoding-name> -*-
```

其中的<encoding-name>是编码名，例如 utf8、ascii、gb18030 等。

解释器看到编码说明，就会按该说明指定的编码方式做文件内容解码。无编码说明的文件默认为用 UTF-8 编码。如果文件内容无法解码，解释器报告 SyntaxError。

字符串的换意序列

字符串里可以包含基本字符集的所有字符，一些字符可以通过键盘直接输入，不能通过键盘输入的字符可以采用换意序列描述。Python 的换意序列与 C 语言类似，大部分换意序列已经在 1.1.3 节说明。这里还为 Unicode 字符引进的专门形式，如表 1-9 所示。

表 1-9 针对 Unicode 字符的换意序列

\N{*name*}	在 Unicode 数据库里名字为 *name* 的字符，例如，"\N{SOLIDUS} \N{BLACK SPADE SUIT}"是 3 个字符的串，第一个字符是/，第二个是空格，第三个是♠
\u*xxxx*	具有 16 位编码，编码为十六进制数 *xxxx* 的字符
\U*xxxxxxxx*	具有 32 位编码，编码为十六进制数 *xxxxxxxx* 的字符

与 C 语言不同，如果一个换意序列无定义，Python 解释器以原形式将其留在字符串里，包括开始的反斜线字符，便于开发者识别。

标识符

前面说人们在做 Python 编程时，经常采用 C 语言标识符的形式，即采用“字母开头的字母数字串，下划线看作字母”。实际上，由于 Python 以 Unicode 作为字符集，允许更丰富的标识符形式。有关词法规定基于 Unicode 标准附件 UAX-31，并做了一些精细化和调整。详见 PEP3131[①]和语言手册 2.3 节，这里简单说明。

标识符形式规则的基础是字符集中的字符分类，规定哪些类别的字符可以作为标识符的开始，哪些类别的字符可以作为标识符的后续字符。对 ASCII 字符集，大写和小写英文字母和下划线字符可以作为 Python 标识符的起始字符，大小写英文字母、数字和下划线字符可以作为后续字符。基本字符集扩大到 Unicode，标识符的起始字符集和后续字符集也根据 Unicode 的字符类重新定义，有关情况细节很多，这里不讨论。

请注意，如果希望在程序的标识符中使用非 ASCII 字符，我们需要用能输入非 ASCII 字符的输入系统（或键盘模式，例如汉字输入模式）。可以作为标识符中合法字符的非 ASCII 字符，不能以换意序列形式写在标识符中（那样做意味着想把这些字符作为标识符的一段，而换意符号\不是标识符的合法字符），必须是实际的 Unicode 编码。

采用包含非 ASCII 码的标识符有时可能有吸引力，例如，我们可能希望用 Σ 作为求和函数的名字，或者可能希望用汉字的变量名或函数名。但使用这种标识符也会带来一些问题。首先是输入比较麻烦；另外，在不能正确显示这些字符的系统中，用户将看到代码里出现乱码，严重影响阅读。开源软件的代码中特别忌讳后一情况，因为不知道将来谁会阅读我们的代码，使用什么环境阅读和继续开发。

由于这些情况，人们建议是采用 C 语言的标识符形式，只用 ASCII 字符。

Python 语言的关键字

Python 语言的关键字共有 34 个：

```
and     as       assert  break  class    continue  def     del
else    except   elif    False  finally  for       from    global
if      in       import  is     lambda   None  nonlocal    not  or
pass    return   raise   True   try      while     with    yield
```

有关说明散布在本书各章里。本章讨论牵涉的关键字包括 `import`、`from`、`pass`、`True`、`False`、`None`、`and`、`or`、`not`、`if`、`else`、`elif`、`for`、`in`、`while`、`break`、`continue`、`def`、`return`、`assert`、`global`、`nonlocal` 和 `lambda`。

1.6.3 循环语句的 else 段

在 `for` 语句和 `while` 语句的主体部分之后都可以有一个 `else` 段，该段以关键词 `else` 作为头部（后跟一个冒号），该段的体也是一个语句组。

---

① PEP 指 Python Enhencenment Proposal（Python 发展建议书），是 Python 发展中积累的一批重要文献。

如果一个 for 或 while 语句带有 else 段，当这个语句的主体部分正常结束时（也就是说，当 for 语句完成了对所有迭代值的循环迭代，或者 while 语句的条件求出假值时），解释器执行其 else 段语句组，执行完毕后这个循环语句结束。如果循环体由于其他情况结束，例如遇到 break 语句或 return 语句，就不执行 else 段。

else 段可用于描述只在循环语句正常结束时需要做的操作。例如：

```
for i in range(10):
    ... ...
    if x > y:
        break
else:
    print("Loop terminates normally.")
```

1.6.4 总结

本节介绍 Python 程序的基本元素和基本编程机制。

基本编程元素

本章讨论的基本编程机制包括：

- 基本数值类型、字符串类型和布尔类型，它们的字面量形式。各种基本运算符及其描述的计算，表达式、运算符的优先级和结合顺序、类型转换等（1.1 节）；
- 变量，赋值和其他基本语句（1.2 节）；
- 各种控制结构（if、for 和 while）和控制语句（break、continue 和 return）的形式、语义和使用（1.3 节），循环语句的 else 段（1.6.3 节）；
- 函数的定义和调用（1.4.1 节），函数定义的嵌套结构（1.5.5 节），global 和 nonlocal 声明（1.5.5 节），带默认值参数和关键字实参（1.5.6 节）；
- 递归的函数定义，单递归和相互递归（1.4.2 节和 1.4.3 节）；
- 高阶函数（以函数为参数或返回函数，1.5.3 节和 1.5.4 节）；
- lambda 表达式（1.5.4 节），作用域问题（1.5.5 节）；
- 基本的交互式输入输出（1.2.2 节）；
- 程序包的导入和使用（1.1.2 节）。

这些机制支持了基本的 Python 语言编程。

一些重要问题

本章主要介绍 Python 语言的基本编程要素，包括：

- 变量和对象（值），对象的类型，类型转换（1.1 节和 1.2 节）；
- 基本操作（赋值、输入和输出）和流程控制（1.2 节和 1.3 节）；

- 交互式计算，脚本（程序）和执行（1.1 节和 1.2.2 节）；
- 导入标准库程序包的三种方式，倡导用第二种和第三种方式（1.1.2 节）；
- 函数定义（函数抽象）及其重要意义（1.4 节和 1.5.1 节）；
- 函数的递归定义，循环和递归的关系（1.4.2 节和 1.4.2 节）；
- 程序的正确性问题，循环不变式的意义和应用（1.4.2 节）；
- 高阶函数抽象和计算框架，`lambda` 表达式和匿名函数（1.5.3 节和 1.5.4 节）；
- 随机数和计算机模拟（1.5.3 节）；
- 作用域（全局和局部，嵌套），变量的定义和使用（1.5.5 节）；
- 解释器处理程序的基本规则（1.5.1 节），等等。

编程技术和建议

本章讨论了一些 Python 编程技术，并就如何写好程序提出了一些建议：

- 尽可能用有意义的变量名和函数名，只在小局部用的变量（如循环变量、短小函数的简单参数等），可以考虑短小的名字（如单字符的名字）；
- 导入（标准库）程序包时，应避免导入大量名字污染环境；
- 用扩展的 `if` 语句描述由一系列判断区分的多种情况，少用嵌套的 `if` 语句；
- 简单整数循环用 `for` 语句，不能用 `for` 的情况才用 `while` 语句；
- 注意整数区间描述的左闭右开规则（调用 `range` 等）；
- 根据情况选择采用循环或递归实现所需功能；
- 充分利用函数定义（函数抽象）分解程序的复杂性；
- 定义函数时考虑对各参数的类型的值要求，考虑在函数开始检查参数；
- 用断言语句检查程序中的关键性条件；
- 充分利用程序中的各种结构，特别是函数的定义和调用，在开发复杂程序时采用自上而下或自下而上的开发技术；
- 唯一定义原则：程序里的任何重要功能都应该只有一个定义；
- 具有逻辑独立性的计算片段都应该定义为函数；
- 利用函数嵌套定义实现程序中的信息局部化；
- 用高阶函数实现部分操作参数化的通用函数；
- 考虑利用高阶函数做程序的模块化分解；
- 借助于 `lambda` 表达式定义生成函数的函数；
- 模块化分解是实现复杂程序的最重要工具。

第 2 章

数据的构造和组织

用计算机解决问题，首先需要把相关信息表达为计算机能处理的数据。简单问题可能只涉及很少的数据，复杂问题可能牵涉到一大批数据的使用和处理，数据之间还可能有错综复杂的关系。C 等语言只提供了一些较低级的数据机制，如数组、结构和指针，程序员可以利用它们组织数据，或利用它们构造更高级的数据结构。Python 则提供了一批高级数据结构，如表、字典和集合，这些都是常规数据结构课程讨论的对象。

Python 有一批组合数据类型，支持很多操作。组合类型的实例也是对象（**组合对象**），这些对象既是独立数据体，可以赋给变量或传入传出函数，又是一批**成员**对象的组合，其中成员可以个别地使用，也可以统一处理。组合对象的特点就是这两个方面。

本章主要介绍 Python 的各种标准组合类型，包括**表**（`list`）、**元组**（`tuple`）、**字典**（`dict`）、**集合**（`set` 和 `frozenset`），还要介绍**序列**的概念和操作，字符串操作和格式化，文件的使用等。这里还将讨论**可变对象**和**不变对象**的概念、**描述式**，以及组合对象与迭代器的关系等。定义新类型的问题在第 4 章讨论。

2.1 表和元组

在 Python 语言里，“序列”是一个概念而不是一个具体类型，有一批标准类型称为**序列类型**，包括表（`list`）和字符串等。这些类型有许多共同性质，主要是其中元素可以看作是顺序排列的，每个元素有一个位置。序列类型有许多共同操作，在 2.2 节详细介绍。本节介绍两个最常用的标准序列类型，`list`（表）和 `tuple`（元组）。

2.1.1 表（list）

表（或称**列表**）是 Python 程序中最常用的组合类型，类型名是 `list`。一个表（`list` 类型的对象）就是一批成员对象的顺序组合。

表的创建和元素操作

表可以用**列举式**（display，类似字面量）的形式直接描述，下面是几个例子：

```
[1, 2, 3]
[1, "Math", 89.7]
[x + 1, y**2 - 2, z]
```

表列举式是方括号括起的若干表达式，用逗号分隔。方括号里的元素可以是任意表达式，解释器逐一求它们的值，以求值结果作为元素创建一个表。上面描述了 3 个表对象，每个表包含 3 个元素。第三个例子能产生表对象，要求变量 x、y 和 z 已经有值。

表可以赋给变量，可以作为函数的实参和返回值。例如：

```
a1 = [1, "Math", 89.7]
a2 = ["Beijing", "Shanghai", "Tianjin", "Chongqing"]
b1 = [sin(1.0), cos(1.0), tan(1.0)]
print(a1, a2)
```

最后的 print 语句输出两个表，输出形式也是方括号括起的一些元素。一个表里可以包含任意多个元素，无元素的**空表**用 [] 表示。如果需要创建的表中元素不多，可以考虑用列举式。如果不容易直接描述，可以考虑其他方法（下面介绍）。

表是序列，其中每个元素有一个位置，称为元素的**下标**。访问表元素时需要用**下标表达式**，例如 list1[3] 取得 list1 中下标为 3 的元素。下标用整数表达式描述，首元素下标是 0。例如[1, "Math", 89.7][0]得到 1。注意这里两对方括号意义不同：第一对是表列举式的括号，第二对表示下标表达式。再如（a1、a2 已在上面定义）：

```
x = a1[1]
y = a2[0]
```

执行语句后 x 的值是字符串 Math，y 的值是字符串 Beijing。

可以通过下标表达式的形式给表中指定元素赋值，例如 a1[2] = 85.5 将修改 a1 的值（修改这个表，下面经常简单地说表 a1），将其下标为 2 的元素改为 85.5。

标准函数 len 求出表**长度**，即表中元素个数，空表的长度为 0。对于表 list1，其元素下标范围是 0 到 len(list1)-1。负数下标表示倒数（从后往前数）的元素位置，list1[-1] 得到 list1 的最后一个元素，等价于 list1[len(list1)-1]，但前者书写更方便。类似的，list1[-2]，list1[-3] 取得倒数第 2 和第 3 个元素。

无论是取表元素或是做表元素赋值，给定的下标值都必须在合法范围内。超范围的元素访问导致下标错误（**下标越界**错误）：

```
>>> list1 = [1, 2, 3]
>>> list1[3] = 4
Traceback (most recent call last):
  File "<pyshell#3>", line 1, in <module>
```

```
    list1[3] = 4
IndexError: list assignment index out of range
```

表对于元素没有限制。例如，表的元素也可以是表。下面表里共有 4 个元素，其中有 3 个元素也是表，它们长度不一，其中元素的类型也不同：

```
c = [[1, 2, 3, 4], ["a", "b", [1, "d"]], ["age", 23], 13]
```

这些说明，表可以有任意复杂的嵌套结构。

表里元素的类型可以相同也可以不同。人们常用表表示各种**数据记录**。例如：

- 人事系统里的记录，每个记录包含的成分可能有工号、姓名、年龄等；
- 商店（无论网店还是实体商店）库存信息，每个记录包含的数据成分应包括货号、货品名、生产厂商、出厂日期、保质期、单价、库存数量等；
- 图书馆藏书记录，包括编目号、书名、作者、出版社、出版日期等。

许多应用程序在运行中需要存储一批记录，记录可以用表来表示，再作为一个大表的元素。下面介绍的元组（tuple）也可用于表示记录。元组和表只有一点差别：表可以修改，元组创建之后就不能修改。因此，如果被处理的记录需要修改，就应该用表，否则用元组更适合。此外，人们也常用 2.5 节介绍的字典存储数据记录。

一个表描述了一种对应关系：把从 0 开始的一段整数值对应到表元素。这种对应关系也可以利用，看一个前面的例子：在第 1 章统计硬币兑换方式的程序里，函数 amount 描述了一种对应关系。可以用一个表取代它，修改后的函数定义如下：

```
amount = [0, 1, 2, 5, 10, 50, 100]

def ccoins(k, n):
    if n == 0:
        return 1
    if k == 0 or n < 0:
        return 0
    return ccoins(k, n - amount[k]) + ccoins(k - 1, n)

def num_coins(n):
    return ccoins(6, n)
```

为了程序修改的方便（语义清晰，也保持函数 ccoins 的定义不变），这里在表 amount 的开始处放了一个不用的 0，只是为了填充位置。

通过操作构造新表

表类型名 list 也是一个标准函数，可用于创建新表（实际上是做类型转换）。list 的实参应该是序列或者迭代器对象。例如：

```
list2 = list("abc")
```

相当于列举式["a", "b", "c"]，把字符串看作字符的序列。标准函数 range 生成一种迭代器对象，利用它可以做出各种等差整数序列的表，比直接描述方便得多。例如：

```
list3 = list(range(100))
```

如果实参不是序列或迭代器，用 list 转换时就会报错。例如 list(1234)将报错，因为整数不是数字的序列。list(str(1234))有意义，得到的表里包含 4 个数字字符串。Python 把迭代器和序列统称为**可迭代对象**（Python 术语 iterable）。list 的实参必须是可迭代对象，list(1234) 产生的出错信息就是“1234 不是可迭代对象”。

操作 + 和 * 可用于各种序列，应用于表时得到新表。如果 list1 和 list2 都是表，在 list1+list2 得到的表前面顺序排列着 list1 的元素，后面是 list2 的元素。list1*n（n 为整数）得到 list1 的元素重复 n 次的表。例如：

```
>>> list1 = [1, 2, 3]
>>> list2 = ['a', 'b', 'c']
>>> list1 + list2
[1, 2, 3, 'a', 'b', 'c']
>>> list1 * 3
[1, 2, 3, 1, 2, 3, 1, 2, 3]
>>> 3 * list2
['a', 'b', 'c', 'a', 'b', 'c', 'a', 'b', 'c']
```

整数可以放在乘号的前面或后面，效果相同。下面是两种经常用到的表：

- 构造已知长度的全 0 值的表，用[0] * n；
- 构造一定长度，元素值待定的表，用[None] * n。

list1.append(x)把 x 加入 list1 作为最后的元素，不断应用这个操作（例如用在循环语句里）可以得到越来越长的表。这个操作也说明在一个表的存在期间，其元素个数可以任意变化（与 C 语言的数组不同）。其他操作将在 2.2 节介绍。

处理表的基本方法

使用表的程序里经常需要顺序处理表中所有元素。最直接的写法是：

```
for i in range(len(list1)): # 用表长度生成循环范围
    ... list1[i] ...
```

实际上，序列也可以作为迭代描述，可用于逐个处理表中元素：

```
for x in list:  # 因为表是可迭代对象
    ... x ...
```

注意，这种写法只能用于取得表元素，不能修改表元素（不能做表元素赋值）。

下面两个函数都计算表元素之和（假设元素都是数值）：

```
def sum1(numbs):
    s = 0
    for i in range(len(numbs)):
```

```
        s += numbs[i]
    return s


def sum2(numbs):
    s = 0
    for x in numbs:
        s += x
    return s
```

这里没检查参数 numbs 是不是表，其元素是否都为数值。

下面的简单函数检查特定元素在一个表里出现的次数：

```
def count(x, list1):
    n = 0
    for y in list1:
        if y == x:
            n += 1
    return n
```

通过循环检查和使用表中的（所有）元素，非常方便。

总之，表可以作为 for 循环变量的取值源，但这样做只能用于取元素，而且是循环处理所有元素。如果要修改表元素或处理表中一些元素，就需要用下标表达式。

2.1.2 表的使用和处理

本节讨论表的使用方法和技术，其中只用到前面介绍的几个表操作。其他表操作可能给编程带来方便，或使程序更加简洁，有关情况将在 2.2 节介绍。

价格汇总

表可以用于表示超市一次销售的清单，假设清单表里的元素都是表，包含两个项分别表示货品的单价和计重（或计数）。收款台需要有一个程序（函数）计算总价。下面的函数以货品清单表作为参数，计算并返回统计结果：

```
def total0(invoice):
    assert isinstance(invoice, list)
    sum = 0.0
    for entry in invoice:
        sum += entry[0] * entry[1]
    return sum
```

用函数生成表

前面的函数都以表为参数，通过访问表中元素完成计算。现在考虑让函数生成表作为返回值。先考虑一个简单例子：生成斐波那契序列的函数，希望生成斐波那契序列的一些项，从 F_0 开始到某个 F_n 为止，项数由参数确定，结果是一个表。

由于结果的长度已知，可以先创建表后给元素赋值。设函数头部为 gen_fibs(n)，要求生成直至 F_n 的序列，表里应该有 n+1 个元素。函数定义如下：

```
def gen_fibs(n):
    fibs = [0] * (n + 1)
    fibs[1] = 1
    for i in range(2, n + 1):
        fibs[i] = fibs[i-1] + fibs[i-2]
    return fibs

fs = gen_fibs(20)
print("First", str(len(fs)), "Fibonacci numbers:", fs))
```

读者可能有疑问：fibs 是局部变量，只在函数 gen_fibs 内部有效，函数结束时撤销，上面函数的返回值有意义吗？理解这个问题的关键是区分变量和它们的值。值是对象，可以先关联于某变量，而后关联于另一变量。对象的存在并不依赖于它们关联的变量。gen_fibs 运行中建立的表关联于局部变量 fibs，函数返回这个对象（而不是局部变量），把它赋给全局变量 fs。函数结束后局部变量 fibs 已不存在，但函数创建的表依然存在且关联于 fs。Python 的原则是：程序运行中建立的对象，只要还有可能被使用（例如，有变量以它为值），它就会一直存在。如果某个对象再也不可能用了，解释器就会将其回收，这件事不需要我们关心。

另一方式是并不事先建立特定长度的表，而是在计算中把算出的元素逐项加入。下面的函数里使用了表操作 append，请注意其写法：

```
def gen_fibs1(n):
    fibs = [0, 1]
    for i in range(2, n + 1):
        fibs.append(fibs[-2] + fibs[-1])
    return fibs
```

注意，这里-1 和-2 表示当时表中的最后两项，正好符合需要。

对一些问题，上面两种方法都能工作。但也有许多实际问题，在程序（函数）开始执行时，我们不知道构造的表最后有多少元素，这时就只能用逐步加入元素的方法。

整数因子分解是一个重要计算问题。现在考虑定义函数 prime_factors(n)，生成整数 n 的所有素因子的表，重复因子在表中重复出现。函数开始时，我们不知道 n 的素因子个数，因此只能采用第二种技术。函数的基本部分应该是：

```
flist = []
while n != 1: # 反复求素因子并从 n 中除掉它
    p = nextpf(n)    # 得到下一个素因子
    flist.append(p)# 在表中积累素因子
    n //= p
```

我们计划每次迭代找到一个素因子，把它加入 flist 并从 n 中除去。这样，做到 n 等于 1 时

flist 就包含了所有素因子。找下一个素因子的操作定义为函数 nextpf(n)，通过分解功能，剩下的问题只有辅助函数 nextpf 的实现了。

按最自然的考虑，我们从小到大生成 n 的素因子。由于找到素因子后立刻从原数中除去，如果总从 2 开始找，遇到的第一个因子一定是素因子。认识到这一点，找素因子的工作就变成了从 2 开始找第一个因子。完整的函数定义是：

```
def prime_factors(n):
    def nextpf(n): # 给出下一个素因子
        d = 2
        while d * d <= n:
            if n % d == 0:
                return d
            d += 1
        return n

    flist = []
    while n != 1: # 反复求素因子并从 n 中除掉它
        p = nextpf(n)
        flist.append(p) # 在表中积累素因子
        n //= p

    return flist
```

请读者考虑应该怎样测试这个函数，写一个测试驱动程序，自动完成测试工作。

古人很早就发现了素数的概念，也研究了许多与素数有关的问题。一种经典的求素数方法称为**筛法**，据说由古希腊的埃拉托斯特尼（Eratosthenes，约公元前 274～194 年）发明，至今已有两千多年。筛法的基本工作过程如下：

- 取从 2 开始的自然数序列（通常直到某个确定的 n）；
- 序列中下一未划去的元素就是素数（第一次是 2），划去其所有倍数；
- 重复上面操作，直至序列中只剩下素数（无法再划去任何数）。

要实现筛法计算，最自然的方式是用一个表表示自然数序列。下面考虑的方法是在表中记录自然数序列，通过对表的操作实现筛法过程。

函数开始时建一个整数表，然后做筛法。每当发现一个素数，就把表中它的所有倍数置 0，表示划掉。工作结束后收集起表中的非 0 元素，就得到了所需的素数表。

函数 sieve 的定义里用局部函数实现两个主要操作：

```
def sieve(n):
    def sieve0(nlist): # 把 nlist 里的非素数元素都改为 0
        nlist[0] = nlist[1] = 0
        k = 2
        while k * k <= n:
            if nlist[k] != 0: # 发现下一个素数
                for i in range(2 * k, n+1, k):
                    nlist[i] = 0
```

```
            k += 1 # 从 k 之后继续
        return nlist

    def collect(nlist): # 收集 nlist 里的素数，做成一个表返回
        primes = []
        for x in nlist:
            if x != 0: # 遇到一个素数
                primes.append(x)
        return primes

    if n < 2:
        return []

    numbs = sieve0(list(range(n+1)))
    return collect(numbs)
```

这里需要考虑直至 n 的序列，用 list(range(n+1)) 生成初始的表。

如果 n 不是素数，它一定有小于等于其平方根的因子，因此函数 sieve0 的外层循环只做到不小于 n 的平方根。内层循环以 k 为步长划去所有倍数。

表的遍历

看了几个处理表的简单实例，现在考虑一般的表处理问题。一类典型表处理操作是以某种方式统一处理表中元素，称为**遍历**。程序顺序扫描表（中一些或全部）元素，对每个元素执行同样操作。遍历还可以进一步分类，例如。

- 通过遍历构造一个新表，其元素是对原表中的元素做同样操作的结果。这类遍历实现一种**表变换**，得到与原表结构相同的新表，元素通过某种变换产生。
- 通过遍历累积起表中元素包含的某些信息，最终得到累积结果。
- 遍历过程中直接修改被操作表的元素，遍历的效果通过对原表的修改体现。
- 其他操作，例如选择一些元素（并可能做某种变换）做成一个新表，等等。

现在考察这几类操作，开发其中的操作模式。

首先考虑表变换。设 list1 是表，其元素都是类型 T 的对象；f 是要求 T 类型参数的函数，返回 T1 类型的结果。通过遍历 list1 生成新表，其元素为 f 作用到 list1 各元素的结果，将得到一个元素为 T1 类型的表。操作中逐个取得 list1 的元素，从每个元素算出一个新元素加入新表。从前向后顺序处理最自然：

```
new_list = []
for x in list1:
    new_list.append(f(x))
```

新元素加在新表最后，遍历完成时 new_list 记录着得到的所有结果。把被操作的表作为迭代器，直接通过 for 循环在表元素上遍历，最为清晰简单。

下面的函数 v2n 实现把英文动词变成对应名词的一些基本规则，v2n_list 把这一变换规则提升到表，从一个动词表转换得到一个名词表：

```
def v2n(word):
    if word[-1] == 'e':
        return word + 'r'
    if word[-1] == 'y':
        return word[:-1] + 'ier'
    return word + 'er'

def v2n_list(verbs):
    nouns = []
    for w in verbs:
        nouns.append(v2n(w))
    return nouns
```

下面是一个应用示例：

```
verbs = ["compute", "work", "supply", "walk", "write"]
print(v2n_list(verbs))
```

现在考虑通过遍历累积信息。这时需要用一个（或一些）变量累积从表元素获得的信息，每一步更新变量的值。不仅可以累积表元素本身，也可以是从它们算出的值。

考虑只用一个变量累积的情况。假设累积变量是 s，开始前设定 s 的初值，遍历中检查表元素，并将信息累积到变量 s 里。表元素信息融合到累积变量里的方式由实际问题决定，设函数 g(s, x)完成所需工作。累积工作的一般操作框架是：

```
s = initValue
for x in list1:
    s = g(s, x)
```

一个典型的累积遍历是求数值表的元素之和：

```
sum = 0
for x in num_list:
     sum += x
```

上面两个操作的共同点是不修改表元素，可以采用把表作为迭代器的描述方式。如果操作中需要修改原表，就必须通过下标做循环。现在希望修改一个表里的元素，用函数 h 从当前元素算出相应的新元素。直接修改表的遍历模式是：

```
for i in range(len(list1)):
    list1[i] = h(list1[i])
```

表里的每个元素都被替换为新元素，操作效果体现在表的变化中。

如果 list2 的元素都是某一类可以修改的对象（例如表），函数 h1 是修改这种对象的操作，下面的循环统一用 h1 修改表中的元素：

```
for x in list1:
    h1(list1[i])
```

这里用表作为迭代器，表面上看没有修改被操作的表：元素还是那些元素，表与元素的关系也保持不变。但是，由于对元素执行 h1，元素内部的变化体现出操作效果。

处理表的高阶函数

上面几种表操作模式很典型，应该抽象为易用的编程机制。由于这些模式是操作，应该定义实现它们的函数。注意，每个模式中都有一个针对表元素的函数或操作，实际操作是具体的，因此应该把元素操作参数化，定义实现表操作模式的**高阶函数**。下面是几个例子，函数都有一个表示元素操作的参数，另一参数是表。

首先是基于一个表构造具有同样结构的新表的高阶函数，命名为 map，它基于一个元素映射函数 fun，完成从一个表到另一个表的映射。函数定义如下：

```
def map(fun, list1):
    new_list = []
    for x in list1:
        new_list.append(fun(x))
    return new_list
```

累积表元素信息的高阶函数命名为 reduce，第一个参数是表示积累方式的函数参数，第二个参数是被处理的表，最后的参数给出累积的初始值。函数定义：

```
def reduce(fun, list1, init):
    acc = init
    for x in list1:
        acc = fun(acc, x)
    return acc
```

考虑实现遍历和修改的高阶函数 do_each，它用一个函数参数实现表元素变换，并用新元素替换原有元素。函数的定义也很自然：

```
def do_each(trans, list1):
    for i in range(0, len(list1)):
        list1[i] = trans(list1[i])
```

有时我们需要根据一个判据从一个表里选取元素做成另一个表。这可以实现为一个完成过滤的高阶函数，描述选择条件的谓词 pred 也作为参数：

```
def filter(pred, list1):
    res = []
    for x in list1:
        if pred(x):
            res.append(x)
    return res
```

考虑一个简单应用：计算前 n 个斐波那契数中所有能被 3 整除的数之和。这个例子本身没意思，只为说明利用表处理函数可以对一些过程做很好的功能分解。

以表处理函数作为构造函数的构件，很容易规划出一个工作过程：

1. 生成一个包含前 n 个斐波那契数的序列；
2. 用过滤操作丢掉该序列中不能被 3 整除的元素；
3. 用加法对其中元素求和。

利用前面定义的高阶函数很容易描述这一计算过程：

```
def fib_sum(n):
    return reduce(lambda x, y: x + y,
                  filter(lambda x: x % 3 == 0,
                         map(fib, list(range(n)))),
                  0)
```

历史上，map-reduce 是人们研究**函数式编程**（特别是著名的 Lisp）时开发的编程概念。近年其影响日益广泛，一个重要原因是著名网络公司 Google 把这对概念作为其网络信息处理系统（包括网络搜索）的核心技术，以支持大规模分布式数据处理。本质上说，map 就是把一个操作分别应用于一大批需要同样处理的数据，reduce 是通过收集和综合得到所需结果。这对概念既能用于简单的表处理，也能用于大规模网络计算。

基于上面高阶函数实现表处理工作的有效分解，关键在于区分两个问题：（1）对各元素的具体操作；（2）表遍历和操作组合。在实现针对一批数据的复杂计算时，可以考虑基于这种想法，把工作分解为若干操作步骤。进而，实现每步工作时集中关注具体元素操作，通过高阶函数将其提升到数据集。这也就是近年风靡的 map-reduce 计算模式的核心思想。

标准函数 map 和 filter

仔细分析 fib_sum 的计算过程，可以发现一些情况。我们定义的 map 和 filter 都生成新表，所以，虽然 fib_sum 最后只求出一个整数，但在工作过程中却会生成了几个可能很大的表。如果不用高阶函数而直接实现，用几个简单变量就能完成同样工作，但写出的程序将很纠结（建议读者自己试试），远不如上面程序清晰简单。

那么，有没有可能两全其美，既得到程序的良好结构，又避免在工作中无谓地构造大型数据对象呢？使用标准函数 map 和 filter 就能得到这种效果。

标准函数 map 和 filter 都以一个函数和一个可迭代对象为参数，功能与我们定义的同名函数类似，但它们并不生成表示结果的表，而是返回一个迭代器，可以用在任何要求迭代器的环境中。例如 map(fib,range(100)) 将得到一个迭代器，如果转换为表，写 list(map(fib,range(100)))，就能得到前 100 个斐波那契数的表；如果放在 for 语句头部，就能循环处理这 100 个斐波那契数。

用标准函数 map 和 filter 代替我们定义的同名函数，同样调用 fib_sum，产生的计算过程很不一样。reduce 执行其循环的每次迭代时向 filter 生成的迭代器要一项数据，该迭代器每次向 map 生成的迭代器要求一项数据。由于这些迭代器的存在，在代码文本中看到的 3 大步骤，实际做的是一项项数据的生成、传递、检查（继续传递或抛弃）和求和，就像把 3 个高阶函数里的循环展开后融合，工作过程中根本不构造表。从编程角度看，函数定义还是表处理过程的组合。标准函数 filter 和 map 的实现方式使我们一举两得：既有清晰和易理解的描述，又得到执行的效率。

实际上，标准函数 map 比前面的自定义函数更强，它支持多元函数参数和为函数提供参数的多个可迭代对象，任一可迭代对象用完时 map 结束。看两个例子：

```
>>> list(map(lambda x, y: x + str(y), ("a","b","c"), [1,2,3]))
['a1', 'b2', 'c3']
>>> list(map(lambda x, y: x + str(y), ("a","b"), [1,2,3]))
['a1', 'b2']
```

实际上，我们也能定义出与标准 map 和 filter 功能一样的函数，为此需要利用 Python 的带星号参数机制和**生成器函数**的定义技术，有关情况在后面讨论。

2.1.3 元组（tuple）

元组（类型名是 tuple）是另一个常用组合类型，不仅其本身很有用，它还在 Python 语言里扮演着一些重要角色。元组也是**序列类型**，元组对象（下面简单说**元组**）可以包含任意多个元素，元素下标从 0 开始，可以通过下标表达式访问元组的元素。一个元组里的元素可以同属一个类型，也可以属于不同类型。元组的特殊之处是创建后不能修改，结构不能变（不能加入或删除元素），其中元素也不能变（不能给元素赋值）。

元组的创建和操作

创建元组的最基本方法也是用列举式，例如，对列举式(1, 2, 3)求值将建立一个包含 3 个整数的元组对象。可以把它赋给变量，例如：

```
tp1 = (1, 2, 3)
```

元组列举式可以不写括号，下面语句完成同样工作：

```
tp2 = 1, 2, 3
```

这个例子也说明，表示元组元素关系的逗号的优先级高于赋值。解释器或 print 输出元组时都包含外围的括号。

可以用标准函数 tuple 创建元组，实参应该是可迭代对象，可以是迭代器，或者表、字符串等。tuple()或()都可用于创建空元组。例如：

```
>>> tuple(range(10))
(0, 1, 2, 3, 4, 5, 6, 7, 8, 9)
>>> tuple("abc")
('a', 'b', 'c')
```

由于元组的基本特性（创建后不能改变），实际程序里经常需要基于序列或其他可迭代对象创建元组，特别是元素较多、情况复杂的时候。

应特别注意，创建只有一个元素的元组时，逗号是必需的，括号则不重要：

```
>>> x = 12,
>>> x
(12,)
>>> ("abc",)
('abc',)
```

不写逗号的带括号表达式，如(12)，被认为是普通的加括号表达式，用于说明表达式的运算顺序和优先结合，而不是元组。

与表类似，元组也可以任意嵌套，例如：

```
>>> u = tuple("abc")
>>> v = u, (1, 2, 3)
>>> v
(('a', 'b', 'c'), (1, 2, 3))
```

虽然元组本身不能变化，但可以包含能修改的元素。例如

```
>> w = u, [1, 2, 3]
>>> w
(('a', 'b', 'c'), [1, 2, 3])
>>> w[1][1] = 10
>>> w
(('a', 'b', 'c'), [1, 10, 3])
```

虽然 w 是元组，但其元素 w[1] 是表。表中元素可以修改，因此对 w[1][1] 的赋值合法有效。上面的最后一行显示了赋值的效果。

元组是可迭代对象，另一些用法来自这里。第 1 章介绍 for 语句时就用到元组：

```
for x in 3.44, 5.12, 6.77, 8.05, 4.332:
    print(x) # 注意，这里可以写任何使用 x 的代码
```

关键字 in 之后就是一个元组列举式。元组的元素描述可以是任何表达式：

```
for x in square(3.44), sin(5.12), cos(6.77), 8.05:
    print(x) # 在这里可以写任何使用 x 的代码
```

如果迭代序列有规律，或者太长以致直接列举太麻烦，最好采用其他方法。

赋值中的打包和拆分

构造元组就是把几个对象包装到一起，是一种打包。Python 支持一对称为**打包**（packing）和**拆分**（解包，unpacking）的隐式动作，使我们可以方便地把若干数据项包装为一个整体，或者把包含几个元素的对象拆开使用。例如语句：

```
tp = 123, 345, 'but', 567 # 构造元组对象
```

与之对应，也可以在赋值时做元组的拆分：

```
a, b, c, d = tp
```

tp 的值是包含 4 个元素的元组。在做这种赋值时，解释器自动把元组拆开，把其中元素按位置分别赋给变量。做拆分操作时要求变量个数正好合适。

实际上，各种序列都可以拆分，只要赋值两边的结构相同。例如：

```
a, b, c = [1, 2, 3]
a, [b, c] = [1, (2, 3)]
a, (b, c), d = [1, (2, 3), 4]
```

第二个和第三个语句还做了两层拆分，这种做法也允许。

如果序列 s1 的元素都是包含两个元素的元组或两个元素的表，可以写：

```
for x, y in s1:
    … x … y …
```

在迭代中，变量 x 和 y 将分别以 s1 的一个元素的两个成分为值。

我们可以利用拆分操作，把前面的账单汇总函数写得更清晰。由于账单表的元素是包含两个元素的表（或元组），可以用两个变量分别获得这两个元素：

```
def total(invoice):
    assert isinstance(invoice, list)
    sum = 0.0
    for price, quantity in invoice:
        sum += price * quantity
    return sum

inv1 = [[2.10, 12.4], [1.25, 2.44], [17.34, 3.6]]
print("Total price:", round(total(inv1), 2))
```

for 语句头部隐含着拆分操作。显然，sum += price * quantity 比前面函数定义中的 sum += entry[0] * entry[1] 更清晰易读。最后语句考虑到人民币以元为单位，小数点后只能有两位，利用标准函数 round 的第二个参数处理这个问题。

类似的，如果函数 func1(…) 返回一个二元组，我们就可以写：

```
x, y = func1(…)
```

这将使变量 x 和 y 分别得到 func1 的返回值里的两个成分。由此看，前面介绍的平行赋值，如 x,y = 0,1，并不是特殊机制，应该看作是右边打包而左边拆分。

函数参数与元组

打包可能出现在函数调用的实参表里，这就带了一个问题：实参和元组（打包）都用逗号分隔，都可以出现在参数表里，它们可能相互作用。我们需要理解函数调用中的简单实参表达式和元组实参，注意括号和逗号的作用。下面是几个例子：

- f(a, b, c + 1)，表示用 3 个实参调用 f；
- g((a, b, c + 1))，表示用一个元组实参调用 g，内层的一对括号表示元组，逗号是元组列举式的元素分隔符；
- h(a, (b, c + 1))，表示用两个实参调用 h，第二个实参是两个元素的元组；
- f1(2, 3,)，仍看作两个整数类型的实参，最后的逗号忽略，没有影响；
- f2(2, (3,))，两个实参，第二个实参是单元素的元组；
- f3(2, (3))，f4(2, (x + 3))，这两个调用都有两个实参，第二个实参的括号是普通括号，在这里都没有实际作用。

这些基本概括了各种可能，原则很简单：实参只有一层，实参表里第一层逗号是参数分隔符。如果某实参最外层有括号，括号里有逗号，它就是元组实参。

带星号形参和拆分实参

函数参数表里可以有一个能接受任意多个实参的形参，称为**带星号形参**，描述方式是在形参名前面加星号，调用时得到一些实参的元组。这种机制可用于定义允许任意多个实参的函数。当调用这种函数时，其带星号形参将约束到所有未能得到匹配的普通实参构成的元组，默认为约束到空元组（如果调用中没出现未匹配实参）。

下面的 mysum 是可以对任意多个数值求和的函数：

```
def mysum (*args):
    s = 0
    for x in args:
        s += x
    return s
```

下面是 mysum 的两个调用：

```
>>> mysum(1, 2, 3, 4, 5, 6)
21
>>> mysum()
0
```

为保证意义严格准确，Python 规定：如果形参表里的某个普通形参带默认值，其后直至带星号形参的所有普通形参都必须带默认值。此外，如果带星号形参之后还有普通形参，调用时必须用关键字实参的形式为其提供值。调用中的关键字实参只能出现在按位置实参之后，如 `print(end=", ", 1, "abc")` 是错误的，解释器将报 SyntaxError。

对函数调用，解释器求出所有实参值后做形实匹配：普通实参按位置与形参匹配；关键字实参按关键字匹配；没得到实参但有默认值的形参取默认值；匹配剩下的普通实参做成元组约束到带星号形参。没有多余普通实参时，带星号形参以空元组为值。如果函数没有带星号形参，函数调用出现未匹配实参就是参数个数错，解释器报 TypeError。

函数调用式中还可以出现**拆分实参**（unpacking argument），形式是在实参表达式前加星号，实际实参应该是可迭代对象（序列或迭代器），表示一组对象。解释器将拆分这种实参对象，用其元素为函数提供若干个实际的实参。下面是一个例子：

```
a = 1,2,3,4,5 # a 的值是元组
mysum(*a) # 得到 15
```

如果写 `mysum(a)` 就会出错，因为这时 `mysum` 的形参将约束到以 `a` 为唯一元素的元组，其元素是元组，不能做加法。下面是另一个例子：

```
b = (0, 20, 3)
for i in range(*b): …  # 相当于 range(0, 20, 3)
```

如果多个循环的迭代方式一样，可以采用这种技术统一描述。

下面还会介绍函数参数的其他情况，并对函数的形参和实参做一个总结。

2.1.4 有理数程序包

元组的特点是建立后不再变化，适合表示几个对象的固定组合。很多应用中确实需要这样的组合。例如，我们可以把两个整数组装在一起表示有理数，而有理数应该是一种不变的对象。如果用表包装，允许通过赋值修改元素，就出现了一种出错的可能：人们可能写出这样的程序，其中计算出一个有理数保存在那里，后来被不经意地修改了，把它变成另一个有理数。显然，数学中不允许这种情况。

问题分析和设计

Python 标准类型中不包含有理数，我们考虑如何基于 Python 的元组结构，开发一个实现有理数及其算术功能的包[①]。基本想法是把有理数定义为元组，构造或计算出的有理数不会改变，因此有理数运算都是构造新有理数。下面用包含两个整型元素的元组来表示有理数，其中第一个元素（下标为 0 的元素）表示分子，第二个表示分母。

首先考虑最基本的函数，用它们把有理数对象的具体表示隐藏起来：

---

① 实际上，Python 的标准库里有一个有理数包 fractions，这并不妨碍我们把建立有理数包作为一个编程实例。读者可以参考 fractions 包的功能，扩充这里定义的包。

- 函数 rational(n,d) 产生（返回）以 n 为分子、d 为分母的有理数；
- num(x) 和 den(x) 分别返回有理数 x 的分子和分母。

当然，如果这 3 个操作的定义合理，能用于实现有理数运算，它们就必须满足下面 3 个关系式（这里假定 *s* 和 *t* 是任意整数，*r* 是任意有理数）：

```
rational(num(r), den(r)) == r
num(rational(s, t)) == s
den(rational(s, t)) == t
```

第一条说，取出一个有理数的分子和分母，以它们为分子和分母做出的还是原来那个有理数；另外两条规则的意义可以类似理解。实现有理数运算只需要这几个基本操作。如果其他有理数的运算都基于它们定义，操作有理数时就不必再考虑其具体表示了。因此可以说，这 3 个函数形成了对有理数的具体表示的一种**封装**。

确定用两个元素的元组表示有理数后，3 个函数的定义都很自然。但还有问题需要考虑，首先是函数对例如 rational(8,14) 应该返回什么？如果直接返回 (8, 14)，就会出现同一个有理数有多种不同表示的情况，例如，(4,7) 也表示同一个有理数。这种情况提示我们，总把有理数化简到最简形式更好。还有 (-1,3) 和 (1,-3) 的问题，规范表示是分母总取正值，用分子表示有理数的符号。这样有理数的表示就唯一了。

各种运算都可能产生不规范的分子和分母。为避免在许多地方反复处理规范化问题，最好是在一个地方处理这件事。不难想到，在构造有理数的 rational 函数里处理最为合适。为完成规范化，还需要一个求最大公约数的函数，前面讨论过这个问题。

基本函数的定义

考虑好上述问题后，基本函数和辅助函数都不难写出：

```
def gcd (m, n):
    if m % n == 0:
        return n
    return gcd(n, m % n)

def rational(n, d):
    assert (isinstance(n, int) and
            isinstance(d, int) and d != 0)
    sign = 1
    if n < 0:
        sign = -sign
          n = -n
    if d < 0:
        sign = -sign
        d = -d

    g = gcd(n, d)
    return sign * (n//g), d//g
```

```
def num(x):
    return x[0]

def den(x):
    return x[1]
```

函数 rational 先算出有理数的符号 sign，把分子分母都变成绝对值（正值）。如果 gcd 只在 rational 内部使用，也可以定义为 rational 的局部函数。

有理数运算

所有有理数运算都定义为函数，其中对有理数的使用都基于上面的基本操作：

```
def rat_minus(x):
    return rational(-num(x), den(x))

def rat_plus(x, y):
    n = num(x)*den(y) + num(y)*den(x)
    d = den(x)*den(y)
    return rational(n, d)

def rat_sub(x, y):
    n = num(x)*den(y) - num(y)*den(x)
    d = den(x)*den(y)
    return rational(n, d)

def rat_times(x, y):
    n = num(x)*num(y)
    d = den(x)*den(y)
    return rational(n, d)

def rat_divid(x, y):
    n = num(x) * den(y)
    d = den(x) * num(y)
    return rational(n, d)

def rat_print(x):
    print(str(num(x)) + "/" + str(den(x)))
```

最后一个函数产生有理数的输出，这里采用 n/d 的形式。

几十行程序完成了一个简单的有理数算术包。假定把这个包存入文件 rational.py，写其他程序时导入这个文件，就可以使用其中的功能了：

```
import rational

>>> rational(8, -26)
(-4, 13)
>>> rational(-8, -42)
```

```
(4, 21)
>>> rational(-8, 0)
Traceback (most recent call last):
  File "<pyshell#35>", line 1, in <module>
    rational(-8, 0)
  File "D:\MyBooks\ptop-Python\Progs\basic.py", line 12,
  in rational
    assert isinstance(n, int) and isinstance(d, int) and d != 0
AssertionError
... ...
```

显然，这个有理数包有很多不尽如人意之处。例如，这里的有理数不是类型，没有类型名。再如，有理数运算用函数实现，采用拼凑的名字，用起来不如 Python 的整数或浮点数方便。这些问题在 Python 里都能解决，第 4 章将讨论另一种实现方法。

模块的测试和使用

上述有理数的相关操作应该做成一个模块，它提供了一些功能，意图是给其他程序使用。因此，这是一个辅助性的服务模块，标准库里的许多模块也是这样。在开发这种服务性的模块时（以及将来维护修改时），我们需要做一些测试，为此需要写一些专门的测试代码。但这种代码写在哪里？这是一个常见情况：服务性模块的目标是被其他模块导入使用的，但在开发、修改、测试和维护时也需要独立地测试检查。Python 系统有自动模块命名机制，可以帮助程序员比较方便地处理这两种不同运行情况。

程序执行中有一个全局变量`__name__`，每个时刻该变量都具有一个字符串值，Python 解释器将自动设置这个变量。这里有两种情况：

- 如果正在运行某个被导入模块（执行一个 py 文件）的代码，变量`__name__`将自动设置为这个 py 文件的名字（也是一个字符串）；
- 当 py 文件作为主模块运行时，`__name__`设置为特殊字符串`"__main__"`。

只要在程序里检查`__name__`的值，就可以知道本模块正在以什么方式运行。

人们用 Python 编程时有一个习惯：在每个模块（特别是作为辅助使用的模块）最后，总写一段只在本模块用作主模块时才执行的代码，形式是：

```
if __name__ == "__main__"
    # 作为主模块时执行的代码
    ... ...
```

如果本模块作为主模块运行，这段语句的条件就是真，条件控制下的语句组就会执行。如果本模块被其他模块导入执行，上述条件语句中的代码就会被忽略。

在这里特别适合写一些测试本模块的代码。对于 rational.py 文件，我们在最后可以写一段测试有理数创建和使用的代码，例如：

```
if __name__ == "__main__":
    x = rational(7, 24)
    y = rational(3, 7)
    z = rational(13, 6)
    z0 = rational(0, 13)

    r1 = rat_plus(x, y)
    r2 = rat_plus(x, z)
    r3 = rat_times(r1, r2)
    r4 = rat_divid(r2, r3)
    #r5 = rat_divid(r1, z0)

    rat_print(r1)
    rat_print(r2)
    rat_print(r3)
    rat_print(r4)
```

具体代码应该根据测试的需要认真考虑。

2.2 序列和序列操作

本节介绍 Python 语言中的**序列**概念以及统一定义的各种**序列操作**，其中还要介绍**不变对象**（及**不变类型**）和**可变对象**（及**可变类型**）的重要概念。

2.2.1 序列和序列操作

序列不是 Python 的类型，而是涵盖具有共同性质的一些类型的概念。序列类型的对象可以包含顺序排列的多个元素，通过下标访问元素，下标从 0 开始。

标准类型 str、list 和 tuple 都是序列类型，不同类型又有些差异。第一个差异是其对象能保存什么元素。表和元组的元素可以是任何对象，字符串的元素只能是字符。另一差异是对象创建后能否修改（称为**变动**，mutation）。**可变**（mutable）与**不变**（immutable）是对所有数据类型都有意义的一种性质，一个类型或者是**可变类型**，或者是**不变类型**。可变类型的对象是**可变对象**，创建之后可以变化（其结构或/和成员可以修改）；而不变类型的对象是**不变对象**，创建后就不能变了（不能修改）。

Python 的标准数值类型（int、float 和 complex）和逻辑类型都是不变类型。它们的对象只能创建（例如，加减乘除都是创建新对象），已有对象不能修改。设变量 x 的值是整数，x+=1 是要求创建一个比 x 的原值大 1 的新对象，并将其赋给 x，原来那个整数将被丢弃。组合类型的情况有所不同，有些是可变类型，有些是不变类型。list 的对象可以修改，因此是**可变类型**；tuple 和 str 的对象不能修改，所以是不变类型。对不变类型，只能创建对象（生成新对象）或取得对象的信息，包括取得组合对象里的元素。可变类型还提供修改对象的操作——**变动操作**。

可用于序列或迭代器的标准函数

表 2-1 列出处理序列的标准函数。参数表中的 iterable 说明实参应是可迭代对象（迭代器或序列），iterator 则要求实参（必须）是迭代器。

表 2-1 操作序列的标准函数

函数	说明
`all` (iterable)	当 iterable 中所有元素都是真时返回 `True`，否则返回 `False`
`any` (iterable)	当 iterable 中有元素为真时返回 `True`，否则返回 `False`
`enumerate` (iterable, `start=0`)	返回一个迭代器（与 `map` 类似），它枚举出一些二元组，每个二元组的第一个元素是序号，第二个元素是 iterable 的对应元素。默认序号从 0 开始，可用 `start` 指定起始序号
`len` (iterable)	求出 iterable 的长度
`max` (iterable [, key, default]) `max` (arg1, arg2, *args[, key])	求 iterable 中（或两个或更多实参 arg*i* 中）的最大值。可通过 key 提供一个单参数函数，要求将该函数作用于 iterable 的元素，此时 `max` 返回函数值最大的元素。还可为 iterable 空的情况提供一个 defaul 值。如果序列中存在多个最大值，函数返回第一个最大值
`min` (iterable [, key, default]) `min` (arg1, arg2, *args[, key])	与 max 类似，但是求最小值而不是最大值
`next` (iterator[, default])	返回 iterator 的下一元素。已无元素但调用提供了 default 就返回它，否则报 StopIteration
`reversed` (seq)	得到一个迭代器，按逆序给出 seq 的元素。这里的 seq 必须是序列
`sorted` (iterable[, key][, reverse])	返回对 iterable 中元素排序的表。可以通过 key 提供一个单参数函数，要求按该函数作用于元素的值排序。默认为按递增排序，可以用 `reverse=True` 要求按递减排序
`sum` (iterable[, start])	按顺序对 iterable 的元素求和。默认初值为 0，可以通过 start 提供初值
`zip` (*iterables)	以任意多个可迭代对象为参数，返回一个迭代器。该迭代器枚举出一些元组，其元素是各参数相应位置的那组元素。用完最短可迭代对象时迭代器结束。只有一个可迭代对象时迭代器给出单元素元组。`zip()` 返回空迭代器

这里[ ]括起可选参数。除了这些函数，前面介绍过的 `filter`、`map` 也能应用于任何可迭代对象，各个序列类型的名字也是标准函数，它们也以可迭代对象为参数。

下面的函数的功能与同名标准函数类似，但返回的是表：

```
def enumerate(seq, start=0):
    rlist = []
    for x in seq:
```

```
        rlist.append((start, x))
        start += 1
    return rlist
```

标准函数 range(m, n, d)得到 range 类型的迭代器对象，可以看作一种受限序列。range 对象是元素值为整数的不变序列，只支持几个序列操作，例如 range(10)[2]的值是 2，range(100, 200)[3:84:6]相当于 range(103, 184, 6)。

可用于所有序列的操作

下面介绍 Python 的“标准”序列操作。有些操作是不变操作，它们或提取信息（包括提取元素），或创建新序列，所有序列类型都支持这些操作。另一些是可变操作，只能用于可变对象。表 2-2 里的 s 和 t 表示序列，x 表示对象，n 表示自然数（0 开始的非负整数），i、j 表示整数下标（不能越界）。这里只介绍情况，后面有许多应用实例。

下面运算符可以用于任何序列对象。

表 2-2 用于所有序列的操作

操　作	说　明
x in s	s 有元素等于 x 则结果为 True，否则为 False
x not in s	s 有元素等于 x 则结果为 False，否则为 True
s + t	s 和 t 的顺序拼接序列
s * n 或 n * s	s 的 n 个拷贝的顺序拼接
s[I]	s 的第 i 个元素，从 0 开始计
s[i:j]，s[i:j:k]	s 的切片，从下标 i 到 j 的一段做出的序列，左闭右开的序列，如有 k 则按步长 k 取元素

有些情况需要解释：

- 所有“等于”（如做 in 或 not in 判断时）都用== 表示的比较运算；
- 对 str 对象，运算符 in 和 not in 检查 x 是否为 s 的子序列；
- 字符串下标操作的结果是只包含一个字符的串，其他序列的下标操作得到元素；
- 拼接要求两个序列的类型相同，乘法中 n 小于 0 都当作 0，得到空序列；
- 下标 i 和 j 为负时表示从后向前确定位置，−1 表示最后一个元素；
- 最后一个是切片操作，其中的 i、j、k 都可以省略（但冒号应保留），i 的缺省值是 0，j 的缺省值是序列的长度，k 的缺省值是 1；
- 拼接、乘法和切片操作得到的序列与被操作序列的类型相同，也就是说（例如），字符串拼接得到字符串，表的切片还是表，元组乘法还得到元组。

此外，标准序列类型的对象都支持表 2-3 所示的两个操作。

表 2-3 标准序列类型支持的操作

操 作	说 明
s. index (x[, i[, j]])	x 在 s 里首次出现的下标
s. count (x)	x 在 s 里出现的次数

s.index 有 3 种调用形式：s.index (x) 在 s 里查找 x 的第一次出现，s.index (x, i) 从下标 i 开始查找，s.index (x, i, j) 只在下标 i 到 j 范围里查找。

可变序列操作

对可变序列对象，除可以使用前面公共操作外，还有一组变动操作，如表 2-4 所示。

表 2-4 可变序列的操作

操 作	说 明
s[i]= x	用 x 取代 s 里下标 i 的元素
s[i:j]= t s[i:j:k]= t	用可迭代对象 t 的内容替代 s 从 i 到 j 的切片； s[i:j:k] =t 的作用类似，做这个操作时要求 t 的元素个数正好合适 操作中的 i、j、k 可省略，表示用默认值
del s[i] del s[i:j] del s[i:j:k]	从表中删除一个元素。另外， del s[i:j] 相当于 s[i:j]=[] del s[i:j:k] 的情况类似，删除指定元素
s.append (x)	把 x 加在序列最后（同 s[len(s) :len(s)]=[x] ）
s.clear ()	清除 s 的所有元素（同 del s[:] ）
s.copy ()	创建一个 s 的拷贝（同 s[:] ）
s.extend (t)	用 t 的内容扩展 s（同 s[len(s) : len(s)]= t）
s.insert (i, x)	把 x 插入 s 里的位置 i（同 s[i:i] =[x] ）
s.pop () , s.pop (i)	取 s 里下标 i（默认为最后）的元素并将其从 s 删除
s.remove (x)	删除 s 里第一个满足 s[i] ==x 的元素
s.reverse()	反转 s 里的所有元素（前后元素的位置倒置）

这些操作都修改被操作的序列对象，操作的作用体现在被操作对象里。除 pop 操作之外，其他操作并不得到有意义的值。有几点说明：

- s[i:j] =t 对 t 的长度没限制，s[i:j:k] =t 要求 t 长度等于被替换元素个数；
- pop 常称为**弹出**，它既取得指定元素作为值，又把该元素从原序列删除，s. pop () 相当于元素下标取默认值-1，弹出最后元素；

- 如果在 s 中没有 x，操作 s.remove(x) 将报 ValueError 错；
- 反转把最后元素与最前元素对调位置，其余元素成对地顺序一一对调；
- 切片赋值和 extend 操作中的 t 可以是任何可迭代对象，不必是同类型的序列。

对变动序列（例如表）做元素赋值时，下标不能超范围。设 s 是变动序列：

- 赋值 s[i] = n 中 i 取值范围为 0≤i<len(s)；
- 切片替换操作 s[i:j] = t 中 i，j 的取值范围为 0≤i,j≤len(s)，也就是说，允许用 t 替换 s 中任意一段，也允许在 s 的尾部扩充。

s[0:0] = t 和 s[len(s):len(s)] = t 表示在 s 的头或尾加一段元素，t 可以是任意的可迭代对象。s.extend(t) 等价于后者但更清晰。

表操作

表支持上面所有操作，还有一个特殊操作：list1.sort()要求按<关系对 list1 中元素按上升序重排。list1.sort(reverse=True) 要求按<的逆序排。可用另一关键字参数 key 指定一个从元素计算值的函数，要求按该函数的值排序。

对比表操作和标准函数，可以看到两对操作的功能类似，对它们做比较如下。

- 标准函数 sorted 可用于任意可迭代对象，结果是表，其中包含参数的所有元素并排序。因此 sorted(list1) 得到表 list1 的排序拷贝（是一个新表），list1 不变。list1.sort()则直接调整 list1 里的元素，使之按顺序重排。
- 标准序列反转函数 reversed 可用于各种序列对象，返回一个迭代器（不是序列），可以用在 for 头部等处。reversed(list1)得到表 list1 的反向迭代器，list1 不变，用在 for 语句头部时将从后向前枚举 list1 的元素。而 list1.reverse()直接调整 list1 里元素的位置，实现表中元素的反转。

写程序时，人们常用 list1[:]的方式做拷贝，效果与 list1.copy()相同。建立拷贝的操作并不修改被操作的表。list(list1) 也生成 list1 的拷贝，但在这里是做一个类型转换，实参可以是任何可迭代对象。

2.2.2 描述式

前面讨论表和元组时介绍了一些构造方法。简单序列可以用列举式，更复杂的序列可以通过执行语句的方式逐步构造。由于程序中经常需要建立组合对象，Python 提供了一种称为**描述式**（comprehension）的专门机制，用于描述（构造）**元素有规律**的组合对象。描述式的形式类似于逻辑和集合论中的**内涵表示**。

描述式的功能强大，例如，生成 100000 个随机数的表只需要一行代码：

```
rands = [random() for i in range(100000)]
```

描述式和生成器表达式

最简单的描述式由一个表达式和一个表示重复构造方式的 for 段构成：

表达式 for **变量** in **表达式 1**

表达式描述希望生成的序列元素，下面称为**生成表达式**；以 for 开头的部分是**迭代描述**，或称 for 段，其中**变量**控制生成中的迭代，称为**迭代变量**；**表达式 1** 的值应该是一个可迭代对象。一个描述式表示一个值的序列，**变量**依次取得可迭代对象**表达式 1** 给出的值，基于每个值计算**生成表达式**，得到序列中的一个元素。

把描述式放在表示表构造的方括号里就是**表描述式**。例如：

```
squares = [n**2 for n in range(100)]
```

squares 的值是一个表，描述式让 n 依次取值 0 到 99 并计算 n**2，以得到的结果作为这个表的元素。也可以用描述式生成元组，这时用 tuple 转换：

```
square_tp = tuple(n**2 for n in range(100))
```

描述式本身不是完整的 Python 表达式，加上一对圆括号就是合法表达式，称为**生成器表达式**，其值是**生成器**（generator）对象，也是一种可迭代对象。例如：

```
for x in (n**2 for n in range(100)):
   if x % 11 == 0:
       print(x)
```

输出 11、22、33、44、…、99 的平方。循环中变量 x 依次取 0^2、1^2、2^2、…、99^2。这个序列不能通过 range(…) 直接生成。

实际上，描述式的功能还强大得多：迭代描述部分至少应包含一个 for 段，其后还可以有任意多个 for 段或 if 段。其中 for 段的形式如上，if 段的形式是关键字 if 和一个**条件**表达式，作为过滤器删去 for 迭代产生的不满足**条件**的对象。例如：

```
>>> list2 = [x for x in range(200) if x % 7 == x % 19 + 3]
>>> list2
[38, 39, 40, 41, 171, 172, 173, 174]
```

这里 if 段从 0 到 199 中选出满足 x % 7 == x % 19 + 3 的值作为表元素。这个例子没有实际意义，只是为了说明情况。显然，if 段中的**条件**应涉及描述式里的迭代变量，还可以涉及当时可用的其他变量（如全局变量等），可以任意复杂，也可以是（谓词）函数调用。带 if 段的迭代描述实现一种**生成和筛选**，for 段描述生成，if 段描述筛选，相互配合可能生成很复杂的序列，例如：

```
[p for p in range(1000) if is_prime(p)]
```

生成 1000 以内的素数（假设 is_prime() 是判断素数的谓词函数）。

下面表达式生成 10×10 的单位矩阵：

```
[[1 if i == j else 0 for i in range(10)] for j in range(10)]
```

这里出现了两层表描述式，内层的生成表达式是一个条件表达式，外层的生成表达式是内层的表描述式。作为另一个例子，下面的描述式生成一个序列：

```
>>> tuple(i**2 + j for i in range(1, 5) for j in range(1, i))
(5, 10, 11, 17, 18, 19)
```

这里出现了两个 for 段，第二个 for 段中引用了第一个 for 段的迭代变量 i。这里的 i 依次取值 1、2、3、4，第二个 for 段对 i 等于 1 的情况什么也不做，对 i 等于 2 的情况生成了元素 5，对 i 等于 3 的情况生成了元素 10 和 11，对 i 等于 4 的情况生成了 17、18 和 19。可见，描述式太复杂时意义不易把握，应该注意。

描述式和作用域问题

描述式也引进局部作用域，嵌套在当前作用域中，for 段的迭代变量是局部变量，其作用域包含本描述式的生成表达式，以及本描述式中 for 段之后的部分。看例子：

```
>>> [i1 + i2 for i1 in range(i2) for i2 in range(4)]
Traceback (most recent call last):
  File "<pyshell#118>", line 1, in <module>
    [i1 + i2 for i1 in range(i2) for i2 in range(4)]
NameError: name 'i2' is not defined
```

第一个 for 段引进局部变量 i1，可以用在最前面的生成表达式里。第 2 个 for 段引进局部变量 i2，可以用在描述式最前面的生成表达式里，但是在第一个 for 段里无定义，因此解释器报错。另一方面，下面描述式没错：

```
>>> [i1 + i2 for i1 in range(4) for i2 in range(i1 + 2)]
[0, 1, 1, 2, 3, 2, 3, 4, 5, 3, 4, 5, 6, 7]
```

在第二个 for 段里 i1 已经有定义了，这个 for 段（包括该 for 段的迭代描述部分）位于第一个 for 段引进的局部变量 i1 的作用域内。

如果描述式里出现非局部定义变量，外围应该有它们的定义。例如：

```
>>> n = 6
>>> tuple(i**2 + j for i in range(1, n) for j in range(1, i))
(5, 10, 11, 17, 18, 19, 26, 27, 28, 29)
```

描述式里没定义 n，出现的 n 表示外围的变量 n。另一方面，由于描述式引进了新作用域，局部变量也会屏蔽描述式之外的同名变量。例如：

```
def func(n): # 这里的代码都合法
    list1 = [x * n for x in range(n)]
    list2 = [n ** 2 for n in range(10)]
    list3 = [3 * n for n in range(n)]
    print(list1)
    print(list2)
    print(list3)
    print(n)
```

第一个描述式中使用了函数参数 n（函数体是描述式的外围作用域），这是合法的。第二个描述式引进局部的迭代变量 n，这个 n 只在描述式内部起作用，遮蔽了外围的函数参数 n。也就是说，描述式里的 n 与函数参数 n 无关。第三个描述式比较复杂，这里也引入局部变量 n，生成表达式里的 n 用这个局部变量。但是 for 段的迭代描述不在该局部变量的作用域里，因此这里的 n 表示函数参数。也就是说，在这个简单的描述式里，用到两个不同的 n，这样做是合法的，有意义的。但这种写法使人困惑，不应提倡。

2.2.3 一些程序实例

现在展示一些与序列、表或元组有关的实例，说明处理序列（表、元组等）的一些常用操作模式（编程模式）。下面说到表时，只要不涉及变动操作，都可用于任何序列。

反转表中元素的函数

现在考虑一个函数，其功能与可变序列的 reverse 操作类似，实际反转表中元素，把前面的元素搬到后面，把后面的元素搬到前面。函数头部是：

```
def rev(list1): … # 反转表 list1 里的元素
```

可以通过逐对交换前后对应位置元素的方式来完成反转。考虑下面的做法：

- 用变量记录表中需要反转下一对元素的位置；
- 交换这对元素在表中的位置；
- 修改变量值，使之指向下一对元素并继续，如果没有需要交换的元素，则结束。

结合 for 循环、负数下标和并行赋值，可以写出下面的简单函数定义：

```
def rev(list1):
    if not isinstance(list1, list):
        return
    for i in range(len(list1)//2):
        list1[i], list1[-i-1] = list1[-i-1], list1[i]
```

本函数只用一个循环变量，通过下标算出要交换的元素对。也可以用两个变量，这留给读者作为练习。下面语句检查函数 rev 的功能：

```
a1 = [1, 2, 3, 4, 5, 6, 7]
a2 = [1, 2, 3, 4, 5, 6, 7, 8, 9, 10]

print("Original:", a1)
rev(a1)
print("After rev:", a1)
print("Original:", a2)
rev(a2)
print("After rev:", a2)
```

请读者考虑并设计出完整的测试数据集合。

用表缓存计算的中间结果

计算中可能多次用到某个或某些数据，这种情况有两种处理方法：每次重新算出所需数据；或者在一次算出后保存，再次需要时直接取用。理论上说，记录结果和重新计算可以相互替代（有存储空间与计算时间的交换）。如计算代价较高，或重复使用次数较多，存储的方式可能更有利；反之就应该考虑直接计算，节省存储空间。

程序里都需要存储中间结果，简单情况只需保存几项简单数据，但有时也可能需要用表。典型情况是要保存的数据较多；或者编程时无法确定项数；或是需要按统一方式使用这些数据，例如在数据上循环。如果用表记录计算的中间结果，就必须仔细设计数据的存储和提取方式，只有方便使用的存储方式才能有效减少时间开销。

作为展示缓存计算的中间结果有可能加速计算的例子，现在我们考虑改进递归定义的 Fibonacci 函数。1.4.2 节定义的函数在执行中出现了大量重复计算，造成极端低效。保存算出的 F_i 有可能节省时间。当然，保存中间结果要付出存储的代价，占用的存储量与 n 成正比（对每个 $i < n$ 保存 F_i），可以接受。由于数据项数与参数 n 有关，定义函数时无法确定，可以考虑用表。由于 F_i 与 i 有关，可以用 i 作为存储位置的下标。

下面函数中用了一个表，其中可能记录从 0 到 n 共计 n + 1 个整数，值为−1 表示尚未计算。用 fib 的局部变量记录这个表并做好初始化，用递归定义的局部函数 fib0 完成主要计算。fib 本身的工作非常简单：

```
def fib(n):
    fibs = [-1] * (n + 1)
    fibs[0] = 0
    fibs[1] = 1
    # 初始表，前两项是 fib(0) 和 fib(1)

    def fib0(k):
        if fibs[k] != -1:
            return fibs[k]
        fibs[k] = fib0(k-2) + fib0(k-1)
        return fibs[k]

    return fib0(n)
```

fib0 使用了外围函数里的变量 fibs，但这里没用 nonlocal 声明，因为 fib0 里并没有出现对 fibs 的赋值，只是修改了作为 fibs 的值的那个表的元素。

下面是计算 fib(800) 的结果。不采用记录中间结果的技术不可能算出这个值：

```
>>> fib(800)
69283081864224717136290077681328518273399124385204820718966
04059769143558727838311227716196753253067537417085740474301
7623467220361778016172106855838975759985190398725
```

试验中几乎感觉不到计算时间。对于这个例子，缓存技术非常有效。

另一个筛法函数

现在考虑筛法的另一个实例：求前 n 个素数，问题的提法与 2.1.2 节不同。由于不知道第 n 个素数的值，我们没办法先构造出大小合适的整数表（其中恰好包含前 n 个素数）。素数分布是数论最重要的研究问题之一，至今还没有结论。

解决这类问题的一种考虑是采用保守做法：定义一个足够大的表，在其中做筛法。这样做没有新问题，只需要确定相对于 n 足够大的表，保证一定能找到 n 个素数。可以利用已有数学结论，先算出表长度，也避免过大浪费。这个工作留给读者完成。

下面考虑另一种做法：用一个表记录已知素数，利用它选出一个个更大的素数，得到了 n 个素数时结束工作。算法的基本部分如下：

```
plist = [2] # 2 是已知的素数
num = 1     # 已经得到的素数个数，现在是 1 个
cand = 3    # 检查的候选
while num < n:
    if is_prime(cand, plist): # 找到新素数
        plist.append(cand)     # 新素数入表
        num += 1                 # 素数个数加 1
    cand += 2  # 考虑下一个奇数
```

看起来这个算法与筛法无关，只是逐个检查自然数（只检查奇数）。我们的想法是把已知素数看作一串筛子，保证通过筛选的数就素数。也就是说，判断素数的过程隐藏在谓词 `is_prime(cand, plist)` 的定义里。

显然，`is_prime` 的主体应该是一个循环，且它不是用顺序的整数去试除 `cand`，而是用 `plist` 里的已知素数。如果发现 `cand` 的因子就返回 `False`，如果检查到大于 `cand` 平方根的素数时还没有找到因子，就能断定 `cand` 是素数了。

这些考虑很容易落实为下面的函数定义：

```
def primes_n(n):
    def is_prime(cand, plist):
        for p in plist:
            if cand % p == 0:
                return False
            if p * p > cand:
                return True

    plist = [2]
    num = 1
    cand = 3
    while num < n:
        if is_prime(cand, plist):
            plist.append(cand)
            num += 1
```

```
        cand += 2

    return plist
```

后面还会看到这种技术的有趣应用。

2.2.4 几个序列类型

本节介绍与 str 类似的另外两个标准序列类型，还有标准库的 array 类型。

bytes 和 bytearray 类型

字节（byte）就是 8 位的二进制串，有 $2^8 = 256$ 种不同取值。bytes 是 Python 标准类型（称为**字节串**），它与 str 类似，也是不变类型，但 str 的元素是一般 Unicode 字符，而 bytes 的元素只能是 0 到 255，表示字符的编码。bytes 字面量与 str 字面量的形式类似，但要加前缀 b 或 B。下面是几个字节串字面量：

```
b1 = b'this IS a bytes'
b2 = B"Bejing is the capital of China.\n"
b3 = b"""You can write multi-line bytes too,
using this form."""
```

在字节串字面量里可以出现英文大小写字母、数字、空格和一些常用符号，编码值不超过 127。一些控制字符和编码从 128 到 255 的字符需要用换意序列表示。

另一个标准类型是**字节数组**类型 bytearray。它是可变类型，元素与 bytes 一样。bytearray 对象没有字面量描述形式，只能通过类型名创建。例如：

```
b1 = b'this IS a bytes'
ba1 = bytearray()         # 创建一个空的字节数组
ba2 = bytearray(b1)       # 基于字节串创建字节数组
ba3 = bytearray(10)       # 创建包含 10 个字节的字节数组，填充零字符
ba4 = bytearray(range(45, 60))
```

执行了上面的语句之后，可以看到：

```
>>> ba1
bytearray(b'')
>>> ba2
bytearray(b'this IS a bytes')
>>> ba3
bytearray(b'\x00\x00\x00\x00\x00\x00\x00\x00\x00\x00')
>>> ba4
bytearray(b'-./0123456789:;')
```

ba1 的值是一个空字节数组；ba2 的内容与字节串 b1 相同但类型不同，ba3 包含 10 个编码为 0 的字符，以整数为参数时创建这种字节数组；ba4 包含 15 个字节，字符的编码来自迭代器

range(45, 60)，内容如上所示。

bytes 和 bytearray 都支持的不变操作与 str 类似，包括各种切片、检查字符种类、各种字节串变形等。bytes 还支持各种不变序列操作；bytearray 还支持可变序列类型的所有操作，可以做元素赋值、子串替换等。注意，bytes 和 bytearray 的元素是小整数（取值 0 到 255），用字符或超范围的整数给元素赋值时都将报错：

```
>>> ba4[0] = 157
>>> ba4[1] = 'a'
Traceback (most recent call last):
  File "<pyshell#52>", line 1, in <module>
    ba4[1] = 'a'
TypeError: an integer is required
>>> ba4[2] = 256
Traceback (most recent call last):
  File "<pyshell#53>", line 1, in <module>
    ba4[2] = 256
ValueError: byte must be in range(0, 256)
>>> ba4
bytearray(b'\x9d./0123456789:;')
```

可以看到第一个赋值的效果，\x9d 是编码 157 的字符，用十六进制换意序列表示。

bytes 和 bytearray 的更多情况见手册，这里不给出应用实例了。bytearray 与表有类似之处，只是元素受限。如果需要小整数的序列，采用 bytearray 可以节约存储，操作效率更高。此外，bytes 和 bytearray 是序列类型，可以对它们的对象使用 Python 的 6 个比较运算符。此外，这两个类型的对象可以相互比较。

array 类型

一些实际应用（特别是科学与工程计算）中经常需要整数或浮点数的序列，例如表示向量或矩阵，表可以满足这种需要。但是表的功能强，效率代价较大，而许多数值应用对效率的要求特别高。为支持这类需要，标准库 array 包提供了一种专用于表示数值序列的类型 array，通常称为**数组**。其存储比较紧凑，操作效率比表高得多。array 是一种可变类型，支持取元素、切片、拼接、乘法（多份拷贝拼接）、切片赋值等，以及一大批特殊操作，包括插入元素等。详情见标准库手册，下面介绍一些基本情况。

使用数组前要先导入 array 包。一个数组的所有元素应同属一个类型，这说明可以有整数数组或浮点数数组，但不能有混合数组。元素类型在创建时指定，不能改变。例如：

```
from array import array

int_array = array("i")
float_array = array("d", [i * 0.1 for i in range(10)])
```

字符串"i"和"d"声明数组类型。第一个语句创建空的整数数组，第二个语句创建浮点数组，并用表对其初始化，加入 10 个元素。执行上面的脚本后可以检查它们的情况：

```
>>> int_array
array('i')
>>> float_array
array('d', [0.0, 0.1, 0.2, 0.30000000000000004, 0.4, 0.5,
0.6000000000000001, 0.7000000000000001, 0.8, 0.9])
>>> int_array.append(0)
>>> int_array.extend([1, 2, 3, 4, 5, 6, 7, 8, 9])
>>> int_array
array('i', [0, 1, 2, 3, 4, 5, 6, 7, 8, 9])
```

后两个语句给 int_array 加入了一些元素，从最后一个语句可以看到它们的效果。

整数数组不能保存任意大的整数，例如：

```
>>> int_array.append(2**100)
Traceback (most recent call last):
  File "<pyshell#4>", line 1, in <module>
    int_array.append(2**100)
OverflowError: Python int too large to convert to C long
```

想把 2 的 100 次方加入 int_array，解释器说其值太大。最后一行实际说明 array 是用 C 语言实现的，i 类型对应于 C 的 long 类型，常见取值范围是 2^{-63}～$2^{63}-1$。

如果计算中需要很大的数值向量或矩阵，用 array 既节约存储也节省时间。如果数值序列不太大，直接用表更方便。例如，下面的代码生成一个 40×40 的单位矩阵：

```
dim = 40
mat1 = [array("d", (1.0 if i == j else 0.0 for i in range(dim)))
        for j in range(dim)]
```

这里 dim 是矩阵维数，生成的表中包含 40 个数组元素。注意，作为 array 的参数，生成表达式也要用圆括号括起。有了这个以数组为元素的表，可以写：

```
mat1[2][3] = 0.78
```

或者写循环去处理它等。这里不再进一步讨论。

2.3 字符串和格式化

本节首先介绍字符串的更多操作，然后讨论字符串的格式化问题。格式化的一个重要用途是生成特定形式的输出，也用于构造各种特殊形式的字符串。

2.3.1 字符串操作

这里介绍字符串上的一些重要操作。

基本操作

字符串就是字符的序列，程序中经常需要扫描字符串内容，一边扫描一边处理。这种过程就是普通的序列扫描，可以用 for 语句描述（设 s 是字符串）：

```
for i in range(len(s)):
    print(s[i]) # 可以换成任何其他操作
```

由于字符串是不变序列，根据前面的讨论，对其内容循环应该用下面的简单形式：

```
for c in s:
    print(c) # 可以换成任何其他操作
```

作为序列类型，字符串支持不变序列类型的所有共性操作，包括通过下标取元素、各种切片、加法表示的拼接、乘法表示的多副本拼接，以及函数 len、min 和 max 等。其中 min 和 max 取得字符串中编码最小和最大的字符（得到单字符的串）。

有几个操作的功能特殊，前面已有说明。对字符串用 in 和 not in，是判断一个字符串是否在另一字符串中出现，这一关系称为**子串关系**，非常重要。另外，设 s 和 t 都是字符串，s.index(t)返回子串 t 在字符串 s 里第一次出现的开始位置。s.count(t)统计子串 t 在 s 里出现的次数，这里只考虑互不重叠的出现。例如：

```
>>> "abababababa".count("aba")
3
```

函数从左到右查找非重叠的匹配，请读者自己检查结果的正确性。

字符和编码

Python 采用 Unicode。标准函数 ord(c)返回字符 c 的编码（c 必须是单字符的串）。例如 ord('a')得到 97，ord('我')得到 25105。不同字符的编码顺序也看作字符的顺序，称为**字符序**。标准函数 chr(n)的参数应是整数，把整数看作字符的编码给出字符（单个字符的串）。例如 chr(10987)得到' '，而 chr(25105)得到'我'。

字符串可以比较相等、不等、大于、小于、大于等于和小于等于。字符串的大小基于字符序定义，因此"a" < "b"、"ab" < "abc"都得到 True。

字符串操作

字符串有一大批称为**方法**（method）的操作，通过**圆点记法**使用，即在表示字符串的表达式后写圆点加上函数名和实参表。这种记法使用广泛，如前面的序列操作 index 和 count 都用了圆点记法，导入程序包后也可能用圆点记法。采用圆点记法调用的函数也称为**方法**，本书后面会经常这样说，有关细节在第 4 章介绍。下面假设 s 是字符串。

字符可以分为很多类别，如数字、小写字母、大写字母等。有一组判断串中所有字符类属的方法，条件满足时返回 True。表 2-5 所示是一些常用分类谓词。

表 2-5 常用分类谓词

谓　　词	说　　明
s.isupper()	s 不空且其中所有存在大小写的字符都是大写
s.islower()	s 不空且其中所有存在大小写的字符都是小写
s.isdigit()	s 不空且其中所有字符都是数字
s.isalpha()	s 不空且其中所有字符都是字母
s.isidentifier()	s 不空且其形式可以作为标识符
s.isspace()	s 不空且其中全是空白字符（空格、制表符、换行符）

一些字符串操作生成新串。例如，表 2-6 所示的几个操作生成参数字符串的全大写、全小写，或者以其他方式变换了大小写的拷贝。

表 2-6 生成新串的一些操作

操　　作	说　　明
s.lower()	做 s 的全小写拷贝（原为大写的改为小写，其他不变）
s.upper()	做 s 的全大写拷贝
s.capitalize()	做 s 的首字符大写其余小写的拷贝
s.swapcase()	做 s 的大小写调换的拷贝

表 2-7 所示的几个操作很常用，其中一些有可选参数。

表 2-7 常用的字符串操作

操　　作	说　　明
s.find(sub)	参数 sub 是另一个串。此方法查找并返回 sub 在 s 里第一次出现的位置，未出现时返回-1； s.find(sub, start, end) 在 s 中由 start 和 end 的指定范围里查找子串 sub 的出现位置
s.replace(old, new)	建立字符串 s 的一个拷贝，其中把 s 里子串 old 的所有出现都替换成另一个串 new； s.replace(old, new, count) 只做前 count 个替换
s.strip()	删去 s 两端的空白字符（如果有）； s.strip(chars) 删去 s 两端属于 chars 的所有字符
s.lstrip()	删去 s 左端的（开头的）空白字符； s.lstrip(chars) 删去 s 左端属于 chars 的所有字符
s.rstrip()	删去 s 右端的空白字符； s.rstrip(chars) 删去 s 右端属于 chars 的所有字符

> **注意**
>
> find 在 s 里找另一个串（子串）的出现，其功能与序列操作 index 类似，但未找到时返回-1（index 找不到时报错）；replace、strip、lstrip、rstrip 都建立新字符串，并不修改 s。空白字符包括空格、制表符和换行符。

例如，下面代码段输出字符串 s 在文本 text 里所有出现的位置：

```
n, end = 0, len(text)
while True:
    n = text.find(s, n, end)
    if n < 0:
        break
    print(n)
    n += 1
```

这里应特别注意最后的 n+=1，否则将出现死循环。

字符串和表

下面几个函数完成在字符串和表之间的往返变换。

1. s.split(sep=None, maxsplit=-1)

返回切分 s 得到的子串的表。参数 sep 指定切分串，默认为空白字符段，丢掉 s 两头的空白字符。maxsplit 指定（从左向右的）最大切分项数，剩下的串作为表里最后一个元素。默认为完成全部切分。

2. s.rsplit(sep=None, maxsplit=-1)

从右到左切分。显然只在指定切分项数时才有意义，否则等同于 split。

3. s.splitlines([keepends])

返回 s 里正文行的表(按行切分)。无参时子串不包含换行符，参数 keepends 的值为 True 时保留换行符。

4. sep.join(list1)

以串 sep 为分隔符把表 list1 的元素（应是一些字符串）拼接为一个串。

join 相当于 split 的逆。由于字符串是不变对象，要拼接出一个长字符串，最好是先准备好所需子串的表，然后调用这个操作。与反复拼接相比，用这种方法构造长字符串的开销可能小得多。例如，", ".join(["break", "continue", "return"]) 将得到"break, continue, return"。后面还会看到一些例子。

字符串还有许多操作（方法），详见 Python 标准库手册。

原始字符串

换意序列来自 C 语言，用于在串里描述特殊字符，但是如果出现太多换意序列，不仅写着麻烦，也较难辨认。Python 采用 4 种字符串引号形式可以减少换意序列的使用。为了进一步减少程序员的负担，Python 引进**原始字符串**的字面量形式，用字符 r 或 R 作为引导字符。在这种字面量里，反斜线符号被看作普通字符，下面是几个例子：

```
>>> r'ab\ncd'
'ab\\ncd'
>>> r"abd\"can"
'abd\\"can'
>>> r'abd\'can'
"abd\\'can"
>>> len(r'abd\'can')
8
```

第一个例子说明反斜线符被当作普通字符，系统显示时用换意序列 \\ 表示。后两个例子说明换意符仍可用于字符串的结束符。最后例子得到的字符数符合上面解释。

2.3.2 字符串的格式化

输出数据（对象）前需要将其**字符串化**，也就是生成某种字符串表达形式，调用 str(...) 或另一标准函数 repr(...) 都能完成这件事。这两个函数都返回字符串，但想法不同，结果也可能不同。str 希望生成对象的易读文本形式，可用于各种标准类型的对象。repr（出自 representation）希望生成的文本表示还能重新输入，恢复原对象。如果被转换对象没有可重新输入的字符串形式，repr 报 SyntaxError。

用 print 输出时，如果实参不是字符串，print 自动调用 str 得到字符串。前面程序都直接用 print 的“自然形式”，多行输出可能长短不一，各项位置可能参差不齐。开发实际软件时，为提高可读性，人们常希望安排好输出形式，这就需要做格式化。格式化就是做字符串形式的处理，如加入一些空格或其他填充符号，产生所需字符串。这种功能不仅能用于控制输出，还可用于生成所需形式的字符串。下面介绍 str 的格式化功能。str 的某些操作有格式化作用，其 format 方法专门做格式化。

简单格式化功能

str 提供了几个“对齐”操作，用于简单格式化。它们都要求生成指定长度的字符串，在给定范围内把原字符串放在最左、中间或最右位置，其余部分用某个字符（默认为空格）填充。这几个操作如表 2-8 所示，假设 s 是字符串，n 是自然数。

表 2-8 简单格式化

操　　作	说　　明
s.center(n)	得到将 s 串居中的长度为 n 的字符串
s.ljust(n)	得到将 s 串居左的长度为 n 的字符串
s.rjust(n)	得到将 s 串居右的长度为 n 的字符串

还可以用另一参数指定填充字符（默认为空格），例如，s.rjust(6, '0')要求用'0'填空。下面是一个简单例子，要求对齐各行的输出：

```
from random import randint
for i in range(5):
    print(str(randint(1,100)**4).rjust(10),
          str(randint(1,100)**4).rjust(10),
          str(randint(1,100)**4).rjust(10))
```

下面是一次执行的输出：

```
     38416   35153041       1296
  47458321    5764801      65536
   3418801         81   18974736
   2560000   68574961   40960000
     50625   74805201    4100625
```

格式化操作

Python 提供了两套格式化机制。一套为全新设计，通过 str 的 format 方法实现，其中的概念更清晰，使用更方便也更安全。下面主要介绍这套机制。另一套继承自 C 语言，满足熟悉 C 语言的人们的需要，本节最后有简短说明。

s.format(*args, **kwargs)得到格式化生成的串，其中 s 是描述格式化形式（模式）的**格式串**，*args 表示允许任意多个实参，**kwargs 表示允许任意多个关键字实参。格式串中可以出现{...}形式的**替换域**，它们将分别被实参产生的串替代。例如，"The {} of 2 + 3 is {}".format("result", 2+5)生成“The result of 2 + 3 is 7”[①]。这个格式串包含两个替换域，分别用字符串和整数替换。格式串中替换域之外的字符（包括空格）原样拷贝。如果希望结果中出现花括号，需要双写{{和}}。其实，格式串就是普通字符串，只是在调用 format 时有特殊意义。如果需要，可以把格式串赋给变量再用，以保证多个格式化语句产生格式统一的结果。

① 这个例子说明 format 生成输出时不考虑意义，只是简单地拼接字符，而不管数学上是否正确。

理解格式化操作要弄清两件事：format 的实参与格式串中替换域的匹配关系，以及如何通过替换域描述对实参的格式化要求。下面通过实例介绍基本规则，说明最重要的情况。更多细节见标准库手册的正文处理（Text Processing Service）一节。

默认情况是实参按位置与替换域匹配，以默认形式插入格式串中：

```
"A {} is {} but {}.'.format(arg0, arg1, arg2)
```

实参转换的默认方式是用 str()。例如，"A {} is {} but {}.".format("a", "not b", "c")产生的串是“A a is not b but c”。

可以在替换域里写出下标，指明与之匹配的实参。例如：

```
"A {2} is {0} but {1}.".format(arg0, arg1, arg2)
```

整数 0 要求用第 0 个实参替换，其余同理，编号从 0 开始。这种机制使人很容易根据需要安排实参，也能方便地重复使用某个或某些实参。

可以给替换域命名（在花括号里写标识符），指名关键字实参，与之对应，在 format 的实参表中用关键字实参为替换域提供内容。例如：

```
"The {noun} is {adj} but also {adj2}.".format(
        noun="pig", adj2="smart", adj="fat")
```

产生“The pig is fat but also smart.”。此时实参的顺序可任意排列。总之，替换域与实参的关联有 3 种方式，按位置，或用下标，或关键字关联。

在替换域中关联描述（下标或关键字）之后可以跟一个冒号“:”和一个**转换描述**，说明实参的转换方式。无关联描述时应写冒号后跟转换描述。转换描述的细节很多，下面介绍几个常用描述项，它们都可以省略，出现时必须按下面的顺序。

- 描述对齐方式的字符<、>或^，分别要求把替换内容在特定范围内居左、居右或居中摆放。对齐字符之前可以有一个填充字符，实参产生的串不够长时用它填充，默认用空格填充。无对齐描述时字符串居左对齐，数值居右对齐。
- 表示本替换域最小宽度的整数。如果实际替换内容包含更多字符，将根据实际需要决定宽度。默认是根据实际需要确定替换域的宽度。
- 表示转换类型的字符：s 表示字符串，d 要求生成十进制形式的整数表示，f 和 F 要求生成浮点数形式，e 和 E 要求生成科学记数形式，g 和 G 要求解释器根据情况自动选择浮点形式或科学形式。在表示浮点转换字符 f 和 F 前可有一个圆点和一个整数，说明浮点数表示中的小数位数（精度），默认为 6 位。

如果没有转换类型描述，默认为根据实参的类型生成替换串。此外，对整数实参，也可以用 f、e、g 等要求将生成浮点数的表示形式。

下面是几个包含转换描述的替换域实例：

- {1:->10s} 字符串形式，第 1 个实参，宽度 10，右对齐，填充字符是–；

- `{price:10.2f}` 域名为 price，采用浮点形式，宽度 10，小数点后 2 位；
- `{:<<10d}` 十进制整数形式，宽度 10，居左，用字符<填充。

注意

转换类型为 s 时实参必须是字符串；转换类型为 d 时实参必须是整数；转换类型为 f/F/e/E/g/G 时，实参可以是整数或浮点数；整数转换中不允许出现精度描述，非数值类型的转换可以用精度描述形式说明输出域的最大宽度。对整数还有一些转换描述，包括二进制、八进制和十六进制等。还有其他的转换描述，请查阅手册。

作为格式化的应用，现在看一个简单实例。下面的函数生成一个正弦和余弦函数表：

```
from math import sin, cos

head = "{:<5}  {:<12s}  {:<12s}"
content = "{:5.3f}  {:12.10f}  {:12.10f}"

def gen_table(start, end, step):
    print(head.format("x", "sin(x)", "cos(x)"))
    x = start
    while x < end:
        print(content.format(x, sin(x), cos(x)))
        x += step

gen_table(0.0, 1.05, 0.1)
```

程序执行将输出：

```
x      sin(x)        cos(x)
0.000  0.0000000000  1.0000000000
0.100  0.0998334166  0.9950041653
0.200  0.1986693308  0.9800665778
0.300  0.2955202067  0.9553364891
0.400  0.3894183423  0.9210609940
0.500  0.4794255386  0.8775825619
0.600  0.5646424734  0.8253356149
0.700  0.6442176872  0.7648421873
0.800  0.7173560909  0.6967067093
0.900  0.7833269096  0.6216099683
1.000  0.8414709848  0.5403023059
```

在转换描述之前还可以有一个叹号和一个字符说明所用转换函数，!s 表示用 str() 转换（为默认方式），!r 表示用 repr() 转换，!a 表示用 ascii() 转换。

另一种格式化通过字符串类型的 % 运算实现，左边运算对象是类似 C 语言 printf 风格的格式串，右边是格式化的参数，可能用元组或者字典表示，只有一个实参时可以直接写。一点扩充是每个转换描述可以有一个（**关键字**）说明与之匹配的实参（对应字典形式的格式化实参）。有关细节请看 Python 标准库手册 4.7.2 节。

这里不专门讨论字符串的应用，后面章节有许多实例。

2.4 文件

本节介绍 Python 的**文件**输入输出和其他操作。

2.4.1 文件和输入/输出

Python 语言的文件与其他语言类似。本节概述有关概念和情况。

为了在程序里使用文件，必须先建立一个程序对象作为文件的代表，这种对象称为**文件对象**。**打开**文件就是建立文件对象并将其关联于指定文件。文件使用有不同方式（模式）：**读方式**、**写方式**、**附加方式**或**读写方式**，需要在打开文件时说明，打开后只能做特定模式允许的操作。文件使用完毕时应**关闭**（close），要求做必要的清理和结束操作。从打开、使用到关闭，形成了使用文件的标准流程。

文件里的数据顺序排列，操作过程中总有一个**当前位置**，表示下次读写操作的位置。以读模式打开文件（简称**读文件**）时，初始位置设在文件开始。以写模式打开的文件（简称**写文件**）时，初始位置也设在文件开始，打开后文件为空（打开已有文件时清除其内容）。**附加文件**与写文件类似，只是不清理已有内容，初始位置设在已有内容后的下一位置。**读写文件**的情况更复杂，操作中可能需要重定位当前位置。

一个程序在执行中可以同时打开多个文件，不同文件的使用相互独立，操作系统禁止（同一个或不同的程序）多次打开同一个文件。当一个程序**正常结束**时，解释器自动关闭其在运行中打开但还没有关闭的所有文件。

文件的内容由实际需要确定，一般分为**文本文件**和**二进制文件**两类。

- Python 程序使用的文本文件（text file，或称**正文文件**）是 Unicode 字符集中字符的序列，通常分为一些行（字符序列中有换行符）。
- 二进制文件（binary file）的内容为任意二进制编码，通常由具体程序生成，具有特殊的内部结构，专供这种程序或其他相关程序使用。

2.4.2 Python 的文件功能

Python 的文件功能包括标准函数 `open` 和一些标准库包。一组标准**文件对象**类型支持各种文件使用，见标准库手册 Generic Operating System Services 下 io 包的说明（16.2 节）。不同类型的文件对象都支持关闭操作，但支持的其他操作可能不同。

文件打开和关闭

标准函数 open 用于打开文件，正常完成时返回新建文件对象，否则报错。打开时需要说明打开模式，不同模式返回不同类型的文件对象。如果要处理文本文件，就应该按文本方式打开，对二进制文件也一样。open 的调用形式是：

```
open(file, mode='r', 其他参数)
```

其中 file 是**文件描述**，mode 是打开**模式描述串**，默认值为'r'。简单使用时不需要提供**其他参数**。把文件对象赋给变量后，就可以通过变量使用文件了。

模式描述串的内容是几个字符（与 C 语言类似），出现字符 b 就是要求按二进制模式打开，否则就是按正文模式打开。模式字符如表 2-9 所示。

表 2-9 文件打开模式描述串

模 式	说 明
r	按读模式打开，是默认方式，可以不写
w	按写模式打开，文件不存在时创建新文件，存在时清除已有内容
x	排他性地创建文件，如果所指文件已存在报 OSError 错误
a	按附加方式打开，在已有内容之后写。文件不存在时创建新文件
+	更新文件，不单独出现。r+表示保留原文件内容，从头开始读写；w+表示清除已有内容；x+与 w+类似，但排他性地创建文件；a+与 w+类似，但不清除已有内容，从最后开始读写

还可以有字符 t 表示以文本方式打开文件，这是默认方式，可省略。

调用 open 时需要描述文件，称为**文件命名**（naming）。打开**当前目录**下的文件[①]（与程序在同一目录下）时直接写文件名，需要描述子目录时用/作为路径分隔：

```
file2 = open("save/data.dat")
```

这是**相对路径描述**。**绝对路径描述**以字符/开头，表示从顶层目录开始经过逐层目录指明的文件。还可以包含**盘符**，默认为当前盘（程序所在盘）。例如：

```
file3 = open("/courses/new-Computing/progs/data.dat")
file4 = open("C:/texlive/2014/release-texlive.txt")
```

不同操作系统的文件描述形式可能不同：文件和目录名中允许的字符可能不同，路径分隔符也可能不同。Python 统一用/作为路径分隔符，屏蔽了操作系统差异。

---

① 直接启动程序，如在 IDLE 里启动或命令行方式下在 Python 脚本文件所在的目录下启动程序，当前目录就是脚本程序所在的目录。更复杂的情况后面介绍。

不能成功打开时 open 报 OSError 或更具体的错误：打开读文件但文件不存在时报 FileNotFoundError；遇到目录而不是文件时报 IsADirectoryError；以 x 方式打开但同名文件存在时报 FileExistsError；无打开权限时报 PermissionError；等等。第 3.4 节将讨论处理运行时错误（Python 称为**异常**）的技术。

文件使用后应关闭。如 file1 的值是文件对象，file1.close()关闭文件。

文本文件的输入和输出

有关文本文件操作的详情见标准库手册中 io 包的说明。下面介绍几个常用操作。

以读方式打开文本文件后可以一次读入文件全部内容，例如：

```
inf = open('file1.dat', 'r') # 以正文读方式打开，第二个参数可省
data = inf.read()            # data 得到整个文件内容的字符串
data2 = inf.read()           # 读完文件再读，data2 得到空串
inf.close()
```

read 返回包含被读文件所有内容的字符串。可以通过可选参数说明要求读入的字符数，如 f.read(10) 要求从 f 读入 10 个字符，字符不足 10 个时读完剩下内容。

另一操作 readline 实现按行读入，例如：

```
inf = open('file2.dat', 'r')
line1 = inf.readline()      # 读入一行做成字符串
line2 = inf.readline()      # 读入下一行
... ...
inf.close()
```

readline 读到下一换行符，返回读入内容的字符串，换行符作为最后字符。读到空行时函数返回只包含换行符的串，文件读完时返回空串。与 read 类似，f.readline(n) 从文件 f 最多读入 n 个字符，遇到换行符时结束。

如果需要循环读入和处理文件中各行内容，可以采用下面的方式：

```
inf = open(...)
while True:
    line = inf.readline()
    if not line:  # 判断文件是否已经读完，空串表示假
        inf.close()
        break
    ... ... line ... ...  # 处理一行文本
```

文本文件可以看着行的序列，按行处理是最常见的处理方式。Python 把文本读文件对象也看作可迭代对象，上面处理过程可以简写为：

```
for line in inf :  # 设 inf 的值是正文读文件对象
    ... line ...   # 处理一行文本
inf.close()
```

作为可迭代对象，文本读文件对象可以直接转换到表或元组。

函数调用 f.readlines()也能一次读入文件 f 的所有内容，但返回一个表，其中元素是文件里的各个字符行。调用 readlines 时可以用整数参数 n 说明读入行数的上限。readlines 同样维持每行最后的换行符。

如果处理的文件很大，就要选择适当的读入方式。read 创建包含文件全部内容的字符串，readlines 创建文件中所有字符行的表。如果程序里并不需要保存整个文件内容，用 readline 逐行读入可能更合适。

文本文件基本输出函数是 f.write，实参应是希望写入 f 的字符串，返回实际写入的字符数。需要换行时应在字符串里包含换行符。write 不自动做转换，输出非字符串数据时需调用函数 str 或 repr，或利用字符串格式化功能（第 2.3 节）。

下面是一个简单的例子：

```
outf = open("outfile1.dat", "w")
outf.write("Generate lists of integers:\n")
for i in range(10) :
    outf.write(str([10 * i + j for j in range(10)]) + "\n")
outf.close()
```

这段程序产生 10 行输出，写入文件 outfile1.dat，每行是一个表的字符串表示。

函数 writelines 把一组字符串输出到文件，实参应该是字符串的表，看作字符行。writelines 只是逐个输出，并不自动添加换行符。

缓冲、冲刷和函数 open 的参数

文本输入输出默认采用缓冲方式，open 打开文件时建立一个**缓冲存储区**（**缓存**）作为程序和文件之间的中介。输入操作从缓冲区读取，缓冲区内容用完时自动从文件搬一批数据到缓冲区；程序产生的输出存入缓冲区，缓冲区装满时自动写入文件。缓冲式输入输出可以缓解内外存速度和使用方式的差异，提高程序性能。

调用 close 关闭文件时，解释器将把当时还在缓冲区里的数据写入文件。如果程序正常结束，解释器也会关闭当时仍处于打开状态的所有文件，保证输出都实际写入文件。如果程序非正常结束，当时未关闭的文件的内容完整性就没有保证了。这里也提供了**冲刷**操作，调用 f.flush()把当时 f 的缓冲区里的数据写入文件。打开文件时可以通过 open 的参数指定缓冲方式，简单情况下采用默认的常规缓冲方式。

Python 文档标准函数 open 的使用形式是：

```
open(file, mode='r', buffering=-1, encoding=None,
     errors=None, newline=None, closefd=True, opener=None)
```

除文件名参数 file 外，其他参数都有默认值：buffering 要求一个整数指定缓冲策略，−1

表示采用默认策略；encoding 说明编码规则，只用于正文模式；errors 说明编码出错时的处理，比较复杂，可用"ignore"要求忽略错误，但在未能正确解码时可能得到乱码；newline 说明把什么字符看作换行，None 表示交由 Python 解释器处理，通常都能做好。最后两个参数涉及一些细节，请查看标准库手册。

按二进制模式打开文件，就应按二进制文件使用。第 2.7 节将介绍的实现持久性的 pockle 包在工作中使用二进制文件，有关操作由其函数处理。自己操作二进制文件的技术细节较多。常规需要大都可以借助 pickle 等程序包完成。

其他文件操作和问题

对于文本文件，还有一些常用操作，这里介绍它们。

以正文读模式打开文件后，随着读操作的进行，随后的操作将读入文件中更靠后的内容。如果希望转回去重新读前面内容，就需要设置读入位置。以正文写或更新模式打开的文件也可能有这方面需要。文件对象的两个操作处理这方面问题。

- f.tell()返回一个数值，表示文件的当时操作位置。
- f.seek(offset, whence)设置当前位置。第二个参数默认时，offset 可以是 0 或 SEEK_SET（两者效果相同），或以前由 tell()得到的值，把当前位置设到以文件头为基点的 offset 处（其他值的效果无定义）。第二个参数可以是：
  - SEEK_CUR 或 1，这时 offset 只能是 0，相当于空操作；
  - SEEK_END 或 2，这时 offset 只能是 0，要求把操作位置设到文件尾。

标准库包 os 提供了一些与目录和文件有关的函数，包括。

- listdir(path='.')返回一个表，其中包含 path 说明的目录里的所有文件和目录名，用一组字符串表示。默认路径'.'表示当前目录。
- chdir(path)将当前目录转到 path 指定的目录。
- mkdir(path)创建由 path 描述的目录。path 是简单名时在当前目录下创建目录；对一般文件路径字符串，要求指定位置已存在。
- mkdirs(path)创建任意深层的一系列目录，缺少中间目录时函数将依次创建。
- rmdir(path)删除 path 指定的目录。
- remove(path)删除 path 指定的文件。

scandir(path='.')用于遍历一个目录下的所有目录和文件，该函数返回一个迭代器，通过它得到的每个项是一个文件或目录。下面是一个例子：

```
import os

for entry in os.scandir():
    if entry.is_dir():
        print("Directory:", entry.name)
    elif entry.is_file():
```

```
            print("File:", entry.name)
        else:
            print("Something wrong.")
```

正常情况下只有目录或文件，else 分支不会出现（写在这里只是作为示例）。

标准库包 os 还有很多其他文件/目录操作，有些操作有可选参数。如 scandir 生成的目录项中还有 name 之外的域，支持一些操作。有关情况见手册。

用 Python 处理中文

读入文本文件时有编码（解码）问题。如果文件内容都是 ASCII 字符，采用默认读入方式即可。如果文件内容超出这个范围，调用 open 时就需要用 encoding 参数说明采用的**编解码方式**。显然，指定解码方式应该与被读文件的编码方式一致，否则读入中可能出现解码错误。读入包含中文的文件时，用 encoding="utf8"一般都能正确读入[①]。随着文字信息编码向 Unicode 靠拢，情况将越来越统一。

与 Python 2 相比，用 Python 3 处理中文已经比较方便了。源代码默认采用 UTF-8 编码，字符串字面量里可以包含中文，IDLE 也自动采用 UTF-8 保存文件。这样，包含中文的源文件可以自动地读入处理，包含中文的字符串能正确输入输出。如果用其他编辑器编写 Python 程序，只要采用 UTF-8 格式存储文件，解释器就能正确处理其中的中文文字数据。如果不用 UTF-8，就需要在文件开始加编码注释，见第 1 章最后的说明。

2.4.3　文件处理程序实例

本节给出两个简单的文件处理程序实例。

使用文件里的数值

设文本文件里存储了一批浮点数形式的数值，由空格和换行分隔。现需要求出所有数据的平均值和均方差。平均值和均方差的公式如下（n 数据是项数）：

$$M = \frac{1}{n}\sum_{i=0}^{n-1} x_i \qquad S = \sqrt{\frac{1}{n}\sum_{i=0}^{n-1}(x_i - M)^2}$$

处理文件应遵循常规的操作模式，打开文件后读入数据。但这里有个问题：求平均值需要扫描一遍数据；而后求方差又需要扫描一遍数据。完成工作有多种可能做法：

① **编码**是计算机信息处理中的一个麻烦问题。电子文档必须采用某种标准编码，目前存在多种编码标准，有些互不兼容。如果读入时用的解码方式与文件的编码方式不同，可能无法正确得到文本内容，出现**乱码**。Python 提供了一批解码函数，但解释器未必能根据文本内容自动选择正确解码方式，这时就需要说明。对包含中文的文件，常见编码方式是 utf8 和 gbk。如果文件用 gbk 编码，就应该用 encoding="gbk"。标准库程序包 codecs 实现与编码有关的各种功能，其文档详细解释了相关问题和技术。

- 先打开文件读一遍数据求平均值，关闭文件后重新打开，再读一遍数据求出方差；
- 利用当前位置定位功能，读完数据后把当前位置重设定文件开头，再读一遍数据；
- 在计算平均值的过程中把数值记入一个表，求方差时直接用这个数据表。

第一种方法概念清晰，但两次打开文件比较麻烦；第二种方法用 seek 定位。这两种方法都需要从文件里读两遍数据，时间开销稍大。第三种方法在内存保存数据，文件很大时占用大量内存，但文件不太大时最方便。下面是采用第三种方法的程序实现。计算很简单，这里定义为函数，最后返回序对(n, M, s)作为结果，其中 n 为数据项数：

```
def mean_variance_file(fname):
    num = 0
    fsum = 0.0
    data = []
    infile = open(fname)

    for line in infile:
        for s in line.split():
            x = float(s)
            data.append(x)
            fsum += x
            num += 1

    if num == 0:
        return (0, 0, 0)
    mean = fsum / num

    fsum = 0
    for x in data:
        fsum += (x - mean)**2

    return (num, mean, (fsum / num)**0.5)
```

反复用 split 把一行切分为表示数值的字符串（基于对文件内容形式的假设），调用 float 完成转换。如果文件数据项之间用逗号分隔，处理方式就不一样了。

文件情况统计

假设我们想统计自己写了多少 Python 代码：总共多少个字符，其中包含多少空白字符。相关的.py 文件都在某个目录下。结合各种文件操作，不难写出下面的程序：

```
import os

def work_on_file(fname):
    t, b = 0, 0
    file = open(fname, encoding= utf8')
    for line in file:
        for c in line:
```

```
                t += 1
                if c.isspace():
                    b += 1
        file.close()
        return t, b

    def stat(path='.'):
        total, blank, other = 0, 0, 0
        os.chdir(path)
        for entry in os.scandir():
            if entry.is_file() and len(entry.name) > 3\
               and entry.name[-3:] == ".py":
               print("Work on file", entry.name)
               t, b = work_on_file(entry.name)
               total += t
               blank += b
               other += t - b

        return total, blank, other
```

主函数 stat 先转到参数指定的目录，而后在目录里循环，发现扩展名是 .py 的文件就调用 work_on_file 处理。这个函数打开文件检查内容，最后返回统计结果。主函数将统计结果汇总，返回一个三项的元组作为最后返回值。

主函数调用 os.scandir()生成目录项的迭代器，用 is_file()确定是文件，检查文件名长度大于 3 是为了保证 entry.name[-3:]不出现下标越界。调用 stat 并给定程序所在路径，就能得到结果了。如需要还可以扩充这个函数，使之能处理指定目录下的子目录，或者增加统计项目等。扩充工作留给读者考虑。

2.5 字典（dict）

程序里经常需要保存一批数据，而后根据某些线索使用或修改它们。为此要解决如何保存，以什么为线索找到和操作数据的问题。表和元组都可用于存储数据，每个元素有一个存储位置，相当于把数据关联于整数下标。因此，它们可以看作是从下标到元素的有穷映射，知道元素的下标就能找到相应数据。

但是，实际中可能希望把数据关联于其他标识项，例如字符串等，以方便存储和查找。生活中的典型例子如人事登记表，虽然知道有某个人，但通常并不确切知道其位置。我们可能希望把人员信息关联于其姓名，可以通过姓名检索到相关信息。

编程领域中支持存储和检索的通用结构称为**字典**，或称**关联表**（association table）、**查找表**（searching table）、**映射**（map）等，Python 把字典作为一个标准类型。字典可以看作序列的推广，允许以任意对象（有一点限制）作为存储和检索数据的依据。

2.5.1 概念和操作

字典的类型名是 dict。在概念上，一个字典（一个 dict 对象）是一个有穷映射，其**定义域**是任意的**关键码**（简称**键**）集合，**值域**是任意对象集合，允许把任意的键及其关联值存入字典，可以通过键获取与之关联的值。如果需要保存一批数据，基于下标存储不合适，不容易安排或使用不方便，希望用其他对象（例如字符串）作为数据**索引**项，字典就是满足这种需要的结构。对于字典，最基本的操作有两个：

- 把一个（任意类型的）值存入字典，将其约束于（关联于）给定的键；
- 通过给定的键从字典中获得与之关联的值。

存储和取值都用下标表达式的形式描述。

用于字典的键必须是不变对象，而且能用 == 运算符比较相等。显然，数、字符串、元素为不变对象的元组等都可以用作键，而表[1,2]、元组([1],[2])等则不行，[1,2]本身是可变对象，([1],[2])包含可变元素，因此不是不变对象。字典里存储数据的方式与键有关。如果键本身可变，就可能破坏字典的存储规则和完整性，造成各种错误。Python 以标准函数 hash 作为字典的实现基础。将函数 hash 应用于能作为键的对象，都能得到一个整数。hash 对各种标准可变类型的对象无定义。

字典列举式的形式是花括号括起的一串**键**: **值**对，其中**键**可以是任何值为不变对象的表达式，**值**可以是任何表达式。例如：

```
dic1 = {'math': 114, 'phys': 247}
```

这里建立的字典包含两个键—值对，两个键都是字符串，值都是整数。人们写这种列举式时常在冒号后面留一个空格。下面的语句建立一个空字典：

```
dic = {}
```

还可以用类型名 dict 从二元组的表构造字典，例如：

```
faculty = dict([('math', 114), ('phys', 247), ('chem', 306)])
```

得到的字典等价于写{'math': 114, 'phys': 247, 'chem': 306}。

如果字典的键都是字符串，可以用关键字参数调用 dict 的方式构造字典：

```
faculty = dict(math=114, phys=247, chem=366)
```

Python 并不要求一个字典里的键和值的类型统一，可以既有字符串键又有整数键。但常见的情况是一个字典里所有的键同属一个类型，所有的值同属一个类型。

也可以用描述式生成字典，基础是前面介绍的序列描述式，但用花括号括起来，生成表达式部分写成“**键**: **值**”对的形式。下面是两个实例：

```
{n: n**3 for n in range(4)} # 得到{0: 0, 1: 1, 2: 8, 3: 27}
{n: 0.5*n*pi for n in range(10)}
```

如果所需字典的键和值有规律，就有可能用描述式生成，后面有一些这方面的例子。

字典操作

字典提供了一批操作。下面的 dic 表示字典，k 表示键，v 表示值。字典的最基本操作就是建立键—值关联（存入字典）和获取给定键的关联值：

- dic[k] = v　　在 dic 里记录 k 的关联值为 v（无论原来有没有 k）；
- dic[k]　　得到 dic 里与 k 关联的值，不存在 k 时报错。

如果赋值时 dic 里没有 k 就加入 k 与 v 的关联，有 k 时将其关联值改为 v。

字典对象还支持表 2-10 所示的操作。

表 2-10 字典对象支持的操作

操　作	说　明
k in dic	检查 dic，存在键 k 时返回 True，否则返回 False
k not in dic	与 k in dic 相反
len(dic)	得到 dic 的元素（键—值对）个数
del dic[k]	删除键为 k 的关联，不存在 k 时报错
iter(dic)	得到对 dic 中所有键的迭代器，顺序由解释器确定
dic.get(k [, default])	得到 dic 中与 k 关联的值。不存在 k 时返回 None 或参数 default 的值（如果提供）
dic.copy()	得到 dic 的拷贝
dic.clear()	删除 dic 里的所有元素，将其变为空字典
dic.pop(k [,v])	从 dic 里删除键 k 并返回其关联值，没有 k 时报错，带参数 v 的形式在 dic 里没有键 k 时返回 v
dic.popitem()	以二元组 (k, v) 形式返回 dic 里的某个元素（某个键—值对，由解释器确定），并将该元素从 dic 删除
dic.update([other])	用另一字典 other 更新 dic，也可以用一批关键字参数做这个操作。相当于一组元素赋值：如果 dic 没有键 k 则加入 k 及其关联，有 k 时修改 k 的关联值
dic.setdefault(k [, default])	dic 有键 k 时返回其关联值；否则加入 k 与 default 的关联并返回 default，无 default 时用 None

例如，下面语句用几个关键字实参更新字典 faculty：

```
faculty.update(bio = 361, math = 109)
```

在字典上迭代

字典观察对象（dictionary view object）是一种依附于字典的具有迭代器性质的对象。从观察对象可以看到被依附字典的关联值修改。下面 3 个操作生成字典观察对象：

- dic.keys()　　　得到 dic 的所有键，顺序由解释器内部确定；
- dic.values()　　得到 dic 的所有值，顺序由解释器内部确定；
- dic.items()　　 得到 dic 所有键—值关联，顺序由解释器内部确定。

关联用形式为 (k, v) 的二元组表示。字典观察对象用于实现在字典上迭代（例如，放在 for 语句头部）。注意，在迭代过程中不应增删被处理字典的元素，否则后果无法预料：继续迭代可能遗漏元素，也可能报 RuntimeError 错误。通过标准函数 iter 得到字典的迭代器后，处理中也不允许增删字典元素。下面是几种典型迭代模式：

```
for k in dic.keys(): # 按键的默认顺序迭代处理
    ... k ... dic[k] ...

for k in sorted(dic.keys()): # 按键排序后的顺序迭代处理
    ... k ... dic[k] ...

for k, v in dic.items(): # 按元素的默认顺序迭代处理
    ... k ... v ...
```

注意，sorted 返回一个表，这说明第二种迭代方式将建立一个包含所有键的表，有额外开销。第 3 种方式用到拆分技术，代码简单而清晰。第一个模式可简化为：

```
for k in dic:
    ... k ... dic[k] ...
```

在这种情况下解释器自动调用 keys()。

2.5.2 字典的应用实例

字典有广泛的实际应用，现在介绍一些情况。

实际应用

字典用于在实际系统中保存各种需要查询的信息，例如：

- 用户记录：从用户名（或用户号）到用户信息的映射；
- 银行账户：从账户编号到账户的映射；
- 计算机系统的用户账户和登录管理：从账号映射到密码；
- 列车时刻表，例如支持从车次查询与列车的有关信息；
- 航班实时位置信息记录，从航班号到当前飞行位置的经纬度坐标；
- 实际上，PSF 的 Python 解释器实现中也大量使用了字典。例如，全局作用域中变量与

其值的关联，就记录在一个表示全局名字空间的字典里。

总而言之，如果程序里需要保存数据，项数可能很多或无法事先确定，又需要根据数据中的某部分（键）保存和检索，字典就是最合适的结构。

用字典作为缓存

第 2.2.3 节展示了用表作为缓存的技术。如果中间结果需要在后面使用，每项结果可以关联于一个整数下标，就可以用表作为缓存。字典允许将数据关联于任何类型的键，因此更适合这种用途，应用面更广。下面是用字典为缓存，计算斐波那契数的递归函数定义：

```
def fib(n):
    fibs = {0:0, 1:1}
    # 初始字典，前两项是 fibs[0]=0 和 fibs[1]=1

    def fib0(k):
        if k in fibs:
            return fibs[k]
        fibs[k] = fib0(k-2) + fib0(k-1)
        return fibs[k]

    return fib0(n)
```

这个实现与第 2.2.3 节中类似，无须更多解释。

这里没有表现出字典超越表的潜力。表的限制是只支持基于整数下标的元素缓存，而字典允许一般关键码，支持把数据关联于字符串、整数的元组等。只要找到合适的关键码，就可以把需要保存的中间数据存入字典。后面可以看到更有趣的例子。

使用字典时要注意一个问题：检索数据可以用下标表达式或 get 操作，两个操作有些不同。如果求值 dic[k]时 k 不存在，解释器将报错，把 dic[k]放在 if 语句（用条件 k in dic）保护下（上面采用的做法）可以避免运行中出错。调用 dic.get(k)时不会出错，不存在 k 时返回 None，还允许用参数指定返回值。这样做时可能需要检查结果，确定检索是否成功。我们可以根据实际需要选择操作方式。

用字典实现一组计数器

人们经常需要对一批数据做某种（或某些）统计，这时就需要管理和使用一批计数器。字典非常适合这种工作。下面考虑一个简单实例。

文字材料中各个字母（或中文字）出现的情况从一个角度反映了作者的写作习惯。分析和研究作家的文字材料时，人们常需要统计文本中的字母出现频率。要完成这种统计，需要为每个字母设一个计数器。可以考虑为每个字母定义一个计数器**变量**。但是这样做出的程序可能很烦琐。英文文本只有 26 个字母，26 个变量还可以管理。Unicode 字符集中有成万的字母（包括中文字），为每个字母定义一个变量就不现实了。

一种可能的设计是用一个包含计数器元素的表，让 Unicode 字符集里的每个字母对应一个计数器，用 ord(c) 值作为字母 c 的计数器下标。这一设计的具体程序实现留给读者完成。也请读者分析这种做法的缺点。

为一个字母设定一个计数器，就是给每个字母关联一个整数。用字典解决这个问题特别方便。根据这个思路很容易写出下面的简单函数：

```
def char_count(s, dic):
    for c in s:
        if not c.isalpha():
            continue
        c = c.lower()
        dic[c] = dic.get(c, 0) + 1
```

函数 char_count 的第一个参数表示被处理文本，第二个是字典参数存放统计结果。对字符串中的字符，如果可能就把它转换到小写（大小写字母一起统计）后统计。这里用 dic.get(...) 为 dic 里没有 c 的情况提供默认值，避免了存在性检查。

这里把字典作为参数，一方面由于字典是可变对象，这种做法可行；另一优点是可以把多次调用的信息积累在一个字典里。很容易基于这个函数写出处理文件的程序。

2.5.3 字典与函数参数

Python 函数的参数机制也利用了字典，现在介绍有关情况。

函数定义的双星号形参

函数的形参表里可以有一个**双星号形参**（加两个星号的形参）。如果函数调用中出现未匹配的关键字实参，解释器就把这些实参做成一个字典，关联于双星号形参；如果没有未匹配的关键字参数，双星号形参的值是空字典。引进这种形参有利于处理一些复杂情况，后面会看到例子（回忆一下，字符串的 format 方法就有这种形参）。

假设有如下的函数定义和调用：

```
def print_data(x, **dic):
    print(x)
    for k, v in dic.items():
        print("{:6}{}".format(str(k) + ":", v))

print_data("PKU:", math=114, phys=247, chem=336, bio=361)
```

执行时产生下面输出：

```
PKU:
phys:  247
chem:  336
bio:   361
math:  114
```

输出的顺序由解释器确定。

字典拆分实参和关键字实参

前面说过，函数调用时，可以通过拆分序列对象的方式提供一组实参。与之类似，Python 也允许通过拆分字典的方式为函数提供一组关键字实参。做这种拆分时，字典的键将被看作函数调用的实参关键字，关联值作为实参的值。显然，这要求字典的键与函数形参的名字匹配，或者函数定义的形参表里有双星号形参。

在形式上，字典拆分参数是在描述字典的表达式前加两个星号。下面是示例：

```
def print_them(math, phys, chem, **others):
    form1 = "{:6}{}"
    print(form1.format("math:", math))
    print(form1.format("phys:", phys))
    print(form1.format("chem:", chem))
    print("others:", others)
```

函数 print_them 产生一些输出，先输出普通命名参数，再输出双星号参数。下面是一次函数调用的情况：

```
>>> uni = {"chem": 336, "math": 114,  "phys": 247, "bio": 234}
>>> print_them(**uni)
math: 114
phys: 247
chem: 336
others: {'bio': 234}
```

本章最后将对函数形参和实参的情况做一个总结。

2.6 集合（set 和 frozenset）

另一种组合对象是**集合**，一个集合里可以汇集一批元素，元素之间相互独立。Python 有两个表示集合的类型，set 和 frozenset（后者含义为**冻结集合**），差别就在 set 是可变类型而 frozenset 是不变类型。

2.6.1 概念和构造

集合来源于数学，是最基础的数学概念：一个集合就是一批元素的汇集，元素是不加定义的概念。集合的基本性质是可以回答元素 e 是否属于集合 s，即判断 e 是否为 s 的元素。除元素判断外，集合还有一组重要运算，包括集合之间的子集关系判断，两个集合的并集、交集运算和差集运算等。这些运算都基于元素关系定义。

程序里也常需要汇集一批对象，我们可以用一个 set 或 frozenset 对象把它们汇集起来。

下面主要介绍 set，说到集合就指 set，但所有与元素变动无关的讨论均适用于 frozenset，不再专门说明。与数学的情况类似，Python 集合也支持元素判断和并集、交集、差集等集合操作。集合的元素只能是不变对象，而且能判断相等（用 == 运算符）。标准数值类型、字符串、bool 值及它们的元组等都满足这些要求。set 还支持一批变动操作，包括加入或删除元素，还有一些用扩展赋值运算符描述的变动操作。

与数学类似，Python 集合里的元素具有唯一性，不会出现重复元素，元素之间没有顺序关系。最后这种情况的一个表现是，如果要求解释器显示一个集合（例如用 print 输出），列出元素的顺序可能与创建集合时的输入顺序不同。

集合的构造

集合列举式的形式也是 {**表达式, ...**}，花括号之间可以出现任意多个**表达式**，用逗号分隔，它们的值就是集合的元素，解释器自动消除重复元素。注意，集合与字典的列举式形式类似，差别只是集合中的元素描述是一般表达式，而字典用键-值对。混合使用两种元素形式没有意义，也是不允许的，这是语法错误。

下面是几个集合的例子：

```
>>> x = -3
>>> {abs(x), x, x + 5, x**3}
{2, 3, -27, -3}
>>> {"math", "Math", "MATH", "Phys", "phys"}
{'Phys', 'math', 'Math', 'MATH', 'phys'}
```

可以看到，输出集合时的元素排列无规律，也不能控制，这一点与字典类似。实际上，在 Python 的官方实现里，字典和集合采用同样的实现技术。

可以用 set(…)从任意可迭代对象转换，得到集合。注意，空集只能用 set()生成，{}生成空字典。不变集合只能用 frozenset 生成，例如 frozenset((1,2,3))生成包含 3 个元素的不变集合，frozenset()的值是空的不变集合。

创建集合（set 或者 frozenset）时需要用 == 判断元素相等，基于相等判断消除重复元素。这种做法有时会导致一些奇怪的现象。例如：

```
>>> {1, 1.0}
{1.0}
>>> {1.0, 1}
{1}
>>> {1, True}
{True}
>>> {False, 0}
{0}
```

这些是消除重复元素和等号的意义所致。Python 采用与 C 语言类似的规则，认为 True 与 1 等值，False 与 0 等值，自然还有 1 与 1.0 等值等。当然，把浮点数和整数，或整数和逻辑值作为同一集合的元素，原本就不合适。程序里不会需要这类集合。

通过描述式生成

集合描述式的语法形式与字典类似，是{**生成器表达式**}。与直接描述集合的情况类似：如果其中的**生成表达式**是键-值对就得到字典，是一般表达式就得到集合。描述不变集合时用 frozenset(**生成器表达式**)。下面是两个例子：

```
fs = frozenset(n ** 2 for n in range(-20, 20))
s1 = {x * y for x in range(10) for y in range(10) if x*3 < y**2}
```

set 和其他组合类型之间的转换

如果一个元组对象的元素都是不变元素，而且能用 == 比较，就可以从它转换得到一个 set 对象。另一方面，set 对象总能转换到 tuple 对象。从 tuple 对象转换到 set 对象时，原来重复的元素只剩下一个，原有的顺序丢失。从 set 对象转换得到 tuple 对象时，元素的顺序由内部确定，没有保证。如果一个 list 对象的元素满足 set 对元素的要求，就可以从它转换得到一个 set 对象，但表元素的顺序关系会丢失，而且消除了重复元素。另一方面，set 对象总能转换到表，但表元素的顺序由内部确定，没有保证。从任何一个字典都可以转换得到一个集合，其元素就是字典里的键。

字符串都可以转换到集合，集合元素是字符串里出现过的单个字符的串，消去重复，顺序内定。例如 set("abbcdf")得到集合{'b', 'c', 'a', 'f', 'd'}。从集合转换到字符串，得到的是集合的字符串表示，意思完全不同。

2.6.2 集合操作

集合类型支持很多运算，本节介绍这方面情况。

可用于集合的标准操作

集合不是序列类型，但可以使用一些与序列相同的操作，包括：

- x in s 和 x not in s 判断 x 是否在集合 s 里出现；
- len(s)得到集合 s 的元素个数。

x in s 确定的关系对应于数学中的**属于**关系或**成员**关系。标准函数 min 和 max 可用于集合，求出其中最大或最小元素，这两个操作要求元素有大小关系。

此外，集合可以作为 for 语句的数据源（当作可迭代对象使用）：

```
for x in s: # 假设 s 是集合
    ... x ...
```

迭代中取得元素的顺序由内部实现确定。假设元素有内在顺序，例如整数或字符串，希望按其内在顺序做循环，可以利用标准函数 sorted。例如：

```
for x in sorted(s):
    ... x ...
```

sorted 先算出集合元素的排序表，做这件事有一些开销。

集合的比较

各种比较运算符都可以用于集合。

集合相等是数学的概念，Python 的相等比较符合数学的定义：当且仅当两个集合的元素相同时，==得到 True，否则得到 False。!=的结果与此相反。

在数学里，如果一个集合的元素都属于另一集合，则称前者是后者的**子集**，或称后者是前者的**超集**。显然，每个集合都是其自身的子集和超集。如果一个集合是另一集合的子集，而且两个集合不等，那么它就是**真子集**，可以类似地定义**真超集**。Python 用表示顺序的比较运算符表示这几个关系，有些运算还有采用点号记法的版本，如表 2-11 所示。

表 2-11 集合的比较运算

运　　算	说　　明
s_1 <= s_2 s_1.issubset(s_2)	当且仅当 s_1 为 s_2 的子集时得到 True
s_1 < s_2	当且仅当 s_1 为 s_2 的真子集时得到 True
s_1 >= s_2 s_1.issuperset(s_2)	检查 s_1 是否为 s_2 的超集
s_1 > s_2	检查 s_1 是否为 s_2 的真超集
s_1.isdisjoint(s_2)	检查两个集合是否不相交，不相交就是没有公共元素

set 对象可以与 frozenset 对象比较，例如：

```
>>> {1, 2} < frozenset((1, 2, 3))
True
>>> {1, 2, 3} == frozenset((1, 2, 3))
True
```

集合运算

Python 提供了一组与数学中的集合运算对应的运算。前 3 个运算都有两种形式，一种用运算符表示，另一种是带点号的函数调用形式，如表 2-12 所示。

表 2-12 集合运算

运 算	说 明
s_1.union(s_2, ...) s_1 | s_2 | ...	产生所有参数集合的**并集**。元素属于并集，当且仅当它属于参加运算的某个集合
s_1.intersection(s_2, ...) s_1 & s_2 & ...	产生所有参数集合的交集。元素属于交集，当且仅当它属于参加运算的每个集合
s_1.difference(s_2, ...) s_1 −s_2 − ...	产生的集合里包含属于第一个集合但不属于其他集合的所有元素，称为差集
s_1.symmetric_difference(s_2)	产生 s_1 和 s_2 的对称差集，其中包含所有属于 s_1 但不属于 s_2，及属于 s_2 但不属于 s_1 的元素
s_1.copy()	生成 s_1 的拷贝

这些操作都可用于可变集合或不变集合。如果参与运算的集合中既有 set 对象也有 frozenset 对象，得到的结果与运算中 s_1 的类型相同。对于非运算符形式的集合运算，例如 s.union(...) 等，实参不仅可以是集合，也允许是任意可迭代对象。对于运算符形式的描述，运算对象必须都是集合。

修改集合的操作

最后是几个修改集合的操作，只能用于 set 对象，如表 2-13 所示。

表 2-13 只能用于 set 对象的集合操作

操 作	说 明
s.add(x)	将元素 x 加入集合 s
s.remove(x)	从 s 里删除元素 x，在 s 没有 x 时报错
s.discard(x)	如果 s 里有 x 就抛弃它，没有 x 时什么也不做
s.pop()	从 s 里删除某个（任意的）元素并返回它，具体元素由集合内部确定。如果操作时 s 为空则报错
s.clear()	清除 s 里的所有元素

set、list 和 tuple 都能包含一些元素，但它们很多差异：list 和 tuple 的元素有序且允许重复；set 的元素无序且不重复。tuple 本身是不变对象，元素任意；set 本身是可变对象，但要求元素是不变对象；而 list 本身可变，元素也任意。最后，set 要求元素支持相等判断，而 list 和 tuple 都没有这种要求。

2.7 程序和数据

本节讨论一些比较实际的应用开发问题，其相关开发过程和结果反映了实际工作中的一些情况，展示了程序和数据的关系，以及有关技术和结构的实际应用。本节还将介绍数据持久性的概念，并介绍 Python 支持数据持久性的标准库包 pickle。

2.7.1 文本处理

本节给出几个处理或生成文本的程序，作为数据处理的案例。为了简单起见，下面的示例以英文文本作为考虑的对象，把相关工作移植到中文的问题留给读者。

词频统计

语言研究者关心文本中字母的出现频度，而文学研究者更关心词语的情况。新闻中不时有发现某人佚文的报道，为确定佚文作者，需要从各种角度分析，第一件事就是统计文中的词语使用习惯。现在考虑开发一个函数，统计文本文件中各单词的出现频率。

我们不知道被处理的文件里有哪些单词，但遇到的单词都需要记录。进一步说，读入过程中需要检索已有单词，正确统计出现次数。最合适的方法是用一个字典，以单词作为键，关联值是单词出现次数，在读文本的过程中完成统计。

现在简单假定文本文件内容是空白字符分隔的一系列单词，一个单词就是连续的一段非空白字符。根据这些情况，不难写出下面的函数定义：

```
def word_stat(infname, stat_file):
    word_dict = {}
    num = 0
    textfile = open(infname)

    for line in textfile:
        word_list = line.split()
        for word in word_list:
            word = word.strip(",.:';!?()-_$/`~\"\\")
            if word == "":
                continue
            word_dict[word] = word_dict.get(word, 0) + 1
            num += 1
    textfile.close()

    outfile = open(stat_file, "w")
    for word in sorted(word_dict.keys()):
        outfile.write(word + ", " + str(word_dict[word]) + "\n")
    outfile.close()
    return num, len(word_dict)
```

函数的参数是被统计的文件名和存放结果的文件名。字典 word_dict 记录统计情况，num 记录单词总数。处理中用 split 分割单词，用 strip 删去非空字符段两端的标点符号，用 word_dict.get(…) 统一描述字典操作（包括新单词的处理）。函数返回文件的单词总数和不同单词数（字典项数）。文本里可能有标点符号，基于空白字符完成分割后用 word.strip(…) 做清理，还检查了空串（但不统计）。

下面代码段处理海明威《太阳照样升起》的第一部分（假设在文件 sun1.txt 里）：

```
total, diff = word_stat("sun1.txt", "sun-data.txt")
print(total, "words in the text.")
print(diff, "different words in the text.")
print("Finished, and the result is in sun-data.txt.")
```

得到下面的输出：

```
16795 words in the text.
2430 different words in the text.
Finished, and the result is in sun-data.txt.
```

查看文件 sun-data.txt 的内容，可能看到一些不如意的地方。如同一单词的不同大小写形式、变形、加后缀's 形式都分别统计了等。这些实际问题不好解决。例如大小写，文本中可能有人名和地名等，简单调用 word.lower() 可能把不该变小写的字母改变了，导致不同单词统计到一起。要做好这件事还有很多工作，但这些已属于专业领域，这里不再讨论。

文本的随机生成

常看到说有人开发了能写新闻或科技论文的程序，这类程序应该能生成文本，也就是说，生成人们可以阅读而且感觉有意义的文字材料。作为例子，本节考虑开发生成文本的程序。当然，这里的讨论比较简单，缺少许多具体细节。

我们不想直接输出现成文本，希望基于一批单词“生成”文本。为此考虑在程序中保存一组单词，生成的文本是这些单词的序列。这是人写文章的情况的高度简化：人在头脑里记着一批单词，“根据需要”选出一些单词，把它们排列成句子和文本。

程序里记录的单词可以直接写在程序文件里，例如，定义一个以单词为元素的表（或元组、集合），也可以从文本文件读入。后一种方式更灵活，很容易在不改变程序的情况下换一组数据。下面考虑这种方式。装入指定单词文件的工作很简单，下面的讨论将围绕如何基于已有单词生成文本，假设变量 words 是记录着所有单词的表。

最简单的方法是随机生成，将随机选出的单词顺序输出。为此只需一个循环，每次迭代从 words 选出一个单词。循环次数决定输出文本的长度。

完成这一工作的程序可以采用下面结构：

```
from random import choice, seed

构造单词表，赋给变量 words
num = 选定输出单词数
seed() # 设置随机数种子值

输出 choice(words) # 第一个单词
for i in range(num):     # 生成 num 个单词
    输出空格
    输出 choince(words) # 随后的单词
```

注意，random 包的函数 choice 从序列中随机选择，正好满足这里的需要。产生的输出可以存入文件，也可以显示在运行窗口。根据不同设计写出程序没有任何实质性的困难。编程工作留给读者作为练习，请用一些文本做试验。

如果程序用的单词表来自一个英语字典，生成的文本就是字典中单词的随机序列，没有更多意义。但如果单词表来自实际的文章或著作，words 就是文本中的单词序列，而且同一单词在文本里多次出现分别记录。那么，从理论上说，按上面方式生成的文本具有与原文本相同的单词分布：原文本中重复次数多的单词在生成文本里中出现的更频繁。也就是说，生成文本反映了原文本的一些特征，并不是真正随机的。

显然，以随机方式生成的文本与"可读"距离太远。为使生成文本更可读，必须在生成过程中引入更多结构，即是上下文关系。下面介绍引入结构的两种做法。

马尔可夫链和文本生成

现在考虑另一种简单方法，也是让程序去**模拟**某个（或某些）实际文本。但在做模拟时不仅考虑原文本中单词出现的频率，还关注单词出现的前后关系。深入挖掘这种朴素想法，可以得到一种有趣算法，称为**马尔可夫链算法**。

算法的思想也很直观。文本生成就是不断选单词，而且要有随机性。选下一单词时，我们将参考已输出的最后几个单词，称为**前缀**。在原文本中，有几个单词曾出现在被考虑的前缀之后，从这几个词中随机选一个，然后按同样规则继续。显然，在生成文本里前后相继的单词也都曾在原文本中相继出现过，因此得到了原文本的更有趣的变形。

生成中的工作就是根据前缀选择下一个词，但这里还有一个问题：每次选词时参考几个已输出单词（前缀长度）？不同选择得到不同**阶**的马尔可夫链算法。显然，前缀越短，其后出现过的单词越多。前缀长度取 0 对应于随机选择。前缀足够长以后，每个前缀确定的单词唯一，生成的就是原文本了。下面考虑实现一个**二阶**马尔可夫链算法。不难将其推广到支持任意阶马尔可夫链的程序，有关工作留给读者。

现在考虑程序的设计。程序需要扫描文本，记录单词的前后关系。由于需要根据包含两个单词的前缀选后继，我们必须记录原文本中各前缀之后出现过的所有单词。最方便的方法是用一个字典，以两个字符串的元组为键，其值是一个表，记录该前缀之后出现过的单词。重复出现的单词应重复记录，因为重复也反映了原文本的特征。生成文本时，我们用 random 库的 choice 函数在单词表里随机选择。整个工作的第一步是创建字典，此后生成文本就是简单的迭代：根据已生成前缀在关联单词表里选出下一个词。

还有一点麻烦需要处理。选择单词时需要两个单词构成的前缀，生成过程启动时也需要两个单词，它们从哪里来？显然，这两个词必须适合作为文本开头，最自然的选择是用原文本的头两个词。从这里开始，随后的生成就很自然了。

可以在读入文本时记录头两个单词，从它们启动生成。下面采用另一方法：构造字典时从两个绝不会作为单词出现的字符串开始，把原文本的第一个词当作跟随它们的单词。这样，如果生成文本时也从这两个字符串开始，选出的单词就是原文本的第一个单词，下步一定找到原文本的第二个单词。由于空格不可能是单词，下面用一个空格的串作为引导字符串。这样做的优点是工作统一，实现简单。读者可以自己实现上面提到的方法。

完成了这些设计之后，现在考虑程序的实现。

我们定义一个构造字典的函数，用变量 prefix 记录当时的前缀，开始构造字典前设置初始前缀，而后通过循环处理原文本，通过一个两重循环完成：

```
from random import choice, seed

def build_dict(infile):
    prefix = (" ", " ")
    word_dict = {}

    for line in infile:
        for word in line.split():
            if prefix in word_dic:
                word_dict[prefix].append(word)
            else:
                word_dict[prefix] = [word]
            prefix = (prefix[1], word)

    infile.close()
    return word_dict
```

参数 infile 应该是输入文件对象。循环里的代码先检查当前前缀是否存在，如果有就把当前词加入与前缀关联的表。没有就说明遇到了新前缀，将其加入字典，关联值是只包含当前单词的表。每次迭代最后还要更新前缀 prefix。

生成中需要使用标准库 random 包里的函数 choice。另外，为了使每次执行（即使是对同一个文本）可能得到不同输出，下面的函数在开始时调用 seed 函数，重新设置随机数生成的种子。生成文本的函数定义如下：

```
def generate(outfile, word_dict, length):
    prefix = (" ", " ")
    seed()

    for i in range(length):
        if prefix in word_dict:
            wlist = word_dict.get(prefix)
            word = choice(wlist)
            outfile.write(word)
            prefix = (prefix[1], word)
            if i != length - 1:
                outfile.write(" ")
            else:
                return
        else:
            return
```

参数 length 指定生成的单词数，outfile 应该是一个已有定义的输出文件对象。有一点值得提出：如果程序遇到原文本的最后两个单词（而且该前缀只出现一次），查字典时就可能找不到这个键，生成工作无法继续，也让函数直接退出。

下面的几个语句用作主程序代码，调用前面的函数完成工作。为简单起见，这里把不长的结果输出到运行程序的窗口。Python 把窗口输入/输出也看作文件输入/输出，开始执行程序时总为它打开**标准输入文件**和**标准输出文件**，标准输入文件关联于键盘输入，标准输出文件关联于程序运行的窗口。标准库包 sys 的变量 stdin 和 stdout 指称这两个文件。我们希望把输出送到窗口，需要引入 sys 包里的 stdout。下面是主程序段：

```
from sys import stdout

inf_name = input("Please give a file name: ")
infile = open(inf_name)
word_dict = build_dict(infile)
generate(stdout, word_dict, 100)
```

以《太阳照常升起》的第一部分为输入，程序在一次运行中生成出下面文本：

```
Robert Cohn was a very poor novel. He read many books,
played bridge, played tennis, and boxed at a local gymnasium.
I first became aware of his cigar with a rich mother, and
he's written a book, and I danced. It was three days ago
that Harvey had won two hundred francs from me shaking
poker dice in the room, a glass of wine and Georgette was
dancing in the Luxembourg gardens were in love with you.
True, too. Don't look like that. Linked them all up. Told
me a letter to her." He shoved the sliced cucumbers away and
```

这读起来多少有点像人写的文章，但也经常让人感到莫名其妙。似乎还有点所谓“意识流”文本，或者朦胧诗的味道。实际上，它们可能就是差不多的东西。

采用这种方法生成文本，很多实际问题没有考虑，也不好处理。例如，正常文本中的括号需要配对，这里没处理。显然，这里没有考虑语法，更没有考虑意义。

基于语法的文本生成

计算机应用中有时需要生成自然语言的句子或更长片段，基本技术是基于规则进行拼装。英文的语法比较清晰，简单一些。拼装的基础是单词分类，如英语的冠词、名词、动词、形容词、副词、介词等，在此基础上根据语法规则组合出短语和句子。中文的语法规则更加复杂灵活，例外情况更多。下面以英文为对象，讨论基于单词类和语法的简单句子生成，还是加入随机选择。更进一步就需要考虑句子的语义，这里不讨论。

为生成满足英语语法的句子，我们需要定义几个单词表，再定义几个函数，每个函数实现一种语法规则。假设变量 articles、nouns、verbs 里分别保存着一些冠词、名词和动词，下面几个函数就能生成符合语法的“句子”：

```
def sentence():
    return noun_phrase() + verb_phrase()

def noun_phrase():
    return [choice(articles), choice(nouns)]

def verb_phrase():
    vp = [choice(verbs)]
    if randrange(3) > 0:
        vp.extend(noun_phrase())
    return vp
```

函数 verb_phrase 里通过随机选择决定动词短语是否带宾语，上面定义中按 2/3 的概率生成带宾语的句子，这个概率可以修改。函数 sentence 返回表示句子的单词表，很容易转换为句子。下面是一个试验：

```
seed()
for i in range(10):
    print(" ".join(sentence()))
```

代码在一次运行中生成了下面 10 个句子（基于一些基本单词，带有随机性）：

```
the rabbit eats a fish
the seed finds
a grass eats
a chicken finds a tiger
a apple catches
the tiger finds the fish
the apple finds a tiger
the carrot finds
the seed finds the seed
a dog catches the dog
```

显然，由于生成中没考虑语义，许多句子不合常理。但这个例子显示了如何用计算机处理语法。读者可以扩展上面程序，加入形容词、介词短语、子句等语言结构。

实际应用中需要生成的是满足实际场景或上下文需要的、有意义的句子。对于比较简单的应用场景，可以采用在基本句子模式中填入具体词语的技术，有可能利用字符串的格式化功能。更复杂的应用场景需要生成形式更多样化的句子，可能需要考虑自然语言的语法规则和语义。这方面的更多问题已超出本书范围。

2.7.2 数据记录和信息管理

信息管理是重要的计算机应用领域。一个信息管理系统里存储着一些信息，支持用户查询、使用和修改（添加或删除）。本节以此为例介绍一些技术。

记录、内存和外存表示

信息管理的一个基本概念是**记录**。一个记录表示与应用有关的一种实际事物。记录中包含一组元素，称为**数据域**或**域**，表示事物的不同侧面。例如：

- 超市信息管理系统管理的主要对象是商品。一种商品的信息可能包括商品编号、名称、存货量、单价、生产厂家、进货价格等，还可能包括过期日（如果是食品等）、销售记录或统计数据、货架位置等。
- 互联网网站的用户信息应该用记录表示。数据元素包括用户名、密码、预留手机号、邮件地址、使用记录等。还可能有更多信息，如银行卡、性别、年龄等。

不同信息管理系统在管理的具体信息和需求方面各有特点，但也有很多共性。它们都需要管理一大批数据，每项数据可以看作一个记录，记录元素可能有不同性质，都需要长期存储，还可能不断增加、修改或者删除。长期保存要求把数据存入文件。

这样，开发这种系统就必须考虑同一批信息的两种不同表示方式。

- 内存（程序里的）表示方式。计算机只能在内存使用和处理数据，处理记录程序里必须用某种适合处理的形式表示被处理的记录。
- 外存（文件里）表示方式。有关信息需要长期保存，程序下次执行时还要用。

信息管理系统的程序应该包含 3 个部分：（1）完成数据文件输入的部分，负责读入并构建内存数据表示；（2）完成将内存数据存入文件的部分，根据内存数据构造表达同一集信息的外存文件；（3）实际处理这些信息的操作集合（可能很多）和管理程序。最后这部分是特殊的，由具体应用确定。前两个操作由内存和外存数据表示决定，它们需要相互配合，保证输出产生的文件总能装入内存，重建原来的数据结构。

总结一下，开发一个信息管理系统时，需要完成下面几项工作。

- 分析并确定需要管理的信息，确定记录内容（数据域的情况）。
- 为有关信息设计两种表示：程序里的表示，基于编程语言的数据类型和组合结构，设计目标是方便处理；外存文件表示，下面考虑正文形式。也可以用二进制文件，这里不讨论。2.7.3 节介绍的“数据持久性”功能采用二进制文件存储信息。
- 实现一对输入函数和输出函数，它们分别实现从外到内和从内到外的表示转换。在上一步设计表示方式时，也应注意使两个方向的转换较容易实现。
- 实现一组处理信息的功能函数，这部分应根据实际应用的需要设计和实现。
- 总控和操作界面。信息处理系统的运行中需要不断与用户交互，接受人的命令并执行相应的操作。目前各种实用系统大都采用**图形用户界面**（Graphic User Interface，GUI），这里不准备讨论，只考虑简单的正文交互方式。

下面通过一个简单信息管理系统实例，讨论相关问题和可用技术。

一个简单的电话簿

现在来考虑一个简单的电话簿程序，其中保存一批联系人信息，一个联系人的信息是一条记录。每个人有名字，有电话号码，还可能有其他信息，如电子邮件地址、住址、通信地址等。还可能有住宅电话、办公电话等，都可以作为记录中的数据域。理清了实际数据的情况后，就可以考虑电话簿的数据表示了。

先考虑内存（在程序里的）表示。这里需要记录一组联系人，每个人有名字和一些相关信息，一种自然选择是用一个从联系人名到相关信息记录的字典。每个人的相关信息中都有电话号码，还可能有其他信息。我们可以把电话号码作为特殊数据成分，也可以把各种信息统一看待。一种可行方式是为每个联系人建立一个字典，这样就可以考虑用与键 phone 关联的值表示电话号码，用与键 email 关联的值表示电子邮件地址，等等。这种做法允许不同联系人的记录里包含的信息项目不同，比较灵活，更符合实际需要。

电话簿的文本文件表示应该是一些正文行。根据前面经验，输出操作比较容易定义，输入牵涉的问题较多，需要分辨各种情况。因此，在设计文件表示时，最重要的考虑是容易输入，容易恢复原来的内存数据结构。需要表示的是一个个联系人的信息，因此文件内容应该分为一些段，每段记录一个联系人的信息。为识别方便，每段的第一行以 name 开头，后跟联系人名，名字可以是一个或多个单词。随后的每行表示一个记录域，也是一个域名后跟该域的值。此外，这里可以假定各个域的值都是字符串。

设计好数据表示后，下一步就是开发一对函数：`load_phonebook(infile)`从文件对象`infile`输入，建立相应的电话簿，`save_phonebook(book, outfile)`把电话簿`book`保存到`outfile`指定的文件里。

输出函数很简单，它通过拼接字符串做出一个个文件行：

```
def save_phonebook(book, outfile):
    for name, record in book.items():
        outfile.write("name " + name + "\n")
        for field, value in record.items():
            outfile.write(field + " " + value + "\n")
```

`book.items()`得到字典观察对象，给出字典项二元组。遍历字典项的顺序由内部决定。如果希望按人名顺序输出，可以用`sorted(book.keys())`作为迭代器。

输入的问题更复杂些，函数按行读入内容，需要辨别是记录的开始行（以`name`开头），还是表示其他数据域的行。遇到前一情况就建立一个新字典项，其值是一个空字典；遇到后一情况则应在已建立的字典里加入一项。下面的函数描述了这一处理过程：

```
def load_phonebook(infile): # 这里假定文件格式正确
    book = {}

    for line in infile:
        if line == "\n": # 跳过空行
            continue
        if line[:4] == "name": # 遇到新联系人
            name = line[5:].strip()
            book[name] = {} # 为联系人创建字典项，值是空字典
        else:
```

```
            entry = line.split(maxsplit=1)
            book[name][entry[0]] = entry[1].strip()

    return book
```

这个函数里用到前面讨论过的许多技术，包括通过各种字符串操作（如切片、split、strip）得到所需的串。注意，split 的参数 maxsplit=1 要求只切分出第一项，得到的表中包含两个元素（允许值字符串里包含空格，如地址等）。遇到以 name 开始的行可知下面是一个新联系人的信息，建一个新记录。

完成上述函数后应该做些测试，确定这对函数能完成工作并相互配合，前者输出的文件后者可以读入并得到同样字典；反之亦然。注意，由于没有控制字典项输出顺序，输出文件中记录的顺序可能与原文件不同，记录里域的顺序也可能与原文件不同。

现在考虑其他操作。这里给出一个操作作为例子，可以根据需要定义更多操作（作为读者练习）。我们假定用全局变量 phonebook 保存联系人表。初始时其值为 None，装入操作构造的字典赋给这个变量。下面是查找联系人电话的 phone 函数：

```
phonebook = {}

def phone():
    name = input("Name: ")
    if name in phonebook:
        print(phonebook[name]["phone"])
    else:
        print("No such name in the phonebook.")
```

现在考虑一个简单的主控程序。它是一个交互式的命令解释器，不断要求用户输入命令，接到命令后执行相应操作。命令用简单的字符串表示，可以用 if 语句辨别后执行动作（调用相应的函数）。用这种技术实现的程序留给读者完成。

下面介绍的技术称为**数据驱动的程序设计**。命令解释器要根据命令找到相应操作（如函数），也就是实现从命令串到操作的映射。Python 实现映射的结构是字典，而任何对象都可以作为字典中的关联值。现在映射的结果是操作，操作可以由函数对象实现。以上分析说明，我们可以用一个字典完成从命令名到操作的映射。

下面考虑用无参函数表示操作。前面给出的 phone 和 add 已经是合适的操作函数了，装入和保存字典的函数则不是，定义两个函数把它们包装成操作：

```
def load():
    global phonebook

    infile = open(input("File name: ") + ".bok")
    phonebook = load_phonebook(infile)
    infile.close()

def save():
    if phonebook == None:
```

```
        print("Phonebook has not loaded.")
        return

    outfile = open(input("File name: ") + ".bok", "w")
    save_phonebook(phonebook, outfile)
    outfile.close()
```

函数 load 或 save 分别完成从用户获得文件名，装入或保存电话簿的工作。我们为电话簿文件规定了“.bok”后缀，以尽可能避免与其他文件混淆。

主控程序的代码如下：

```
# 命令字典，元组的第二项是命令说明串，用于提示用户
commands = {
    "load": (load, "load a phonebook file."),
    "save": (save, "save the phonebook into a file."),
    "phone": (phone, "search the telephone number for a name."),
    }

# 开始时给用户输出一些使用信息
print("""This is a phonebook program. Please type command,
or type "quit" to quit the program.\n""")
for cmd, value in commands.items():
    print(cmd + ":", value[1])
print("\nPlease load a phonebook before uses.")

# 主操作循环
while True:
    cmd = input("Command>> ")
    if cmd == "quit":
        if not phonebook:
            break
        yesno = input("Save the phonebook (yes/no)? ")
        if yesno.lower() != "no":
            save()
        break

    if cmd in commands:
        commands[cmd][0]()
    else:
        print("No such command! Continue.")
```

全局字典 commands 实现从命令到操作的映射，操作用函数名描述。为了方便用户，这里为每个操作增加了说明串，以两项内容的元组作为关联值。下面的使用与此呼应，启动后的 print 循环利用这个字典生成给用户的提示信息。由于采用了数据驱动技术，主循环里与命令调用有关的语句只有 commands[cmd][0]()，意思是“从字典 commands 里找到 cmd 的关联操作并调用它”。最后的圆括号表示无参函数调用。

采用数据驱动技术，使程序功能得到很好的分解：主控程序完成高层控制，各命令实现函数完成具体操作。命令字典建立两部分之间的正确关联，而其本身就是一个数据结构，与两部分程序相互独立。这种技术的优点是容易扩充。要增加一个命令，只需定义相应函数。引入一

个新命令串，再把两者的关联加入命令字典 commands。

例如，要增加一个添加联系人的命令，可以定义函数：

```
def add():
    name = input("Name: ")
    if name not in phonebook:
        phonebook[name] = {}
        number = input("Phone number: ")
        phonebook[name]["phone"] = number
        yesno = input("Other entry (yes/no)? ")
        if yesno.lower() != "yes':
            return
    print("Entry form: entry-name entry-value")
    while True:
        line = input("Next entry (direct return to break): ")
        if line == "": # direct return then
            return
        entry = line.split(maxsplit=1)
        phonebook[name][entry[0]] = entry[1].strip()
```

在命令字典里加入一项，将其修改为：

```
commands = {
    "load": (load, "load a phonebook file"),
    "save": (save, "save the phonebook into a file"),
    "phone": (phone, "search the telephone number for a name"),
    "add": (add, "add a contact and/or entries.")
    }
```

程序其他部分完全不用修改。读者可以考虑更多有用的电话簿操作。

至此我们就完成了一个简单的电话簿程序。从实用角度看，这个程序的问题是不能很好地处理错误。上面的实现中已经考虑了一些可能错误，做了检查和处理。但在有些情况下，程序可能崩溃，例如某联系人没有电话号码，指定的文件无法打开（可能是用户输错了文件名），文件内容的格式不正确（例如用户用编辑器构造的文件）。

对于简单的编程练习，程序崩溃也不是太大的问题，可以重新启动。但是对于实际系统，用户则完全不能接受它经常崩溃。就本例而言，假设我们费劲输入了很多联系人，最后保存电话簿时文件无法打开（例如另存一个文件，而该文件在使用中），程序会立刻崩溃，前面的输入会全都丢掉了。不会有人喜欢这样的电话簿程序。

要很好地处理运行中发生的错误，需要用 Python 的异常处理机制。有关情况将在下一章介绍，读者可以先去看看，并想想怎么借助有关机制做出更健壮的电话簿程序。

2.7.3 数据持久性

前一节开发的电话簿是一个很简单的信息管理程序，其功能和实现反映了一般信息管理系统的许多特点。现在讨论其中的一个问题：**数据持久性**。

数据的持久性问题

计算机的内存数据不能长久保存，断电即逝。程序运行中建立和使用的数据，即使采用全局变量记录，程序结束时内部数据的生命期也结束（即使计算机还在运行）。如果需要长期保存，就必须把数据存入外存介质，典型情况是存入外存的命名文件。

数据的长久保存是各种信息管理系统（和其他很多系统）的普遍性需求，数据通常是在一次次运行中逐步建立起来的，需要把积累的数据保存到外存。进一步说，需要保存的往往不是形式简单的数据（如一批整数或浮点数），可能具有复杂结构。而且，保存这些数据就是为了重新装入，恢复原样继续使用，还可以修改和扩充。

在前面的电话簿程序里，我们自己定义了一对输入/输出函数，一个函数把电话簿的信息存入文件；另一个从文件读入这样一套信息，建立起一个与原对象等价的电话簿对象（字典）。与此相关的开发工作包括内存数据表示，文件信息的形式设计，以及两个输入/输出函数的实现。自己做比较麻烦，有一定工作量，当然也一定能够完成。

在实际中，许多程序（应用系统）都需要**持久性**地保存程序运行中构造和积累的复杂数据对象，还要把保存的数据重新读入，恢复原对象。这是一套很常用而且比较规范的工作，编程系统应该提供支持，以方便程序开发者的工作。

Python 通过标准库提供了几种**数据持久性库**，详情见标准库手册的第 12 章（Data Persistence）。不同库的功能有些差异，读者可以自己阅读和比较。下面介绍其中使用较方便的一个库（但不是功能最强的），它足以应付很多实际需要。

标准库包 pickle

这里介绍的标准库包名字是 pickle，其意有腌咸菜装坛等，用它可以很方便地把系统类型（或自定义类型[①]）的对象存入文件，又能非常方便地重新装入，恢复以前保存的对象。因此 pickle 支持数据持久性。

假设现在要保存电话簿程序里的变量 `phonebook` 的值，下面的语句就能把该对象转存到文件 `phonebook.pickle`：

```
outf = open('phonebook.pickle', 'wb'): # 二进制写模式打开文件
pickle.dump(phonebook, outf) #把对象 phonebook 卸载到文件
outf.close()
```

下面语句恢复文件 `phonebook.pickle` 中保存的对象

```
inf = open('phonebook.pickle', 'rb'): # 二进制读模式打开文件
phonebook = pickle.load(inf) # 把重建的对象赋给 phonebook
inf.close()
```

---

① 自定义类型是第 4 章将要讨论的问题。

执行完这段代码，变量 phonebook 的值就是一个字典对象，是以前用 pickle 存入文件的那个对象的拷贝。当然，执行这些操作前需要先导入 pickle 包。

pickle 用二进制文件存储数据，以避免输入输出中数据转换的计算开销和可能误差（浮点数转换可能会产生误差），也使存储更密集，少占用外存空间。就像前面自定义的 save 和 load 一样，pickle 的 dump 和 load 命令也必须相互配合。

为保证 dump 和 load 能正确保存和恢复，开发者为 pickle 包定义了若干套协议。调用 dump 操作时可以指定具体协议，这里不讨论细节了。不指定时默认使用功能最强的协议。调用 load 时，该函数能自动识别被装入的 pickle 文件使用的协议。一般情况下采用默认方式就可以。pickle 还支持把多个对象一个个地 dump 到同一个文件里，而后可以用 load 逐一恢复为对象，赋值给不同的变量。

pickle 可以处理很多种对象（但不是任何对象），包括：

- Python 语言基本类型的对象，包括 None、逻辑对象、数值对象、字符串等；
- 元组、表、字典或集合对象，其元素必须都满足 pickle 的要求；
- 在模块顶层定义的类及其实例对象（如何定义在第 4 章讨论）；
- 在模块顶层定义的函数，等等。

更多详情请查看标准库手册。

大型应用系统需要保存和使用的持久性数据对象不仅规模大，而且结构复杂，数据之间的关联关系也可能很复杂。如果数据的存储和管理要求复杂，可以考虑使用**数据库管理系统**建立数据库。许多流行的数据库管理系统提供了 Python 接口。

2.8 总结和补遗

这里将总结一些情况，并介绍拆分的一种新的使用方法。

2.8.1 函数形参和实参

Python 为函数定义提供了丰富的参数形式，也为调用表达式中的实际参数提供了多种形式。前两章中有几处介绍有关情况，现在做一个总结。

先看函数定义。函数参数表里可以有几类形参：首先是任意多个常规形参，最前面可以有一些只包含参数名的形参，之后可以有一些带默认值的常规形参。注意，一旦出现了带默认值形参，其后的常规形参都必须带默认值。参数表里还可以出现至多一个单星号形参和至多一个双星号形参。如果在带星号（单星号或双星号）形参之后又出现常规形参，调用时与之对应的实参必须通过关键字实参的形式提供。

再看函数调用。在调用式的实参表里首先可以有一些按位置的普通实参表达式，随后可以有一些关键字实参。序列拆分实参（带一个星号）可以出现在按位置实参和关键字实参中间，允许多个序列拆分实参；字典拆分实参（带两个星号）可以出现在关键字实参中间，但只能出现在所有序列拆分实参之后，同样允许多个[①]。当然，序列拆分实参必须是可迭代对象，字典拆分实参必须是字典，否则就是类型错。这几类实参都可以没有。

上面说明了函数定义和调用表达式中参数表的形式，现在总结函数调用时的实参和形参匹配。解释器打开调用式中的序列拆分实参得到一串实参，把它们顺序排在调用式中原拆分实参的位置。字典拆分实参也在出现的位置打开，得到一组关键字实参（注意关键字实参只能出现在按位置实参之后这一基本规定）。然后做实参形参匹配：

- 首先，按位置实参与函数形参表中的形参顺序匹配；
- 然后，根据形参名为各关键字实参确定对应的形参匹配；
- 如果在上述匹配中发现应该匹配的形参已有匹配，报告 TypeError；
- 完成前两步后如果剩下未匹配形参，所有带默认值的形参与其默认值匹配；
- 剩下的普通实参按顺序做成一个元组，约束到被调用函数的带星号形参（如果有），剩下的关键字实参做成一个字典，约束到函数的双星号形参（如果有）。

完成了上述匹配后，如果还存在无约束值形参（实参表达式太少），或者存在多余实参（如函数参数表里没有带星号/双星号形参，就可能出现这种情况），报告 TypeError。

注意

由于存在拆分实参（包括字典拆分实参），通过拆分产生的实参个数要到函数实际调用时才能确定。因此，函数调用的实参错误只能在程序运行中检查。

Python 提供了丰富的形参定义和实参使用形式，是为了处理实际编程中可能出现的一些复杂情况。这里提供的各种机制都有用，但也不应该任意地混合使用。过分复杂的形参和实参会使程序中函数调用的意义变得很不清晰。

2.8.2 拆分与组合对象描述

新版本（3.5 及以后）的 Python 允许把函数调用式中的两种拆分描述用于组合对象的列举式，使列举式的功能进一步扩展。

单星号的拆分表达式可以用在表、元组和集合的列举式中，星号之后的表达式的值必须是可迭代对象。这种写法的效果是将可迭代对象在原地拆分，加入到列举式中，就像直接把它们写在这里一样。双星号的拆分表达式可以用在字典列举式中，要求双星号之后的表达式的值是

① Python 3.5 之前版本的调用式中，只允许在参数表最后出现一个拆分实参和一个字典拆分实参。3.5 版本允许多个拆分实参和字典拆分实参，字典拆分实参只能出现在按位置实参和拆分实参之后。拆分实参打开后得到的实参顺序插入当前位置，例如 `print(*[1], *[2], 3, *[4, 5])` 输出 `1 2 3 4 5`。这一修改比较新，Python 文档语言手册中的语法尚未及时更新。

字典，在列举式中原位拆分展开。

下面是几个例子：

```
>>> x = *range(4), 6
>>> x
(0, 1, 2, 3, 6)
>>> [*x, 10, *(7, 8, 9)]
[0, 1, 2, 3, 6, 10, 7, 8, 9]
>>> {1, 2, *x, *(5, 7, 9)}
{0, 1, 2, 3, 5, 6, 7, 9}
>>> {9: 1, **dict(enumerate(x)), 10: 8}
{0: 0, 1: 1, 2: 2, 3: 3, 4: 6, 9: 1, 10: 8}
>>> {9: 1, **dict(enumerate(x)), 1: 8}
{0: 0, 1: 8, 2: 2, 3: 3, 4: 6, 9: 1}
```

这里首先通过拆分 `range()` 生成的迭代器构造了一个元组，而后把这个元组拆分用在一个表列举式里，生成了一个表，再后又用在一个集合列举式里。最后两个例子生成字典，其中用标准函数 `enumerate` 从元组生成一个二元组的迭代器，再用 `dict` 转换为字典，用双星号拆分后放在字典列举式中。最后一个例子的字典列举式中出现了重复关键码，后出现的键值对覆盖了前面的键值对。

2.8.3 总结

下面总结本章中讨论的一些问题，以及有关编程的技术和一些建议。

本章讨论的问题

本章主要讨论 Python 语言的数据机制，特别是各种标准组合类型。包括：

- 序列的概念和序列操作，不变序列和可变序列，处理序列的标准函数，不变序列操作和可变序列操作（2.2.1 节），标准函数 `map` 和 `filter`（2.1 节）；
- 表的概念和基本构造技术（2.1.1 节），表的遍历和一般处理技术（2.1.1 节和 2.1.2 节），处理表（和序列）的高阶函数（2.1.2 节），表的排序和反转（2.2.1 节）；
- 元组的概念和使用（2.1.3 节），打包与拆分（2.1.3 节）；
- `bytes` 和 `bytearray` 类型（2.2.4 节），标准库的 `array` 类型（2.2.4 节）
- 字符串，各种字符串操作，格式化的概念和操作（2.3 节）；
- 字典的概念、构造和使用（2.5 节）；
- 可变集合 `set` 和不变集合 `frozenset`（2.6 节），集合操作（2.6.2 节）；
- 描述式和相关技术（2.2.2 节、2.5.1 节和 2.6.1 节），描述式的作用域问题（2.2.2 节）；
- 函数的带星号参数（2.1.3 节）和双星号参数（2.5.3 节），拆分实参（2.1.3 节）和字典拆分实参（2.5.3 节），各种参数机制的总结（2.8.1 节）；
- 文件，打开和关闭文件，文本文件操作和程序里的使用（2.4 节）；

- 文本处理技术，记录和信息管理（2.7 节）；
- 数据持久性的概念和技术（2.7.3 节）。

重要概念

- 表（序列）和字典表示的映射；
- 序列和容器的遍历；
- 序列、迭代器和可迭代对象；
- 素数和筛法；
- 变动性，不变类型与可变类型，不变对象与可变对象；
- 计算机信息管理，记录和域；
- map-reduce 计算模式；
- 缓存，时间和空间的交换；
- 文件的缓冲式输入和输出。

编程技术和建议

本章介绍了许多与数据组织和构造有关的技术和方法，下面提出了一些建议：

- 统一使用序列中所有元素时应该把序列对象作为 `for` 头部的迭代器，要操作序列中部分元素或修改序列元素，只能通过下标表达式自己控制循环（2.1.2 节）；
- 尽可能利用描述式建立大型组合对象（2.2.2 节等）；
- 统一处理表或其他序列的元素时，考虑使用标准 `map` 和 `filter` 函数（2.1.2 节）；
- 用表或字典做缓存的技术（2.2.3 节和 2.5.2 节）；
- 拼接大量字符串时用 `str.join` 而不是逐个拼接（2.3.1 节）；
- 如果需要小整数序列（或 ASCII 字符编码序列），序列不变时考虑用 `bytes` 类型的对象，可变时考虑 `bytearray` 类型的对象（2.2.4 节）；
- 需要大型数值序列时，考虑用 Python 标准库提供的 `array` 类型（2.2.4 节）；
- 用一组基本函数封装一类对象的表示（2.1.4 节）
- 数据驱动的编程技术（2.7.2 节）；
- 信息管理系统的结构和开发，数据的内部和外部表示，相互转换（2.7.2 节）；
- 利用标准库包 pickle 实现数据持久性（2.7.3 节）；
- 用 `if __name__=="__main__"`控制只有作为主模块才执行的代码，这种代码经常用在辅助性模块里，作为模块的测试代码段（2.1.4 节）。

第 3 章 深入理解 Python

前两章介绍了 Python 的基本编程机制，包括控制机制和数据机制。要用好 Python，写出正确而且高效的程序，还需要了解一些内部原理。每种语言都有自己的特点，有一些特殊结构。有些从表面看与其他语言相似，但内部行为却可能不同。进一步说，每种语言都有特定的优点和缺点，甚至存在使用陷阱。要把 Python 应用于实际工作，对其内部机理的清晰理解会给编程人员带来很大帮助。本章着眼于读者的这方面需要，首先讨论 Python 的一些重要语义问题，特别是变量和函数。3.3 节介绍了函数的变形和特殊使用技术，3.4 节介绍处理运行时错误的异常处理机制和相关技术，3.5 节专门讨论 Python 程序的效率。

3.1 基本语义问题

本节将讨论 Python 程序的基本语义问题。这些问题都非常重要，只有清晰地了解这些情况，才能正确理解 Python 程序的行为。

3.1.1 变量和对象

看到本节标题，读者可能会提出疑问：变量这样简单的东西还值得讨论吗？但确实值得讨论！我们必须正确理解 Python 中的变量和对象，变量和对象的关系以及变量赋值的意义。对这些问题的错误认识是许多程序错误的根源。

值语义与引用语义

变量用于在程序运行中记录信息。为记录信息，每个变量都需要占据或大或小的一块内存。对各种常见语言，这些说法都是正确的。但如果进一步深究，就会看到一些不同情况。例如，C 语言和 Python 的变量其实是两种完全不同的东西，两者的行为截然不同。我们把变量的行为称为**变量语义**，实际上，存在着两种不同的变量语义。

C 变量是**值的容器**，用于保存相应的值。被保存的值不是独立实体，只是保存在变量（占据的那些内存单元里）里的一串二进制编码。这一套语义规则称为变量的**值语义**，C 就是采用值语义的语言。采用这种语义，会带来很多自然的推论和情况。

首先，变量要有类型，不同类型的值可能大小不同，相应变量的大小也可能不同。例如，C 中 short 类型的值通常是两个字节，因此 short 变量占两个字节内存；而 double 类型的值通常为 8 个字节，变量需要 8 个字节内存。有的变量更大，包含 10000 个 double 元素的数组变量，通常需要 80000 个字节的内存。

另一方面，由于值存在变量里，变量赋值就是值拷贝：把变量 x 的值赋给 y，就是把当时保存在变量 x 里的数据复制到变量 y 的内存单元中。如果 x 是结构变量，这种结构很大，赋值时就要拷贝很多数据（为避免不必要的拷贝等，C 引进了指针）。如果运行中需要用一个变量的值，只需到它的存储单元里取出相应数据。

Python 也有变量和值的概念，但采用了另一套语义。程序运行中存在的“值”都是独立的对象，每个对象有固定的存储位置，有唯一标识，从对象建立起就占据着或大或小的一块内存。标准函数 id 取得对象的标识，例如：

```
>>> id(3)
1698688880
>>> id([1, 2])
55348360
>>> type(id([1, 2]))
<class 'int'>
```

从前两个语句可以看到，对象标识用一个整数表示。具体对象的标识由解释器安排和控制，可以检查但不能操作。对象有类型，不同对象需要保存的信息有多有少，因此大小可能不同。我们不需要知道具体对象的大小，只需要根据对象的类型正确使用。此外，如果运行到某个时刻，当时存在的某对象不再有用了，解释器就可能回收其内存。

与之对应，Python 变量不是存储值（对象）的容器，而是一种能记录对象标识的设施。赋值就是把对象的标识记入变量，取值就是由变量找到与之关联的对象，而这个对象实际存在于内存中的另一个地方，并不保存在变量里。

由于对象是程序执行中的独立实体，当某变量里存着一个对象的标识时，我们不能说该变量**保存着**那个对象，只能说它**引用着**那个对象（或**关联**着那个对象）。这种变量语义称为**引用语义**，Python 就是采用引用语义的语言。图 3.1 描绘了 Python 程序运行中变量与值（对象）关联情况，箭头表示变量里存储着对象的标识，右边的云朵图表示程序运行中的对象空间。当然，变量在运行中也有体现，后面会介绍。如上所说，对象标识是（或说对应于）一个整数，因此，每个变量只需要保存一个整数的信息，可以大小相同。

值语义有一个推论：变量必须声明类型，以便为变量安排存储。不同类型的变量大小不同，也导致一种类型的变量不能保存其他类型的值。引用语义则不同，其中只需保存对象标识，所有变量可以大小相同。Python 程序里的变量不需要说明，赋值即定义。变量没有类型，一个变量完全可以一会儿关联到整数，一会又关联到字符串[①]。

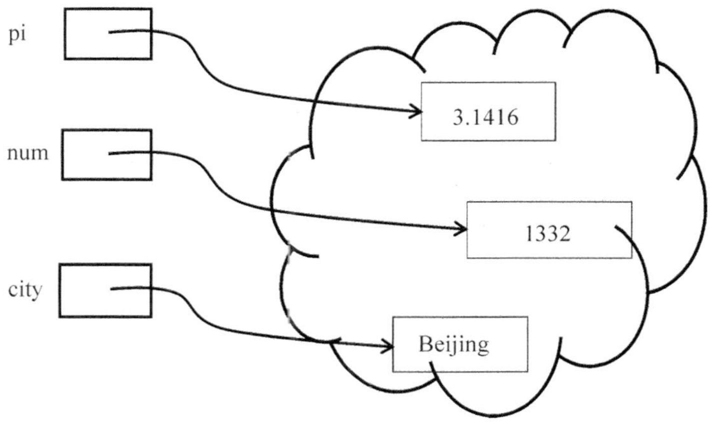

图 3.1 变量和对象（值）的关系

许多操作对被操作的对象有类型要求，例如表达式 x+y 中的加法。由于变量无类型，解释器不能根据代码中的变量（和表达式）确定操作能否正常进行，必须在运行中检查。运行中的频繁检查是 Python 程序效率较低的一个重要原因。

赋值和共享

我们继续考察变量和值的关系，讨论中涉及组合对象时常以表作为例子，实际上这些讨论也适用于其他组合类型的对象，或者其他可变组合类型的对象。

首先要再次强调，数据（值）是独立的对象，赋给变量就是建立关联，以便通过变量使用对象。这种关联（引用语义）带来了许多后果。变量与对象关联，但又相互独立，这样就出现了一种可能性：两个变量实际关联同一个对象，或说**共享**同一个对象。例如：

```
s = "abcd"
t = s
u = "abcd"
```

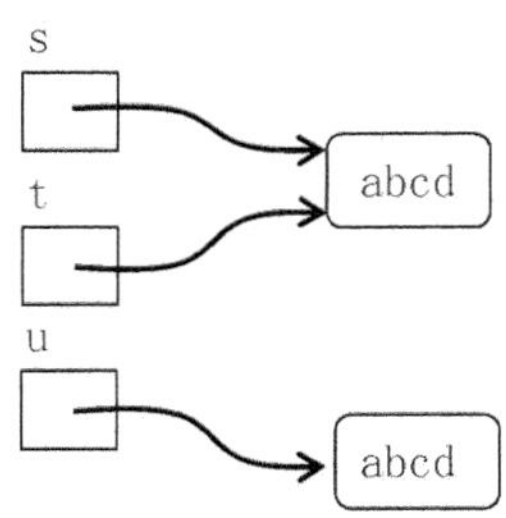

图 3.2 变量值的共享

执行完这几个语句，变量 s、t、u 与对象的关联情况如图 3.2 所示。虽然 s、t、u 的值都是"abcd"，但 s 和 t 共享同一个字符串，而 u 的值是另一字符串，恰好也是"abcd"。仅从变量值的角度，我们无法区分这两种情况。如果给 s 赋值另一字符串"fgh"，s 的值变了，对另外两个变量没有影响。

现在考虑表的情况，假设执行下面的语句：

① 允许并不表示应该这样做，让一个变量始终关联到同一个类型的对象是更规范的做法。

```
x = [1, 3, 6]
y = x
z = [1, 3, 6]
```

图 3.3 描绘了语句执行后的状态，这里有两个变量共享同一个表。看变量的值也不能发现其中的共享。如果把另一个表赋给 x，也不会影响其他变量，与上面字符串的情况类似。

由于现在变量的值是表，是可变对象，这种情况带来“修改变量值”的另一种可能：通过变量修改与之关联的表（的内容或结构）。这样，虽然变量与对象的关联没变，但对象本身变了，对变量求值的结果也变了。假设在图 3.3 的情况执行如下语句：

```
>>> x[1] = 10
>>> x
[1, 10, 6]
>>> y
[1, 10, 6]
>>> z
[1, 3, 6]
```

修改后的情况如图 3.4 所示，x 的值变成[1, 10, 6]。请注意，虽然这里没对 y 做任何操作，但由于 y 与 x 共享同一对象，对 y 求值的结果也变了。另一变量 z 的值没变，因为它关联另一个对象。可见，对象共享可能影响程序的意义。再执行如下语句：

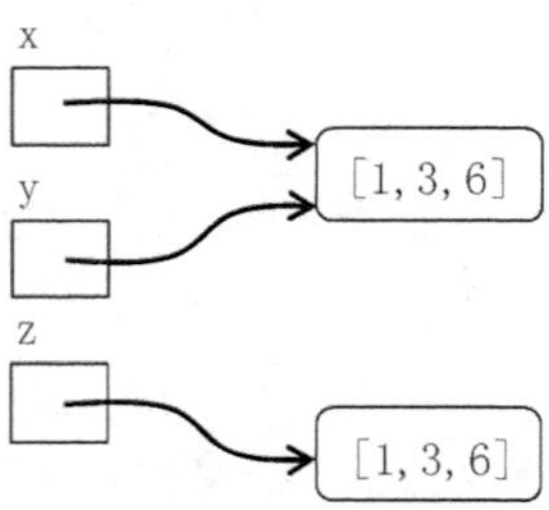

图 3.3 变量以表为值

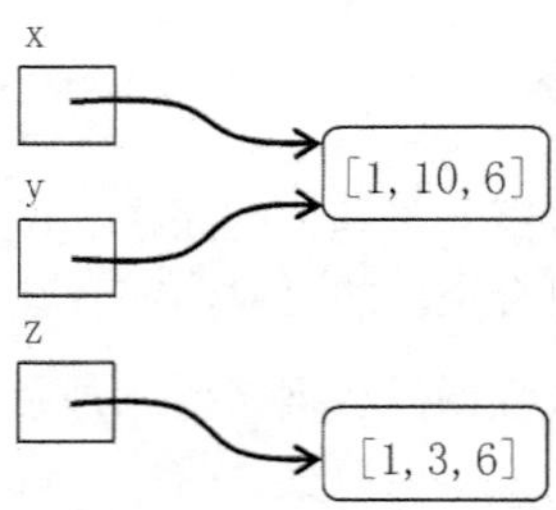

图 3.4 通过变量修改表

```
>>> x.append(20)
>>> x
[1, 10, 6, 20]
>>> y
[1, 10, 6, 20]
```

出现这里的情况还是由于共享。如果做对象拷贝，将得到另一个独立的对象：

```
>>> w = x.copy() # 也常用 w = x[:] 拷贝整个表
>>> x.append(100)
>>> x
[1, 10, 6, 20, 100]
>>> w
[1, 10, 6, 20]
```

请读者参考上面说明，画出这几步操作之后变量和值的关联情况。

上面的示例说明，由于修改对象，变量值共享的不同情况可能导致程序的不同行为。我们通过变量 x 修改对象，由于共享，对 x 的操作不声不响地改变了 y 的值。

需要特别注意，[]也生成新对象（新的空表），例如：

```
a = b = []
c, d = [], []
```

这两个语句建立了 3 个空表，其中 a 和 b 共享同一个空表，c 和 d 相互无关，也与 a 和 b 无关。一个操作就能把这里的共享情况暴露出来：

```
>>> a.append(1)
>>> b
[1]
>>> c
[]
```

最后说明扩展赋值操作的一些情况，这种运算符也源自 C 语言。前面说 x += e 等价于 x = x + e，其实两者只是类似但并不等价。这里有 3 个问题需要提出。

第一个问题是扩展赋值语句中左右两边的求值顺序。C 语言对这一顺序不定义，允许实现采用任何顺序。Python 则明确规定先对左边的赋值目标表达式求值，后对右边的表达式（与一般赋值语句不同）求值。第二个问题在 C 和 Python 里的规定一样：采用扩展赋值运算符时，只对赋值目标做一次求值，而在执行上面用普通赋值运算符写的语句时，赋值目标表达式 x 将求值两次。如果语句左边或右边的求值有副作用，这两项规定都会产生影响。

第三个问题是 Python 的特殊问题：在处理扩展赋值操作时，解释器将尽可能“就地”执行操作而不拷贝对象。如果被赋值目标关联于可变对象，这个规定就会使得上面两种语句的意义完全不同了。先看值是不变对象的情况：

```
>>> t1 = t2 = (1, 2)
>>> id(t1)= =id(t2)
True
>>> t1 += (3, 4)
>>> t1
(1, 2, 3, 4)
>>> t2
(1, 2)
```

语句 t1 += (3, 4) 和写 t1 = t1 - (3, 4) 的意义等价，对象为字符串时的情况也一样。但是，如果操作目标以可变对象为值，情况就不同了：

```
>>> x = y = [1, 2]
>>> x += [3, 4]
>>> x *= 2
```

```
>>> x
[1, 2, 3, 4, 1, 2, 3, 4]
>>> y
[1, 2, 3, 4, 1, 2, 3, 4]
```

而 `x + [3, 4]` 和 `x * 2` 都是构造新表，不会改变 `y` 的值。

拷贝和共享

表的拷贝可以用 `list1[:]`或者 `list1.copy()`。切片形式适用于所有序列对象，但只有可变类型（dict 和 set）才提供了 `copy()`。表拷贝是构造另一个“同样”的表，但需要特别说明，这种操作只做最上面一层拷贝，得到的新表与原表共享元素。

前面讨论了变量共享对象的问题，元素共享的情况与之类似。如果被拷贝表的元素是不变对象，元素共享不会带来任何问题。但如果被拷贝表中有可变元素，情况就不同了：从一个表出发修改了共享的元素，就会影响到另一个表的值。

考虑下面 3×3 矩阵（表示为一个两层的表）的例子：

```
>>> a1 = [[i + j for i in range(3)] for j in range(3)]
>>> a1
[[0, 1, 2], [1, 2, 3], [2, 3, 4]]
>>> a2 = a1.copy() # 写 a2 = a1[:] 时情况完全一样
>>> a1[0][0] = 5
>>> a1
[[5, 1, 2], [1, 2, 3], [2, 3, 4]]
>>> a2               # 由于元素共享，a2[0][0] 也变了
[[5, 1, 2], [1, 2, 3], [2, 3, 4]]
>>> a1[1] = [7, 8, 9]
>>> a1
[[5, 1, 2], [7, 8, 9], [2, 3, 4]]
>>> a2
[[5, 1, 2], [1, 2, 3], [2, 3, 4]]
```

这里首先用描述式创建了一个矩阵（两层的表）赋给 `a1`，表元素是 3 个行向量（各包含 3 个元素），再做这个表的拷贝赋给 `a2`。根据前文所述，拷贝建立的新表与原表共享各个行向量。注意，这里的行向量也是表，是可变对象。赋值 `a1[0][0] = 5` 修改了 `a1` 第一个行向量的元素。由于 `a1[0]`和 `a2[0]`共享这个行向量，所以 `a2[0][0]`的值也变了。但另一方面，给 `a1[1]`赋值是换一个行向量，对 `a2` 的值没有影响。

前面交互计算的输出展示的情况正如我们的说明。完成这几个赋值后，两个表具有比较复杂的共享结构，请读者设法画出引用关系的图形。这个例子说明，表元素共享有可能变得很复杂，不易把握。如不注意，就可能得到意料之外的结果。

建议自己定义一个矩阵的拷贝函数：

```
def mat_copy(mat):
    return [[x for x in vec] for vec in mat]
```

用这个函数拷贝矩阵，所有行向量都做了拷贝，不再共享了：

```
>>> a1 = [[i + j for i in range(3)] for j in range(3)]
>>> a2 = mat_copy(a1)
>>> a1[0][0] = 5
>>> a2
[[0, 1, 2], [1, 2, 3], [2, 3, 4]]
```

现在修改表 a1 的元素就不会影响 a2 了。但请注意，两个矩阵的元素（例如 a1[0][0]和 a2[0][0]）仍是同一个对象。矩阵 a1 的元素是整数，这种共享不会引起问题。如果用 mat_copy 拷贝的是以字典或集合为元素的矩阵，问题又会出现在另一层。

很多操作都可能产生元素共享，例如组合对象的类型转换：

```
>>> x = [[], []]
>>> y = tuple(x)
>>> z = enumerate(x)
>>> x[0].append(1)
>>> y
([1], [])
>>> for a in z: print(a)
(0, [1])
(1, [])
```

可见，y、z 都与 x 共享元素，x 的元素变动也影响了 y 和 z 的值。

类似情况还会出现在其他地方，例如：

```
>>> a1 = [1] * 10
>>> a2 = [[1]] * 10
>>> a1[1] = 2
>>> a2[1][0] = 2
>>> a1
[1, 2, 1, 1, 1, 1, 1, 1, 1, 1]
>>> a2
[[2], [2], [2], [2], [2], [2], [2], [2], [2], [2]]
```

序列乘法也导致元素共享。元素是不变对象时这种共享无害。如果元素是可变对象，执行修改元素的操作（对元素执行变动操作），问题就出现了。

假设我们需要一个表，其中包含 10 个空表，计划用这些空表分别记录一些信息。显然，用 [[]] * 10 生成这个表就是错误的，可以用描述式生成正确的表：

```
>>> dlist = [[] for i in range(10)]
>>> dlist
[[], [], [], [], [], [], [], [], [], []]
```

```
>>> dlist[0].append(1)
>>> dlist
[[1], [], [], [], [], [], [], [], [], []]
```

用描述式时，每次创建元素将对生成表达式求一次值，生成一个新表。

上面的讨论就是想说明，如果表元素是变动对象，在对它做各种显式或隐式拷贝时，都必须特别关注元素共享的情况。如果默认操作的效果不合适，就应该自己做元素拷贝。不当的元素共享可能带来错误，而且很难发现和确认。

只做一层的拷贝方式称为**浅拷贝**，深入多层（例如一直做到不变元素）的拷贝称为**深拷贝**。表的结构可能很复杂，编程中应根据需要确定正确的拷贝方式。Python 的标准操作都只做浅拷贝，如果需要更深的拷贝，就需要（而且应该）自己定义。显然，通过编程可以定义好任何拷贝方式，直接用系统的浅拷贝只是一种方式。

实际上，拷贝任何组合对象时都会遇到类似的问题。无论被拷贝的对象是字典、集合还是元组，Python 默认都是只做一层拷贝。如果元素是可变对象，就要当心了。

最后说明一个问题。通过共享可以建立“循环的”表或更复杂的数据结构。变动类型的 `copy` 操作可以正确拷贝这类结构，做出的拷贝维持原对象的结构。

假定首先运行下面代码：

```
l1 = [1]
l2 = ["ok"]
l1.append(l2)
l2.append(l1)
```

这里得到的“表”是 `l1` 和 `l2` 的“循环”互连，请读者自己设想一下得到的结构。我们再执行下面交互计算，请看下面执行的情况：

```
>>> l1
[1, ['ok', [...]]]
>>> l2
['ok', [1, [...]]]
>>> l3 = l1.copy()
>>> l3
[1, ['ok', [1, [...]]]]
>>> l4 = l3.copy()
>>> l4
[1, ['ok', [1, [...]]]]
```

可以看到，Python 解释器能识别循环结构，合理地输出和拷贝。这里的`[...]`表示系统识别出的循环部分，用缩略形式输出。`l3` 和 `l4` 都是 `l1` 的拷贝，但这里的输出形式略有不同。实际上它们的内容是一样的。下面的代码通过循环检查对象的情况：

```
>>> for i in range(6):
    print(l4[0])
```

```
    l4 = l4[1]

1
ok
1
ok
1
ok
```

如果结构中的关联关系很复杂，拷贝操作不保证能正常工作。实际中这种“循环表”很少使用，如果需要“循环”结构，建议用面向对象机制，自己定义（第 4 章有例子）。

3.1.2 函数和参数的语义

本节讨论函数与对象的关系，包括其中的共享和拷贝以及可变对象带来的一些现象。

函数实参和共享

首先，形参是一类特殊的局部变量，与其他局部变量只有一点不同：函数调用时，它们首先约束到实参表达式算出的对象。在函数里重新给某个形参赋值，将使它约束到另一对象，这种操作不会影响函数调用的实参（即使实参表达式是变量）。

图 3.5 展示了相关情况，这里以变量 m 和 n 作为实参调用 f(m,n)，形参 a 和 b 分别约束到 m 和 n 的值。图 3.5 中实线箭头表示函数开始执行时变量和值的关联情况。可以看到，函数外的变量 m 和函数形参 a 共享同一个对象，变量 n 和形参 b 共享同一个对象。函数中对 b 的赋值语句将修改 b 的值，使 b 关联到另一字符串（图中虚线箭头）。显然，这一修改不会影响函数之外变量 n 的值。

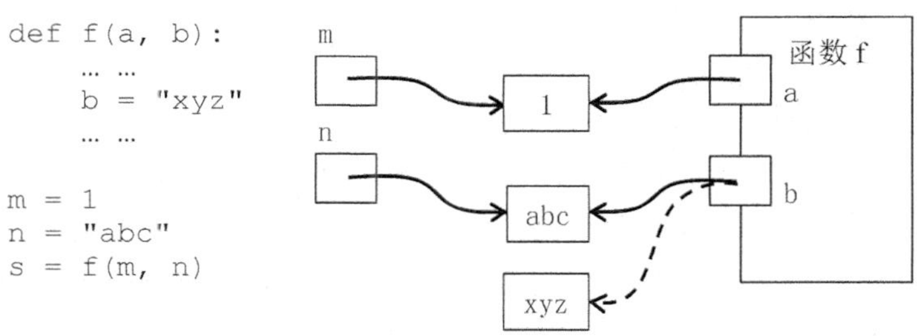

图 3.5 函数调用中形参和实参之间的关系

如果函数实参的值是表，会出现新情况吗？看图 3.6 最左的示例代码，这里定义了函数 f，它有两个形参，希望实参都是表，函数里有表元素赋值。后面代码建立了两个表并赋给变量 m 和 n，在随后的函数调用中，这两个表分别传给形参 a 和 b。函数开始执行时的情况如图 3.6（1）所示，f 的形参与函数外的变量分别共享两个表对象。

```
def f(a, b):
    b = [8,9]
    a[1] = 6
    return a

m = [1,2,3]
n = [4,5]
s = f(m, n)
```

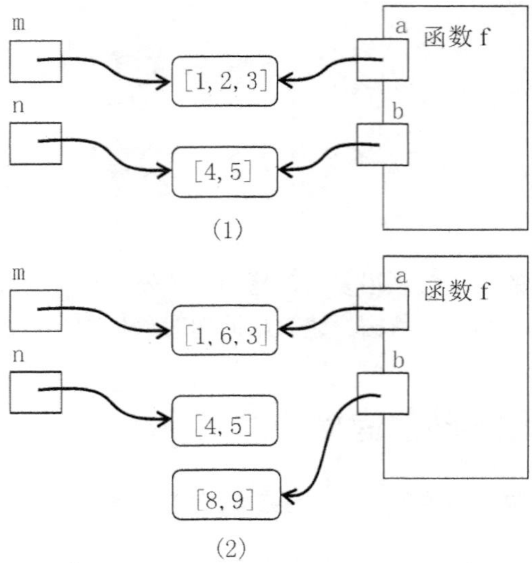

图 3.6　函数调用中的表实参、赋值和修改元素

函数里第一个语句把另一个表赋给 b，使 b 不再与 n 共享值，现场情况与图 3.5 类似，无须赘述。下一语句 a[1] = 6 通过形参修改表，情况就不一样了。语句执行后的现场如图 3.6（2）所示。由于形参 a 和函数外的 m 共享同一个表，元素赋值的效果将留在表中。函数完成后求值变量 m，就会看到 m 的值变成了[1, 6, 3]。

造成这种结果，是语言规则和代码的配合：

- 首先，表是可变对象，可以修改，生存期间可变；
- 函数通过形参修改了可变对象（表）；
- 调用函数时传进去的是表（语句 a[1] = 6 能执行，就要求 a 是表或字典）。

这 3 个方面配合造成的效果，就是这个函数调用实际地修改了实参的值。

在函数里通过参数修改共享的可变对象，是 Python 编程中常用的一种操作模式。这里讨论的问题并不限于表，只要函数以可变对象（包括字典、集合等）作为参数，这里的说法都适用。第 2 章的一些函数也采用了这种操作模式。

C 语言的函数参数称为**值参数**，函数调用时实参表达式的值赋给形参。Python 运行中的值都是独立的对象，函数调用时的参数传递方式类似于值参数，但却是共享传来的对象。这种参数称为**共享参数**。C 函数无法直接通过参数修改调用的环境，只能通过指针参数间接地做。Python 函数的情况类似，只能通过参数修改共享的对象。

参数默认值与共享

Python 函数的形参可以带默认值，可用于简化最常用的函数调用的描述，给函数使用带来一些灵活性。这里有个细节需要说明：默认值可以用一般表达式描述，因此就有何时求值的问题。默认值表达式出现在函数定义所在的环境中，可能使用那里的变量。Python 规定在函数定义时求值参数的默认值表达式，在内部记录求得的值。一旦函数被调用时需要默认值（调用式没给相应形参提供实参），就使用记录的值。

这种规定看起来很合理。但是，由于可变对象的存在，这种规定可能带来很奇怪的效果。下面通过一个例子来说明有关情况，然后讨论解决问题的方法。

假设要定义一个函数，它把第一个参数通过 append 添加到第二个参数（实参应是表）的最后 5 次，还希望用空表作为第二个参数的默认值。我们可能写出下面的定义：

```
def append5(a, b=[]):
    for i in range(5):
        b.append(a)
    return b
```

简单试试似乎没问题：

```
>>> append5(1, [])
[1, 1, 1, 1, 1]
>>> append5(1)
[1, 1, 1, 1, 1]
```

但再做一次试验，就会发现奇怪的现象：

```
>>> append5(2)
[1, 1, 1, 1, 1, 2, 2, 2, 2, 2]
```

为什么会这样？如果读者读到这里还没看到问题的根源，建议重读前面几段。

实际上，产生这一情况的原因就是对象共享和变动性，以及 Python 有关参数默认值表达式的求值规则，正是这几方面综合作用的结果。

根据默认值的求值规则，处理 append5 的定义时，解释器求出 b 的默认值并记录求得的**那个**空表。调用 append5(1,[])时 b 得到从调用式产生的空表（新建的空表），函数的行为正常。随后调用 append5(1)，由于没有 b 的实参，解释器将记录的**默认值**空表约束于 b。函数执行把 5 个 1 加入该表后返回。注意，这次调用中修改的就是作为 b 的默认值的**那个表**（开始为空），调用后 b 的默认值还是它，但表里已经有了 5 个元素。再调用 append5(2)，函数把 5 个 2 加入作为 b 默认值的表，返回时该表里有 10 个元素，因此得到上面的结果。可以想象，如果把 append5(2)的返回值赋给变量 x，再通过 x 修改与之关联的表，修改的也就是函数 append5 里作为 b 的默认值的那个表。

上述函数调用的结果令人诧异，但它却是一系列合理设计的自然推论，可以看作 Python 语言的一个陷阱，应该特别注意。有些 Python 编程工具检查这种情况，遇到变动对象作为函数的默认值时提出警告。但 IDLE 对这种情况不发出警告。

如果定义函数时真希望以变动对象作为默认值，应该怎么做，才能既得到所需效果，又能避免上面这种不希望出现的问题呢？实际方法很多，下面介绍两种方法，它们的潜在目的和用途有些不同，但以不同方式解决了这里的问题。

如果希望函数实际修改调用中提供的表参数，可以采用下面的技术：

```
def append5_1(a, b=None):
    if b is None:
        b = []
    for i in range(5):
        b.append(a)
    return b
```

如果没给出 b 的实参，函数将创建一个新的空表，有实参就会修改实参。

如果不希望函数修改作为实参的表，可以采用下面的技术：

```
def append5_2(a, b=[]):
    b = list(b)
    for i in range(5):
        b.append(a)
    return b
```

无论 b 的值是否来自默认值，函数总调用 list 创建拷贝。这种做法还带来另一个潜在作用：函数的第二个参数不仅可以是表，还可以是其他可迭代对象。

这两种方法都能避免前面的问题。

3.1.3 逻辑判断

程序里总要做逻辑判断，例如在 if 和 while 语句的头部、条件表达式里，以及描述式中用作筛选的 if 段里等。各种关系运算符实现最基本的逻辑判断。

“同一个”和“相等”

最重要的判断是检查两个对象是否相同，例如检查变量的值是否是某个特定对象，或检查两个表达式的值是否相同。但是，当我们问变量 x 和 y 的值是否相同，究竟想问什么？实际上，存在两种“相同”的概念：其一，x 和 y 恰好关联到同一个对象，这时它们的值当然相同。其二，虽然 x 和 y 关联不同对象，但两个对象的“内涵相同”。例如，两个变量的值都是字符串"same thing"，或都是整数 1，甚至一个是 1 另一个是 1.0。

运算符 == 和 != 判断的是第二种“相同”，例如：

```
>>> s1 = "same thing"
>>> s2 = "same" + " " + "thing"
>>> s1 == s2
True
>>> x = [1, 2, 3, 5]
>>> y = [1, 2, 3, 5]
```

```
>>> x == y
True
>>> z = x
>>> x == z
True
```

另一方面，运算符 is 检查是否为同一对象（is not 是 is 的否定）。对上面创建的几个对象，可以看到下面的情况：

```
>>> s1 is s2
False
>>> x is y
False
>>> x is z
True
>>> s3 = s1
>>> s3 is s1
True
```

变量 s1 和 s2 关联着不同的字符串，虽然它们内容相同。最后一个赋值让 s3 和 s1 引用同一个字符串，所以 is 得到 True。对表的实例，x 和 y 关联到两个表，虽然其内容相同，但不是一个对象；而 x 和 z 关联到同一个表。用运算符 == 比较都得到 True 的情况，用 is 检查就分出了不同。也就是说，== 判断的是两个对象**是否相等**，而 is 则检查**是否为同一个对象**，两种判断是不一样的。

运算符 is 和 is not 非常简单：直接比较两个对象的标识，可以认为是比较将 id 应用于对象的结果。对象标识是唯一的，如果二者相同就是同一个对象，否则就不是。

另一方面，貌似简单的 == 其实是很复杂的判断。首先，满足 is 的情况用 == 也得到真，在此基础上还要考虑许多情况。用于数值时可能导致类型转换；用于字符串时需要逐一比较其中字符。用于组合对象时要检查对象“内部”是否“一模一样”：对表和元组，两个对象相等要求长度相同，对应元素分别相等（也用==检查）。两个字典相等的条件是包含同样一组关键码和值的序对（都用 == 检查）。集合相等在第 2 章有解释，条件是两个集合包含相同元素（用 == 检查）。!= 的工作过程与 == 类似。

任意两个表达式（变量是简单情况）都可以用 is 比较，当且仅当它们的值是同一个对象时得到 True，而 is not 是 is 的否定。is 和 is not 比较对象标识，不涉及内容，效率高。== 和 != 也可以用于比较任意对象，对象类型不同又不能转换时得到 False。这两对运算符在实际编程中各有其用武之地，应仔细选择。3.1.1 节讨论了这两种“相同”概念的另一方面：is 和 is not 可用于检查是否共享。

还要说明一个情况：对于不变对象，两个变量是引用着同一个对象，还是引用着不同对象，对程序行为不会产生有意义的影响。鉴于此，Python 解释器可能做些优化，尽可能少地创建同样不变对象的拷贝。下面是作者系统上的一段计算：

```
>>> "a" is "a"
True
>>> 1 is 1
True
>>> f = 2**20
>>> g = 4**10
>>> f
1048576
>>> g
1048576
>>> id(f)
54471376
>>> id(g)
55582992
```

前两个表达式说明解释器做了优化，没有创建两个字符串"a"或两个 1。随后的例子（以及前面"same thing"的例子）则说明这种优化不具有普遍性。

解释器通常预先准备好一批常用不变对象，需要创建这些对象时统一地使用它们。但是，采用比较标识的方式判定不变对象的值是否相同的做法并不可靠，解释器可能只对一些情况做了优化，不同版本的优化也可能不同。程序不应该依赖于解释器的具体实现。判断两个数是否相等时永远应该用相等运算符 ==，比较字符串也应该用 ==。

另一方面：

```
>>> () is ()
True
>>> frozenset() is frozenset()
True
>>> "" is ""
True
```

不变组合类型（元组和冻结集合）的空对象永远只有一个，空串也只有一个。与此类似，系统常量 True、False 和 None 都具有唯一性。这些情况也应该利用。

实际编程中经常需要判断对象相同，应该用哪一对运算符呢？这里有时是**正确**与否的问题，有时是哪种写法**更好**的问题（效率更高），应该根据需要选择。对于可变对象，两种相同或不同判断的意义和差别则特别重要。

“真”和“假”

逻辑类型 bool 只包含 True 和 False 两个值，主要用于逻辑判断，也可以作为数据存入变量，或作为复合对象的元素。实际上，True/False 以及“真”和“假”是 Python 中两对不同的概念。前一对是 Python 关键字，表示 bool 类型的两个标准常量；后一对是编程中的概念，服务于逻辑判断和程序控制。1.3.1 节介绍过数值类型的 0 值表示假，其余值是真。标准常量 None 也是假。实际上，空串、空表、空的序对、空字典和两种空集合也表示假，这些类型的其他值都表示真，可以用于逻辑判断。

举一个例子说明这种规定的价值。程序里经常需要用组合数据对象的情况控制循环，需要处理结束判断问题。假设现在需要一个 while 循环，不断通过 pop 操作取出表元素，希望在表空时结束。对这种情况，有人可能写出如下形式的循环：

```
while list1 is not []:
    x = list1.pop()
    ... x ...
```

或者

```
while list1 != []:
    x = list1.pop()
    ... x ...
```

或者

```
while len(list1) != 0:
    x = list1.pop()
    ... x ...
```

可惜这几种方式都有问题。第一个循环每次做判断时创建一个新的空表（因此是错的），导致条件永远为 True，造成死循环，原因请参考前面有关“同一个”和“相等”的讨论。第二个循环能正确结束，但也付出每次迭代创建一个空表的代价。第三个循环每次判断时需要调用一次函数 len()[①]，这种开销是否必要？

为了方便控制条件的良好表达，Python 继承 C 语言的想法，依据对象的“真”或“假”控制执行，True 和 False 只是真假的特殊情况。前例的正确写法非常简单：

```
while list1: # 不必写 list1 != []等
    x = list1.pop()
    ... x ...
```

这种写法消除了前面两种写法带来的额外开销。

对于整数，虽然下面两种写法等价（假设 n 的值是整数）：

```
if not n: ...
if n == 0: ...
```

效率上差别不大，但第二种写法能更好地表现比较的是整数，即判断整数是否为 0。

1.3.1 节介绍的短路求值规则在处理组合对象是也常常很有用。例如：

```
if list1 and list1[0] > 1:
    ... ...
```

假设这里的 list1 是表。如果 and 不采用短路运算规则，list1 为空时求值 list1[0]就会出错。短路规则满足了编程中的许多需要。

---

① 在 Python 的官方实现中函数 len 只需常量时间，与表的大小无关。但调用函数总有代价。

组合对象的比较

组合对象比较时还有一些情况值得注意。

首先，如果 v 的值是标准组合类型的对象（各种序列、字典、集合等），要判断其是否为空，条件表达式应简单地写 v（否定时用 not v）。下面两条语句的写法都是错的：

```
if list1 is []: ...
while dic1 is not {}: ...
```

下面的写法意思正确，但会带来毫无价值的执行开销：

```
if set1 == set(): ...
while dic1 != {}: ...
```

应该采用标准写法，直接把描述对象的表达式作为条件，根据需要加 not。

如果需要检查变量（例如 p）的值是否为 None，在 p 的值为 None 时做某些事，下面 3 种写法似乎都能满足需要：

```
if p == None: ... p ...
if p is None: ... p ...
if not p: ... p ...
```

但仔细考虑，首先可以发现第三种写法有问题：它不仅在 p 值为 None 时执行后面语句，在 p 值为 0、""、[] 等的时候也会执行后面语句。前两种写法的语义等价，但考虑到 None 是不变对象，而且具有唯一性，第二种写法最好。

如果两个序列的类型相同，而且元素可以逐对比较大小，它们就可以比较大小。比较也采用**字典序**，s < t 的条件是从下标 0 开始顺序比较对应位置的元素：

- 如果发现的第一对不同元素在下标 i 而且 s[i] < t[i]；
- 两个序列在可比较的范围内所有元素都相等，但序列 s 较短。

条件就成立。大于和其他顺序运算符的定义与此类似。下面是几个例子：

```
>>> [1, 2, 3] < [1, 2, 5]
True
>>> [1, 2, 3] < [1, 2, 3, 4]
True
>>> [1, 2.5] < [1, 2.8]
True
>>> [1, 2] < [1, 2]
False
>>> [1, [3, 5]] < [1.0, [3.0, 9]]
True
```

最后一个例子说明，具有嵌套结构的序列也可以比较大小。

两个同类型且元素可比的序列之间，<、==、>三者之一必定成立。注意，<=、<、>=、> 只能用于相同类型的对象。如果作用到不同类型的序列，或者在元素比较时遇到了不同类型

（而且无法转换到相同类型）的元素，解释器都将报 `TypeError`。

3.1.4 几个问题

这里介绍 Python 的几个特殊问题。

参数和运算对象的求值顺序

第 1 章讨论二元运算符和函数调用时，都提到运算对象或参数的求值顺序。Python 规定二元运算符先求值左边的表达式，后求值右边表达式。对函数调用，多个实参表达式从左到右逐个求值。但是，这种规定有什么意义吗？

问题就在于有些表达式不仅能求出一个值，还会对计算的环境产生影响，并因此影响后续的表达式求值。看下面刻意编造的例子：

```
>>> x = [1, 2, 3]
>>> print(x.pop() * 2 + x.pop())
```

这里的 `print` 输出什么？`pop` 操作获得表尾元素，同时修改被操作的表（删除取得的元素）。如果加法运算符先计算左边的表达式，该表达式的除得到值 6 外，还导致右边的表达式的值为 2，整个表达式是 8。如果加法运算符先算右边表达式，整个表达式的值就是 7。

表达式都能求出值，这是其基本功能，但有些表达式的求值还会产生其他效果，称为表达式的**副作用**。Python 程序中可以写出有副作用的表达式，上面就是一例。3.1.2 节介绍过有副作用的函数（调用），后面还会说到这方面的问题。

对于函数调用：如果存在有副作用的实参表达式，求值顺序就会对函数的作用或结果产生影响。图 3.6 中的 `f` 的执行将修改第一个实参的值（这个实参应该是表或者字典，否则会报错）。把对 `f` 的调用作为参数，就可能对后续参数的求值产生影响。

为使程序的意义清晰准确，Python 明确规定了运算对象的求值顺序和调用式中实参的求值顺序。二元运算符总先求值其左边的运算对象；函数调用时先求出所需函数对象，而后从左到右逐个求值实参表达式。完成后做实参与形参的匹配，再执行函数体。Python 这样明确规定，就是为了保证表达式意义的确定性①。

变量、函数名和对象

Python 程序运行中存在的所有实体都是对象，包括各种数据、函数和类型等。函数定义就

① C 语言的情况与 Python 不同，它明确说**不规定**运算对象和实参的求值顺序，实际上是要求程序员写的表达式和函数调用不依赖于求值顺序，否则后果自负。不规定顺序，是为了使 C 编译器开发者能更好地利用硬件或程序运行环境的特性，得到更高效的编译结果。但这样做丧失了程序语义的确定性，带来更多的错误可能。Java 也明确规定了表达式的求值顺序。

是建立相应的函数对象，并将其与给定函数名关联。第 4 章还会介绍如何自定义类型，定义的效果也是建立表示新类型的对象，并与给定类型名关联。

实际上，Python 程序里的函数名、类型名等以及它们与其对象的关联关系，与前面仔细讨论的变量和赋值并无二致，性质和效果完全一样。看一个例子：

```
def f(x): return x + 1
g = f
f = 3
```

此后 g 的值就是函数，y = g(4) 能正常执行；f 的值就是整数，f - 1 得到 2。

虽然 f 和 g 的引入方式不同，前者由 def 语句引入，后者由赋值引入，前面分别称它们为函数名或变量，但两者没有任何不同。在 Python 中，变量、函数名、类型名等完全一样，它们都能记录信息（关联于对象），能通过赋值修改，更准确的做法是把它们统一称为**变量**。这样，赋值是给变量关联值的一种机制，被关联值用表达式描述。def 语句专用于给变量关联函数对象，后面还会看到如何给变量关联一个新类型。

Python 中标准常量、标准函数、标准类型等的名字也是变量，在某个地方记录着它们与常量对象、函数对象或类型对象的关联。None、True 和 False 是关键字，不能作为变量名，除此之外，其他名字都允许在程序中使用。例如：

```
pr = print
print = "a"
```

第一个语句把 print 的值赋给变量 pr，令 pr 关联于作为 print 的值的那个标准函数对象，第二个语句使 print 关联于"a"[①]。现在可以写：

```
>>> pr("I am a function. I can print", 2)
I am a function. I can print 2
```

而再用 print 输出就会出错。

此外，内置函数和自定义函数都是函数，都可以调用，但类型不同：

```
>>> type(abs)
<class 'builtin_function_or_method'>
>>> from math import sin
>>> type(sin)
<class 'builtin_function_or_method'>
>>> type(f) # 设 f 是上面定义的函数
<class 'function'>
```

有鉴于此，下面讨论中将只说变量（不再专门说函数名等）。使用变量，实际是通过变量使用与之关联的对象，因此，变量怎么用取决于其关联对象。还有，函数对象也可以作为组合对象的元素，如作为表元素，或字典中关键码的关联值。把函数存入数据对象可能很有价值，

① 这样写是合法的，使 print 不再表示输出函数。这个语句的准确意义在 3.2 节介绍。

这里也蕴涵着重要的编程技术（参见 2.7.2 节）。

函数定义的标注

前面说过，与 C 或 Java 语言不同，Python 函数定义中不能对实参类型提出要求。这是 Python 的一个重要特点，既给编程带来方便，也带来一些问题。没有类型约定，解释器不能对函数定义里的形参使用做任何检查，也不能检查调用式中实参表达式的类型合法性。只有实际执行到达函数体中的具体语句时，才能确定运算对象是否满足运算符的需要（例如，表达式里的加法能否执行）。这一情况也给人们理解函数意义带来困难：参数表里的形参不包含类型信息，读程序的人更难理解它们的意义和作用。

当然，我们可以通过注释或文档串为读者提供信息。例如，实际 Python 程序中函数定义常包含很长的文档串，可能包括对函数参数类型的说明：

```
>>> print(round.__doc__)
round(number[, ndigits]) -> number

Round a number to a given precision in decimal digits
(default 0 digits).
This returns an int when called with one argument, otherwise
the same type as the number. ndigits may be negative.
```

但是，注释和文档串是供人阅读的文本，不是代码的组成部分，没有明确的形式和意义，解释器也不能检查。常见的情况是：在刚开发完成的程序里，注释和文档串基本符合代码的情况，随着时间推移，程序修改时却未及时更新注释或文档串，两方面逐渐脱节。

为缓解这些问题，也为未来的程序工具做准备，Python 为函数定义提供了一种**标注**机制：（1）每个参数名后可跟一个“**: 表达式**”形式的标注，用于说明参数性质；（2）函数参数表和冒号之间可以有一个“**->表达式**”形式的标注，用于说明函数返回值。程序员可以利用这种标注提供与函数参数和返回值有关的信息。注意，在这些地方写的表达式必须符合语法。解释器处理函数定义时会对标注表达式求值，并把求出的值记录在函数对象里。目前解释器并不对标注做更多工作，有无标注不影响函数的意义。

例如，求立方根函数的定义可以改为下面的形式：

```
def cbrt(x: float) -> float:
    if x == 0.0:
        return 0.0
    x1 = x
    while True:
        x2 = (2.0 * x1 + x / x1 / x1) / 3
        if abs((x2 - x1) / x1) < 0.001:
            return x2
        x1 = x2
```

函数的意义如前，其中的标注提供了一些信息。

良好的标注可以提高程序的可读性，也给开发程序处理工具带来更多可能。但 Python 没规定标注与函数参数和返回值的关系，也没对其形式与内容提出具体要求（只要求标注是满足语言要求的表达式）。迄今尚未看到这种标注机制的实际使用。

3.2 程序的语义实现

本节将在前面讨论（特别是 3.1 节）的基础上，结合 Python 程序的结构，解释 Python 的工作原理，讨论其语义实现，帮助读者深入理解 Python 程序。这里讨论的是抽象模型，Python 解释器的实际实现可以有各种变通，但不会背离这里的模型。

前面说到，变量（名字）可以**关联**对象，程序中用变量描述对象的使用。图 3.1 抽象地表现了这种关联，但这一描述并不全面，没有表现出程序运行中可以使用的变量及其变化。本节将说明有关情况。此外，3.1.4 节已经说明，函数定义相当于赋值（把新建的函数对象赋给函数名变量），因此，下面讨论中一般只说变量和赋值，有关说明对函数名和定义也有效，它们都是用同样机制实现的。

3.2.1 环境和状态

现在讨论程序的运行。语句（表达式）里可以通过变量使用关联对象，可以通过函数名调用函数，这些都说明程序运行中需要记录信息，**环境**和**状态**就是与运行时的信息记录相关的概念。要清晰理解程序行为，就要理解这两个概念，它们密切相关又有所不同。

名字和环境

程序执行中的任何时刻，总存在一些有定义的名字。例如，启动 Python 解释器后，标准函数名和标准类型名都已经有定义。这时可以有下面的交互：

```
>>> True
True
>>> float
<class 'float'>
>>> id
<built-in function id>
>>> id(True)
1850950272
```

True 是内置常量名（也是关键字），id 是标准函数名，float 是标准类型名。注意，对不同对象，解释器的输出可能有不同的形式。True 的值是简单对象，显示名字本身。id 和 float 的值分别是函数和类型，都是复杂的对象。系统对 float 输出简单信息，说明它是类型（用 class 表示）；对 id 说明是内置函数（built-in function）。这些标准名字都存在于 Python 系统的初始**环境**中，启动后就能找到它们和它们的关联值。

如果一个名字在 Python 语言里没有默认定义，没赋过值，也没定义为函数名，它就没有意义。对这种名字求值时解释器将给出错误信息，例如：

```
>>> abc
Traceback (most recent call last):
  File "<pyshell#37>", line 1, in <module>
    abc
NameError: name 'abc' is not defined
```

解释器说名字 abc **无定义**。如果给某个原来无定义的变量赋值，它就有了定义。例如，给 abc 赋值，就使它有了定义。可见 Python 解释器时刻记着哪些名字有定义，这些信息就记录在程序运行的环境中，环境是程序运行的信息基础。

显然，程序运行的环境可能随着程序中语句的执行而发生变化。给原本无定义的变量赋值或定义新函数，都会在当前环境中增加新名字。这些情况说明，环境的功能类似于一个字典，以名字作为关键码，关联于相应的值（对象）[①]。

一般而言，通过赋值或函数定义把一个名字加入当前环境后，它就会一直存在，除非明确删除[②]。特殊命令（语句）del 用于删除环境中已有的定义，使用形式是：

```
del 目标描述, …
```

最简单的**目标描述**是变量，del 从当前环境删除所列变量，变量无定义时报错。

在交互式计算中可以用 del 清除环境中无用的名字。del 的**目标描述**还有其他形式，用于删除可变序列的元素或切片、字典的关联、对象属性等。

状态

对环境中有定义的变量，我们能取得其值，而具体得到什么值则由在此之前执行的语句决定。在程序执行中的每个时刻，所有有定义的名字及其关联值，构成了当时的**程序执行状态**（简称**程序状态**或**状态**）。例如，执行了下面的语句：

```
>>> num = 1332
>>> pi = 3.1416
>>> city = "Beijing"
```

得到的状态就如图 3.1 中描绘的情况。用前面的比喻，如果环境对应于一个字典，状态就是该字典在某个时刻的具体情况：存在哪些关键码，它们的关联值为何。**当前状态**指程序执行到我们关心的位置时的所有可用变量及其取值。显然，表达式的值依赖于求值时的状态；for 语句的执行依赖于迭代器描述中出现的变量的值，if 和 while 语句的执行由其条件控制，依赖于

① 后面会详细介绍 Python 程序运行中环境的实现方式。

② 实际上，函数退出也会使一些变量的定义消失。后面将讨论这方面情况。

其中变量的取值，由当前状态决定。执行函数调用时首先需要通过函数名找到函数对象，该调用中究竟做些什么，由函数名的当时关联“值”决定。

程序运行中即使环境没变（有定义的名字集合不变），状态也可能改变，赋值就是修改状态的操作。各种语句的行为依赖于当时的状态，其执行也可能改变状态。此外，Python 也允许重定义已有定义的函数。程序执行中环境和状态变化的一些情况总结如下。

- Python 程序开始执行时，解释器建立起 Python 程序执行的初始环境。在这个环境中，`print`、`input`、`int`、`True` 等标准函数、类型和常量都已有定义（因此，人们也把它们称为**内置**的，built ins）。
- 给原本无定义的变量赋值（或者定义具有某个名字的新函数），就会在当前环境中加入有关名字的定义，加入该名字与其值（普通数据对象，或者函数对象）的关联。也就是说，这种操作实际改变了环境，也改变了状态。
- 给已有定义的名字赋值就会改变其关联对象。这种操作只改变状态。
- 语句（表达式）中使用变量（或函数）时，解释器到环境中找到它们在当前状态里的关联值，取出这个值使用。如果找不到就是无定义错误。

实际上，更重要的环境改变出现在函数调用和退出时，还很多细节，下面将会介绍。

程序执行和状态

一般而言，一个程序的一次执行将经历一系列状态：设置一些变量的初始值，定义一些函数，不断执行语句导致状态变化。而所谓输出结果，也就是从当时状态中取一些变量的值，可能基于它们算出一个或几个表达式的值，最后显示出来。

对于语句，我们总可以问一个问题：它的执行改变状态吗？例如：

- `x = x + 3` 一定改变状态，因为它改变了 `x` 的约束值；
- `x = y + 1` 可能改变状态（除非 `y+1` 的值恰好与当时 `x` 的值相同）；
- 但是 `print(x, y)` 不改变状态。

虽然执行 `print` 会产生一些效果，输出一些表达式的值，但它确实没有改变程序执行的状态。可见，有些操作改变状态，有些不改变。

另外，有些操作还会改变环境。典型例子是几个 Python 基本操作：赋值、`def` 和 `del`。如果给 `x` 赋值时 `x` 尚无定义，就会把它和相应的值约束加入环境。

Python 中也能写出一些表达式，对其求值不仅能算出一个结果，还会造成程序执行状态的变化，如 `list1.pop()`。前面说过，这就是有**副作用**的表达式。正是由于这种表达式的存在，表达式求值时运算对象的求值顺序以及函数调用中参数的求值顺序，都非常重要。这个问题已经在前面仔细讨论过，虽然当时还没有介绍状态的概念。

3.2.2 程序执行中的环境和状态变化

上面介绍了程序执行环境的概念，也说明了环境和状态变化的一些情况。实际上，造成环境变化的最重要情况是函数调用。现在介绍这方面的问题。

名字空间

要准确理解 Python 程序运行中环境的变化，需要有**名字空间**（namespace）的概念。一个名字空间记录了一组有定义的名字，是运行中的动态概念（1.5.5 节介绍的作用域是静态概念，两者之间有对应）。Python 程序的运行环境就是由一组名字空间构成的。有了名字空间的概念后，我们就能把环境和环境变化的情况说清楚了。

解释器启动建立的初始环境里有一个**内置名字空间**（built-in namespace），其中记录所有标准常量名、标准函数名和标准类型名，各种错误的名字，以及它们的关联。再建立一个**全局名字空间**作为当前名字空间（对应于全局作用域），然后等待用户输入。

标准函数 dir 返回指定名字空间里的名字（字符串）表，默认为当前名字空间。如果在启动解释器后立刻执行 dir()，可以看到下面的情况：

```
>>> dir()
['__builtins__', '__doc__', '__loader__', ..., '__spec__']
>>> dir(__builtins__)
['ArithmeticError', ..., 'abs', ..., 'float', ..., 'type', ...]
```

第一条命令说明当前全局名字空间里有几个特殊名字，它们由 Python 系统建立和使用。这些名字及其约束都不要修改，否则可能导致奇怪的错误。第二条命令里的__builtins__就是预定义的内置名字空间，显示其中的名字，因为输出比较长，用...表示删去了许多东西。在这里可以看到一些熟悉的名字。

执行命令或导入模块等，都可能在全局名字空间中增加名字。例如：

```
>>> x, y = 1, 2
>>> dir()
['__builtins__', ..., 'x', 'y']
```

可以看到，新定义的变量都加入了全局名字空间。

程序启动后的环境由内置名字空间和全局名字空间构成，两个空间里有定义的名字都可以使用，但使用有顺序：先查看全局名字空间。我们继续输入：

```
>>> print = 3
>>> print(3)
Traceback (most recent call last):
  File "<pyshell#4>", line 1, in <module>
    print(3)
TypeError: 'int' object is not callable
```

```
>>> dir()
['__builtins__', '__doc__', '__loader__', '__name__',
'__package__', '__spec__', 'x', 'y', 'print']
```

系统报告错误，说变量 print 的值是一个 int 类型的对象，不能调用。用 dir() 可以看到在全局名字空间了有了 print 的另一个定义。

当前环境的情况如图 3.7 所示。图中方框表示名字空间，其中列出有定义的名字（内置名字空间里省略了很多项），关联值用实线箭头表示。右边小矩形表示数据对象和值，圆角矩形表示复杂对象，如函数对象、类型对象等。虚线箭头表示名字空间的外围关系，全局名字空间的**外围**是内置名字空间。**当前名字空间**用加粗方框表示，执行中遇到名字时，解释器从这里开始查找变量。

可见，对 print 的赋值并没有改变内置名字空间里的 print 及其关联，现在的环境里存在 print 的两个定义。解释器根据规则查找变量时，先在全局名字空间里找到 print。由于其关联值是一个整数，不能作为函数调用，系统报错。这样，虽然内置名字空间里 print 的定义还在，但由于解释器的工作方式，在当前状态下不会找到那个定义。

虽然内置的 print 不能直接用了，但还是可以通过__builtins__.print 的形式找到并使用。如果我们用 del 删除全局名字空间里的 print：

```
>>> del print
>>> dir()
['__builtins__', '__doc__', '__loader__', '__name__',
'__package__', '__spec__', 'x', 'y']
>>> print(3)
3
```

现在的状态如图 3.8 所示，内置的 print 又可以直接用了。del 语句删除变量，默认为从当前名字空间删除，也可以指定名字空间。如果执行 del__builtins__.print，随后的程序里就不能再调用 print 了，还可能导致其他问题（不要做这件事）。

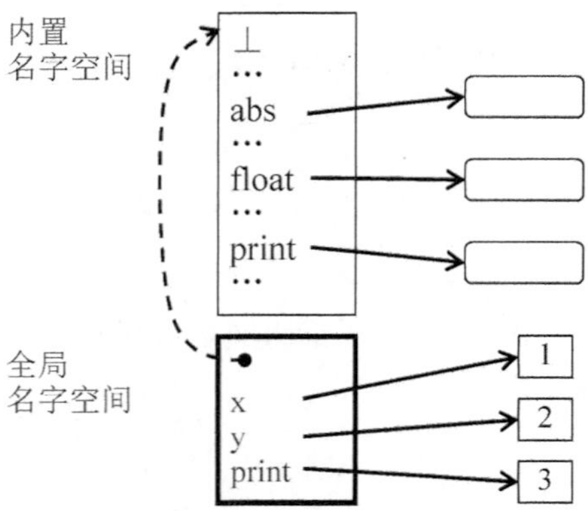

图 3.7　启动并执行几个语句后的环境

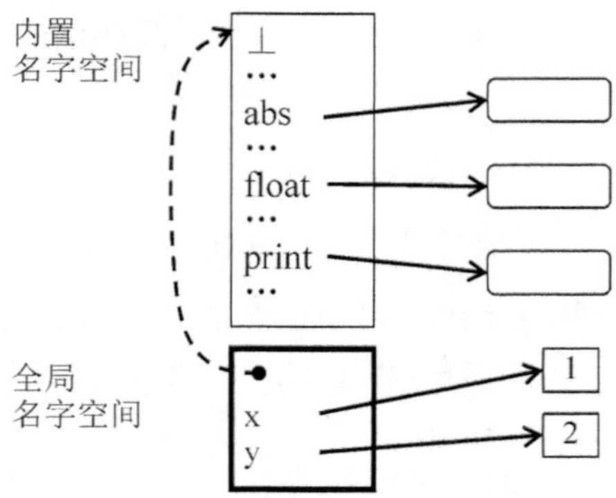

图 3.8　删除 print 后的环境和状态

图 3.7 和图 3.8 描绘了 Python 程序执行时的环境结构和状态变化，以及解释器确定名字

定义的方式。可以看到赋值和 del 等语句的执行导致的状态变化：赋值和函数定义总是在当前名字空间里起作用（除非在函数体里，而且被赋值变量有 global 或 nonlocal 声明），在默认情况下，del 语句也是在当前名字空间里起作用。

总结一下：名字空间可以看作是字典，其中记录了在该名字空间里有定义的变量（作为关键码）及其关联值。环境由一些名字空间构成，它们之间有某种联系结构。任何时候都有一个**当前名字空间**，解释器从这里开始确定变量定义，所有操作默认在这里进行。程序初启时只有全局名字空间和内置名字空间，全局名字空间是当前名字空间。内置名字空间是其**外围名字空间**（enclosing namespace），它也总是最外围的名字空间。一个名字空间里引进的名字将遮蔽其外围名字空间里的同名变量。

下面将通过更多例子说明程序运行中环境（及名字空间）的变化情况，环境里名字空间的情况也可能变化，可能加入新名字空间，也可能丢弃已有名字空间。名字空间及其相互关系决定了程序中使用的名字的意义。

函数定义和调用

假设在图 3.8 的状态下执行如下语句：

```
z = 4

def fun1(x):
    y = x**2 + z
    return z**2 - y - 1
```

得到的环境和状态如图 3.9 所示。全局名字空间里增加了两个名字，其中 fun1 关联于执行函数定义产生的新函数对象。再执行语句：

```
y = fun1(x + 1)
```

解释器找到 fun1 关联的函数对象，求出实参值 2 后调用函数，最后把函数的结果赋给 y。

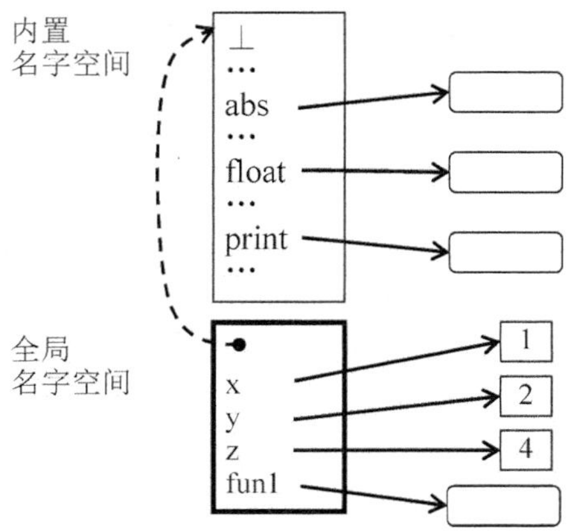

图 3.9 定义 fun1 后的环境和状态

函数（这里的 fun1）有局部作用域，执行函数体之前，需要为这个函数调用建立一个局部名字空间。解释器处理 fun1 的定义时已知其局部变量（根据形参和“赋值即定义”规则）就是 x 和 y。新建名字空间包含它们的定义，初始状态中形参 x 关联实参值 2，y 有定义但无关联。名字空间的外围由函数定义的作用域嵌套关系确定，fun1 名字空间的外围是全局名字空间。完成这些工作后的状态如图 3.10 所示。当前名字空间改到为 fun1 新建的名字空间，而后开始执行 fun1 体。注意，由于当前名字空间里有 x 和 y，函数执行中用到 x 和 y 时不会找到全局名字空间里的 x 和 y。此外，局部变量 x 已有值而 y 无值，如果这时求 y 的值就会报 `UnboundLocalError`。

函数体的中第一个语句的表达式用到 x 和 z。x 应是当前名字空间里的 x，但局部并没有 z。解释器在全局名字空间找到 z，算出表达式的值 8 赋给变量 y。注意，被赋值的是当前名字空间的 y，与全局名字空间的 y 无关。最后的 `return` 语句算出结果 7 作为函数返回值。退出函数时抛弃为 `fun1` 这次执行建立的名字空间，恢复调用前的环境。随后的赋值修改全局名字空间（现在的当前名字空间）里变量 y 的值。至此语句 `y = fun1(x + 1)` 的执行完成，最后状态如图 3.11 所示。

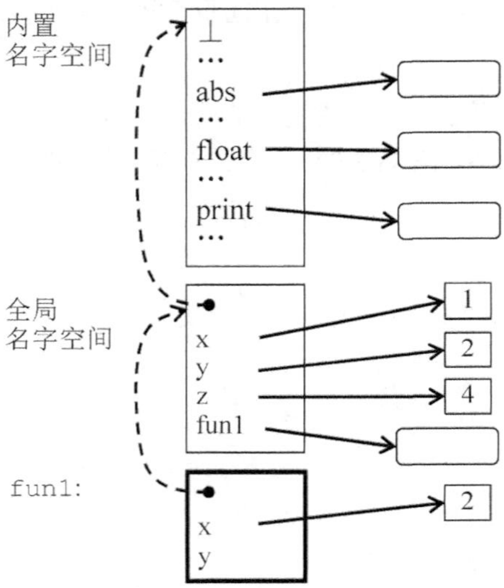

图 3.10 进入函数 `fun1` 后的状态

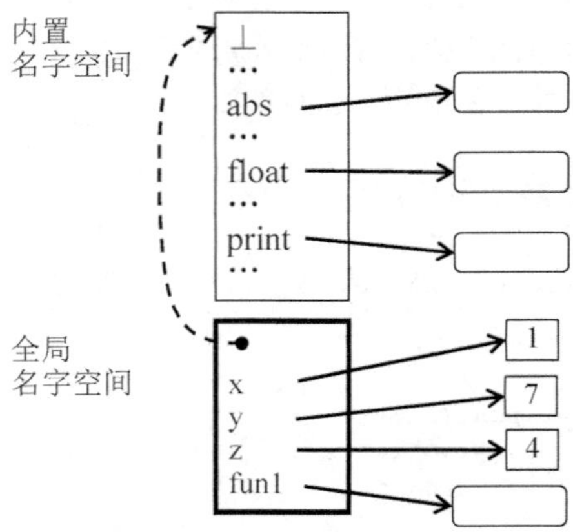

图 3.11 完成函数调用和赋值后的状态

从上面仔细考察的执行过程可以看到函数调用前后环境的变化：遇到函数调用时，解释器将为其创建一个新的局部名字空间，设定该名字空间与其外围的联系（以被调函数的定义所在作用域的名字空间为外围）。然后把这个新名字空间作为当前名字空间，在新环境中执行函数体。函数退出时抛弃为其建立的名字空间，环境恢复调用前的局面，在恢复的环境中继续执行随后操作。

在默认情况下，执行函数体不会修改函数调用处的外围环境状态（注意，上面对全局变量 y 的赋值是函数结束后的动作）。但确实有些情况，我们希望函数在执行中改变其外围环境的状态。3.1.2 节介绍了函数参数与外围环境中的变量共享可变对象的情况，函数执行中修改共享的可变对象，就改变了外围环境的状态。1.5.5 节介绍的 `global` 和 `nonlocal` 声明，就是要求解释器把局部作用域里的一些变量直接映射到外围或全局名字空间。

`lambda` 表达式的求值也得到函数对象，除了没有名字，通常比较简单外，这种函数对象与函数定义产生的函数对象并无不同。被调用时，解释器也将为它建立局部名字空间，其外围就是这个 `lambda` 表达式所在的作用域的名字空间。描述式也有局部作用域，从概念上说，执行时也需要建立它们的名字空间。但描述式的结构比较规范，解释器可以采取一些优化措施，这里不深入讨论。

3.2.3 函数定义结构和函数调用

第 1 章介绍函数定义时，用求立方根作为例子讨论函数的功能分解，以及在函数内部定义局部函数的问题。本节继续用这个例子讨论函数执行的语义。

调用同层函数

前面给出过下面的 cbrt 定义，其中定义了两个**辅助函数**：

```
def not_enough(x, guess):
    return abs((guess**3 - x) / x) > 1e-6

def improve(x, guess):
    return (2.0 * guess + x / guess / guess) / 3

def cbrt(x):
    if x == 0.0:
        return 0.0

    guess = x
    while not_enough(x, guess):
        guess = improve(x, guess)
    return guess
```

主要函数 cbrt 和两个辅助函数都定义在全局作用域。

现在考虑函数调用 cbrt(8.0) 执行中的环境变化。图 3.12 描述了函数调用中两个重要时刻的环境情况，(1) 是执行进入 cbrt 时的情况，(2) 是执行进入辅助函数 improve 的情况。为了简单起见，这里没画出变量的关联值，局部函数名标在相应的名字空间上面，说明名字空间的归属。

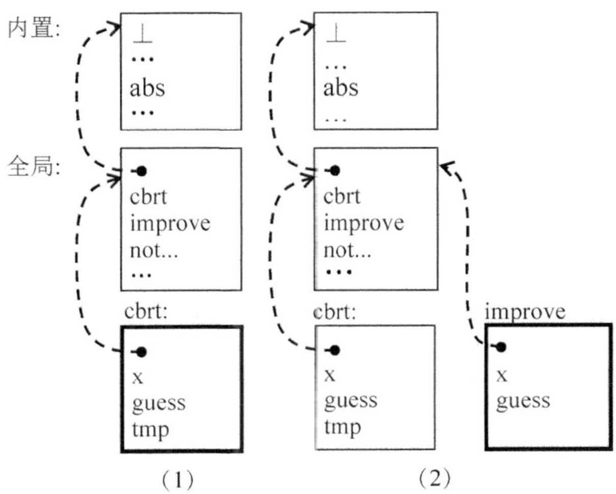

图 3.12 执行 cbrt 过程中的两个状态

图 3.12（1）的情况很简单，现在看图 3.12（2）。注意，这里描述 cbrt 调用 improve 时的状态。调用创建新的名字空间，但它不以 cbrt 的名字空间作为外围，而是以全局名字空间作为外围。前面说过，Python 根据函数定义的作用域嵌套关系确定运行中名字空间的外围关系。improve 定义在全局作用域，因此它被调用时的名字空间以全局空间作为外围。如果 improve 执行中出现对非局部变量的访问，解释器不会找到 cbrt 的名字空间，而是考虑全局名字空间（进而考虑内置名字空间）。

在图 3.12（2）的环境下 improve 结束时，其名字空间被抛弃，执行转回 cbrt，环境恢复到图 3.12（1）的情况。图中没有描述函数的动态调用关系，以免线条过于杂乱。显然，解释器需要记录函数调用关系，以便在函数结束时能返回上层。

调用局部函数

将辅助函数局部化，得到下面的函数定义：

```
def cbrt(x):
    def not_enough(x, guess):
        return abs((guess**3 - x) / x) > 1e-6

    def improve(x, guess):
        return (2.0 * guess + x / guess / guess) / 3

    if x == 0.0:
        return 0.0

    guess = x
    while not_enough(x, guess):
        guess = improve(x, guess)
    return guess
```

现在 improve 定义在 cbrt 内部，improve 的外围作用域就是 cbrt 函数体的作用域。作用域嵌套决定了运行中名字空间之间的外围关系，在执行 cbrt 的过程中调用内部函数 improve 时，解释器为 improve 建立的名字空间将以调用它的 cbrt 的名字空间作为外围。请读者参考前面的讨论，自己画出有关图示。

3.2.4 函数的若干问题

本节进一步说明函数定义和调用的一些情况，并讨论递归调用的问题。

变量（名字）查找和运行中访问

1.5.5 节讨论的作用域、全局和非局部声明等概念和定义，就是为了解决一件事：为程序里出现的名字确定意义。现在集中讨论这个问题，也是对前面介绍的总结。出现在全局作用域里的名字的情况比较简单，它们或者在全局作用域有定义，或者是语言内置名字的使用。如果两者都不是，那就是错误。

首先应说明，内置的、全局的和函数作用域里建立的变量约束，在内嵌的作用域中依然可见。假设在一个函数 f 的函数体中出现了 x，确定其定义的方式如下。

- 如果 f 有参数 x，或者 f 内部有以 x 为名字的局部函数定义，那么 x 的定义很清楚，就是这个参数或者局部定义的函数 x。
- 如果函数 f 里把 x 声明为 `global`，它就是全局名字空间里的 x。这时不检查全局作用域是否已经有 x 的定义，当然，执行中（非赋值的）使用 x 时它应该存在。
- 如果函数 f 里把 x 声明为 `nonlocal`，解释器到 f 的定义所在的作用域（也就是 f 函数体的直接外围作用域）查找 x 的定义。如果该作用域中没有 x 的定义，就转到更外围的非全局作用域继续查找。如果在某外围层找到了 x 的定义，x 的定义就确定了。如果检查完所有非局部作用域仍未找到 x 的定义，解释器报 x 无定义错。
- 如果 x 在 f 的函数体里被赋值，x 就是 f 的局部变量。
- 否则（f 里没声明 x，也没定义 x）这个 x 就是变量的使用，其定义就是其最近的外围作用域里的同名变量定义。这一检查一直做到全局作用域和内置定义。如果还不能找到，就是 x 无定义，解释器报告错误。

请注意，`global` 明确声明变量在全局作用域，而 `nonlocal` 要求从当前函数的外围作用域出发找变量的定义。后者还要求变量必须已经有定义，编译时检查。前者更宽松，并不要求全局作用域里已经有定义，可以在执行局部赋值时加入全局变量。如果 `x` 是参数或定义为函数，就不能出现对 `x` 的 `global` 或 `nonlocal` 声明，否则是错误。

请注意，解释器在处理函数定义时完成上面的分析，确定了各函数体里的变量对应的局部的、非局部的或全局的定义，也确定该函数的局部名字空间包含哪些变量和函数定义，哪些变量在哪一层外围名字空间。在函数调用时根据这些信息创建名字空间，函数体的执行中使用正确的定义。解释器尽可能避免在运行中的动态查找。

Python 允许任意嵌套的函数定义，允许嵌套作用域中使用同样名字的变量，合法的结构都有意义，可以正常执行。但从实践的角度看，编程中应避免不必要的名字重复定义和相互遮蔽。太复杂的嵌套影响程序的可读性，使错误更难发现，不利于写出正确的程序。

递归函数的执行

第 1 章介绍了递归的函数定义，函数可以调用自身，或出现复杂的相互调用。局部函数也可以递归定义，或与其他函数相互递归调用。下面通过一个简单例子，介绍在递归定义的函数执行中的环境变化情况。实际上，这里的情况就是前面情况的自然推论。

我们用下面的例子说明情况（带有移动参数的阶乘函数）：

```
def xfact(n, shift):
    def fact(n):
        if n == 0:
```

```
            return 1
        else:
            return fact(n - 1) * n

    return fact(n) + shift
```

函数 xfact 内部有一个递归定义的阶乘函数 fact。xfact 调用 fact，把得到的值加上移动参数 shift 后返回。本例无实际价值，只用于说明递归函数执行的情况。

假设现在执行函数调用 xfact(6, 2.37)，在由此产生的执行中，xfact 里的局部函数 fact 已经递归调用了自己几次，现在执行到调用 fact(3)。这时的环境如图 3.13 所示。其中上面部分没出现新情况，现在集中关注递归定义的局部函数 fact。

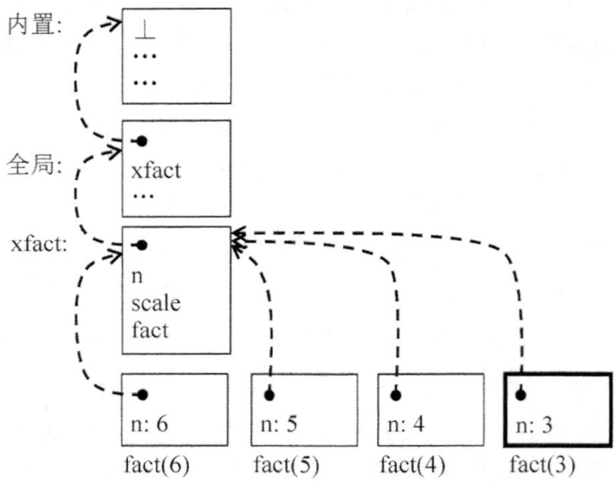

图 3.13 递归函数调用和环境

在图 3.13 所示的状态里，实际上同时存在 4 个已经启动但尚未完成的 fact 调用，其调用表达式分别是 fact(6)、fact(5)、fact(4)、fact(3)，解释器为每个调用建立一个独立的名字空间，这 4 个名字空间分别记录函数 fact 的 4 个调用的局部状态，它们之间的差异就是参数 n 约束于不同的值。对应于调用 fact(3) 的是当前名字空间（根据前面的假设，现在正执行这个调用）。

可以看到，这里的 4 个局部名字空间都以调用 xfact 时建立的名字空间为外围，这是由函数定义的嵌套关系确定的，符合前面介绍的一般规则：函数 fact 定义在 xfact 函数的内部。

当调用 fact(3) 完成并退出时，为调用 fact(3) 建立的名字空间将被抛弃，与调用 fact(4) 相关的名字空间变成当前名字空间。控制转回 fact(4)。解释器记着函数调用（及其名字空间）之间的动态调用关系，这种关系未必与外围关系相同。图 3.13（以及前面的图）没有描述该关系，是为了简单起见。

最后，当几个递归调用逐个返回，调用 fact(6) 也完成时，程序的执行返回到 xfact，它算出最终结果后，环境恢复到全局环境及其名字空间。从这个例子可以看出，实现递归调用并没有给环境的转换和变化带来任何新问题。

3.3 生成器函数和闭包

本节介绍两种采用函数定义形式构造的重要编程结构，它们的应用及语义问题。一个是采用函数定义的语法形式定义**生成器函数**（generator function），调用这种函数得到的**生成器对象**也是一种迭代器，因此生成器函数可以看作是迭代器的生成器。另一种称为**闭包**，是一种编程技术，在 Python 语言里也有重要地位。

首先通过一个实际问题来说明有关的编程中的一些需要。

3.3.1 提取文件数据的函数

假设我们想为处理文件数据开发一个服务性模块，需要处理的正文文件保存着一批空白字符分隔的浮点数数据，我们希望提供一个提取数据的功能函数。

最直接的想法是一下子读入文件里的所有数据，做出一个数值表返回。下面的简短函数（实际操作描述只有一行）就能完成这一工作：

```
def read_floats(fname):
    infile = open(fname)
    numbers = list(map(float, infile.read().split()))
    infile.close()
    return numbers
```

这个函数能解决问题，但考察其执行过程，可以发现很多问题，主要是执行中将建立几个结构：read 创建包含全部文件内容的字符串；split 构造一个表和切分得到的一组字符串；map 逐个创建浮点数（标准函数 map 得到迭代器）；list 创建包含所有浮点数的表。如果文件很大，文件字符串和几个表都会很大，还要构造一大批小字符串（每个串对应一个数）。即使程序里需要维持这些数据并反复使用，read 建立的大字符串也没意义。如果这些浮点数只是用一遍，建立上述大型结构就完全没必要了。

为避免创建大型数据对象，又能方便地得到浮点数，一种可能做法是定义一对函数：函数 open_floats 打开文件并做好准备，next_float 返回下一个浮点数。我们还考虑缓冲技术：采用一次一行的读入方式，用表保存读入行的信息。next_float 每次基于表中的数据生成下一浮点数，用完时再读一行。这种设计可以支持下面使用方式：

```
from readfloats import open_floats, next_float

... open_floats(文件名) ...
while True:
    x = next_float(...)
```

```
    if not ininstance(x, float):
        break
    ... x ... # 使用 x
```

假设 readfloats 是我们定义的模块（.py 文件）的名字。

要实现这个计划，还需要解决一个问题：函数 open_floats 打开文件时创建文件对象，而函数 next_float 工作中需要使用这个对象，因此，我们需要在两个函数之间传递文件对象。两种技术可用于解决这个问题。

（1）通过函数返回值和参数传递对象，要求用户写代码时显式传递。采用这种设计，我们应该让 open_floats 返回与被打开文件有关的某种对象，调用时用变量记录有关对象，调用 next_float 时传入相关对象。请读者按这个思路完成模块，既要满足问题需求，还要考虑程序的效率。下面讨论的某些技术可供参考。要注意，open_floats 只调用一次，而 next_float 需要调用很多次。

（2）通过模块的内部机制隐式传递，下面仔细讨论这个解决方案。

采用隐式传递技术的一个优点是代码简单，前面给出的模式可以简化：

```
from readfloats import open_floats, read_float

open_floats(文件名)
while True:
    x = next_float()
    if not ininstance(x, float):
        break
    ... x ... # 使用 x
```

函数 open_floats 不返回值，函数 next_float 也不需要参数，“尽在不言中”。对用户使用而言，模块功能的使用规则越复杂，用错的可能性就越大。进一步说，报错信息涉及非用户自己开发的代码，实际错误的定位和排除都更加困难。

显然，open_floats 创建的文件对象不能保存在局部变量，否则函数结束时变量消失，有关文件对象就找不到了。应该把它存入模块里的全局变量中，使 next_float 也可以使用。这就牵涉到在函数里使用全局变量的问题。此外，由于 next_float 将被反复调用，工作中使用的缓冲区在函数调用后应该继续存在，保存着文件使用情况的信息，以便下次调用时继续工作。这些信息也不能用函数里的局部变量保存，需要用生存期长的变量记录。由于上面定义的两个函数相互独立，我们只能用全局变量。

基于这些考虑可以写出下面的模块，其中定义了两个函数：

```
#### 模块 readfloats.py 支持用户读入内容为浮点数的数据文件，采用缓冲方式
#### 函数 open_floatsd 打开指定文件
#### 函数 next_float 的每次调用返回一个浮点数
#### 读完文件中所有的浮点数后，该函数返回 None
#### 用一组全局变量记录文件对象和文件读入的状态信息
```

```
infile = None
nlist = []
crt = 0

def open_floats(fname):
    global infile
    infile = open(fname)

def next_float(): # 缓冲式处理
    global nlist, crt
    if crt == len(nlist): # 当前行用完，再读一行
        line = infile.readline()
        if not line:        # 空字符串表示文件已处理完
            infile.close()
            return None
        nlist = line.split()
        crt = 0
    x = nlist[crt]          # 当前元素
    crt += 1
    return float(x)
```

这里用全局变量 nlist 保存一行中的浮点数字符串（是一个表），crt 记录表中下一项的下标。next_float 被调用时，如果 nlist 里还有未使用的数据，就直接返回当前串的浮点数；否则再读入一行并将其分解做成一个表，而后返回表中第一项数据。

使用 next_float 的整个过程中同样需要读入文件全部内容，切分出所有表示浮点数的字符串。但无论文件多大，工作中创建的最长字符串就是文件里最长的行，切分产生的表只包括一行里的浮点数字符串，不会产生很大的数据对象。

这一实现的缺点是使用了几个全局变量，其中保存的是函数内部使用的数据，不太安全。另一方面，这种技术不能支持同时打开几个数据文件（实际上，上面提出的第一种技术有可能支持同时打开多个文件，请读者在开发时考虑这一点）。

下面考虑能否在满足问题需求的同时又做到变量局部化。首先，我们还是需要定义一个函数，处理文件打开工作。为了局部性，文件打开和打开后使用的变量应该定义为函数的局部变量，它们维持读入过程中的状态。函数定义的开始可能是：

```
def read_floats(fname):
    nlist = []
    infile = open(fname)
    crt = 0
    # 下面怎么办?????
    ... ...
```

但是往下应该怎么做？这个函数应该返回什么呢？

我们希望通过 read_floats 获取文件数据，因此它应该返回能获得文件中一个个浮点数的功能。Python 里的功能性对象就是函数，因此，read_floats 应该返回一个能读出文件数

据的函数，通过调用该函数能逐一得到文件里的浮点数。也就是说，我们希望能以下面的形式使用 read_floats（作为一个例子）：

```
next_float = read_floats("datafile.dat")
for i in range(10):
    print(next_float())
print("-------------")
```

变量 next_float 记录 read_floats 的返回值，它应该是一个函数。在随后的 for 循环里反复调用这个函数，一次获得一个浮点数。

显然，read_floats 返回的函数应该定义在局部，因为它要使用 read_floats 的局部变量中记录文件对象和其他状态信息（表 nlist、当前读入位置 crt 等）。前面讨论过局部函数定义，也讨论过函数返回函数的问题（返回 lambda 表达式构造的函数）。现在情况有些不同，需要返回一个任意的局部定义的函数。从一个函数返回局部函数的技术称为**闭包**技术，有关细节和原理将在 3.3.3 节讨论。另一方面，利用生成器函数可以更方便地实现这功能，3.3.2 节介绍相关概念，并应用该技术解决这里的问题。

3.3.2 生成器函数

迭代器是一种非常有用的计算结构，也是 Python 语言里的一个核心概念，指一类具有某些特定功能的对象。for 循环语句依赖于迭代器的概念，一些标准的语言机制可以用于产生迭代器，如 range 函数生成迭代器对象，2.2.2 节介绍的生成器表达式也能（基于已有迭代器）产生迭代器对象。本节介绍的生成器函数能用于定义一种函数，它们的功能与 range 类似，对它们的每一次调用将返回一个迭代器。

定义生成器函数

定义生成器函数的语法形式与普通函数一样，特殊之处就是函数体里出现了（一个或多个）yield 语句。这样定义的就不是普通函数而是**生成器函数**。解释器处理这种函数定义时将创建特殊的生成器函数对象，而不是普通的函数对象。

为帮助读者了解生成器函数的基本情况，先看一个简单例子。下面是一个生成器函数定义，对它的每次调用将返回一个斐波那契序列生成器：

```
def fib_gen(limit):
    f0, f1 = 0, 1
    for n in range(limit):
        yield f0
        f0, f1 = f1, f0 + f1
```

调用这个生成器函数，返回值就是一个生成器对象：

```
>>> fib_gen(10)
<generator object fib_gen at 0x0000000003359990>
```

下面是一个简单使用：

```
for x in fib_gen(10):
    print(x)
```

该语句执行时将产生 10 行输出，每行一个斐波那契数。

内置函数 range 就是这样的函数，很容易定义与之功能等价的生成器函数。

yield 语句和生成器对象

yeild 语句的基本形式是：

```
yield 表达式
```

在关键词 yield 后面只写一个表达式时，执行中生成这个表达式的值，也可以在这里写多个表达式要求生成元组。yield 语句的扩展形式将在 3.6.2 节介绍。

调用生成器函数得到一个**生成器**对象，这是一种迭代器，可以用在需要迭代器的上下文中（如 for 语句头部或描述式里），上下文向它要求一个值时，该对象就会执行函数体代码，直到遇到 yield 语句时送出相应表达式的值。注意，这时该生成器并不结束，而是停在该 yield 语句处。再次被要求值时，它从暂停位置继续并送出下一个值。如果生成器对象执行中没遇到 yield 语句就结束了（执行中遇到 return 或执行完函数体的代码），它就发出特殊信号，导致 for 语句退出循环（或描述式结束）。

下面的 for 循环语句：

```
for x in fib_gen(10): print(x)
```

fib_gen(10) 返回的生成器被反复要求值，导致 fib_gen 体里的循环迭代 10 次，送出 10 个斐波那契数。最后函数体结束导致 for 语句结束。另一方面，调用 tuple(fib_gen(12)) 将得到一个元组，其中包含前 12 个斐波那契数。

作为生成器对象，最重要的是其 yield 的值而不是返回值。此外，完全可以用一个生成器函数创建多个生成器对象，这些对象相互无关，各自迭代。

由生成器函数产生的生成器对象能保持自己的执行状态，并一次次送出值，这些正是 3.1.1 节提出的问题的需要。用生成器技术解决该问题的代码非常简单：

```
def read_floats(fname):
    infile = open(fname)
    for line in infile:
        for s in line.split():
            yield float(s)
    infile.close()
```

函数定义的逻辑很简单，生成器对象自动维护自己的状态（主要是一个文件对象和一个表对象），清晰地反映了我们的需要。注意，这个生成器函数的功能比 3.3.1 节的那一对函数更强，每次（对一个文件）调用返回一个生成器对象，支持同时输入多个文件。

实际上，生成器也可以独立使用。如果 g 的值是一个生成器对象（或其他迭代器对象），调用内置函数 next(g)就能得到该生成器 yield 的下一个值。例如：

```
>>> g = fib_gen(1000)
>>> next(g)
0
>>> for i in range(3): print(next(g))

1
1
2
```

显然，对生成器对象调用 next()得到一个值，还改变了它的内部状态，影响下次 next()的值。以这种方式使用生成器对象时有一个问题：送出所有的值之后生成器对象会发出一个信号，该怎么处理？这个问题涉及 3.4 节介绍的异常，将会在那里讨论。

实际中经常需要一个个地处理文件里的单词，定义一个生成器函数完成取单词工作，封装为一个迭代器，使我们有可能对程序功能做出更好的分解：

```
def get_words(fname):
    infile = open(fname)
    for line in infile:
        for s in line.split():
            yield s
```

可以利用这个函数重新构造第 2 章的马尔可夫链程序，请读者自行完成。

实际上，内置函数 range、map 和 filter 等返回的对象，其性质都与生成器类似，也可以对这种对象调用函数 next，一个个地使用它们生成的值。函数 next 还能应用于通过 2.2.2 节介绍的生成器表达式得到的生成器对象。

生成器函数的语义基础

一个生成器函数定义了一个生成器函数对象，每次调用得到一个具体的生成器对象，函数调用的实参起到定制生成器对象的作用。

生成器函数也是函数，同样有局部作用域和局部变量，其代码中可以访问外围作用域的变量，也可以有 global 和 nonlocal 声明。调用生成器函数产生的生成器对象需要一个局部名字空间保存其局部状态，还需记录外围名字空间，以支持使用非局部变量。在这些方面，生成器函数的调用与普通函数调用中出现的情况类似。

与函数执行不同的是，生成器对象暂停时还能维护其代码执行状态（下次被唤醒时从哪个位置继续执行）的信息[①]。新建的生成器对象将从函数的初始状态开始执行，当 for 语句（或描述式）向它要求一个值，或对它调用 next 时，生成器对象就被唤醒执行到下一个 yield 语句，送出一个值后再次休眠，等待着被再次唤醒，并这样重复下去直至结束。

生成器对象或者被关联于变量，或被作为 for 语句或描述式的迭代器等，只要还能被使用，就会一直维持自己的状态（包括代码执行状态）。在休眠期间也维持着自己的局部名字空间，保证再次被唤醒时还能从当前状态继续工作下去。

生成器对象可以被 next 操作，因此应该看作数据。但它们有自己的内部状态和（由生成器函数定义描述的）活动方式，next 只是激活其内在动作，导致其内部状态变化。另一方面，生成器对象的内部状态是封装的，外部无法直接访问和操作。具有这样性质（有内部状态，具有某种抽象行为，其内部实现方式被屏蔽）的对象称为**数据抽象**。可以说，生成器函数就是一种定义数据抽象的机制。作为数据抽象的定义机制，生成器函数的描述能力比较有限，只能用于定义代表一系列值的数据抽象。

数据抽象是非常重要的编程概念，也是重要的程序组织方法，它与函数抽象都是现代编程技术中最核心的概念，是支持复杂软件开发的关键概念。生成器函数是 Python 中最简单的数据抽象定义机制，后面将会介绍另一些机制和技术。

无穷生成器

程序中也可能需要能产生出任意多个值的生成器，可称为**无穷生成器**。Python 允许生成器函数产生“有用的”无穷生成器。可以任意次地将 next 作用于这种生成器，得到任意多个结果。下面是一个简单例子：

```
def fibs_infgen():
    f1, f2 = 0, 1
    while True:
        yield f1
        f1, f2 = f2, f1 + f2
```

fibs_infgen 返回的生成器对象代表一个无穷的斐波那契序列。显然，如果把这种生成器用在 for 语句头部，或用作描述式的迭代描述，就会导致无穷循环。但是，我们可以以受控方式来使用这种生成器。例如：

```
fibs = fibs_infgen()
for i in range(20):
    print(next(fibs))

f20_40 = tuple(next(fibs) for i in range(20))
f41 = next(fibs)
```

① 把 yield 的情况看作状态的一部分，是因为它不但决定生成器对象送出的值，还决定了外界再次要求值时恢复执行的位置。如果生成器函数里包含多个 yield 语句，这一情况更明显。

下面是另一个产生无穷生成器的生成器函数 circular，它返回的生成器以循环的方式生成出给定的序列里的一个个元素：

```
def circular(seq):
    i = 0
    while True:
        yield seq[i]
        i = (i + 1) % len(seq)
```

参数 seq 可以是元组或者表，也可以是字符串。

再考虑一个实际中很有用的无穷生成器函数。在许多应用系统的运行中，都需要用到一批具有唯一性的名字（字符串）。利用生成器函数，可以非常方便地做出能生成任意多个这种名字的生成器。例如，下面是一个定义：

```
def new_name(s):
    count = 0
    while True:
        yield str(s) + str(count)
        count += 1
```

使用很方便。如果需要，还可以利用格式化功能把名字做得更规范。作为另一个例子，随机数生成器也是一个无穷序列的生成器。

3.3.3 闭包技术和原理

闭包不是一种特殊的 Python 语言结构，而是一种非常有用的编程技术。下面先介绍这项技术及其基本原理，然后展示两个应用实例，第 5 章还会继续讨论相关问题。

实例和基本原理

在 3.3.1 节讨论获取文件里浮点数的问题时，我们首次提到**闭包**。3.3.1 节的讨论说明文件读入过程中需要记录工作状态，进而，为了变量的局部性，操作过程中使用的变量应该定义为局部变量，放在函数内部。基于这种考虑，理想的函数定义开头应该是：

```
def read_floats(fname):
    nlist = []
    infile = open(fname)
    crt = 0
    # 下面怎么办？本函数返回什么？
    ... ...
```

前面讨论中说，read_floats 应该返回一个局部函数，其中使用 read_floats 的局部变量。我们希望每次调用这个函数能得到下一个浮点数。Python 支持局部函数定义，也支持以函数作为返回值，因此上述构想可以实现。下面是函数定义：

```
def read_floats(fname):
    nlist = []
    infile = open(fname)
    crt = 0

    def next_float():
        nonlocal nlist, crt
        if crt == len(nlist): # 一行已经用完
            line = infile.readline()
            if not line: # line 是空串，整个文件已经处理完
                infile.close()
                return None
            nlist = line.split()
            crt = 0
        crt += 1
        return float(nlist[crt - 1])

    return next_float # 返回局部定义的函数对象
```

函数 read_floats 内部定义了无参的局部函数 next_float，该函数的每次执行将返回文件里的下一个浮点数，文件内容读完后返回 None。外围函数 read_floats 在打开文件，建立所需状态之后，简单返回局部定义的 next_float。

3.3.1 节提出了这个函数的预期使用方法，例如：

```
next_number = read_floats("datafile.dat")
for i in range(10):
    print(next_float())
print("-------------")
```

试验说明这个函数确实实现了我们期望的功能。这个函数的返回值就是一个闭包。

闭包原理

注意上面例子里的情况：read_floats 返回局部建立的函数对象后就结束了，但其执行时建立的局部名字空间还有用，因为它返回的那个函数对象还引用着这个名字空间。通过 next_number 调用时，该函数对象的执行中需要使用和修改上述名字空间里的变量（根据函数 next_float 定义里的 nonlocal 声明）。

这个情况有些奇怪。前面一直说一次函数调用结束时，为其创建的局部名字空间就会被抛弃；这里的情况好像打破了该规则。产生这种情况的原因就是这里出现了**闭包**。现在用 read_floats 作为例子，简单解释闭包的基本原理。

执行如下语句：

```
fn = read_floats(data.dat)
```

函数调用结束时建立起的状态如图 3.14 所示。在 read_floats 的局部名字空间里，局部变量

infile 关联于新建的文件对象，next_float 关联于局部定义产生的函数对象，其他变量关联于相应的值。read_floats 结束时，其返回值赋给变量 fn，这个返回值要包含两方面信息，一个是局部函数 next_float 定义生成的函数对象，另一个是 read_floats 本次调用建立的名字空间。后一信息很有必要：将来执行局部定义的函数时需要建立环境，设定其外围名字空间应该用本次 read_floats 调用建立的名字空间。图 3.14 下部并列的两个小方块表示这两项信息，下面称为**闭包二元组**，它代表着建立的闭包[①]。

read_floats 完成工作退出，但变量 fn 引用着该函数调用返回的闭包二元组，其中引用着调用 read_floats 建立的名字空间。由于存在引用，解释器不会回收这个名字空间，这就保证该名字空间及其内部局部变量继续可用。

当我们后来执行下面的语句时：

```
x = fn()
```

解释器将为 fn 关联的函数对象建立名字空间并设定外围，得到的状态如图 3.15 所示[②]。fn 的执行中从文件读入一行赋给变量 line，切分得到的字符串表赋给 nlist，还将更新 crt。后两个变量都属于外围名字空间，两个赋值改变了它们的状态。fn 结束前已将外围名字空间更新到又读过一个浮点数的状态，最后返回一个浮点数。

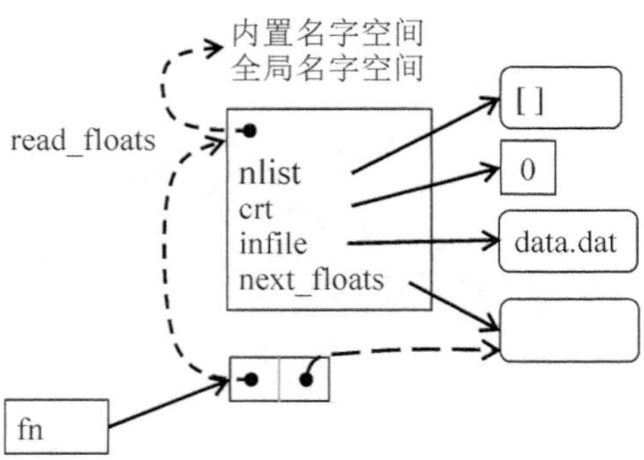

图 3.14 返回局部定义的函数

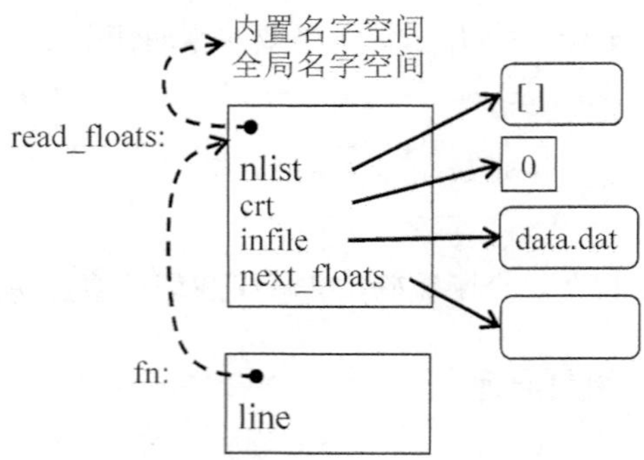

图 3.15 执行局部定义的函数

如果 fn 被再次调用，上面过程将重演并返回下一个浮点数，外围名字空间的状态也被更新到读过两个浮点数后的状态。

每次调用函数 read_floats 将建立一个新的局部名字空间，返回的闭包二元组引用着这个名字空间，其中封装着读入文件的状态。可以多次调用 read_floats 打开多个文件，不同文件的读入互不干扰。

① 注意，这里讨论的是执行中建立的逻辑结构，并不一定直接对应于某个 Python 实现（如 CPython）中所用的具体结构。实现结构中必须记录外围名字空间的信息，无论采用怎样的表示方式。

② 注意，这一调用并不改变 fn 的约束情况以及闭包二元组中记录的信息，fn 还可能被再次调用。为避免内容过于杂乱，图 3.15 中没有画出这些情况。

上面的实例反映了闭包技术的基本结构：定义一个函数，例如 f，其中定义若干局部变量构成 f 的局部状态。在 f 里定义一个使用非局部状态的局部函数（该函数依赖于调用 f 时创建的名字空间）。f 建立起所需的局部状态后返回局部函数，实际返回的是一个**闭包**。f 可称为**闭包函数**，它就像一个构造闭包的工厂，每次调用建立一个新闭包。

闭包（closure）是编程领域的一个重要概念，也是一套非常有用的技术。有些书籍中称其为**工厂函数**（factory function），因为对这种函数的每个调用"生产出一个新函数"。这些函数共享同一个函数定义的代码，相互之间的差异就是引用着不同的外围名字空间，因此有着不同的执行状态。闭包二元组是闭包的具体体现，由一个可以执行的函数对象和该对象执行时参考的环境（表现为一个外围名字空间）组成。

闭包与生成器

现在考虑生成前 n 个斐波那契数问题的闭包实现。采用闭包技术，就是要定义一个函数，让它返回一个局部函数，每次调用返回一个斐波那契数。该函数不难定义：

```
def fibs_closure(limit):
    f1, f2 = 0, 1
    i = 0

    def generator():
        nonlocal i, f1, f2
        if i == limit:
            return None
        tmp = f1
        f1, f2 = f2, f1 + f2
        i += 1
        return tmp

    return generator
```

使用方式也需要改变，例如：

```
fibs = fibs_closure(30)
for i in range(20):
    print(str(i) + ": ", fibs())

while True:
    x = fibs()
    if x is None:
        break
    print(x)
```

显然，很容易定义能生成无穷序列的闭包函数。

这个例子进一步说明了闭包与生成器的类似性。我们用闭包定义了从文件读取数据的函数和生成斐波那契序列的函数，也用生成器函数定义了功能类似的设施。生成器函数有内部状态，能自动维持 yield 语句执行后的继续位置（下次被唤醒时由此继续）。而采用闭包技术工作时，这些信息都需要自己维护。如果某个问题可以用这两种技术处理，生成器函数的代码更简单。但如果全面地看，这两种技术也有很多不同之处。

采用生成器函数构造的生成器能与 Python 的其他机制很好地配合，可以用在 for 语句头部或用作描述式里的迭代描述，或用于生成序列（表、元组等）。通过闭包技术定义的闭包没有这些能力。但另一方面，闭包技术比生成器函数的功能更强。实际上，凡是能用生成器函数定义的功能都能通过闭包技术实现。生成器能通过 next 给出一系列值，闭包技术可以定义更丰富的程序功能。下面用一个例子说明一些情况。

带接口的闭包

闭包函数 f 返回一个局部函数，该函数可以访问和修改 f 调用时建立的名字空间，因此可以看作 f 生成的闭包的**接口函数**。通过仔细设计 f 的内部状态及其接口函数，可以实现各种计算功能。闭包包装了一些数据（内部状态），通过接口函数提供对数据的操作，可以构成任意复杂的**数据抽象**。下面通过简单实例说明了这种技术的威力。

考虑一种简单的**计数器**，希望这种对象能保存一个计数值，支持加一和减一计数操作，还允许检查当前值。我们用闭包技术实现，定义一个局部的计数值变量，用闭包的接口函数 interface 区分并处理各种操作，具体命令用字符串表示：

```
def counter(init=0):
    count = init

    def interface(command):
        nonlocal count
        if command == "value":
            return count
        elif command == "inc":
            count += 1
        elif command == "dec":
            count -= 1
        else:
            return "Not understood."

    return interface
```

函数 count 生成的对象就是所需要的计数器，调用时可以给一个初值。该函数简单返回闭包的接口函数，具体功能由接口函数实现。

下面是一些使用示例：

```
count1 = counter()
count2 = counter(10)

count1("inc")
for i in range(4):
```

```
    count1("inc")

count2("inc")
for i in range(3):
    count2("dec")

print(count1("value"), count2("value"))
```

这里先建立了两个计数器对象（两个闭包），而后命令它们完成一系列操作。

在前面读入文件中浮点数和求斐波那契序列的闭包函数中，无参接口函数实现了闭包的唯一的功能（返回下一个值）。counter 的接口函数有参数，它定义的数据对象通过接口函数的参数支持一组操作。这种接口函数起着解释和分发用户命令的作用，是一个命令分发器（dispatcher）。利用生成器函数的 yield 表达式也可能实现这种功能（参见第 3.6.2 节）。

闭包函数返回的也是数据抽象，具有封装的内部状态，提供的操作能改变其内部状态。闭包对象有一个接口函数，可以通过它操作这个对象，但却不能触及该对象的内部实现。如果接口是无参函数，其功能就退化为按某种规则一个个地生成结果，整体功能是生成一个对象序列，行为类似于一个生成器（迭代器）。为接口函数引入参数，可以产生功能更强的闭包，如前面的实例所示。如果需定义更复杂的闭包，丰富的参数机制可能带来很多方便，还可以考虑更复杂的操作描述方式（形成一种操作描述语言），让接口函数分析输入并完成所需工作。这样的接口函数就成了该语言的解释器（interpreter）。

前些年，国际上不少知名大学先后用过著名的计算机科学技术教科书《Structure and Interpretation of Computer Programs》[①]作为计算机基础课程的教材。闭包是该书讨论的核心技术，书中有大量采用闭包技术的程序实例。有兴趣的读者可以读一读。该书采用 Scheme 语言，程序形式与 Python 完全不同，但两种语言共享很多重要编程概念和技术。

闭包技术还被用于定义装饰器，这是另一种重要的编程技术，将在第 5 章讨论。

3.3.4 编程实例

本节考虑两个程序实例。

无穷素数序列

考虑一个产生无穷素数序列的生成器函数，基于 2.7.2 节的筛法函数改造。我们还是在函数（生成器函数）里维持一个素数表 plist，用它作为组合筛，不断选出下一个素数并把新发现的素数加入表中。这个生成器函数不难定义：

```
def primes():
    def is_prime(n):
```

① 该书中文版由本书作者翻译，书名为《计算机程序的构造和解释》，机械工业出版社出版。

```
        for p in plist:
            if cn % p == 0:
                return False
            if p * p > cn:
                return True

    plist = [2]
    yield 2
    cn = 3
    while True:
        if is_prime(cn):
            plist.append(cn)
            yield cn
        cn += 2
```

局部函数 is_prime 只是访问 plist，不修改变量的值，因此不需要写非局部声明（注意，语句 plist.append(cn) 没修改 plist，而是修改 plist 的关联对象）。这里有两个 yield 语句，前一个只执行一次，后一个在循环中一次次地使用。

由于无参，primes 产生的每个生成器对象都表示一个完整的素数序列，可以用 next 从中取出任意多个素数。当然，随着 next 操作执行次数的增加，闭包内部的素数表将越来越长，取得下一个素数所需要的时间也会越来越长。

银行账户对象

首先考虑账户包含的信息。这里的设计比较简单：一个账户应该有一个用户名，有当前存款额。为方便历史资料的核实和查验，我们为每个账户增加一个历史记录。用户建立账户时可以存入一些现金，也可以不存，后一种情况下初始存款为 0。

账户操作包括：（1）查询用户名；（2）查询账户余额；（3）查询历史记录；（4）存入现金；（5）支取现金。除此之外，正常完成操作时应该给出反馈。如果遇到无法识别的命令，或建立账户时提供的信息不对，应该给出信息说明情况。总结这些要求和设计，参考前面有关闭包技术的讨论，可以写出下面的函数定义：

```
def account(user, init=0):
    def deposit(v):
        nonlocal amount, history
         history.append(("deposit", v))
         amount += v
         print(user_name, "depositing", v, "done")

    def withdrew(v):
         nonlocal amount, history
         if v > amount:
             print("No enough money in account.")
             return
         history.append(("withdrew", v))
         amount -= v
```

```
        print(user_name, "withdrewing", v, "done")

    def dispatcher(command, v=0):
        if command == "id":
            return idnum
        elif command == "name":
            return user_name
        elif command == "amount":
            return amount
        elif command == "history":
            return tuple(history) # 做一个拷贝
        elif command == "deposit":
            deposit(v)
        elif command == "withdrew":
            withdrew(v)
        else:
            return "Not understood."

    if (not isinstance(user, str) or
        not isinstance(init, int) or init < 0):
        print("name should be str",
              "and init should be non-negative integer.")
        print("Please try again.")
        return None
    amount = init
    user_name = user
    history = [init]
    print("Account for", user,
          "created, with initially", str(amount)+".")

    return dispatcher
```

表是可变对象，直接返回历史记录无法防止外部篡改，这里返回一个元组拷贝。为使代码清晰，两个复杂操作定义为函数。接口函数不修改状态，只是一个命令分发器。

显然，上面函数定义里还应该增加一些检查，修改代码的工作留给读者完成。下面是使用这个函数的一些语句：

```
act1 = account("Liu", 3000)
act2 = account("Lei")

act1("deposit", 340)
act1("withdrew", 90)
act2("deposit", 400)
act2("deposit", 280)

print("Account for", act1("name")+":", act1("amount"))
print("Account for", act2("name")+":", act2("amount"))
print(act1("name")+" history:", act1("history"))
```

我们还可以在这个程序的基础上继续开发。例如，用闭包引进银行的概念和唯一账号，银行的内部状态包含一组用户账户，还可以进一步把建立账户的函数定义为银行的局部函数，并为银行定义更多有用功能。这些开发留给读者作为练习。

3.4 异常和异常处理

软件系统在运行中可能出错，开发时需要认真考虑错误情况的处理。Python 为处理运行时错误提供了**异常处理**（exception handling）机制。本节介绍有关结构和技术。

3.4.1 运行中的错误

程序运行中发生的错误需要处理。但在设计程序时应该如何考虑这方面的问题呢？有哪些设计原则和技术？本节先讨论这些问题。

运行中出错的问题

计算机的广泛应用改变了世界，也改变了我们的生活。但另一方面，也发生过很多由于计算机系统运行出错而导致严重后果的事故，例如。

- 1997 年 9 月 21 日，美国约克城（Yorktown）号巡洋舰正在海上航行，操作人员不当输入了一个 0，导致除 0 错误。由于软件系统的脆弱性，该错误到处传播，造成一连串系统错误，最终关闭了动力系统，导致该舰在海上无动力漂浮数小时。
- 阿丽亚娜 5 型火箭经过近十年研发，1996 年首次发射失败，火箭和箭上卫星全毁，造成巨大经济损失。事故起因是新火箭直接采用 4 型火箭“久经考验”的控制系统，但 5 型火箭增加的速度大，导致一次从浮点数到整数的转换溢出，飞行状态失控后安全系统引爆火箭自毁。两套箭载软件出现同样的错误，软件容错没起作用。

软件系统遇到或发生错误的情况在实际中经常出现，而且可能造成无法预计的重大损失，开发时必须考虑和处理。程序运行中可能遇到许多不同的出错情况，例如：

- 在数值计算或转换中出现除 0 或溢出；
- 调用函数（标准函数、math 包里的数学函数或者自定义函数）时，实参的值不满足函数的需要（如 `log`、`sqrt`、`asin` 等对参数都有要求）；
- 输入数据不符合程序要求，如超范围的浮点数，类型不合适的数据，要求数值但得到的字符串不能转换为数值，要求读入时输入源已无数据等；
- 编程不当引起的偶发性运行错误，如访问表元素时使用的下标值越界；
- 程序用完可用资源（如要求建立新表但已无内存可用）而无法继续等。

在前面的示例中，这类情况都交给解释器处理，通常是报告错误后终止执行。一些函数定义加入了检查代码，让函数在发现错误时返回特殊值，或用 `print` 输出信息。但是，如果函数调用出错，调用处又该怎么办呢？前面一直没有认真考虑这些问题。

对于为练习而编写的简单程序，任由其出错时崩溃或终止，不会造成严重问题。但对于实际系统和复杂软件，用户不能容忍其运行中频繁崩溃的情况。即使是编辑器、文字处理程序或游戏程序，虽然其崩溃不会造成人身损害，但也可能造成重要损失。现实中各种重要系统控制着小型或大型机器和设备、交通工具、交通信号和指挥系统，火力水力发电站或核电站，各种军用系统（如武器系统），直接用于人体的医疗检查或手术设备等。还有些系统虽然不控制重要设备，但与社会的平稳安全运行关系密切，如银行/股票交易系统等。如果这些系统遇到错误就崩溃，或做出任意错误行为，可能带来重大人员伤亡和财产损失，危害社会安全。这类系统称为**安全攸关的系统**（safety-critical systems）。

由于计算机的特点和威力（通用性以及通过具体程序而实现的专用性），计算机正日益广泛深入地介入人类社会各个领域，程序错误可能造成的威胁也越来越严重。因此，计算机系统的正确安全运行正在变得越来越重要。我们不但要尽可能保证程序本身不错（正确性）；还要保证它们在遇到错误时能合理处置，尽可能不造成实质性损害（容错或健壮性）。本节讨论这个问题，说明在开发程序时应该如何思考和处理运行时的可能错误。

处理错误的基本原则

在程序运行中出现的错误情况，主要可以分为两类。

- 程序中某些部分本身（的编写）有错，但有错部分在某些特殊条件的控制下，只在一些特殊情况下才会执行，或者遇到某些特殊数据组合情况才会暴露。虽然系统经过尽可能详尽的测试，但由于其复杂性，一些错误仍未被发现。
- 程序对（来自用户输入、文件或其他数据源的）正确数据都能正确处理，但不能正确处理遇到的某些错误数据（值错误、类型错误、数据不满足要求等）。

如果程序执行中遇到这两类情况，我们通常希望它不要因此就简单终止，也不做任何“坏事”。希望程序中一部分（如一个函数或模块）出错时，问题不会传到系统的其他部分（错误影响的局部化，考虑约克城号巡洋舰事件），不影响其他部分的正常行为。进一步说，我们还希望系统能（在某种合理意义下）继续工作。这些朴素想法反映了编程中思考和处理错误问题的基本原则：（1）程序运行中遇到错误情况，应尽可能以某种方式继续执行（不随意终止执行，不崩溃），减少损失；（2）即使无法处理错误，也要尽可能保存信息，不出现非预期行为（行为符合预期，不做坏事）；（3）在一个局部发生的错误应尽可能局部处理。

错误的检查和处理

程序中的错误处理包括两个方面：**检查**和**处理**。首先要考虑如何发现运行中的错误，进而确定合理的处理策略和具体方法，并设计和实现之。

发现错误的基本方法是检查数据。许多内部操作会做检查，如果发现操作对象不满足需要使得操作无法完成，就会发出错误报告，如 `ZeroDivisionError`、`IndexError`、`KeyError` 等。各种标准库函数也会做必要的检查，同样可能报告错误。我们的代码（如定义的函数等）

也经常对操作对象有要求，如果对象不满足要求，计算就无法进行。为保证程序的正确行为，需要在适当位置加入检查错误的代码。

典型检查包括下面几类：

- 对于由外部读入的数据（输入数据），通常应检查其是否满足程序需要；
- 有些函数对参数有要求，应该检查调用中实参的情况；
- 在执行有可能出错的操作（例如除法）之前，应该检查操作对象。

如果没做必要的检查，对不合适的数据执行操作就可能引发系统错误，或导致程序进入非法状态。后者可能导致错误传播而造成严重后果。约克城号巡洋舰事件就是一例。

在适当的位置加入检查代码称为**防御性程序设计**。这种编程理念的出发点是让各代码单元尽可能保护自己，只在正确状态下做正确的事情。从强化各单元出发提高整个程序的可靠性。在开发可靠性要求高的系统时，这种理念被广泛认可和采纳。

下一个问题是发现了错误后怎么办？无论是返回特殊结果，还是输出信息报告错误（例如用 `print`），也都有下一步怎么做的问题。前面示例都没有认真考虑错误的处理，开发实际程序时不能那样轻率。发现运行错误后的处理视具体情况而异。例如文件打不开可能是用户写错文件名。这时不应该让程序结束，而应该要求用户重新提供。再如约克城号巡洋舰的输入系统遇到输入 0 时，最合适的做法是丢掉它并重新提示用户，等待下一个命令。总之，程序通过检查发现错误并处理后，还应该尽可能继续工作。

程序出错有各种情况（不同类别的错误），可能要求不同的处理方式。为此编程语言需要提供一套功能强大的处理框架，允许开发者根据具体情况方便地描述错误处理的相关操作和过程。Python 异常处理机制就是为满足这些需要而设计的一套结构。

3.4.2　Python 异常处理和 `try` 结构

Python 语言把错误报告和处理统一到一套**异常处理**机制下（很多新语言的这方面机制与 Python 类似）。实际上，程序运行出错时 Python 解释器报告的都是异常[①]，我们写的代码也可以**引发**异常，还可以定义新的异常（类别）。

如果执行中发生异常（无论是由系统引发，还是由我们的代码引发）但没处理，该异常就变成致命错误，最终导致程序终止。在 IDLE 里，致命错误导致系统输出错误信息后回到交互状态。直接执行的程序出现致命错误也将结束，可能输出一些信息。

异常的捕捉和处理

Python 的 `try` 结构（`try` 语句）专用于描述异常的捕捉和处理，包括发生异常后的处理操

① 前面一直说出错信息等，按 Python 的说法是引发异常，解释器输出的是异常信息。

作和流程，以及处理后如何继续执行等。程序在运行中发生了异常，多数情况下都应该继续工作而不是简单终止，写这种程序时就需要用 try 结构。

看一个简单例子。假定在一段计算中可能出现除数为 0 的情况，但我们不希望程序遇到这种情况就终止。这时就可以用 try 结构包装起这段有危险的计算：

```
try: # 表示一个 try 结构开始
    val = f(x) + 1/val # val 有可能为 0
except ZeroDivisionError:
    print("variable val is 0 used as the divider!")
    val = f(x)          # 具体处理方式根据实际需要确定
```

这段代码整体就是一个 try 结构，关键字 try 引导的语句组是其中的 try 段，本例中这个段只包含一个语句，其中出现除法，val 值为 0 将引发 ZeroDivisionError。try 段的语句在控制下执行，如果执行中不出错，解释器将跳过关键字 except 开始的段，接着执行 try 结构之后的代码。如果在 try 段执行中发生 ZeroDivisionError，执行就会转入这个 except 段（其头部的 ZeroDivisionError 说明能处理的异常），完成这段代码后程序也回到正常状态，继续执行 try 结构之后的代码。

上例展示了 Python 程序中处理异常的基本结构：用一个 try 结构包装可能发生异常的代码段，用 try 结构后部的 except 段描述执行中发生异常时的处理操作。可以看到，上例只说明了出现 ZeroDivisionError 异常时怎么做。假如 try 段执行中发生其他异常（例如 f(x) 调用发生异常），会出现什么情况？下面详细讨论。

try 结构和异常处理器

一个 try 结构在形式上是顺序的几个代码段，其基本结构包含：

- 一个 try 段，由关键字 try 引导，体是一个语句块；
- 一个或多个 except 段，由关键字 except 开始，每个这种段包含一个语句块，一个这样的段称为一个**异常处理器**。

try 段的头部非常简单，但 except 段则不同。异常处理器的基本形式是：

```
except 表达式:
    语句块
```

except 之后的**表达式**描述本处理器捕捉和处理的异常，最简单情况是一个异常名，可以是包含多个异常描述的元组（要求用圆括号括起），表示处理几种异常。头部为“except:”时表示捕捉一切异常。异常处理器的体描述对有关异常的处理（以及完成后的控制）。如果 try 结构带有多个异常处理器，相互无关的处理器可以任意排列，更一般的处理器写在后面[①]，最后可以有一个捕捉一切异常的处理器负责“清场”。

① 有关异常之间的一般和特殊关系，见 3.4.4 节的说明，这种关系的具体意义见第 4 章。

try 结构的执行过程（语义）是：立即执行 try 段的语句块。如果执行中未发生异常，执行完这个块后整个 try 结构结束，控制转到后面语句。如果执行中发生异常，解释器立即终止该块的执行，转去查找与所发生异常匹配的异常处理器：顺序查看 try 段之后的异常处理器，检查其头部描述的异常是否与发生的异常匹配。

顺序检查中找到匹配的处理器时，检查就结束，解释器转去执行处理器的语句块。该块正常完成时，整个 try 结构结束。如果处理器执行中又发生异常，该 try 结构也结束，解释器将向外层报告发生的异常。如果当前 try 结构的异常处理器都不能与异常匹配，该异常将在 try 之后再次引发，传播到外围。后面将详细介绍异常的传播。

try 结构的设计反映了人们对程序中异常处理过程的基本理念：发现错误应该转到专门程序段去处理；处理错误通常是为了把程序恢复到正常状态，回到正常流程。

简单实例

现在考虑几个需要（或说可以）使用异常处理机制的典型场景。

假设程序中要求输入整数，得到正确输入后才能继续，可以采用下面的框架：

```
while True:
   try:
        x = int(input("Please enter an integer:"))
        break
    except ValueError:
        print("Error! I need an integer. Try again.")
```

假如程序需要读入一个数据文件，文件名由用户获得。可以采用下面的技术：

```
while True :
    fname = input("Please give the file name: ")
    try :
        infile = open(fname)
        break
    except OSError:
        print("Cannot open " + fname + ".", "Another ...")
```

如果没有文件时程序就无法工作，可以采用这里的处理方式。

现在考虑一个“通用的”带类型检查的输入函数。为函数安排两个参数：一个类型参数用于输入数据的类型检查和转换，另一个提示串参数用作输入时的提示。

基于 Python 的异常处理结构，函数定义如下：

```
def input_value(val_type, request_msg):
    """Generic function for input a value of a given type."""
    while True:
        val = input(request_msg + ": ")
        try:
            val = val_type(val) # 检查能否转换到所需类型
```

```
            return val
        except ValueError:
            print(val + " can't convert to " + str(type) +
                  ". Please try again.")
```

下面是一个应用实例：

```
x = input_value(int, "Please input an integer")
```

这几个例子说明了编程中的一些常见情况，以及采用异常处理机制的解决方法。这些例子很简单，其中都在局部处理错误，但实际中的很多问题不能局部处理，如 math 包的 `sqrt` 遇到负参数时，绝不能自作主张，只能报告异常，要求调用方处理。

3.4.3 异常处理的结构和技术

认识了异常处理的基本概念之后，现在介绍异常处理结构和一些技术。

异常的传播

`try` 语句也可以嵌套在各种程序结构中，包括嵌套在另一个 `try` 结构内部：

```
try:          # 外层 try 结构开始
    ... ...       # 外层语句块开始
    try:              # 内层 try 结构开始
        ... ...       # 内层语句块
    except xxxError:
        ... ...       # 内层异常处理器
    except yyyError:
        ... ...       # 内层异常处理器
    ... ...        # 外层 try 结构结束
except zzzError:
    ... ... # 外层异常处理器
# 外层 try 结构结束
```

如果程序执行中发生异常，一般的处理过程如下。

1. 在一个 `try` 块中发生异常，解释器先在该 `try` 结构后部的处理器中找匹配。找不到匹配时，解释器转到外层 `try` 结构继续查找可用的异常处理器。

2. 查找可能导致一层层 `try` 结构结束，最后到达发生异常的函数顶层，如果不能在函数内部处理，该函数调用结束，该异常将在相应调用语句处重新引发。

3. 查找异常处理器的工作可能导致一层层函数调用结束。如果一直找不到处理器，异常最终传到最外层的主程序。如果这里也不能处理该异常，整个程序结束。

上述查找过程说明，异常可能导致复杂的控制转移，退出多层 `try` 结构，甚至退出多个函数调用，直至导致程序结束。程序异常结束时，解释器通常会输出一些信息，说明程序执行到某个位置（执行到某个模块文件里的某一行）时发生异常，显示异常的名字和当时情况等。回忆一下，前面我们运行程序出错时，看到的就是这种情况。

raise 语句

考虑一个问题：假设在系统里许多地方都需要从用户得到文件名，我们可以定义一个由用户获取文件名的函数，让它打开文件，并检查文件名是否有效：

```
def get_data_file():
    while True:
        fname = input("Please give the file name: ")
        try:
            infile = open(fname, encoding="utf8")
            return infile
        except OSError:
            print("Cannot open " + fname + ".", "Another: ")
```

本函数将反复要求文件名，直至打开一个数据文件。

我们可能需要扩充函数的功能，让用户能中断这种反复过程（例如，确实没有合适的文件了）。但这时如何安排函数的返回值？一种可能是返回 None，要求调用代码检查（对 None 执行输入操作将引发 AttributeError 异常）。采用这种处理方式有被用户忽视的危险。更合适的方式是主动引发异常，下面讨论这个问题。

许多情况下我们都可能希望引发异常。以定义数值计算函数为例，实参可能不满足要求，前面考虑过返回特殊值（如 0.0）或表示非合法浮点数的 float("nan")，或者返回非浮点数对象（如用 None），但这些方法都有缺点。显然，math 程序包的许多函数也会遇到类似问题，例如 sqrt 遇到负值参数，它们的处理方法都是主动引发异常。

Python 提供了专用于引发异常的 raise 语句，其基本形式有两种：

```
raise 表达式
raise
```

raise 语句引发异常，要求解释器查找处理器，与系统引发异常一样。**表达式**说明要求引发的异常，简单情况就是异常名（如 ValueError），更复杂的情况下面介绍。不带表达式的 raise 语句用于重新引发最近发生的、还处于活动状态的异常。如果当时没有异常，就引发 RuntimeError。这种形式常用在异常处理器里，重新引发正在处理的异常。

raise 的一个典型使用场景是在函数定义里检查参数，发现实参不符合需要时报告错误。例如下面的简单函数：

```
def triangle(a, b, c) :
    if a>0 and b>0 and c>0 and a+b > c and a+c > b and b+c > a:
        s = (a + b + c) / 2
        return sqrt(s * (s - a) * (s - b) * (s - c))
    else:
        raise ValueError
```

让前面的 get_data_file 函数在必要时引发异常，也是很合理的设计。后面许多例子在不同的实际情景中使用了 raise 语句。

用异常传递信息

try 结构和 raise 语句还可以相互配合，通过异常传递有用信息，现在介绍有关情况。这里只讨论通过 raise 语句引发的异常，这是我们能控制的操作。对系统异常或标准库函数引发的异常，我们在程序里只能简单地捕捉和处理。

每个异常都牵涉到程序执行中的两个环境：异常引发点的环境和异常处理点的环境。在异常引发点的检查发现当前计算无法继续，但当时处在一个小局部，不了解全局，通常很难做出合理决策，只能引发异常，希望外围结构或函数调用上层捕捉并处理[①]。但另一方面，当时的局部状态中可能存在一些有用信息，对上层处理有重要参考价值。另一边的异常处理器位于外围结构（或上层函数）中，了解全局情况，可以做出决策。但在很多情况下，正确处理异常还需要参考所发生异常的具体情况。有关异常的信息应该由引发方发送，由处理方接收和使用，最合适的方式就是附在异常上一起传播。

Python 允许从异常引发处向处理器传递任意多项数据，引发异常就是创建一个**异常对象**，异常名描述的是异常类型，可以带有参数表和任意多个任何类型的参数。发生异常时，解释器对这些表达式求值，做出一个元组随异常一起传播。

在处理器一边，except 的描述异常的表达式之后可以加一个 as var 节，其中 as 是关键字，var 是个变量名。如果这个处理器捕捉到异常，var 将约束到相应的异常对象，然后就可以通过这个变量提取和使用异常对象的信息了。

如果把上面的 triangle 函数里的 raise 语句改为下面的形式：

```
raise ValueError("wrong argument(s) for function triangle",
                 (a, b, c))   # 异常带有一个信息串和一个三元序对
```

再执行下面的试验函数：

```
def test_tri1():
    try:
        print(triangle(3, 5, 6))
        print(triangle(2, 4, 7))
    except ValueError as msg:
        print("Exception happens:")
        print("  Error type:", type(msg))
        print("  Error message:", msg.args[0])
        print("  Error details:", msg.args[1])
```

① 以 math 库的函数 log 为例，如果它发现参数值为负，对数无定义时该怎么办？函数不可能在局部自行处理这个情况，只能报告参数错，要求调用程序段处理。

可以看到如下的输出：

```
7.483314773547883
Exception hapens.
  Exception type: <class 'ValueError'>
  Error message: wrong argument(s) for function triangle.
  Error details: (2, 4, 7)
```

第 1 行是完成 triangle(3,5,6)产生的输出，随后的 triangle(2,4,7)引发异常，生成的异常对象被相应的处理器捕捉，产生了 4 行输出。

用函数 type 取得异常的类型，对这个例子意义不大，因为处理器只捕捉一个异常。如果一个处理器捕捉多个异常，就可以利用类型分别处理。msg.args 得到异常对象携带的元组，该元组包含两项，对应 raise 语句中异常的两个参数。

统计文件里的数据

现在考虑写一个程序，统计一些文件里数值数据的情况：有多少合法数据（可转换为浮点数）、多少错误数据（不能转换为浮点数），并算出所有合法数据之和。

由于需要处理一批文件，对每个文件做同样的工作，应该定义一个处理文件的函数，统计中不断调用它。这里就可能出现一些问题：文件名由用户提供，他们可能出错（如写错文件名导致文件无法打开），输入中可能出现转换异常（实际数据不符合浮点数的形式要求）等。我们的程序应该合理地处理这些异常，并能继续工作。

我们需要写一段主程序完成整个（多个文件的）统计工作，其中把用户输入看作文件名，遇到用户输入 None 时结束。函数和主程序的实现如下：

```
def summary_datafile(fname):
    """fname is the name of a data file. The function
    returns numbers of floats and wrong-formated entries
    in file fname, and the summation of the floats
    as a tuple (num, errnum, summation). """

    try:
        datafile = open(fname, errors="ignore")
    except OSError:
        print("File cannot open:", fname)
        raise # re-raise original OSError exception

    num = 0
    errnum = 0
    accum = 0.0

    for line in datafile:
        for s in line.split():
            try:
                x = float(s)
```

```
                accum += x
                num += 1
            except ValueError:
                errnum += 1
    datafile.close()

    print("In file " + fname + ":")
    print("Read correct numbers:", num)
    print("Format-error entries:", errnum)
    return (num, errnum, accum)


num = 0
errnum = 0
accum = 0.0
while True:
    fname = input("Next file name (None to quit): ")
    if fname == "None":
        print("Correct numbers in files:", num)
        print("Format-error entries:", errnum)
        print("Accumulated value:", accum)
        break

    try:
        n, e, a = summary_datafile(fname)
        num += n
        errnum += e
        accum += a
    except OSError as msg:
        print("Details:", msg.args)
```

总结这里使用的技术，包括以下几点。

- 文件处理：其中 open 的参数 errors="ignore"要求忽略读入解码错误（非 ASCII 码字符等)。对数值数据文件，这种错误字段肯定不是正常浮点数，可以忽略。
- 字符串处理：用 split 分解字符串，得到字符串的表。
- 异常处理：读入文件过程中的异常在函数内部处理，直接丢掉并计数；文件打开异常传到主程序，直接忽略并重新向用户要求文件名。对文件无法打开的情况，程序中还展示了在局部完成部分处理后，再将异常传到外围的分阶段处理技术。

读者可以考虑用异常处理技术改造前面的一些程序。例如，2.7.2 节讨论电话簿程序时，我们提到有些情况下程序将崩溃。请读者自行分析那里的程序代码，引入必要的异常处理结构，设法保证该程序绝不会崩溃，只在用户要求时结束。

3.4.4 预定义异常

Python 定义了一组标准异常（类型），每个异常有一个名字。在程序执行中，解释器或标准库函数可能引发这些异常，我们也可以用 raise 语句引发它们。有关标准异常的详情见标准库手册第 5 节，这里给一些说明。自定义异常的问题在第 4 章讨论。

前面说过，不同异常之间有一般与特殊关系，这种关系在异常捕捉中起着重要作用。如果 E1 是比 E2 特殊的异常，捕捉 E2 的处理器也能捕捉运行中发生的 E1 异常。正是由于这个原因，我们应该将捕捉 E2 的异常处理器排在后面。

最一般的异常是 BaseException，它涵盖所有异常，包括所有标准异常和自定义异常。最重要是 Exception，其他常用标准异常都是其特殊情况。下面列表中的缩格表示更特殊。例如 FloatingPointError 是比 ArithmeticError 特殊的异常，ArithmeticError 是比 Exception 特殊的异常。这种关系具有传递性。

```
BaseException
 +-- SystemExit
 +-- KeyboardInterrupt
 +-- GeneratorExit
 +-- Exception
      +-- StopIteration
      +-- StopAsyncIteration
      +-- ArithmeticError
      |    +-- FloatingPointError
      |    +-- OverflowError
      |    +-- ZeroDivisionError
      +-- AssertionError
      +-- AttributeError
      +-- EOFError
      +-- ImportError
      +-- LookupError
      |    +-- IndexError
      |    +-- KeyError
      +-- NameError
      |    +-- UnboundLocalError
      +-- OSError
      |    +-- BlockingIOError
      |    +-- ChildProcessError
      |    +-- ConnectionError
      |    |    +-- BrokenPipeError
      |    |    +-- ConnectionAbortedError
      |    |    +-- ConnectionRefusedError
      |    |    +-- ConnectionResetError
      |    +-- FileExistsError
      |    +-- FileNotFoundError
      |    +-- InterruptedError
      |    +-- IsADirectoryError
      |    +-- NotADirectoryError
      |    +-- PermissionError
      |    +-- ProcessLookupError
      |    +-- TimeoutError
      +-- ReferenceError
      +-- RuntimeError
```

```
      |    +-- NotImplementedError
      |    +-- RecursionError
      +-- SyntaxError
      |     +-- IndentationError
      |          +-- TabError
      +-- SystemError
      +-- TypeError
      +-- ValueError
      |     +-- UnicodeError
      |          +-- UnicodeDecodeError
      |          +-- UnicodeEncodeError
      |          +-- UnicodeTranslateError
```

这个列表不完全，还有一些被分类为**警告**（Warning）的异常等没列出来。下面对一些常用异常做些解释，编程中可以根据其意义参考和借用：

- ZeroDivisionError：除数为 0 错误，除法和取模运算可能引发这一异常（自定义函数里有除法且可能出现除数为 0，可以考虑引发这个异常）；
- FloatingPointError：在浮点数值计算中发现数值有问题；
- OverflowError：浮点数或复数计算中出现溢出；
- ArithmeticError：涵盖所有算术计算错误的一般异常；
- TypeError：参与计算的对象的类型不满足操作的需要（程序里检查并发现类型不满足需要时，可以考虑引发这个异常）；
- ValueError：函数或操作的参数类型正确但值不符合需要，就会引发这个异常（在函数里检查参数，发现值不满足需要时，可以引发这个异常）；
- AssertionError：断言条件不满足；
- ImportError：要求导入的模块不存在，或者要求导入的项不存在；
- IndexError：访问表或元组等序列时下标值超范围；
- KeyError：字典访问时所给的关键字不存在；
- FileNotFoundError：没有找到具有给定名字的文件；
- FileExistsError：希望创建文件时原文件已存在的错误。

这里要特别解释 StopIteration 异常，严格说它不是错误，而是迭代器与其他结构的协作机制。前面说迭代器产生了所有值后会发一个特殊信号，就是引发这个异常。for 语句头部接到这个异常时结束循环，描述式接到这个异常时结束结构的构造。

上面的解释可供参考，写程序时可以根据情况考虑。实际上，还可以利用 Python 的面向对象功能自己定义异常，下一章介绍这方面的情况。

3.4.5 异常作为控制机制

开发程序的一个重要问题是描述计算的流程，现在讨论异常在这方面的作用。

控制流与异常

Python 提供了一批描述控制流的结构。基本执行流程通过顺序、条件和循环结构描述，具有规范的层次结构。函数调用和退出形成了更高一层控制流，后调用的函数先退出，行为很有规律。这些都是规范的控制结构，它们的执行产生规范的控制流。

控制语句可以突破规范的控制流：continue 改变循环体的正常执行方式，break 跳出循环，这两种语句都改变正常循环控制的流程。另一方面，函数里的 return 语句使函数立即结束，改变了函数体从头到尾执行的正常流程。但这些控制转移都很受限：continue 和 break 作用于最内层循环，return 只退出一层函数。在所有控制流转变中，跨度最大的是进入或退出一层函数。但实际中有时需要其他控制转移，如退出几层嵌套的循环，或退出几层函数，甚至退出事先不能确定深度的一系列递归调用。

基于常规控制机制也可以处理这些情况。为退出多层循环，我们可以引进一个专用的控制变量，在各层循环检查该变量的情况，例如：

```
finish = False
while some_condition:
    ... ...
    while some_contition1:
         ... ...
        if some_condition2:
            finish = True
            break
    if finish:
        break
    ... ...
```

这里为退出循环引进控制变量 finish，内层循环在一些条件下设置该变量，外层循环体（或其循环条件）中检查该变量的值，确定是否需要继续退出。

需要退出多层函数时，也可以采用类似技术，引进特殊返回值，在调用函数后检查返回值，遇到特定值时继续退出。用这些技术可以实现退出多层循环或多层函数调用的控制流，只是代码复杂，控制变量及其操作可能干扰人对基本计算逻辑的思考。

应该看到，发生异常也会导致执行流中断，解释器转去寻找处理器，也是一类控制转移。这种转移只受 try 结构的限制（被匹配的异常处理器截获），可能退出多层循环或函数调用。这些情况可以利用，也就是说，异常有可能用作程序中的控制机制。

用异常做控制

下面是一个退出多层循环的例子：

```
try:
    x = 0
```

```
        z = 0
        while x < 1000:
            y = 0
            while y < 100:
                if x + y > 765:
                    raise StopIteration(x, y, z)
                y += 37
                z += 1 / (x - y - 447)
            x += 17
    except (StopIteration, ZeroDivisionError) as ex:
        print(type(ex))
        if type(ex) == StopIteration:
            print(ex.args[0], ex.args[1], ex.args[2])
```

这里希望找第一对满足条件的 x 和 y 并输出 x、y 和 z 的值，还有除零危险。运行这段程序可以看到输出 697 74 0.17804565109305345，说明执行中没出现除零。

本例主要说明利用异常结束多层循环的技术，还出现了一个处理器捕捉两个异常，根据类型处理。这些在复杂程序里也很常见。前面说过，迭代器引发 StopIteration 导致 for 语句结束，但 for 或 while 都不会捕捉循环体引发的 StopIteration，因此上面设计可以实现退出多重循环。退出多层函数调用的工作也可以类似地实现。

当然，实际情况可能更复杂。例如，我们可能有一个 3 层嵌套的循环，在其最内层语句块中有时要求退出 2 层循环，有时要求退出 3 层，这时就需要两个不同的异常名。第 4 章将介绍如何自己定义的异常，需要面向对象的概念。

电话簿查询

现在考虑一个问题：2.7.2 节中电话通讯录用字典表示，每个联系人对应一项，以人名为键，关联一个表示联系人信息的字典。联系人字典里都有表示电话号码的项（以 number 为键），还可能有联系人住址（键为 address）、电子邮件地址（键为 email）等信息。我们希望增加一个操作，通过它能给每个有电子邮件地址的联系人发邮件，为此需要一个函数从通讯录字典提取出一串二元组，每个二元组包含一个姓名和一个邮件地址。现在考虑如何定义函数完成这项工作（也可以定义为生成器函数，作为练习留给读者）。

显然，函数必须遍历通讯录字典才能得到所需信息。检查联系人时出现了一个问题：只有一部分人有电子邮件地址，这件事必须处理。

为防止查字典时出现 KeyError，可以在查询之前检查：

```
def get_email_address(phonebk):
    mlist = []
    for name, record in phonebk.items():
        if "email" in record:
            mlist.append((name, record["email"]))

    return mlist
```

循环中检查联系人字典，确定有键 email 时才去提取。通过 items() 在字典项上迭代，这是遍历字典的标准技术。for 语句头部用到拆分，方便地得到了键和值。

这一做法可行，但有个小缺点：可能两次用键 email 检索字典。利用字典的 get 操作可以避免两次检索（请读者考虑），但检索得到结果后还需检查，确定得到了邮件地址才能加入表中。利用异常机制可以很方便地解决这个问题：

```
def get_email_address(phonebk):
    mlist = []
    for name, record in phonebk.items():
        try:
            mlist.append((name, record["email"]))
        except KeyError:
            pass

    return mlist
```

如果检索失败，异常处理器捕捉 KeyError 后什么也不做，继续循环。在这个实现中，对每个联系人只做一次字典查询，程序的意义也很清晰。

请读者考虑利用这种技术改造电话簿程序中其他函数的可能性。

3.5 效率

效率永远是需要关注的问题，用 Python 编程也一样。一个好的 Python 程序应该功能正确、描述清晰、结构合理，这些都是前面重点讨论的问题。但即使程序满足所有这些，如果效率太低，不能满足应用的需要，用户也不会接受。

相对而言，用 C 一类比较低级的语言编程时，程序的空间和时间性质（复杂性）比较容易看清楚。C 语言的基本操作都能直接映射到 CPU 指令，可以看作**常量时间操作**。各种变量的大小也容易估计，sizeof 运算符直接给出信息。而 Python 的情况与 C 不同，它是一种相对高级的语言，支持一大批高级数据结构和高级操作，这些机制使用方便，但也使程序的性质变得很模糊。要写出高效的 Python 程序，需要了解 Python 语言和实现的更多情况，编程中也需要更认真的思考和分析。本节讨论与 Python 程序效率有关的一些问题，说明语言和实现的一些情况，帮助程序员在工作中做出更好的选择。

3.5.1 基础

有关算法和数据结构的课程或书籍中都会介绍算法复杂性问题，讨论算法执行中的空间和时间开销，介绍有关概念、形式化描述和分析技术。本小节结合 Python 语言的情况，概述有关问题和概念，作为后面讨论的基础。

算法复杂性简述

计算机完成一项计算任务需要执行一系列操作。今天的计算机如此之快，人敲一下键盘的一瞬间，CPU 就能完成数千万个操作。但执行操作要花时间，执行的操作很多，耗费的时间就可能很长。程序执行中要保存数据，每项数据都要占用存储空间。计算中创建和维持的数据对象越多，单个的对象越大，程序所需的存储空间也就越大。

如果程序执行时间太长，无法在合理时间内给出结果，它就可能变得完全无用。例如，完成天气预报的程序至少要在今天下午算出明天的预报结果，如果明天才能给出结果，这个程序就完全无用了。再如控制汽车刹车压力的系统，必须在百分之几秒内做出决策，否则就很可能造成致命的事故。另一方面，如果一个系统在工作中需要创建和维持的数据太多，其运行环境没有足够的内存，程序就可能因用完所有存储而崩溃，无法继续工作。如果这是一个安全攸关的系统，同样可能造成重大损失或危险。

实际计算的时间和空间代价常常与一些参数有关。例如，一个 `for` 循环用 `range(n)` 控制，其运行时间就与 `n` 的值相关。循环 10 次或 1000 次所需时间显然不同。求一个浮点数的表中元素之和，所需时间与表中元素个数 n 相关。创建包含 n 个元素的一个表对象，所需要的存储也与 n 的大小成正比。这些 n 值反映了计算的规模。

上述情况说明，当考察一段程序或一个操作的时间或空间耗费时，应该把所处理问题（实例）的大小作为参数。为此人们引进一种大 O 记法，表示一段计算的空间或时间消耗的数量级，称为**空间复杂性**或**时间复杂性**。我们先考虑时间复杂性（下面简称为**复杂性**）。空间复杂性问题后面简单讨论。讨论以 Python 的一些标准函数或组合类型为例。

我们说一个操作具有 O(1) 复杂性，就是说完成它的时间耗费与被操作对象的大小无关。标准函数 `len` 求 `list` 的长度是一个 O(1)操作，这种操作也称为**常量时间操作**。O(n)表示操作的时间耗费与问题的大小线性相关，例如，对包含 n 个数值的表中的元素求和，显然是一个 O(n) 操作。具有 O(n) 复杂性的操作也称为**线性时间操作**。

在讨论程序（操作）的时间耗费时，常见的复杂性类别还有 O(log n)、O(n log n)、$O(n^2)$、$O(n^3)$和 $O(2^n)$等，分别称为**对数复杂性**、n log n 复杂性、**平方复杂性**、**立方复杂性**和**指数复杂性**。从大分类看，又可以分为多项式复杂性和指数复杂性。

需要注意两点。首先，这里考虑的是量级而不是具体的时间耗费。例如，一个计算耗费的实际时间大约为 0.3×n 秒，另一个大约 100×n 秒，我们认为它们都是线性时间操作。其次，这里考虑的是上界，说明实际时间耗费不超过这个数量级。虽然这种说法比较宽松，不准确，但已可以帮助人认识计算的基本时间性质了。

讨论空间消耗的方式与时间类似。一个表或者一个字典，假设它们的元素和关键码的大小都有上限，所需存储量不大于某个常量，例如 20 个存储单元。那么实现这个表或字典，所需的存储与其中元素的个数成线性关系，因此我们说它们需要 O(n)的存储空间。当然，表与字典的功能不同，实现方法不同，所需的具体存储量可能也不同。O(n)说的是它们所需存储（空间需求）的量级，是这些结构的一种抽象性质。

不仅一种数据对象（数据结构）需要存储空间，实现一个操作，通常也需要一些辅助存储空间。一个简单函数通常有几个参数和局部变量，这些就是实现相应操作的空间耗费，其空间耗费是常量的 O(1)。如果函数里需要创建表等有规模的临时对象，其空间开销就不是常量，可能是 O(n)或其他情况，需要具体分析。

算法复杂性与程序效率

人们研究抽象的算法，提出了复杂性的概念，还研究了算法的复杂性分析技术。作为程序员，关心的是自己开发的程序的性质：其中各部分的操作效率怎样？能不能满足需要？如果不能满足，在哪些地方改进最有可能显著地提高效率。

经过多年的开发、研究、积累、改进，我们已经有了许多重要的高效算法。有些是专门针对某具体领域的具体问题，有些则有较广泛的适用性，解决的问题在许多应用领域中都能发挥作用。如果我们需要解决一个问题，该问题有一定普遍性，就应该设法去找找是否已经有人考虑过，是否有现成的好算法。如果找不到，那就只能自己开发算法。有了选定的算法之后，还需要通过编程实现之。

实际上，在一个简单程序里，通常也蕴含着一组算法，而在一个实际系统的代码里到处都是算法。算法的选择对于程序性能有至关重要的影响，好算法可能更高效地完成工作。但另一方面，好算法还需要仔细实现，才能得到好效果。完全可能出现这样的情况：我们选用的算法具有 O(n)时间复杂性，开发出的程序的时间耗费却是 $O(n^2)$。特别是采用 Python 这样比较高级的语言，其中许多基本操作都不是常量时间的，一些操作中还隐含着创建和拷贝对象等高代价操作，如果开发时不注意，就可能落入效率陷阱。

程序中的运行时间开销有些表现在代码的表面，另一些则不能直接看到。明确表现的部分包括代码中出现的语句和控制结构、自定义函数等。从代码中不能直接看到的内部操作也可能带来显著的代价，本节后面的讨论将主要关注这方面问题。

Python 程序运行中的隐式代价主要可以分为两类：

- 为支持程序的语义，在程序运行中需要实际执行的一些内部操作；
- 与数据对象构造和使用有关的开销。

第一方面的开销中有些是所有编程语言共有的。一个典型问题是函数调用的开销。进入函数前需要为其开辟局部存储，用于保存函数执行中的局部状态信息，包括函数参数和局部变量以及它们的值等，还需记录一些与控制有关的信息，做这些有时间付出；函数退出时也要执行一些操作。Python 程序执行中也有这些开销，但由于语言的设计不同，这里需要更灵活的实现方式，一些代价可能略大于其他语言（例如 C 语言）。

另有一些隐式操作开销是 Python 语言特有的[①]。首先是变量的实现：采用引用语义带来极大的灵活性，但也给赋值和取值带来更多开销。再如 C 语言不允许函数的嵌套定义，就是因为允许嵌套定义会带来程序运行中的代价。但前面的讨论也说明，函数嵌套有利于程序的功能分解、信息局部化，还能支持很多重要的编程技术（如前面的闭包）。因此，一些新语言（包括 Python）愿意付出运行时代价支持这种结构。还需说明，Python 的设计和官方实现能保证函数嵌套结构带来的额外运行代价不太大。

还有一些 Python 结构也会带来一些开销，例如第 4 章将要介绍的面向对象编程结构。总之，在语言设计上，Python 倾向于提供更多的灵活性，支持更加动态化的编程技术。随之而来的是程序运行时可能付出一些代价。Python 标准文档中 FAQ（常见问题）一节对程序性能（performance）的专门讨论，可做参考。为支持一些对效率要求特别高的应用，Python 支持程序员用 C 语言开发专门的高效模块，作为 Python 的扩充。有些很流行的 Python 第三方库大量使用 C 语言开发的特殊程序模块。

第二方面开销与数据对象有关，其中也牵涉到 Python 的基本操作和语义，下面专门讨论。先讨论一些一般性问题，3.5.3 节介绍各种组合结构的使用代价。

与数据有关的时间开销

Python 程序运行的很多时间开销与数据有关，这里介绍一些情况。

C 语言中变量的值保存在变量的单元里，直接根据变量地址取值。Python 采用引用语义，每个对象（值）都是独立的实体。执行赋值 `x = 1234567` 时，解释器先为 `1234567` 创建一个对象，然后在变量 `x` 的单元里记录该对象的标识。这样，在通过 `x` 使用这个数时就需要访问内存两次：第一次取出保存在 `x` 里的对象地址，第二次到该地址的相关位置取得保存在那里的整数值。也就是说，在引用语义下访问变量的实际值，需要多做一次间接操作。每次访问都多做一点事，这是 Python 比 C 语言慢一个重要因素。

引用语义不仅是变量与值的关系，也表现在各种标准组合对象的实现中。在组合对象的结构中，最重要的是它们与元素的关系。C 语言的数组代表了一类情况，数组变量有一块元素存储区，其中顺序存放着这个数组的元素值，如图 3.16（上半部分）所示。Python 的表是另一种情况的代表。一个表有一个元素引用存储区，其中并不存储元素，而是存放元素的引用，表元素都是独立对象，各自独立存储，如图 3.16（下半部分）所示。这两种技术可分别称为元素的内置和外置表示法，具有普遍意义，具有许多不同的性质。

内置方式中，元素并不是独立的对象，只是保存在组合对象的元素存储区里的值。高效访问要求元素位置可以简单计算，因此 C 数组的元素必须具有同样类型（大小相同），这样才能根据下标直接算出元素的位置并高效使用。元素外置后，组合对象中存储的元素标识可能就是

---

① 也有一些与 Python 类似的语言，无论采用何种实现技术，都会产生类似的开销。

一个地址，所有标识的大小都相同。采用这种技术，即使同一个表的元素具有不同类型（和大小），也可以高效地算出其标识的存储位置。因此，从适用性的角度看，Python 的表远比 C 的数组灵活。一个表里可以有任意不同类型的元素。另一方面，访问内置元素时，根据下标算出元素的位置后可以直接取用。对于元素外置的情况，算出标识后还需再做一次间接操作，找到元素对象再取值，这就又慢了一步。

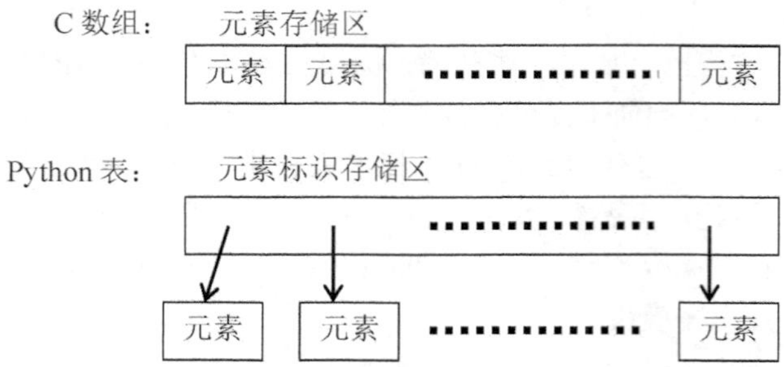

图 3.16 组合对象的元素内置和外置

Python 中的数据都是独立的对象，程序运行中可能不断地创建新变量，每个创建操作都会带来时间和空间开销。考虑如下两个简单语句：

```
x = 1234567
x += 1
```

在 C 语言里 x 应是整型变量，第一个语句把 1234567 存入 x 的单元，第二个语句把单元内容改为 1234568，不需要任何存储管理。在 Python 里两个语句的意思与 C 类似，执行中做的事则大不相同：第一个语句创建一个值为 1234567 的整数对象，将其标识存入 x；第二个语句需要创建另一个值为 1234568 的对象，再把这个新对象的标识存入 x。

创建对象需要分配内存（需要存储空间），存入数据，完成这些操作需要时间。研究表明，一般而言，为 O(n)大小的对象分配内存，平均时间开销也是 O(n)，时间耗费与对象的大小成线性关系。Python 程序运行中自动创建很多对象，带来不小的隐性时间开销。这种情况告诉我们，减少大型对象的创建，有可能提高程序性能。

从上面的简单例子可以看到，原本有用的对象也可能被丢弃。上例中的第二条语句使 x 关联于另一个对象，先前与之关联的表示 1234567 的整数对象被丢掉了。如果没有其他变量用到它，这个对象就遗失了。C 语言编程也有这种问题：用 malloc 分配的存储忘记 free。由于 Python 程序运行中将频繁地创建对象，丢失存储的危险更为严重。对于 Python 这类采用引用语义的语言，要求程序员释放存储，实际上是不可能做好的事情。因此，Python 解释器必须负责回收程序运行中产生的无用对象的存储，否则，存储就可能不断流失，最终导致运行中的程序由于无法创建对象而崩溃。

PFS 的 CPython 主要采用一种称为引用计数的技术实现对象回收。简单地说，CPython 在每个对象里放一个内部数据项作为计数器，记录有几个变量或其他数据成分关联着这个对象（例如表或字典以这个对象为元素)，称为对象的引用计数[①]。如果增加了一个关联（例如把这个对象赋给了一个新变量），就将对象的引用计数加一；丢掉了一个（例如原本以此对象为值的一个变量被修改，不再引用本对象）就将对象的引用计数减一。如果某次减一后发现引用计数为 0，就说明这个对象已经无用，存储管理系统就将其回收。如果被回收的是组合对象，还需修改其元素对象的引用计数值，还可能进一步导致元素对象的回收。解释器回收的存储可供后面创建新对象时再次使用。

从上面讨论可以看出，为支持引用计数技术需要付出一些代价：在空间上，每个对象都要增加一个引用计数器；从时间上，每次赋值操作（以及其他功能类似的操作）都可能修改某一个或两个对象的引用计数器，操作的开销增加了不少。

引用计数方法还有一个问题：如果程序运行中构造的对象之间出现了循环引用，即使这些对象都不可能再用了（没有外来的变量引用），它们的引用计数值也不会降到 0，无法回收。为解决这个问题，CPython 集成了另一种机制，在某些时刻把当时存在的已经不可能在程序中使用的对象全部收回。有关的细节技术这里不再讨论。有兴趣的读者可以查阅专门讨论编程语言实现的书籍，或者查看 CPython 的实现。

根据上面的讨论，Python 为其语义模型和编程模型以及自动化存储管理，付出了不小代价，造成的结果是：与用 C 语言程序相比，用 Python 写的等价程序会慢一些。这种代价值得吗？人们可能给出不同的回答。我们可以总结出使用 Python 的几条理由：

- 采用引用语义可以支持更多的编程技术，更容易做好程序的功能分解和组织；
- 与 C 语言的编程模型相比，Python 的编程模型更安全，运行中出现的错误更容易检查，更容易避免不可预料的错误，写出的程序更安全；
- 自动存储管理有代价，但大大方便了程序员，能避免大量的存储管理错误。

有经验的程序员都知道，在使用动态存储分配的复杂 C 程序中，确定释放存储块的正确时机是非常麻烦的事情，经常出错而且难以发现和纠正。自动存储管理大大减轻了程序员的负担。在实际中，长期使用的 C 程序中还经常发现隐藏很深的错误，C 编译器不能发现它们，一些错误变成今天关键性系统的安全隐患。使用 Python 编程，其基本编程模型是安全的，运行中的错误都变成了异常，用它比较容易开发出安全的系统。

如上所述，Python 为提高程序的安全性，需要付出一些运行时代价。Python 解释器的开发者也想尽了各种办法，在保持持续语义的情况下尽量做一些各种实现优化。例如，CPython 为了避免重复创建最常用对象，事先准备了一批对象，例如小整数和小字符串，并保证在程序中不再创建它们。看下面的试验：

```
>>> a = 1234567 - 1234566
>>> a is 1
True
>>> int(1.2 - 0.2) is 1
True
```

---

① 根据前面几节的讨论，多个变量或数据成分共享同一个对象的情况很多。

这个例子说明，Python 系统中只有一个 1。当然，这种做法是优化，我们写程序时不应该依赖于这种优化。另一方面，用 is 比较整数也是不合适的。

本小节介绍了与数据对象有关的一些运行开销，其中很多开销是必须的，也是编程中较难控制的。但有一个问题特别值得注意，在一些情况下也可能控制，那就是尽可能避免无意义的对象创建。下面用例子说明一些情况。

3.5.2 一个例子

在介绍具体组合对象的情况之前，我们先看一个简单例子，增加一点感性认识。现在考虑通过逐个加入元素的方式构造一个随机数表。表用起来很方便，很容易构造，存在多种构造表的方法。然而，虽然许多计算过程都能给出等价的表，但它们在完成同样工作中耗费的时间和空间可能不同，最容易检查的是运行时间。

构造一个表，需要申请（分配）内存保存表的信息，还要建立表元素对象，这些都需要时间。如果操作较多，不同方法的效率差异就可能显现出来。

下面 3 个函数都通过逐个加入元素的方式构造一个包含 n 个随机数的表：

```
from time import time
from random import random

def test1(n):
    t = time()
    rands = []
    for i in range(n):
        rands = rands + [random()]
    print("Test1: ", str(time() - t) + "s")

def test2(n):
    t = time()
    rands = []
    for i in range(n):
        rands.insert(0, random())
    print("Test2: ", str(time() - t) + "s")

def test3(n):
    t = time()
    rands = []
    for i in range(n):
        rands.append(random())
    print("Test3: ", str(time() - t) + "s")

test1(100000)
test2(100000)
test3(100000)
```

最后 3 个语句以不同方式建立包含十万个随机数的表，在作者计算机上的输出是：

```
Test1:  23.687355041503906s
Test2:  2.9311678409576416s
Test3:  0.014000892639160156s
```

最快和最慢的方法，耗时居然有千倍之差。

构造过程中 3 个函数都调用 random 十万次，不同就在于构造表的方式。函数 test1 的循环语句里使用表的加法，实际上是一次次建立越来越长的新表，用了很多时间。所构造的表到下次迭代就丢掉了，是无谓的浪费。后两个函数都用修改表的方式，test2 在表头加入元素，test3 在表尾加入元素。首先，与反复创建大量新表相比，修改已有的表效率更高。而 test3 最快，说明通过表尾加元素的方式逐步创建大型表，是 3 种技术中最快的。读者可以自己定义功能类似的函数，考察完成类似计算的时间。

用描述式生成同样的表只需要一行代码：

```
rands = [random() for i in range(100000)]
```

在作者的计算机上只用了 0.011 秒，比前面最快的函数还快。

完成这个工作，最快和最慢的方法时间耗费相差近 2000 倍，差异显著。为什么会这样？第一个做法说明，编程时应注意避免在操作中建立大量组合对象。如果发现程序效率低，应该考虑计算中是否构造了大量组合对象，这些构造是否必要。后两个例子的差异源于表的实现细节。下一节将介绍组合结构的实现技术和操作效率，可以回答这个问题。

3.5.3 标准组合类型的实现和操作效率

开发中最重要的问题之一是选择合适的算法和数据结构。在此之后，算法和数据结构的具体实现和使用决定程序的最终性质。良好的编程可能使程序具有算法可能达到的最佳性能，编程中（与正确性无关）的失误也可能损害性能，例如使 $O(n)$算法的程序表现出 $O(n^2)$的性能，甚至使多项式算法需要指数时间，使程序变得几乎无用。

Python 语言的重要特点之一是提供了一组重要且易用的组合类型，程序性能在很大程度上取决于组合对象的使用，选择合适的组合对象并正确使用是非常重要的。而选择和使用的依据，除各类组合对象的功能外，还有它们的操作效率。

Python Wiki 网页给出了几种常用组合类型的各种操作的时间复杂性，请读者根据需要查看。本节下面的内容是介绍几种 Python 类型的实现技术，结合讨论它们的操作的性质、效率和其他情况。

组合对象的实现问题

任何组合对象中总包含着一些元素，对象的实现中应该包含两部分信息。第一部分与这个对象的整体有关，例如对象中包含的元素个数（len 函数值）等；第二部分是其中元素的信息。

根据图 3.16 的说法，元素可以采用内置或外置方式，这样，第二部分可能是一个元素存储区，也可能是一个元素标识存储区。

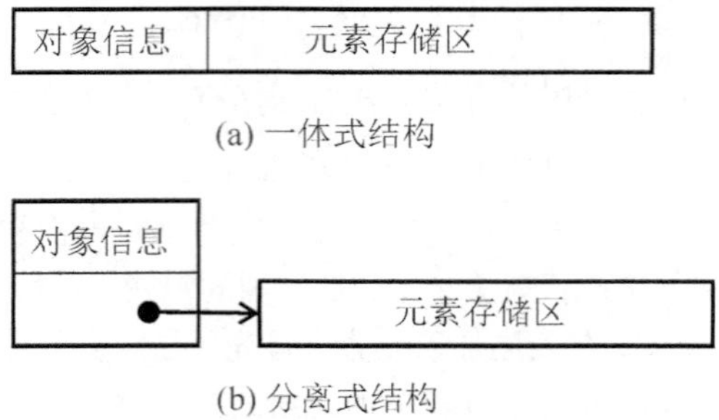

图 3.17 组合对象的两种实现技术

除元素存储的两种方式外，组合对象两部分信息的结合也有两种不同方式，图 3.17 给出了两种方式的示意，我们分别称其为一体式结构和分离式结构。元素存储区里可以是实际元素（内置）或元素标识（外置）。

在一体式结构中，对象的两部分信息顺序存入一个存储块，该块代表组合对象，其地址可以作为对象标识。在分离式结构中，元素信息存在另一独立存储块，保存对象信息的基本块通过链接掌握该块。基本块代表本对象，其地址可以作为对象标识。分离的元素存储块不是独立对象，只是为实现组合对象而安排的内部结构。

一体式实现的结构更紧凑，利于管理；而分离式结构的优点是灵活性强，但管理麻烦一点。如果对象的元素个数固定，这两种实现技术都可以使用。但如果在对象的使用中，其元素可能任意增加，我们就只能采用分离式结构，因为它支持在对象标识不变的情况下换一块更大的元素存储区。给一个形象比喻：一体式结构就像普通卡车，车头和车厢一体，卡车造出来时，最大载重量就确定了。分离式结构就像一个独立的车头拖着一个可替换的车厢，允许在使用过程中根据需要调换车厢。但是，后者的操控更复杂。

显然，对于可变类型，如表和字典等，在对象生存期内元素的个数可能变化，特别是可以任意增加。因此这些类型的对象只能采用分离式结构实现。对于不变类型，其对象一旦创建就不再改变，特别是元素个数不变。对这些类型的对象，上述两种技术都可以使用，但第一种技术管理更方便，应优先选择。CPython 的实现正是这样。

下面介绍 CPython 中几种重要类型的实现方式和它们的操作的性质。我们不想涉及其实际代码（代码细节太多，还可能变化），只是抽象地讨论。但要达到 Python Wiki 上说明的操作复杂性，就必须采用下面讨论中提出的基本考虑。实际上 wiki 中只说明了组合对象的一些基本操作，还有些重要操作没说明，下面也有些讨论[①]。在讨论各种组合对象的操作复杂性时，所用的 n 总表示组合对象中元素的个数。

表

表是最重要的组合类型，元素类型无限制，一个表里不同元素的类型也不必统一。此外，表是可变类型，支持元素插入操作，已有的表可以任意扩大。由于这些情况，Python 的表采用

---

① 下面讨论假设读者熟悉基本数据结构的术语和概念，如需这方面知识，可以参考本书作者撰写的数据结构课程教材《算法和数据结构：Python 语言描述》，机械工业出版社，2016。

元素外置方式和分离式的实现技术。

由于表元素的标识在元素存储区里连续存储，基于下标访问元素是 O(1)操作。判断元素包含关系或求元素的最大最小值都需要扫描整个表，自然是 O(n)操作。但表中存储并维护着表元素的个数记录，因此 `len` 是 O(1)操作。拷贝表的代价显然是 O(n)。切片产生长度为 k 的表，操作的开销是 O(k)。

插入元素时要求保持原有元素的相对顺序，需要移动一部分元素。因此在任意位置插入的复杂性是 O(n)。与此类似，删除指定位置的元素时需要把后面的元素标识前移，因此也是 O(n)操作，切片删除一批元素也是 O(n)操作。切片赋值 `a[m:n] = b` 的情况稍微复杂一点，因为这时并不要求 `b` 中元素个数等于切片长度，可能需要移动元素。因此，这个操作的复杂性与 `a` 和 `b` 的长度都有关，应该是 O(n+k)。

所有操作中最值得讨论的就是尾端插入操作 `a.append(e)`。如果插入前 `a` 的元素存储区还有空位，很显然，完成操作只需要常量时间。如果这时存储区已满，解释器就必须为这个表对象换一块更大的存储区，把已有元素（的标识）拷贝过去，然后插入新元素。这至少需要 O(n)时间。因此，从理论上说，最坏情况下 `append` 需要 O(n)时间。但是，假如程序中反复调用 `append` 插入元素，使一个表越来越长。这样多次操作的平均时间复杂性又怎么样呢？这种复杂性称为操作的分摊式复杂性（Amortized Complexity，一次扩大存储后可能多次 `append` 耗时很短）。可以证明，“好”的存储扩大策略可以使表 `append` 的分摊式复杂性达到 O(1)，这就是 3.5.2 节中最后一个函数特别快的原因①，该函数的整体时间开销只是 O(n)，而采用前端插入时的时间开销将达到 $O(n^2)$。

CPython 采用的存储区扩大策略具有上述性质。在创建空表时不分配元素存储区。遇到加入元素操作，系统第一次分配能容纳 4 个元素的存储区。继续扩容的策略使每次扩容比趋向于 1.125 倍。采用这种小扩容比是为避免在表中引进过多的空闲位置。可以证明，只要采用等比扩容策略，就能保证 `append` 的分摊式时间复杂性为 O(1)。

有一些表操作的复杂性在文档中没说明，值得提出的是清空操作 `a.clear()`（或等价的 `del a[:]`）。从理论上讲这种操作需要清除表中的元素关联，因此是 O(n) 操作。操作中还可能触动进一步的元素回收，带来更大的时间开销。

Python 表的一个大问题是不会自动压缩存储。假设程序里构造了一个表，使用中它曾经变得非常大，但后来逐渐删除元素，使表元素变得很少。即使如此，Python 解释器也不会给这个表换一块小存储区。这样大而空的表可能占据很多内存，解决的方法只能是自己另建一个表，把原表中剩余的元素拷贝过去，然后抛弃原表。

元组

元组是不变序列，对元素类型没有任何限制，但创建时长度已知。根据图 3.16 和图 3.17，最适合元组的是元素外置的一体化结构，CPython 采用了这种结构。元组操作的复杂性与表的

---

① 有关技术和理论分析在作者所著的《算法和数据结构：Python 语言描述》一书的线性表一章里有详尽分析。

相应操作一样（但只有不变操作），无须进一步说明。

这里只特别说明一个问题：不变序列不支持 copy 操作，这样设计的理由是：完全没必要建立多个内容永远一样的对象，一个就够了。但是 Python 解释器并不总去检查是否存在相同元组，因为反复检查的代价太高。例如：

```
>>> a = (1, 2, 3, 4, 5)
>>> b = (1, 2, 3) + (4, 5)
>>> a == b
True
>>> a is b # a和b的值是不同元组，但它们的内容一样
False
>>> c = (1, 2, 3, 4, 5, 6)
>>> d = c[:]
>>> c is d
True
```

后一个例子说明，用 c[:] 拷贝元组时解释器将直接返回 c 的值，并不真的做拷贝。这是为避免无意义拷贝而做的优化。但请注意，写程序时不应该依赖这种优化，将来的 CPython 版本也可能修改策略，采用其他合理实现方式。

字符串

字符串（str）的元素是字符，在 3.0 版之后 Python 统一使用 Unicode 作为 str 的元素。由于字符具有统一的存储大小，字符串是不变对象，最高效的实现方式就是内置元素的一体化结构。CPython 采用的正是这种技术。

str 支持不变序列类型的公共操作，多数操作的语义与表和元组相同，具有同样的复杂性。与元组一样，str 也不支持 copy()，用 s[:]拷贝同样可能优化。

第 2 章说过，对于字符串，运算符 in 和 not in，操作 index 和 count 的意义与其他序列类型不同，find 的功能与 index 相同。这几个操作的核心都是子串匹配，计算机专业的数据结构课程都会讨论这个问题。CPython 没有采用最简单的慢速算法，也没采用数据结构课程常讨论的 KMP 算法（它需要构造辅助数组）。这里用 Boyer-Moore 匹配算法的一种变形，增加简单的辅助变量加快检索速度，虽然仍不能保证 O(n+m)复杂性，但也比较接近。这里的 n 是被检索串的长度，m 是子串长度。

bytes 与 str 类似，只是每个元素只需要一个字节的存储。bytes 的实现方式也与 str 完全一样。bytearray 是与 bytes 功能类似的可变类型，由于可变，只能采用分离式结构。由于没有更多情况，这里不再进一步讨论。

字典和集合

字典是使用非常广泛的结构，其效率对应用系统的性能影响很大。字典是可变类型，元素

包括关键码和关联值，类型方面仅有的限制是关键码必须是不变对象，元素也可以任意增加。鉴于这些，字典只能采用元素外置的分离式实现结构，用一个独立的元素存储区。字典的关键问题是基于关键码的高效查询。数据结构的研究说明，hash 表（或称**散列表、杂凑表**）技术可以支持高效查询，CPython 采用增加了动态扩容功能的 hash 表：

- 元素是关键码和关联值（的标识）的对偶，（作为元素）存入元素区；
- 根据关键码的 hash 值决定元素在存储区的位置；
- 如果出现冲突，按规则在存储区内部另行安排位置（内消解技术）；
- 存储区的元素填充率达到一定的值时（目前用 2/3 作为阈值）扩容。

扩容时另行分配更大存储区，装入已有元素时根据关键码的 hash 值再次计算位置。CPython 目前采用的分配和扩容策略如下：建立空字典时分配能容纳 8 个元素的存储区，需要扩容时重新分配 4 倍大的存储区，当存储区很大时（目前阈值为 50000）扩容改为加倍，以避免过多空闲单元。采用这种策略可以保证良好的分摊式复杂性。

hash 表是经典数据结构，人们做过许多研究。在元素区填充率较低（一般认为小于 70%）的情况下，元素插入出现冲突的概率很低，检索的平均时间基本是常量，这也是 hash 表广泛用于实现字典的主要原因。但这种性质是概率意义上的而不是确定的，基本假设是实际存入字典的关键码的 hash 值分布均匀，元素使用也分布均匀。

实际上，基于 hash 表技术的字典存在一些不可避免的问题：

- 常量时间只是大量操作的平均代价，有可能出现很慢的具体检索；
- 关键码冲突必然会出现，可能导致不同操作的代价差异很大，而且无法预计；
- 字典内部数据项的排列顺序无法预知，也没有任何保证；
- 有可能出现实际关键码的散列值相对集中，极端情况是大量常用数据集中于若干散列值，造成很长的探查序列，趋向于 O(n)，导致字典低效。

采用内消解技术解决冲突，大量删除操作也会导致字典的性能变差。

总之，一般而言 CPython 字典的性能很好，能满足大多数应用的需要。但这种良好性能是概率意义上的，没有绝对的保证。如果程序对操作的时间要求特别严格（例如实时控制系统），可能就需要考虑其他结构。有关技术在常见数据结构书籍中都有讨论。

CPython 的集合采用了与字典类似的技术，其中的元素相当于字典的关键码。因此，集合在元素的插入、删除和检索方面具有与字典同样的性质，无须赘述。对各种集合运算，求并集是 O(n + m)操作，求交集的平均复杂性也是 O(n + m)，但最坏情况可能达到 O(n×m)。差集的情况同并集，而对称差集的情况同交集。

小结

上面介绍了各种组合类型的实现技术和重要操作的效率。如果用 Python 开发大型程序，其中可能用到一些大型组合对象，这些情况都非常重要。

开发程序时需要正确使用语言的功能，正确使用各种数据机制。一种典型性能错误就是在运行中不断创建临时性的组合数据对象，并在简单使用之后抛弃。如果这种错误做法出现在循环或递归里，就可能消耗大量计算和存储资源，造成很大而且无意义的性能损失，甚至使程序变得完全不可用。Python 语言中很多操作都创建新对象，描述也很简单，如序列切片或拼接，使用时应该清楚它们的代价。描述式的存在使程序员可以用很少的描述建立复杂的组合对象，如果不慎重使用，有可能带来严重的效率损失。

使用组合对象时经常遇到一种选择：是创建新对象，还是修改原有对象？创建新对象有利于程序的清晰性，而通过修改原有对象完成工作，常常可以带来更好的性能。在实际开发中，应该根据实际情况选择合适的方法。Python 语言中一些机制的设计也考虑了尽可能少创建或不创建新对象的问题。如标准函数 `map` 和 `filter` 都返回迭代器，就是这方面考虑的典范，有关设计思想值得我们在编程中参考。

还有一个问题需要注意：所有可变对象，在元素增加的过程中都可能扩大存储。这是一个高代价操作，可能造成常规处理的短暂停息。Python 没提供设定元素容量的操作（以便事先扩大存储，保证随后关键性计算的完成时间），导致程序员无法控制扩容操作的时机。在开发操作组合对象的复杂程序时，必须注意这种情况。

最后，Python 的各种标准组合对象都采用连续的元素存储区。这种设计保证了下标操作和通过 hash 定址的效率。但另一方面，超大型对象需要超大的连续存储块，也可能引起问题：实际上还有很多空闲内存，但解释器却无法找到满足需要的足够大的内存块。这个情况说明，如果程序里需要可能包含非常多元素的对象（无论序列还是字典），直接使 Python 的组合数据结构就不一定合适了，应该考虑其他技术。

3.6 总结和补遗

本节首先介绍一些与本章内容有关的补充内容，然后做一些总结。

3.6.1 异常处理机制补遗

异常处理机制还有些细节，服务于编程的需要，这里给出一些说明。

`try` 语句的完整结构

`try` 结构中还可以包含其他成分，在语法上可以顺序地包含下面成分：

- 一个 `try` 段，由关键字 `try` 引导；
- 一个或多个 `except` 段，每个段定义一个异常处理器（至少需要一个）；
- 一个 `else` 段（可缺），由关键字 `else` 引导，后跟一个语句组；

- 一个 finally 段（可缺），由关键字 finally 引导，后跟一个语句组。

另一形式是只包含一个 try 段和一个 finally 段。3.4.2 节已对表示异常处理器的 except 段的形式做过详细说明，其他段的形式都很简单。

如果 try 语句组的执行中发生异常，解释器转入异常处理模式，查找匹配的异常处理器。注意，查找中可能对一系列 except 子句头部的表达式部分求值。如果某次求值发生异常，解释器就抛弃原异常，结束当前 try 语句，转去处理这个新异常。

找到匹配的异常处理器后执行其语句组，如果存在 as 部分，先把异常对象关联于指定名字。处理器的成功结束也是 try 语句的成功结束，这时清除 as 部分建立的变量约束。如果需要继续使用被捕捉的异常对象，就必须把它赋给其他变量。

当 try 段语句组执行完最后一个语句时，如果存在 else 段就执行 else 段的语句组。如果 try 段发生异常，或因为执行控制语句 break、continue、return 而结束，则不执行 else 段。else 段执行期间发生的异常将向外传播。

执行完 try 段以及可能的 else 段或 except 段后，无论执行怎样结束（包括 try 段发生的异常尚未处理，或 else/except 执行中发生异常，或某语句组通过 break、continue、return 结束导致控制将离开这个 try 结构等），下一步都执行 finally 段（如果存在）。如果进入 finally 段时有未处理异常，该异常被暂存，待到 finally 段完成时重新引发。如果 finally 段由于执行 break 或 return 语句而结束，就丢掉暂存的异常（如果有）。如果进入 finally 段时没有未处理异常，执行完成该段后回到正常控制流。如果在 finally 段里执行到不包含表达式的 raise 语句，该段结束并引发暂存的异常。finally 段执行中发生异常的情况将在下面讨论。

总之，else 段描述 try 块正常完成时的附加工作，finally 段描述 try 结构结束前必须做的操作，而且总是整个 try 语句的最后动作。如果 finally 子句由于执行 return 语句而结束，这个 return 将确定当前函数的返回值（如果是因为执行 return 语句而进入这个 finally 段，就抛弃前面 return 语句的返回值）。

异常对象链

有些情况下，最后被捕捉和处理的，或者解释器最后报告的异常，可能不是第一个发生的异常。在此过程中，可能出现异常的转换和关联问题。

在一个 try 块里发生的异常被捕捉后，处理器体代码的执行中也可能发生异常；或者发生的异常不能在本 try 结构里处理，需要向外传播，但在执行相关的 finally 块的过程中又发生异常。在这些情况下，就出现了两个异常，一个是正被处理的或者需要向外传播（目前暂存）的异常，另一个是当前执行中发生的新异常（无论是系统引发还是由 raise 语句的执行引发）。如果这些情况下简单抛弃前一异常，随后的处理或异常显示中就会丢失了重要信息。解释器的处理方式是兼顾两者：引发当时发生的新异常，但先把原来那个异常设置为这个新异常的__context__属性的值。

另一方面，程序员也可能需要在引发异常时设置一个“缘由”链。这可以通过 raise 语句的扩充形式完成（后随关键字 from 和一个表达式）：

```
raise 表达式1 from 表达式2
```

假设第一个表达式描述引发的异常 E，第二个表达式的值应该是另一个异常 E'，这个语句要求在引发 E 时把异常 E'记入 E 的__cause__属性。执行下面代码段：

```
#### file tmp.py

try:
    print(1 / 0)
except ZeroDivisionError as ex:
    raise RuntimeError("!!Zero Division!!") from ex
```

将会看到：

```
Traceback (most recent call last):
  File "D:\MyBooks\P4P\Programs\tmp.py", line 4, in <module>
    print(1 / 0)
ZeroDivisionError: division by zero

The above exception was the direct cause of the following exception:

Traceback (most recent call last):
  File "D:\MyBooks\P4P\Programs\tmp.py", line 6, in <module>
    raise RuntimeError("!!Zero Division!!") from ex
RuntimeError: !!Zero Division!!
```

如果需要，异常处理器可以检查被捕获异常的__context__或__cause__属性。

系统的 sys 包里有一个 exc_info()方法，可用于在发生异常时获取所引发相关信息。更多细节这里不进一步讨论，有兴趣的读者可以查看手册。

3.6.2 生成器函数进阶

本节介绍生成器函数的扩充功能。

在 yield 里使用子迭代器

3.3.2 节介绍了生成器函数的基本定义和使用技术，关键就是正确使用 yield 语句。实际上，yield 语句还有另一种形式：

```
yield from subiterator
```

这里 *subiterator* 应该是可迭代对象，如迭代器或序列，或生成器对象等。这种 yield 语句执行时把生成对象的工作委托给子迭代器 *subiterator*，自己逐个转发 *subiterator* 生成的值，直至该

subiterator 结束时这个 yield 语句结束。

先看一个熟悉的例子，3.3.2 节读入文件中浮点数的生成器函数可重新定义如下：

```
def read_floats(fname):
   infile = open(fname)
   while True:
      line = infile.readline()
      if not line:  # end of file
         infile.close()
         return
      yield from map(float, line.split())
```

这里的 yield 语句生成一个输入行里的所有浮点数，它把该工作委托给由函数 map 得到的可迭代对象，本函数的功能与 3.3.2 节的同名函数相同。

在一个生成器函数的定义里，可以出现多个 yield from 形式的语句。这种语句形式最重要的作用是实现生成器的功能分解，使我们可以在开发中，把一个生成器函数的功能分解到若干个（子）生成器函数定义；或用这种方式组合起多个（已有）迭代器（或已定义生成器函数）的功能，定义出更复杂的生成器函数。效用类似于函数功能组合和基于函数的功能分解。yield from 是 Python 3.3 引进的新功能。

例如，下面生成器函数顺序地生成出一系列文件里的浮点数：

```
def read_float_files(fname_list):
   for fname in fname_list:
      yield from read_floats(fname)
```

这里要求函数的参数是一个文件名的序列（表或元组）。

yield 表达式

实际上，yield 语句的两种形式对应着两种形式的 yield 表达式：

(yield *expression*)
(yield from *subiterator*)

这两种表达式可用在任何需要表达式的地方，常见的用法是作为赋值语句的右部。函数定义里出现 yield 表达式，同样表明这是一个生成器函数定义。求值 yield 表达式就像执行 yield 语句，生成器对象送出 yield 值后暂停在这里，等待下一次执行。对 yield 表达式的求值也会产生一个结果，下面首先说明这方面的情况。

假设变量 gen 的值是一个生成器对象，调用 next(gen) 将得到 gen 生成的下一个值。实际上，调用 next(gen) 时实际执行的是 gen.__next__()，这里的__next__() 是解释器自动为生成器对象定义的操作。调用 gen.__next__() 不但返回 gen 生成的下一个值，也使所执行的 yield 表达式得到值 None。

生成器对象还支持另外几个操作，它们与 yield 表达式配合可以产生有用的行为：

- gen.send(*expr*) 启动新生成器或唤醒处于挂起状态的生成器，把参数 *expr* 的值送给它，使之成为当时挂起的那个 yield 表达式的值。本操作导致 gen 继续执行到下一个 yield 表达式（或语句），返回 yield 值。对新生成器对象调用 send 时参数只能是 None，因为当时不存在等待值的 yield 表达式。
- gen.throw(*type*[, *value*[, *traceback*]]) 启动新生成器或唤醒挂起的生成器，在当时挂起的 yield 表达式（语句）处抛出 *type* 类型的异常，该异常可附带 *value* 作为参数，还可以有相应的 *traceback* 对象。这个调用也返回 gen 生成的下一个值。如果调用导致生成器对象退出而没有产生 yield 值，就引发 StopIteration 异常。如果生成器 gen 不能捕捉和处理这个异常，或者抛出其他异常，异常传回到这个调用语句。
- gen.close() 在当时挂起的 yield 表达式（语句）处抛出 GeneratorExit 异常。如果 gen 接到异常后能正常结束，或已经结束，或抛出一个 GeneratorExit 异常，都将导致本调用正常结束并返回 None。如果调用导致 gen 生成一个值，就引发 RuntimeError 异常。如果生成器引发其他异常，该异常也传回调用点。

在调用方法 send 和 throw 时，如果当时生成器已没有下一个值了，这两个方法都将抛出 StopIteration 异常。

如果执行 send 或 throw 时生成器暂停在某个 yield-from 语句，如果相应子迭代器有相应的方法实现（包括它也是生成器的情况），送入的值或抛入的异常将转给该子迭代器。如果子迭代器未实现相应方法，send 操作引发 AttributeError 或 TypeError 异常，throw 操作引发抛入的异常。

还有一个情况应该说明：从 Python 的 3.3 版开始，StopIteration 异常增加了一个属性 value，默认值为 None，自己引发这个异常时可以设置该属性值。对于生成器对象，生成器函数的返回值将用于设置这个属性。如果我们捕捉这个异常，就可以取得这个值使用，如果将迭代器用在 for 头部或描述式里，这个值就自动丢掉了。

在前面讨论的生成器的基本使用中，只有单方向的信息流动：生成器将其活动中生成的一系列值送给调用方。有了 yield 表达式和上述生成器对象操作之后，特别是 send 和 throw，生成器调用方（主程序）就有了另一个方向的信息通道，可以给运行中的生成器对象传递信息。这样，生成器与其调用方之间的关系更加对称，两者之间可以出现复杂的信息交互。我们可以利用这种情况，完成复杂的工作。

下面是一个能表现生成器的这种能力的简单示例：

```
def accumulator(acc=0):
    print("Started, and send() to go on.")
    try:
        while True:
            cmd = (yield acc)
            if isinstance(cmd, int):
                acc += cmd
```

```
        elif cmd == "reset":
            acc = 0
        else:
            break
    except: pass

    print("Please clean up this gen object.")
    return acc
```

下面是执行一些操作的情况：

```
>>> a = accumulator(10)
>>> next(a)
Started, and send() to go on.
10
>>> a.send(7)
17
>>> a.send("reset")
0
>>> a.send(17)
17
>>> a.send(8)
25
>>> a.send("stop")
Please clean up this gen object.
Traceback (most recent call last):
  File "<pyshell#16>", line 1, in <module>
    a.send("stop")
StopIteration: 25
```

最后送入的"stop"导致循环退出，生成器函数返回并报 StopIteration。在最后一行可以看到 StopIteration 携带的 value 值。

函数定义的最后说应该清理这个生成器，是因为作为 gen 值的生成器对象已经结束，没用了。但由于它是变量 gen 的值，该对象还会一直存在。执行 gen = None 可以使该对象失去引用，相关资源（主要是占用的存储）就能被回收。

生成器与协程

可以看到，生成器对象的行为与函数很不一样。函数对象启动后开始执行函数的代码，持续执行到函数退出时结束，可能返回一个值。一次执行结束时，与之相关的局部状态被丢弃。即使是同一个函数被再次调用，产生的另一个执行与前次执行毫无关系。而生成器对象创建后是进入等待状态。一旦被要求执行（如被标准函数 next 作用，或受 for 语句驱动等），它将被唤醒并运行到函数里的下一个 yield 语句或 yield 表达式，送出生成值后又暂停在那里。这时该生成器的生命并未结束，而是处于等待中，维持着当时的局部状态。一旦外界再次来将它唤醒（resume，通过各种生成器对象操作），它就从当时状态继续执行，直到遇到下一个 yield

语句（或表达式），生成出下一个值。

调用生成器对象的各种操作，应该看作是与处于活动状态的生成器对象的一次**通讯**。外部可以把信息送给生成器对象并取得其回复（即，其 `yield` 值）。函数 `send` 的情况最典型，函数名 `send` 也反映了这种观点。在这样一个运行过程中，生成器对象就像另一个独立运行的作业，一直处于工作状态。这种长时间处于活动状态，可以与外界多次交换信息的程序对象，在复杂的应用系统中也很有价值。当然，生成器对象的使用方式并不对称，它们处于被动状态，只是根据收到的消息提供反馈和服务。

由于生成器对象支持几个特殊操作（特别是 `send`），提示了生成器函数的另一类典型使用：可用于很方便地定义各种状态机。在软件运行中经常需要这样的对象，其完整工作过程分为一些步骤，每一步需要根据外部输入完成一部分工作，在前后相继的步骤之间需要维持自己的状态。很显然，我们可以用生成器函数定义这类软件部件。

基本 Python 程序执行中只有一条执行流程。程序启动时执行流程开始，调用函数时执行流进入函数体，调用方等到函数结束时接收返回值并继续执行。被调用函数并不形成另一执行流程，这种程序称为**顺序程序**，开发这类程序的工作是**顺序程序设计**。生成器对象的情况打破了这一限制：创建一个生成器对象，实际上创建了另一个执行流。生成器对象有自己的开始和结束，在其生存过程中可以接收外来信息或送出信息。这种具有多个执行流，而且不同执行流之间可能频繁交换信息的程序，称为**并发程序**，完成具有这种性质的程序的工作称为**并发程序设计**。开发生成器函数，实际上是在做并发程序设计。

实现并发程序的方式很多，生成器支持一种**合作式**的并发程序：一个执行流主动停止自己的执行，把控制转到另一个执行流。主程序通过调用生成器的方法，生成器执行 `yield` 操作，都是主动交出控制权。合作式并发程序中的执行实体被称为**协作程序**（coroutine），简称**协程**，在整个程序执行中，各协程自己执行一段后主动交出执行权，使其他协程有机会执行。生成器实现的是一种简单形式的协程。在 3.4 版之前的 Python 文献中，人们直接把包含 `yield` 表达式的，可与外界交换信息的生成器对象称为协程。Python 标准库为人们更好地利用这种协程提供了一些支持。从 3.5 版开始情况有所变化。

并发程序设计很重要，协程是一种超轻量级的并发编程机制，有很多重要的优点和应用。由于这些情况，Python 3.5 版在语言层面引进了支持定义和创建**协程**的编程机制，使人们可以直接定义**协程函数**，调用这种函数将得到一种协程对象。3.6 版对这种机制做了进一步的整理和优化。这是近年 Python 的最新和最重大的发展。协程对象可以看作生成器对象的推广，其功能比生成器更强大，用途广泛。5.4 节将详细介绍相关情况。

3.6.3 总结

本章首先讨论了 Python 语言的一些基本语义问题，而后介绍了生成器和闭包技术，以及异常的概念和 Python 的异常处理机制，最后一节讨论程序的效率问题。

Python 的语义基础

要理解 Python 程序，必须理解其变量和数据组合。Python 采用引用语义，变量只用于保存对象引用，组合对象里保存成员的引用。这些决定了赋值的意义，对象的共享和拷贝，两种“相同”的概念和比较问题，组合对象的浅拷贝和深拷贝，以及与组合对象相关的各种操作（包括标准函数）等的语义。3.1 节仔细讨论了这些基本问题。

程序执行中最复杂的是函数调用的语义。由于 Python 的特点，不能像 C 语言那样用一个简单的连续栈作为函数调用的基础，程序运行环境由一串名字空间构成，从当前名字空间开始到内置名字空间为止。变量在这些名字空间中取得意义，操作主要在当前名字空间里起作用。最重要的环境变化在进入和退出函数，需要创建或重置当前名字空间，新建时还需设置外围关系。函数嵌套定义，允许返回局部定义的函数对象增加了复杂性，也带来重要的新功能。3.2 节仔细介绍了函数调用中的环境变化和语义情况，3.3.3 节特别介绍了返回局部函数产生的闭包及其语义基础。

上述讨论并不涉及新的语言机制或编程技术，但是这些内容非常重要。要真正理解 Python 语言，写好 Python 程序，特别是写好复杂的程序，就必须理解这里讨论的问题。这部分讨论中还提到了许多概念，如变量的语义、复制和共享、两种“相同”的概念、浅拷贝和深拷贝，以及环境和状态、副作用、名字空间、当前名字空间、外围名字空间、内置名字空间等。这些概念都非常重要，它们也使相关讨论更加清晰和准确。

生成器函数和闭包

生成器函数使我们可以以函数定义的形式描述一类迭代器，对这种函数的每个调用产生一个迭代器（对象），可以用在任何需要迭代器的上下文中。3.3.2 节介绍了生成器函数的定义和一些有趣应用，也讨论了它的语义基础。3.6.2 节介绍了 `yield` 语句的另一种形式和 `yield` 表达式，外界与生成器的交互，以及生成器函数的更多应用可能性。

闭包是由函数嵌套定义产生的一种编程技术，基本方法就是让函数返回其内部定义的局部函数，而这个局部函数依赖于返回它的外围函数执行中创建的环境。这样得到的函数对象带着一个非局部环境，称为闭包。生成闭包相当于动态生成一个新函数，有很多有意义的用途。第 5 章还会讨论这个问题，并介绍闭包的一类重要应用。

异常处理

异常处理机制用于描述程序中错误的检查和处理，也用于实现特殊的控制转移。3.4 节详细介绍了 Python 语言里的异常处理结构，其设计思想和使用技术，介绍了 Python 的标准异常。还详细讨论了使用这些机制时应该考虑的问题和解决方法。

效率

效率是编程中必须考虑的最重要问题之一，特别是用 Python 这样的语言做开发工作。由于 Python 提供了许多高级机制，随意使用可能带来不适当的效率损失。3.5 节讨论了 Python 语言中与执行效率有关的各方面问题，首先是一些一般性情况，而后详细分析了各种组合数据类型实现技术、重要操作的效率和其他需要注意的问题。

编程技术和建议

本章介绍了一批解决具体问题的有用技术和方法，提出了一些建议：

- 根据需要自定义复杂对象的拷贝函数，避免不应该出现的共享（3.1.1 节）；
- 利用 Python 参数机制定义修改调用处状态的函数（3.1.2 节）
- 用空表（或者其他可变对象）作为函数默认值时，必须特别注意避免默认值共享（有关技术见 3.1.2 节中**参数默认值与共享**一节）；
- 注意 Python 有关条件判断中真和假的规定，避免编程错误或者低效的条件描述，同时注意描述的清晰性（3.1.3 节）；
- 注意参数和运算对象的求值顺序对程序语义的影响（3.1.4 节）；
- 如果生成器函数和闭包都能解决问题，用生成器函数更简单（3.3.2 节和 3.3.3 节）；
- 用闭包构造数据抽象的技术（3.3.3 节和 3.3.4 节）；
- 用生成器函数产生有穷和无穷序列的技术（3.3.2 节和 3.3.4 节）；
- 利用 `yield-from` 语句和表达式分解生成器的技术（3.6.2 节）；
- `yield` 表达式和与生成器对象的通信（3.6.2 节）；
- 程序中异常处理的设计原则：尽可能使程序能继续工作；尽可能在局部解决错误；即使无法处理，也要保证程序尽可能保存信息，不做坏事（3.4.1 节）；
- 通过局部检查，让每个程序部件尽可能保护自己，防御式编程（3.4.1 节）；
- 在下层检查错误，将异常传到适当的上层处理（3.4.3 节）；
- 如果 `try` 结构带有多个异常处理器，这些处理器需要正确排列（3.4.2 节和 3.4.4 节）；
- 利用异常和异常处理实现特殊控制转移的技术（3.4.5 节）；
- 通过逐个加入元素的方法构建表，不要采用反复拼接的方式，尽可能用后端加入元素的 `list.append` 而不用一般的 `list.insert`（3.5.2 节）；
- 需要特别注意表、集合和字典操作的特殊情况和性质（3.5 节）。

第 4 章

面向对象编程

计算机系统已发展为人类构造的最复杂产品之一。系统越复杂，开发就越困难，需要更有效的建模、设计和实现技术。随着系统变得越来越大，系统的结构和组织也变得越来越重要。系统的测试、排除错误缺陷、修改和升级也要求它具有良好的组织结构。

数据抽象和**面向对象编程**是人们从开发复杂程序的实践中总结出来的重要思想和技术，在实际开发中得到广泛应用。注意，面向对象编程并不是另一套全新技术，其基础仍是前面讨论的基本编程技术：用表达式和语句描述基本计算，定义函数实现计算抽象，使用各种数据对象和数据组合。其他技术，如生成器函数和闭包等，都可能在面向对象编程中发挥作用。本章介绍 Python 为支持面向对象编程提供的结构及其应用技术。

4.1 数据抽象、类和自定义类型

前面讨论的最大程序结构单元是函数。函数定义是计算过程的抽象，Python 允许嵌套函数定义，支持在一个函数里组织复杂的程序结构。但是，对实际应用而言，只有函数抽象还不够，还需要数据抽象。前一章介绍的生成器和闭包都能产生包含内部状态又能完成操作的对象，它们已经超越了函数抽象的范畴。但是，生成器的功能有很大局限性；闭包只是一种编程技术，不能得到 Python 语言有效支持（例如，**闭包没有类型**），且定义比较复杂，使用不规范也不够方便。总之，语言需要定义数据抽象的专门结构。

在长期开发实践中，人们逐渐认识到，在开发复杂的应用程序时，应该把类型作为程序构造的最重要基础。各种语言都有类型的概念，提供了一组**内置类型**（built-in type），如整数、浮点数、字符串等，为每个类型提供一批操作，使人们开发程序时可以根据需要选择。但无论有多少内置类型，处理复杂问题时早晚都会遇到基本类型不适合需要的情况。这时数据组合机制有可能起作用，如 Python 的 `list`、`tuple`、`set`、`dict` 等，利用它们可用于把一组数据组织成**一个对象**，作为整体存储、传递和处理。

程序经常需要围绕一些种类的数据对象来定义。如第 2 章定义的有理数包，其中用元组**表示**

有理数，定义了一组相关函数，能大大简化并规范有理数计算的编程。这样开发的**程序部件**实际上包含两方面特征：一种数据对象的**表示**，例如用整数的二元组表示有理数；以及用于这类对象的一组操作，例如前面的有理数构造和成分提取函数，并基于它们定义有理数的各种算术运算。这些操作构成了被定义数据抽象的使用**接口**。围绕有理数的概念完成这两项工作，就像是在 Python 里实现了一种有理数。

但是，不难看到，前面提出的技术有明显的弱点（缺点）：

- 成分操作用下标描述，如 `r[0]`、`r[1]`，不反映操作的意义。对简单对象的下标方式还可以忍受。如果对象包含十几或几十个成员，正确使用成员位置就会变得很麻烦。要修改数据表示，增加减少成员，需要修改很多下标，也难保证不弄错。
- 创建和操作的是特殊形式的元组，而不是**有理数对象**。这种情况带来两方面问题：
  - 可能无意地把元素非整数的其他数值二元组当作有理数。Python 函数定义没有参数类型描述，使问题变得更严重（只能在执行中动态检查）。
  - 相关操作并不绑定于表示有理数的元组。例如，假设我们还用整数二元组表示平面整数格点，如`(3, 5)`表示 X 坐标为 3 而 Y 坐标为 5 的点。有理数与格点相加很荒谬，但 Python 语言和前面定义的有理数函数都不会发现这种错误，无法区分这样两种形式和成分类型都相同、但**意义不同**的数据。

  总之，前面的“有理数”不是类型，只是利用 Python 的组合类型构造的特定形式的组合对象。它们还是普通元组，不能与其他元组相互区分。
- 我们定义的有理数操作有数学意义，但却不能防止程序里对有理数对象做没有数学意义的操作。例如求两个有理数的元组中各项之和。如果把有理数表示为两个整数的表，那就有可能对它们做不当的修改，例如给表中第二个元素赋 0，导致非法状态。

总而言之，前面工作只是为有理数这一数学概念**设计了一种表示方式**，并没有将其**定义为专门类型**，因此不能将这类对象区别于其他的元组对象。

这一问题具有普遍性：通过组合机制可以把一组成分包装为整体，但得到的对象仍属于所用组合类型（元组或表等）；组合对象的**表示**完全暴露，可以当作元组或表使用，允许随意访问其中成分（表还能修改）；这种对象的使用和操作实现都依赖于具体表示方式。这些情况说明，数据组合机制不足以应对复杂程序里的数据问题。要克服这些缺点，最有效的方法就是允许把一类对象定义为一个类型，进而隔离对象的使用与具体实现。理想情况是使用对象时只需考虑其功能，不需要（或根本不能）触及其内部表示。这样的对象就是一种**抽象数据单元**，一组这种对象构成一个抽象的**数据类型**。

这些讨论说明，为支持程序的良好构造，语言应该支持**用户定义类型**（user-defined types）。我们还希望这种类型不是“二等公民”，具有与内置类型同样的地位、同样的使用方式。各种新型语言都以某种方式实现了这种观念。与定义函数类似，定义新类型也是对基本语言的扩充。但定义类型的工作更复杂一些，定义时既要关注数据的设计和组织，还要定义相关操作。因此，用于定义类型的语言机制更复杂，相关技术也更丰富。Python 用**类定义**支持用户定义类型，实现数据抽象，并将其自然融入 Python 的编程环境。

4.2 Python 的类和对象

本节介绍 Python 面向对象编程中最重要的概念：**类**和**对象**，而后给出有理数类型的一个简单实现，同时介绍类定义的结构，以及如何生成已定义类的对象等。

4.2.1 类的定义和使用

Python 被称为**面向对象**的语言，不仅因为其实现基础是类和对象，更重要的是它支持基于类和对象的编程。我们可以在程序里定义自己的类，生成和操作自定义类的对象。这种编程方法称为**面向对象的编程**，在开发复杂程序和应用系统时使用广泛。为支持面向对象的编程，Python 提供了一套机制，用于定义类和生成它们的对象。

用于定义类型的 Python 语言特征就是**类定义**（class）。一个 `class` 定义产生一个用户定义类型，可以像内置类型一样创建对象，称为该类的**实例**（该类的实例对象，或简称该类的对象）。实例具有类定义描述的行为，可使用类提供的操作。如果程序里需要一批性质和行为类似的对象，可以定义一个类来描述它们。下面首先介绍类定义的一些基本情况（语法和语义），而后结合有理数类的改造和完善介绍类定义的一些细节。

类和实例

类定义的基本语法是

```
class 类名:
    语句组
```

头部包括关键字 `class` 和给定的**类名**，**语句组**是（定义）**体**。定义一个类就是定义一个**用户定义类型**。这种类型与内置类型地位相同，可以产生实例、做类型检查等。类定义可以出现在代码中任何地方，出现在函数定义或另一个类定义里就是局部的类定义。最常见的是出现在模块表层，作为模块里的全局定义类。这样定义的类（类型）在整个模块里都可以用，其他模块也容易通过 `import` 语句导入和使用。

类定义也是语句，执行时建立它描述的**类对象**（代表该类的对象）并约束于类名。类体中的语句设置类对象的属性：函数定义设定其**函数属性**，赋值语句（如果有）设定其**数据属性**。类定义体也是一种作用域，其属性是局部的。每个类对象有一个`__doc__`属性记录该类的文档串（出现在类体开始的串），默认情况下文档串为空。

类对象支持两类操作：**实例化**（即创建类的实例对象）和**属性访问**。前者是类的最重要用途，采用函数调用的语法形式，最简单情况就像调用一个无参函数：

```
class C: pass # 最简单的类定义，只作为示例
x = C()
```

第一句定义名字为 C 的类，第二句创建 C 类的新实例赋给变量 x。由于类 C 没有说明创建实例时的附加操作，默认为不做其他事情，得到一个空的实例对象。

类的实例也是对象，可以赋给变量，传进传出函数，作为其他对象的属性值以构造复杂的对象结构。每个实例对象有一个局部名字空间，记录该对象的属性及其约束值，全体属性取值构成该对象的状态。空对象的名字空间为空。属性同样采取**赋值即创建**原则。对已有的实例对象，可以做属性赋值或取值。下面的赋值语句给对象 x 加入了两个属性：

```
x.a = 1
x.b = 2
```

属性名分别是 a 和 b，约束值分别是 1 和 2。人们常把实例对象的数据属性称作**实例变量**，因为它们就像是定义在实例对象的名字空间里的变量。

实际上，人们通常不这样通过直接赋值建立对象属性。定义类通常是为了生成很多实例，并希望这些实例有统一的行为。像上面那样一个个做属性赋值，就需要自己维持对象的规范性，保证安全使用，既麻烦又容易弄错。下面说明常规的做法。

初始化函数和实例的属性设置

定义类时的常规做法是用一个初始化函数完成实例的属性设置，保证被创建对象的统一和规范：状态良好，具有所需性质，能正常使用。假设要定义一个有理数类，希望其对象是合法的有理数。这种有理数都应该包含两个属性，分别表示分子和分母。进一步说，合法的有理数不仅要求两个属性都是整数，还希望分母非 0，还可能希望具有最简形式（分子和分母无公约数）等。利用初始化函数，这些问题都能很方便地处理。

一个类里可以定义一个名字为__init__的函数（初始化函数）。在创建这个类的实例时，解释器将自动调用这个函数，建立对象的初始状态。

- __init__的第一个形参（通常用 self）表示正在创建的对象，方法体里可以通过属性赋值的方式为对象建立属性并设定初始值。
- __init__可以有更多形参，创建实例时就需要在实参表里为它们提供值。这些实参将送给__init__，它将基于实参完成新对象的初始化工作。

定义了__init__函数，创建的实例都由它设置，一致性就很容易维持了。

现在考虑为有理数类定义初始化函数，类定义的开头是[①]：

① PEP 8 建议类名字采用大写字母开头的名字，可以是分段大写，如 BigData。

```
class Rational:
    def __init__(self, num, den=1):
        ... ...
    ... ...
```

附加参数分别表示有理数的分子和分母。有了这个类，我们就可以创建有理数了：

```
twothirds = Rational0(2, 3)
```

这个语句执行中完成几个操作：（1）创建 Rational 类的新实例；（2）调用 Rational 类的__init__函数给这个对象的属性赋值；（3）返回新对象并赋给变量。

定义类通常是为了构造一类数据抽象，不希望暴露其内部实现细节。例如，对有理数对象，我们不希望其他代码直接访问和修改分子或分母。屏蔽实现细节在软件领域意义重大，一些语言为此提供了专门机制，使人可以把对象的实例变量定义为**私有变量**，只允许在类的内部使用（只允许类中的函数访问），在类外不能访问。

Python 没有说明属性只限内部访问的专门机制，只能通过编程来约定来保护。Python 社团有如下**约定**：类定义里由一个下划线 _ 开头的属性名（包括函数名）当作内部名，不应该在类外使用。另外，如果类里出现以两个下划线开头（但不以两个下划线结尾）的属性名，解释器会把它们换名，使在类定义之外直接写属性名时无法找到该属性，这是另一种保护。此外，Python 还规定了一批由两个下划线开头并以两个下划线结尾的特殊名字，如__init__，用于特殊目的（称为**特殊方法名**）。不要自己创造这种标识符。

实际上，关于成员命名的上述约定不仅针对类及其实例对象，也适用于模块等一切具有内部结构的对象。下面定义有理数类时也遵循这些约定。

实例方法和静态方法

类中最常见的函数用于本类的实例，称为**实例方法**函数。设 r1 和 r2 的值是有理数，plus 是 Rational 里表示求和的实例方法，r1.plus(r2)表示从对象 r1 出发以 r2 为参数调用 plus。定义实例方法函数时第一个形参通常用 self，表示调用函数的对象。执行 r1.plus(r2)时 r1 约束到 self，其他实参（如 r2）约束到后面的形参。

在定义 Rational 类之前，还有一个问题要解决。前面的讨论提出了有理数化简的问题，创建新有理数时应该考虑化简，做有理数运算时也要考虑化简。为此需要一个求最大公约数的函数 gcd，化简时需要用。但是这个函数应该怎么定义呢？

注意，gcd 的操作对象应该是两个整数，都不是有理数，它们不能作为调用有理数类实例方法的对象。此外，gcd 计算不依赖于有理数，因此，其参数表不应该有表示有理数对象的 self 参数。另一方面，gcd 是实现有理数类的辅助功能，根据**信息局部化原则**，不应该定义为全局函数。综合一下，gcd 应该是有理数类里**局部定义的非实例方法**函数。

Python 把在类中的这种方法称为**静态方法**（与实例方法不同）。定义这种方法时需要在函

数定义前加装饰符 @staticmethod，方法的形参表里不应有 self 形参，其他方面没有限制。对于静态方法，可以从其定义所在的类名出发去来调用，也可以从该类的对象出发来调用。本质上说，静态方法就是定义在类里的普通函数，也是这里的局部函数。

有理数类

在具体定义前，先要考虑清楚什么是**合法的有理数对象**。实际上，在定义任何一个类之前都需要先确定合法对象应满足的条件，以此指导类的实际定义工作。

前面提出用一对属性表示分子和分母，其值都是整数而且分母非 0。还提出化简分子和分母使它们的值达到最小。此外，有理数为负时的规范表示是保证分母为正，用分子的符号表示有理数的符号。有了这些要求，有理数的表示就有了唯一性。把满足上述条件的有理数称为**规范的有理数**，要求 Rational 对象都是规范有理数。为此，初始化函数必须检查，在无法构造有理数时报错（例如遇到非整数实参，或分母实参为 0）。还有，用户创建有理数时给的分子和分母未必互素，分母不一定为正，这些都需要处理。

考虑了这些后，可以给出下面的有理数类定义（部分）：

```
class Rational:
    @staticmethod
    def _gcd(m, n):
        if n == 0:
            m, n = n, m
        while m != 0:
            m, n = n % m, m
        return n

    def __init__(self, num, den=1):
        if not (isinstance(num, int) and isinstance(den, int)):
            raise TypeError
        if den == 0:
            raise ZeroDivisionError
        sign = 1
        if num < 0:
            num, sign = -num, -sign
        if den < 0:
            den, sign = -den, -sign
        g = Rational._gcd(num, den)  # 调用本类的静态函数 gcd
        self._num = sign * (num//g)
        self._den = den//g
```

初始化函数先检查参数类型和分母的值，不满足需要时抛出异常。随后的 if 语句提取有理数的符号，sign 值为 1 表示是正数，−1 表示是负数。最后用化简后的值设置分子和分母属性，两个属性都作为**内部属性**，采用下划线开头的名字。

下面考虑 Rational 的其他方法。首先，有理数的两个属性都作为内部属性[①]，但有理数计算时要用分子分母，为此定义一对实例方法：

```
def num(self): return self._num
def den(self): return self._den
```

通过它们可以取得有理数的分子和分母，但不能修改。

特殊方法名

实现有理数运算时可以用 plus 等作为方法名。但是对于数学对象，用运算符（+、-、*、/等）写表达式更自然。Python 支持这种想法，为所有算术运算符规定了特殊方法名[②]。特殊方法名都以两个下划线开始，以两个下划线结束（__init__就是一例）。+运算符对应的名字是__add__，*对应__mul__。解释器遇到对有理数做+运算时就会到有理数类找名为__add__的实例方法，其他运算符的情况类似。

下面是完成有理数运算的几个方法定义，其他运算不难定义：

```
def __add__(self, another):       # 模拟 + 运算符
    den = self._den * another.den()
    num = (self._num * another.den() +
           self._den * another.num())
      return Rational(num, den)

def __mul__(self, another):       # 模拟 * 运算符
    return Rational(self._num * another.num(),
                    self._den * another.den())

def __floordiv__(self, another): # 模拟 // 运算符
    if another.num() == 0:
        raise ZeroDivisionError
    return Rational(self._num * another.den(),
                    self._den * another.num())

# ... ...
# 其他运算符可以类似定义:
# -:__sub__, /:__truediv__, %:__mod__, 等等
```

注意，每个方法最后都用 Rational(…, …)构造新对象，以保证运算结果都是规范的，避免了到处考虑规范化问题。此外，除法用整除运算符//，检查除数发现分子为 0 时抛出异常。Python 中普通除法运算符/得到浮点数，对应方法名是__truediv__，如需要可以另行定

① 显然这两个属性应该是内部属性。如果类外能设置分子和分母，就会出现不应允许的情况。外部设置的值可能不满足有理数需要，例如不是整数或者分母不是大于 0 的整数。还有，有理数不应该是可变对象。但如果允许设置，就会出现计算中得到了一个有理数，但这个数的值后来变了。

② Python 为所有运算符定义了特殊方法名，下面还会介绍，更多详情见 Python 文档。

义，用它实现从有理数到浮点数的转换。此外，算术运算的参数应该也是有理数。可以在开始用谓词 isinstance(another, Rational)检查，类型不正确时抛出异常。能这样做，得益于 Rational 也是类型。另外，参数 another 是有理数，定义中没有直接访问其属性，而是调用了前面定义的方法函数。

有理数计算中经常需要比较相等或不等，还需要比较大小。Python 为各种关系运算定义了特殊方法名。下面是有理数的相等、小于运算的定义：

```
def __eq__(self, another):
    return (self._num == another.num() and
            self._den == another.den())

def __lt__(self, other):
    return (self._num * another.den() <
            self._den * another.num())

#其他比较运算符可以类似定义：
# !=: __ne__, <=:__le__, >:__gt__, >=:__ge__
```

不等、小于、大于等运算都不难定义。注意，这里把有理数相等归结为分子和分母分别相等。如果有理数的表示没有规范化，就不能采用这种方法。

为了输出等需要，人们经常在类里定义一个把该类实例转换为字符串的方法。为了能被内置函数 str 调用，该方法应采用特殊名__str__。加入下面的方法：

```
def __str__(self):
    return str(self._num) + "/" + str(self._den)
```

现在内置函数 print 也能输出有理数了。至此一个简单的有理数类基本完成。增加其他运算没有任何特殊困难，读者不难自己完成。

定义好一个类之后，就可以像使用标准类型一样使用它。例如创建：

```
five = Rational(5) # 初始化方法的默认参数保证用整数创建有理数
x = Rational(3, 5)
```

由于定义了字符串转换函数，print 也能输出有理数：

```
print("Two thirds are", Rational(2, 3))
```

可以使用类中定义的算术运算符和条件运算符：

```
y = five + x * Rational(5, 17)
if y > Rational(123, 11): print("It is large.")
```

还可以获得对象的类型，或者检查对象和类的关系：

```
t = type(five)
if isinstance(five, Rational): print("It is ok.")
```

总而言之，从使用的角度看，自定义类型与 Python 的内置类型没有差别，地位和用法都一样。标准库里的一些类型就是这样定义的。

4.2.2 几个问题

这里先说明几个一般性的情况，其中一些是前面规则的自然推论。

- 要在一个实例方法里调用同一个类里的其他实例方法，必须通过函数形参 self，以属性描述的方式写方法调用。例如，要在实例方法 f 里面调用实例方法 g，就应该写 self.g(…)，不能直接写 g(…)。
- 从类生成的实例对象将一直存在。如果一个实例已不存在引用（没有变量或其他对象以它为值或属性值），系统就会回收该对象占用的资源。
- 对象名字空间是局部的，属性赋值就像局部变量赋值。被赋值属性会屏蔽类中的同名函数。__init__里赋值的属性与类中方法同名是常见的编程错误，应特别注意。举例来说，有理数类有解析操作 num。如果在__init__里给 self.num 赋值，这个数据属性就会屏蔽同名的实例方法。用_num 作为属性名也避免了这个问题。

对象的三类操作

定义类是为了创建和使用其对象，类中与对象有关的操作可以分为三类：

1. 构造操作：初始化函数是基本构造函数，描述基于某些信息来构造本类的对象。也可以基于已有对象构造新对象，有理数类的各种算术运算就是这种构造操作。

2. 解析操作：取得与对象相关的信息，其结果不是本类对象，但反映了被操作对象的某些特征。例如，有理数类中获取分子或分母的操作。再看标准的表类型，求表元素的下标操作，求表长度的操作都属于解析操作。

3. 变动操作：修改被操作对象的内部状态。例如银行账户对象应支持修改余额操作。执行这种操作后还是这个账户对象，但对象内部记录的余额改变了，反映实际客户账户的余额变动。显然，表的元素赋值和 append 等都属于变动操作。

讨论标准组合类型时曾提出数据类型的一个重要性质——**变动性**，关注的是该类型的对象在创建后能否变化。如果一个类只提供前两类操作，该类的对象创建后不会变，这样定义的就是一个**不变数据类型**，其对象是**不变对象**。如果一个类中定义了对象变动操作，该类就是一个**可变数据类型**，其对象是**可变对象**。在定义类时需要考虑是将其定义为**不变类型**还是**可变类型**。两者的差异就在于是否为该类的对象定义变动操作。

前面的有理数类只包含构造操作和解析操作，没有变动操作，这是有意为之。作为数学对象，有理数对象一旦生成就应该保持不变。现在考虑包含变动操作的类，下面是一个计数器类，可用于建立计数器对象，每个对象维护一个计数状态：

```
class Counter:
    def __init__(self, init=0): # 默认初始值为 0
        self._count = init
```

```
    def inc(self): self._count += 1
    def dec(self): self._count -= 1
    def value(self): return self._count
    def reset(self): self._count = 0
```

其中 value 是解析操作，inc、dec 和 reset 都是变动操作，它们的执行将改变对象的内部状态（改变内部的计数值但对象的标识不变）。

下面是使用这个类创建对象和使用这些对象的几个语句：

```
c1 = Counter()
c2 = Counter(10)
c1.inc()
c2.dec()
c2.dec()
print(c1.value())
print(c2.value())
c1.reset()
```

可以看到两个 print 语句分别输出 1 和 8。

类定义的几个问题

前面介绍了实例方法，其特点就是定义在类里并至少有一个形参（按习惯用 self），从其他方面看就是函数，关于函数的规定都适用。例如，实例方法可以有内部嵌套定义的函数；可以访问全局名字空间的变量，如果需要可以有 global 声明和 nonlocal 声明等。此外，可以在实例方法函数里以 self.nnn(...) 形式调用本类中的函数。

除简单定义的实例方法外，类里还可以定义另外两类方法。前面介绍过**静态方法**，定义方式是加@staticmethod 修饰。另一种是**类方法**，用于实现与这个类本身有关的操作。定义类方法时加修饰 @classmethod，其参数表里至少要有一个表示定义类的形参，习惯用 cls。类方法需要通过类名，以属性引用的形式调用，执行时这个类约束到方法的 cls 参数，可以通过 cls 访问其他属性。下面通过例子说明类方法的用途。

假设现在希望定义的类里包含一个计数器，记录程序运行中创建了多少本类的实例。显然，实例个数是与类有关的信息，与具体实例无关，因此应该用类的数据属性记录。现希望该类能提供一个方法返回当时已创建的实例个数。这个方法与类的任何实例无关，因此不应该是实例方法，但它与该类的整体有关，获得本类的性质。如果定义类时有这种需求，就应该将其定义为类方法。下面的类定义具有所需要的性质和操作：

```
class Countable:
    counter = 0

    def __init__(self):
        Countable.counter += 1

    @classmethod
```

```
    def get_count(cls):
        return Countable.counter

x = Countable()
y = Countable()
z = Countable()

print(Countable.get_count())
```

Countable 用数据属性 counter 作为实例计数器，初值设为 0。创建实例对象时，__init__ 就会把对象计数器加一。类方法 get_ccunt 返回计数器值。代码运行时将输出 3，表示执行 print 语句时已创建了 3 个 Countable 对象。

这是一个能对实例计数的最简单的类，可以根据需要增加其他部分。

类定义是一种作用域单位，其中定义的名字是局部的，只在类定义内部可见，在类外使用时必须采用基于类名的属性访问方式。例如，下面最后一个语句是合法的：

```
class C:
    a = 0
    b = a + 1

x = C.b
```

但在前面例子里可以看到另一情况：Countable 有属性 counter，但在 Countable 类的方法中访问 counter 也采用了属性引用的方式。在 Python 里必须这样做，因为类属性的作用域规则与函数的规则不同。

对于函数定义，局部名字（局部变量或函数）的作用域自动延伸到内部嵌套的作用域。因此，如果在函数 f 里定义了局部函数 g，在 g 的函数体里可以直接用 f 里定义的局部变量或函数（除非 g 里重新定义）。类定义的访问规则与此不同。在类 B 里定义的数据属性或函数属性，其作用域不自动延伸到 B 内部的嵌套作用域（如类中函数定义构成的内嵌作用域，或类中的局部类定义形成的内嵌作用域等）。因此，如果类里的函数体中需要引用该类的数据属性或函数属性，必须基于类名采用属性引用的形式。

下面是说明这种情况的另一个例子，其中出现了类数据属性和类方法：

```
class A:
    data = 0

    @classmethod
    def run(cls):
        for i in range(10):
            A.data += i
        print(A.data)

A.run()
```

采用属性引用的形式，可以取属性值，也可以给属性赋值。

类定义创建的类对象将一直存在，除非明确地用 del 语句删除。

数据抽象

随着计算机科学技术和应用的蓬勃发展，以数据为中心的设计思想逐渐发展起来，成为本领域中被广泛接受和使用的设计理念。造成这种情况的原因很多，其中最重要的一点是，数据与真实世界中需要解决的问题之间的联系和对应更清晰。人们分析真实问题，总结出一些概念，它们通常都有一些信息内涵（成分及其组合）以及一些变化规则（操作）。这些结果比较容易映射到某种数据抽象，定义为程序里的数据类型。

人类开发的知识体系大都围绕着一批概念，例如。

- 自然语言（例如汉语）研究和学习中考虑的汉字、词、短语、句子是不同层次的对象。各种对象有属性和相互关联，例如动词/名词、相互搭配关系等。
- 数学中的各种数、向量、矩阵、概念、定义、公理等。
- 各种成熟的自然科学或社会科学领域，都发展出自己的一套概念体系。
- 商业流通领域的商品、价格、存量、利润、货架、仓库、卖场分区、供应商、客户、折扣、处理商品等，形成了一套描述商业活动的概念。

用程序里的对象模拟现实问题领域中的对象，已被证明是用计算机解决实际问题的一种有效方法。基于这种理念进行软件开发，需要：

- 通过对问题的细致分析，总结出一组重要概念，包括它们的数据属性和行为特征；
- 设法建立一批与之对应的程序对象：定义相应的类（类型），用有关对象的数据属性反映客观对象的关键信息，用相应操作反映客观对象的行为。

基于数据抽象的设计在开发中非常有效。抽象数据类型是比函数更大的程序单元，使用更加灵活方便。从技术上看，采用基于数据抽象的设计，既能关注和处理问题中与数据有关的性质，也能关注其计算和操作的性质，因此适应性更强，应用更方便。

从编程技术和方法的角度，要利用类定义数据抽象，还应该**严格区分对象的实现方式和使用接口**，程序中**只通过类的实例方法去操作对象**。这种做法很有意义。

1．更容易保证数据对象的正确使用，避免误操作。只要保证类定义提供的操作没问题，正确实现了初始化方法和各种实例方法，就能保证对象的正确行为。

2．发现错误时更容易定位和改正。这是前一条的另一面。如果发现对象使用中出现了错误，一定是某个（或某些）实例方法的实现有问题。

3．类定义和使用之间的耦合度低。对于数据抽象，外部程序只依赖于其使用接口，不依赖于其内部实现。这样，对象的接口就形成了一种隔离，使内部和外部可以独立变化。如果换一种表示（一套实例变量），只需要修改实例方法的实现，保证它们具有正确的功能，相互配合，使用这个类的程序完全不必修改。与函数分解类似。

用 Python 编程时，应该遵守常规的属性命名和下划线使用规则（参见 4.2.1 节），不直接访问类中被保护的属性，才能充分享用数据封装的优势。

4.2.3 简单实例

本节展示两个简单的类定义实例。

平面图形类

考虑几个平面图形类。

平面上的点是一类对象，用 x 和 y 坐标表示，构造时给出坐标值。考虑其他性质和操作，如面积可以从基本属性算出，平移通过 x 和 y 两个方向的移动距离描述，正值表示向 x 或 y 轴正向移动，负值表示反向移动。确定这些需要后可以写出下面类定义：

```
class Point:
    def __init__(self, x, y):
        self._x = x
        self._y = y

    def getx(self):
        return self._x

    def gety(self):
        return self._y

    def area(self):
        return 0

    def move(self, delta_x, delta_y):
        self._x += delta_x
        self._y += delta_y
```

这里的 `getx`、`gety` 和 `area` 是解析操作，`move` 是变动操作。平面几何图形都有面积，点的面积是 0，因此这里的 `area` 是常量函数。

现在考虑简单矩形，其两对边分别与 x 和 y 轴平行，可以基于一个基点（如左下角）和两个边长（长和宽）表示。矩形的基点可以用 `Point` 对象表示，另外两个属性`_length` 和`_width` 表示矩形的长和宽。很容易写出下面类定义：

```
class Rectangle:
    def __init__(self, point, length, width):
        self._point = point
        self._length = length
        self._width = width

    def getx(self):
```

```
            return self._point.getx()

        def gety(self):
            return self._point.gety()

        def area(self):
            return self._length * self._width

        def move(self, delta_x, delta_y):
            self._point.move(delta_x, delta_y)
```

采用数据抽象技术，最重要的优点是可以在不改变接口的情况下修改内部表示。以矩形类为例，另一个技术是用两个对角点表示。在修改内部表示时相应地修改方法实现，可以保证使用矩形类的程序不必修改就能正常工作。有关实现留给读者。

再定义一个表示圆的类：

```
from math import pi

class Circle:
    def __init__(self, point, radius):
        self._center = point
        self._radius = radius

    def getx(self):
        return self._center.getx()

    def gety(self):
        return self._center.gety()

    def area(self):
        return self._radius**2 * pi

    def move(self, delta_x, delta_y):
        self._center.move(delta_x, delta_y)
```

还可以考虑其他图形，或者给这几个类增加其他操作。注意，这几个类具有相同的接口，定义了同一组操作。这使一些操作图形的程序能统一地处理它们。

可以定义一个谓词，判断任一对象是否为某种形状：

```
def is_shape(x):
    return (isinstance(x, Point) or
            isinstance(x, Rectangle) or
            isinstance(x, Circle))
```

下面函数的参数应该是形状的表，它求出表中所有形状的总面积：

```
def area(slist):
    s = 0
    for x in slist:
        if is_shape(x):
```

```
        s += x.area()
    return s

print("Area:", area((circ1, rect1, rect2, point1)))
```

最后的语句求出一些形状的面积之和（假设已有这些对象）。我们还可以定义许多类似的函数，利用各种形状对象的功能完成某些计算。

上面例子展示了如何把已定义类的对象作为新类的对象的成分，以及为情况类似（操作的方式类似）的一组类定义相同接口。这里有一个问题值得提出：要增加新的形状类，并希望已有程序（例如函数 area）能正确使用它，我们就要为这个类定义与已有形状类相同的接口（同样一组实例方法，同样的调用形式和语义），还需要修改一些使用形状的函数，例如上面的 is_shape。修改和功能扩充是软件开发、维护和升级中经常需要做的工作。怎样支持这些工作是编程中需要特别关注的问题，在前几章的许多地方都有讨论。下一节介绍的继承机制能很好支持数据抽象的组织、修改和扩充。

客户管理

企业最重要的工作之一是维护并扩大客户群，有规模的企业都需要客户管理，维护有过交易的客户的信息。下面以此为例讨论面向对象编程的一些技术。

在客户管理工作中，客户是管理的对象。为反映真实世界中的客户，应该建立对应的程序对象。客户是一组性质类似的对象，根据面向对象的观点，应该定义一个反映这类对象行为的类，具体客户对象是这个类的实例。第 2 章讨论了**记录**的概念，采用面向对象的观点，一类记录（如客户记录）应该定义为一个类。下面是一个简单客户类：

```
class Customer:
    def __init__(self, name):
        self._name = name
        self._total = 0.0

    def pay(self, price):
        self._total += price
        return price

    def total(self):
        return self._total
```

对象中只记录客户名及其消费总额，不难根据实际需要扩充。如可能需要客户地址以便与其联系，寄发商品信息等；需要其电话以便联系和征求意见；需要客户生日，以便发信祝贺联络感情，或者送生日礼物，或者给予特别优惠，等等。

现在考虑客户管理器的开发，这时遇到了一个问题：一个系统里通常只需要一个客户管理器。虽然我们可以定义一个管理器类，而后生成一个管理器对象，但这种做法有些曲折，超出了实际需要。实际上，这里只需要是一个管理器对象，定义能生成任意多个对象的类则意义并不大。实际中经常遇到这种情况。

下面考虑用类对象处理这个问题：类对象可以有数据属性和类方法，用它们实现所需的功能。基于这种想法，可以定义出下面的客户管理器（类）：

```
class CustomerManager:
    _customers = {}

    @classmethod
    def new_customer(cls, name):
        if not isinstance(name, str):
            raise TypeError("Create Record Error: ", name)
        cls._customers[name] = Customer(name)

    @classmethod
    def pay_price(cls, name, price):
        if (not isinstance(name, str) or
            not isinstance(price, float)):
            raise TypeError("Purshese Error: ", name, price)
        if name not in cls._customers: # 无此客户时自动添加
            cls._customers[name] = Customer(name)
        return cls._customers[name].pay(price)

    @classmethod
    def check_total(cls, name):
        if name not in cls._customers:
            raise KeyError("No this customer: ", name)
        return cls._customers[name].total()
```

定义这个类不是为了生成实例，而是直接完成所需工作。因此，在这个类里：

- 定义了一个数据属性，用一个字典记录所有用户的信息；
- 定义几个类方法完成客户管理操作，包括加入新客户、累积客户的购物金额，以及检查客户的购物总计金额，可以根据需要为其加入更多操作。

解释器执行这个类定义时建立一个类对象，随后的程序就可以用它来实施各种客户管理操作。下面是使用这个管理器的一些语句：

```
cm = CustomerManager
cm.new_customer("Li Lei")
cm.new_customer("Han Meimei")
cm.new_customer("Zhang Shan")

print("Li Lei spends: ", cm.pay_price("Li Lei", 12.38))
print("Li Lei spends: ", cm.pay_price("Li Lei", 18.35))
print("Li Lei spends: ", cm.pay_price("Li Lei", 31.05))
print("Li Lei spends totally:", cm.check_total("Li Lei"))
```

第一个语句为已有的类对象建立一个别名（cm 并不必要，只是为简化描述），随后几个语句加入新客户，累积客户 Li Lei 几次购物的情况，输出 Li Lei 的累计消费额。

4.2.4 Python 类、对象和方法

本节介绍一些与类和对象有关的细节。这里讨论的问题技术性较强，读者第一次学习时可以跳过，以后适当的时候再读，可以增进对 Python 语言和程序的理解。

类和对象

关于类和对象的一般问题，有下面两点要说明。

- 执行一个类定义创建了相应类对象之后，允许通过属性赋值的方式为这个类对象增加新属性。可以增加（或修改）数据属性，也可以加入（或修改）函数属性。只要函数属性满足实例方法的基本要求（至少有一个参数），就可以作为实例方法使用。当然，虽然 Python 允许这样做，但实际这样做的情况不多见。
- 允许通过属性赋值修改类的实例，修改它们的数据属性，加入或删除属性。

这些情况说明，Python 的面向对象机制完全是动态的，非常灵活。与 Java/C++的机制不同，这里的类和对象都是可变对象，可以在其存在期间任意修改和扩充，包括增加、删除和修改属性，函数属性。当然，Python 提供了这些可能性，并不说明编程中应该随意做。运行中随意修改类和对象将使程序的意义更难理解，也更难写正确，使用时应特别小心。因此，人们通常还是按规范的方式创建和使用类，通过实例方法操作对象。

方法函数及其使用

类 C 中按默认方式定义的函数（没有`@staticmethod`/`@classmethod` 装饰）都可以通过本类的实例调用，下面称这种函数为 C 的（实例）**方法函数**，它们有一个表示调用对象的形参 `self`。下面假设 C 中定义了方法函数 m，变量 x 的值是 C 的实例。

执行普通函数调用 f(...)时，先求出 f 关联的函数对象。执行 x.m(...)形式的调用时，也需要 x.m 的值：解释器求出 x 的值（设为 C 类实例 o）和 m 的值（应是函数对象），创建一个**实例方法对象**（下称**方法对象**，是带对象绑定的方法）包装起对象 o 和函数对象 m。在实际调用这个方法对象时，o 将被作为 m 的第一个实参。下面是一些说明。

- C.m 的值是一个**普通函数对象**（就像名字 `print`、表达式 `math.sin` 或自定义函数名 f 的值一样）；而表达式 x.m 的值**却是**一个方法对象，基于 C 类的实例 o 和函数对象 m 建立。方法对象与函数对象的相同点是两者都能调用执行（Python 中称为 Callable，可调用对象）。不同点是方法对象包含两个成分，调用时其中的对象成分将作为函数成分的第一个实参。函数对象被调用时没有这种额外实参。
- 使用方法对象的最常见方式是直接调用（前面一直这样做）。假设 m 有 3 个形参，从 x 调用 m 写成 x.m(a, b)的形式，a 和 b 是两个合适的表达式。
- 方法对象也是对象，可以像普通对象赋给变量，可以作为实参或返回值，可以作为组

合对象（list 或 dict 等）的成分等，而后在任何时候调用。例如可以写 p = x.m，此后的 p(a, b) 表示要求以 a 和 b 为实参调用，效果相当于写 x.m(a, b)。

- 实际上，方法调用 x.m(a, b) 等价于函数调用 C.m(x, a, b)，因为 C.m 得到的是普通函数对象，因此 C.m(x, a, b) 的效果与 x.m(a, b) 完全一样。

总之，方法对象和函数对象的不同之处就在于它包含了两个成分：一个是由类中函数定义产生的函数对象，另一个是调用时约束的（该类的）实例。当这个方法对象最终被调用执行时，其中的实例对象将被作为函数的第一个实参[①]。

x.m 形式的属性引用是一种基本表达式。从上面的讨论中可以看到一个问题：这种表达式有可能表示访问本对象的属性，也可能表示要求访问对象所属类中的（方法）函数属性。出现在赋值号左边的属性引用一定指本对象的属性赋值，出现在其他地方就有两种可能性。这一情况也解释了前面提到的一个情况：对象属性能屏蔽其所属类中的同名（函数）属性，这是由解释器的名字解析方法决定的。在前面假设下，属性赋值 x.m = 3 不改变类 C 中函数 m 的定义，但此后 x.m 就是 x 的属性引用，不再表示 C 中的 m 了。

4.3 继承

面向对象编程的基本工作包括 3 个方面：定义所需要的类（定义新类型）；创建类的（实例）对象；调用对象的方法完成实际工作，包括安排对象之间的信息交换等。前面介绍了定义类的基本机制，本节介绍另一种重要机制和技术：**继承**，这种机制使人可以基于已有类定义新类。这样做，一方面可能减少定义新类的工作量，提高工作效率。另一个作用更重要，就是建立一组类（类型）之间的**继承关系**，可以利用这种关系组织和构造复杂程序的功能。实际应用系统中经常需要一些相互关联的类和它们的对象。

4.3.1 继承、基类和派生类

如果要在已有类的基础上定义新类，就应该在新类定义的头部列出希望继承的类，建立新类与所列已有类的**继承关系**。通过继承定义的新类称为所列类的**派生类**（或**子类**），被继承的类称为派生类的**基类**（或**父类**）[②]。

通过继承定义派生类

通过继承定义派生类的语法形式是：

---

① 细心的读者可能已经看到了方法与第 3 章介绍的闭包有类似之处。两者都可以作为函数使用，而且都与简单函数不同。它们都包含两项信息：其中一项是一个函数对象，另一项表示函数执行时需要参考的信息。可以认为，方法对象就是 Python 内部生成的一种“闭包”。

② 一些语言采用子类/父类的称谓，Python 文档用基类/派生类，但也没有完全统一。

```
class 类名(基类, …):
    语句组
```

类名后的括号里列出基类，可以有多个基类，它们必须在类定义所在的名字空间里有定义。**基类**可以是简单的类名，也可以是复杂的表达式，只要其值是类对象。例如，在 import 标准库模块 datetime 之后，希望以 datetime.time 类作为基类来定义派生类 mytime，这个类的头部就应该是 class mytime(datetime.time)。

派生类继承基类的所有功能，其对象可以直接使用基类中定义的方法，无须重新定义。派生类里可以定义方法函数，如果函数名在基类已有定义，新定义就屏蔽基类中的定义，派生类的对象调用时就会使用新定义，这种情况称为**覆盖**。派生类里也可以定义基类里不存在的方法函数，为其对象增加新功能。注意，基类和派生类是相对的，假设我们从 A 类派生定义类 B，又从类 B 派生定义类 C。那么 B 是 A 的派生类，也是 C 的基类。进一步说，A 也是 C 的（间接）基类，C 是 A 的（间接）派生类。

实际编程中，经常会发现某个已有类大致满足所需，但又稍有欠缺，如缺少某些功能，或个别功能不符合需要。利用继承可以很方便地解决这种问题。我们可以继承那个“差不多”的类以定义一个新类，添加所需功能，或通过覆盖修改已有功能。下面是个简单例子，假设需要一种带颜色属性的矩形对象，可以如下定义：

```
class ColoredRect(Rectangle):
    def __init__(self, point, length, width, color):
        Rectangle.__init__(self, point, length, width)
        self._color = color

    def set_color(self, color):
        self._color = color

    def get_color(self):
        return self._color
```

类 ColoredRect 继承 Rectangle，该类的实例自动获得 Rectangle 的功能。新对象增加了一个表示颜色的属性，提供设置和访问操作。这里的初始化函数首先调用基类的初始化函数，设置 Rectangle 对象的属性（point、length 和 width）。有关做法的原则和细节将在下面介绍。显然，从空白开始定义功能相同的类，代码将长得多。

派生类看作基类的特殊情况。如果 C 是 B 的派生类，C 类的对象也是 B 类的对象，C 类的对象集合是 B 类对象集合的子集。Python 内置类 object 里定义了所有对象都需要的功能。如果定义类时没说明基类，它就以 object 作为基类。因此每个用户定义类都是 object 的直接或间接派生类，程序里的类按继承关系形成一种**层次结构**。Python 标准类型是一批内置类，形成一套层次结构，还有一些内部使用的类。详情请查看标准库手册对基本类型的介绍。标准函数 issubclass 检查继承关系，如果 cls1 是 cls2 的直接或间接派生类，issubclass(cls1, cls2) 返回 True，否则返回 False。

继承的概念有清晰的直观解释，现实生活中的许多概念之间有继承关系。看两个实际里的例子：学生是一个一般的概念；中学生是学生的一类特殊情况，构成全体学生的一个子集；初中生和高中生又是中学生的子集。如果需要表示教育部门管理的学生，可以考虑定义一个学生基类，把中学生（还有小学生等）定义为学生的派生类，再把初中和高中学生定义为中学生的派生类。如果在某个函数处理中学生的事务，也应该可以处理初中生。在客户管理方面，VIP 客户是客户的一部分。VIP 客户应定义为一般客户类的子类，其对象支持客户的所有操作，有些特殊操作，还可能扩充几个操作。

作为最简单的例子，下面两行代码定义了一个新的字符串类：

```
class MyStr(str):
    pass
```

这个类自动继承内置类型 str 的所有功能，没做任何修改或扩充。但它是一个新类，是 str 的一个派生类。有了这个定义后，我们就可以写：

```
s = MyStr(1234)
issubclass(MyStr, str)
isinstance(s, MyStr)
isinstance(s, str)
```

第一个语句基于整数 1234 创建一个 MyStr 类型的对象。后 3 个表达式的值都是 True，最后一个表达式为真，是因为**派生类的对象也是基类的对象**。

派生类对象的构建和方法定义

我们经常希望派生类 C 的对象可以作为基类 B 的对象，用在需要 B 类对象的地方。例如 VIP 客户对象应该能当作一般客户对象参与用户消费总额统计。这实际上要求 C 类对象在行为上与 B 类对象一致。这就是面向对象编程中指导派生类的设计和实现的一条重要设计规则，称为**替换原理**。它要求派生类对象支持基类对象的同样操作，同名操作具有类似语义。许多重要的面向对象编程技术要求派生类满足替换原理。下面的一些讨论与此有关，在一些编程实例中也会看到替换原理的应用。

派生类对象要当作基类的对象使用，就要求派生类对象支持调用继承自基类的方法。在基类方法里一定会用基类对象的属性，因此就要求派生类的对象必须包含基类对象的所有属性（当然还可能包含更多属性，如 ColoredRect 类）。这种情况就像是在派生类的对象里包含了一个基类对象，如图 4.1 所示。

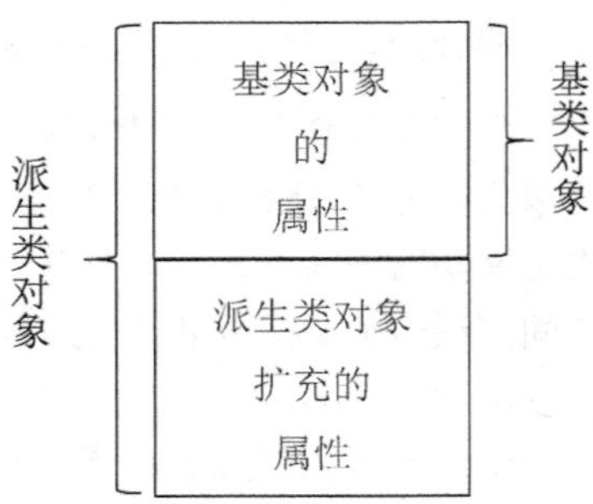

图 4.1 派生类对象的属性

如果派生类没有新属性，可以不定义初始化函数，直接继承基类的初始化函数。如果派生类的对象里需要新属性，就需要覆盖__init__函数，在其中初始化所需的新属性。注意，为满足替换原理，创建派生类的对象时还需要初始化基类对象的那些属性。完成这一工作的最简单方法就是调用基类的`__init__`，用它设置基类实例所需的属性。前面 ColoredRect 里就是这样做的。这说明，派生类的`__init__`方法定义的常见形式是：

```
class DerivedClass(BaseClass):
    def __init__(self, ...) :
        BaseClass. __init__(self, ...)
        ... ... # 初始化函数的其他操作

    ... ... # 派生类的其他语句和函数定义
```

调用基类的初始化方法时必须写基类名，不能从 self 出发调用（那样写将调用本类的初始化方法，形成无穷递归）。调用时应该把 self 作为第一个实参，还可以传入另一些实参。这个调用将完成派生类实例中基类部分属性的初始化①。

此外，定义派生类时可能需要覆盖基类的某些函数。这时也常希望新函数是基类同名函数的某种扩充，包含被覆盖函数的已有功能。这种情况与`__init__`类似，处理方法也类似：在新函数里先用 BaseClass.method_name(self, …)调用基类方法。实际上，可以用这种形式调用基类的任何函数（无论是否覆盖，是否重新定义）。

基于继承的平面图形类定义

前面说过，继承经常被用于组织一批相关的类。现在以 4.2.3 节中平面图形类为例介绍这方面的情况。我们考虑先定义一个抽象的形状类 Shape：

```
class Shape:
    def __init__(self):
         raise TypeError("Cannot instantiat class Shape.")

    def area(self):
         raise NotImplementedError

    def move(self, delta_x, delta_y):
         raise NotImplementedError

    def name(self): return "Shape"

    def show(self):
         print("I am a", self.name() +".",
               "My area is", self.area())
```

---

① 在 Java/C++等语言自动为派生类对象安排基类对象的属性，产生图 4.1 描绘的布局。Python 的情况不同，对象属性都是自己创建的（通过属性赋值），图 4.1 形式的对象布局是常见安排，但不自动产生，允许为派生类对象设置完全不同的属性。如果这样做时还希望满足替换原理，就需要覆盖基类的全部实例方法，基于新属性实现有关功能。只要覆盖操作具有与原操作同样的调用形式和一致的功能，派生类对象就能用于要求基类对象的上下文中。这样定义派生类，其对象的布局就不具有图 4.1 的形式了。注意，替换原理只是对派生类对象的功能要求，对它们的实现方式没有任何限制。

这个类很特别，其初始化函数一旦调用就引发异常，另外两个方法 area 和 move 什么也不做，被调用时也立刻引发异常。这样定义，就是希望禁止生成 Shape 的对象。这样做显然很合理：平面上的形状都是具体的，例如点、圆、三角形等，而形状只是个抽象的概念，并没有实例。虽然 Shape 不能生成实例，但其定义却为实际形状类提供一个规范。上面的定义说明，我们要求（从 Shape 派生的）每个实际形状类都自定义初始化方法，而且必须要重新定义名字函数 name，求面积操作 area 和移动操作 move。

定义了这个抽象的形状类，具体形状都作为它的派生类，例如：

```
class Point(Shape):
    def __init__(self, x, y):
         self._x = x
         self._y = y

    def getx(self):
         return self._x

    def gety(self):
         return self._y

    def name(self):return"Point"

    def area(self):return 0

    def move(self, delta_x, delta_y):
         self._x += delta_x
         self._y += delta_y
```

其他具体形状类可以用类似的方法定义，这里不再列举。

让所有形状类有一个公共基类，使我们得到一个重要收获：不必再定义判断对象是否是形状的谓词了，标准函数 isinstance(x, Shape)就能完成这一判断。与前面的自定义谓词不同，无论增加多少新的形状类（只要它们继承 Shape），这个判断自然有效。因此，如果 slist 是包含一批形状的表，下面的函数能求出这些形状的面积之和：

```
def area(slist):
    s = 0
    for x in slist:
         if isinstance(x, Shape):
              s += x.area()
    return s
```

可见，这个解决方案能更好地适应程序的扩充和修改。假设我们定义了一批使用形状的函数，写法与 area 类似，它们的计算都基于 Shape 的方法。现在用户提出新需求，要求增加一类三角形对象。我们只需从 Shape 派生出一个表示三角形的新类，在其中实现 Shape 要求的方法。使用方的程序不需要修改，就自动地能正确处理三角形了。例如，假设作为参数的 slist 里有几个三角形对象，函数 area 也能给出正确结果。

动态约束

从对象 x 调用方法 m 时，需要确定被调函数（执行哪个类里定义的哪个函数对象）。确定方式是从对象所属的类开始找，如果这里有，调用的函数就确定了；如果没有，解释器到该类的基类去继续找。查找沿着继承关系进行，一旦在某个基类找到 m，就确定了应该使用的函数。如果最终也没找到，就是属性无定义错 AttributeError。这个情况也说明，派生类的类对象里记录着基类信息，以支持上述属性查找。

前面说过，定义派生类 C 时可以覆盖基类 B 已有的函数，重新定义同名函数。根据上面查找规则，一旦派生类 C 重定义了某个函数，在处理 C 类实例对象的方法解析中，解释器就不会找到 B 类里原有的那个函数了。这一规定有个推论：假设在通过对象 x 调用的方法 f 里又基于该对象调用了另一方法 g（采用 self.g(...) 的调用形式），查找 g 的过程只与对象 x（的类型）有关，与 f 的定义所在的类无关。

考虑一个简单例子。假定有下面两个类定义：

```
# 展示动态约束规则的代码
class B:
    def f(self) :
        self.g()
    def g(self) :
        print('B.g is called.')

class C(B):
    def g(self) :
        print('C.g is called.')
```

考虑下面几个语句：

```
x = B()
x.f()
y = C()
y.f()
```

这里先创建了一个 B 类的实例赋给 x，然后调用 x.f()。显然，在数 f 执行中调用的 g 将是 B 类里定义的 g，输出“B.g is called.”。再看下面两行，这里创建了一个 C 类的对象，赋给 y 后调用 y.f()。这时程序会打印什么呢？

由于 C 类没有 f 的定义，y.f() 实际调用的是 B 类定义的 f。在 f 里出现调用 self.g()，这时就出问题了：怎样确定被调用的 g？从程序正文看，正执行的方法 f 在类 B 定义，类 B 里 self 的类型应该是 B。如果根据这个类型去找 g，自然会找到类 B 里的 g。这种根据静态程序正文确定被调方法的规则称为**静态约束**（或称**静态绑定**）。但 Python 不采用这种规则，它和多数面向对象语言一样，基于方法调用时 self 所指实例对象的类型确定被调函数（在这里，就是设法确定被调用的 g），这种方式称为**动态约束**。在程序设计领域，通过动态约束确定调用关系的函数也称为**虚函数**。

y.f()的执行过程如下：y 的值是 C 类对象，基于其类型确定 f 时，解释器根据规则在 C 的基类 B 找到 f 后执行它。执行 f 的过程中遇到调用 self.g()。由于这时 self 的值还是那个 C 类对象，确定 g 的工作再次从该对象所属的类开始。由于 C 类有 g，它就是应该调用的方法，执行它将输出“C.g is called.”。

现在看一个实际点的例子。假设给前面的 Shape 类增加下面的两个方法：

```
class Shape:
    ... ...

    def name(self): return "Shape"

    def show(self):
        print("I am a", self.name() + ".",
              "My area is", self.area())
```

给 Point 类增加一个方法：

```
class Point(Shape):
    ... ...

    def name(self): return "Point"
```

执行下面的代码：

```
x = Point(2, 3)
x.show()
```

可以看到输出：

```
I am a Point. My area is 0
```

从这个例子可以看到一种程序模式：高层（基类）定义的方法（这里的 show）描述了完成某项工作的框架，其中通过 self 调用的方法（这里的 name 和 area）实现工作中的具体细节，形成了预留的接口，派生类可以根据需要重新定制。实现这套技术的基础就是动态约束和虚函数，这两个概念在面向对象编程中非常重要，派生出许多重要的编程方法和技术。进一步讨论它们已超出本书范围。读者继续学习，会看到很多这方面的情况。

标准函数 super

有时我们不希望调用本类定义的方法，而希望调用继承的同名方法（例如，覆盖方法时就有这种需要）。前面采用通过基类名的属性调用，是解决问题的一种方式，实际是要求从特定的类出发去找指定函数（而不是从对象所属的类出发）。为统一处理各种情况（包括 4.3.3 节讨论的多继承），Python 提供了标准函数 super，把它用在一个类的方法定义里，就是要求从该类的直接基类开始查找。使用 super 而不直接写基类名，查找过程更规范，特别是能更好支持类定义结构的修改，支持多继承（参见 4.3.3 节）。

函数 super 有几种使用形式，最简单的是不带参数的调用形式：

```
super().m(…)
```

如果在一个方法函数的定义里出现这个语句，执行到这里，解释器先找到 self 所属类的直接基类，再从这里开始找函数 m（而不是从 self 的所属类开始）。

下面是一段说明相关问题的简单代码：

```
class C1:
    def __init__(self, x, y):
        self.x = x
        self.y = y
    def m1(self) :
        print(self.x, self.y)
    … …

class C2(C1):
    def m1(self):
         super().m1()
         print("Some special service.")

x = C2()
x.m1()
```

最后一个语句从类 C2 的对象调用 m1，其函数体里的 super().m1() 要求调用 m1，但要求从当前对象所属类的基类开始查找。这时解释器从 C2 的基类（也就是 C1）开始查找 m1。由于 C1 里有 m1 的定义，最终调用的就是这个函数。显然，这种形式的 super 调用（以及进而调用基类的方法函数）只能出现在方法函数的定义里。

如果派生类的函数有其他参数，需要把它们传给通过 super() 调用后确定的基类方法（如上面 m1）。人们通常采用下面的定义形式：

```
class Derived(Base):
    ... ...
    def method(self, x, y, *args): # x, y 是自己使用的参数
        super().method(*args)
        ... x ... y ... # 派生类自己的操作
```

通过打包形参 args 收集到实参元组，将其拆分后送给基类的函数。

函数 super 的第二种使用形式是 super(C, o).m(…)，表示要求从类 C 的基类开始查找函数属性 m 并调用它，super 的第二个实参应该是一个 C 类型的对象 o。找到方法 m 之后，解释器将用 o 作为函数的 self 实参。这种写法可以出现在程序中的任何地方，不一定出现在方法函数里。super 还有其他调用形式，详见手册，这里不介绍了。总之，函数 super 主要用于调用被本类属性覆盖的基类方法。

4.3.2 几个简单实例

前一节给出了一些示意性代码，本节展示几个使用继承的实际例子。

循环移位表

前面说过，继承的一种用途是扩充已有的类、增添新功能，或对已有功能做些改动。如果某个已有类型基本满足需求，但还缺少若干必要功能，或有少许功能不合乎需要，由已有类型派生一个满足需要的新类，就是一种合理而且经济的做法。在一些情况下，我们甚至希望扩充系统的内置类型的功能。这件事也可以做，看一个简单例子。

假设现在需要一种表，它们除了有 list 的所有功能外，还支持两个**循环移位**操作。也就是说，能把表中最前的几个元素依次移到最后，或把最后几个元素依次移到最前。如果程序里经常需要做这些事情，就应该定义为对象的操作。

从空白开始定义一个类，使其对象能支持 list 的所有功能，而且支持循环移位，工作量显然非常大。以 list 为基类定义一个派生类，事情就简单多了：

```
class RotatableList(list):
    def rot_left(self, num):
        if not self or len(self) == 1:
            return
        for i in range(num):
            x = self.pop(0)
            self.append(x)

    def rot_right(self, num):
        if not self or len(self) == 1:
            return
        for i in range(num):
            x = self.pop()
            self.insert(0, x)
```

新类继承 list 的所有功能，包括初始化。只定义两个新操作，非常简单。由于我们也不想（也不应该）修改 list 的内部实现，新方法基于 list 的基本操作定义。

上述定义允许基于任何序列或可迭代对象建立循环移位表（就像用 list 做类型转换一样），新类的对象支持 list 的所有操作，也可以用 print 输出（因为继承了 list 的__str__操作）。下面是使用它的代码示例：

```
ls = RotatableList()
for i in range(10):
    ls.append(i)
print(ls)

ls.rot_left(3)
print(ls)
ls.rot_right(7)
print(ls)

ls1 = RotatableList((1, 2, 3, 4, 5, 6))
```

```
print(ls1)

ls2 = RotatableList("Good lucky!")
print(ls2)
ls2.rot_left(5)
print(ls2)
```

执行这些语句，系统将输出：

```
[0, 1, 2, 3, 4, 5, 6, 7, 8, 9]
[3, 4, 5, 6, 7, 8, 9, 0, 1, 2]
[6, 7, 8, 9, 0, 1, 2, 3, 4, 5]
[1, 2, 3, 4, 5, 6]
['G', 'o', 'o', 'd', ' ', 'l', 'u', 'c', 'k', 'y', '!']
['l', 'u', 'c', 'k', 'y', '!', 'G', 'o', 'o', 'd', ' ']
```

可以看到，RotatableList 对象的行为满足我们的需要。

如果表很长，元素需要移动多个位置，上述实现效率不高的缺点就会暴露出来。我们可以设法改进实现，但这不是本小节的主要关注点，请读者自己完成。

客户管理系统的扩充

企业希望尽可能地维护优质的长期客户，一种做法是把消费高的客户（VIP 客户）区分出来特别优待。现在考虑给 4.2.3 节的客户管理系统扩充 VIP 客户。可以另定义一个 VIP 类，但考虑到 VIP 也是客户，应支持普通客户的所有操作，因此，把 VIP 类定义为普通客户类的派生类更合适些。客户管理系统也需要修改，加入管理 VIP 的功能。实际中人们考虑了很多维护 VIP 的方法，下面只考虑一种方法：交易时给 VIP 一些价格优惠。

通过派生定义 VIP 客户类，从各种角度看都是更好的设计：概念上说，一方面 VIP 客户也是客户，与企业也是客户关系，业务交流方式与普通客户相同。这说明 VIP 是客户的一部分，是整个客户集合的子集。另一方面，VIP 至少要支持普通客户的操作，如果需要还可以扩充。定义为普通客户类的派生类，不需要修改的操作都可以直接继承。

考虑了这些问题后，我们可以写出下面 VIP 类的开头部分：

```
from customers import *

class VIP(Customer):
    _discount = 0.98

    def __init__(self, name, total):
        super().__init__(name)
        self._total = total
```

这里假设 Customer 和 CustomerManager 类定义在文件 customer.py 里，导入该文件后把 VIP 类定义为 Customer 的派生类。折扣率用 VIP 类的一个数据属性表示。新类的初始化方法需要重新定义。这里假设 VIP 都是有过交易的客户，他们的当前总消费额由参数给定，没有具体要求。

基类 Customer 的 total 方法可以继承，但 pay 操作需要处理折扣：

```
    def pay(self, price):
        paid = round(price * VIP._discount, 2)
        self._total += price
        return paid
```

pay 的返回值是实际付款额，给予一定折扣。其他操作直接继承。

定义了 VIP 类后，还要扩充前面的客户管理器类。首先，由于 VIP 派生自 Customer，而且满足替换原理，CustomerManager 类自然可以管理和操作 VIP 对象。特别的，对 VIP 对象调用 pay 时会考虑折扣率。但 CustomerManager 类中没有（也不可能有）添加 VIP 客户的操作，我们需要设计一种确定 VIP 的方式。下面采用的决策方法很简单：确定一个最低消费额，客户消费超过这个值时就将其转为 VIP。还需要确定从普通客户转到 VIP 的时机，在客户付款时检查和转换很合理，一旦客户付款使其累计消费额超过 VIP 额度，就将其转为 VIP。这种设计要求重新定义方法 pay_price。

在下面类定义里，我们还增加了一个检查 VIP 的新方法：

```
class VIPCusManager(CustomerManager):
    _VIP_price = 1000.0

    @classmethod
    def is_VIP(cls, name):
        if (name not in cls._customers or
            not isinstance(cls._customers[name], VIP)):
            return False
        return True

    @classmethod
    def pay_price(cls, name, price):
        if (not isinstance(name, str) or
            not isinstance(price, float)):
            raise TypeError("Purshese Error: ", name, price)
        if name not in cls._customers: # 无此客户时自动添加
            cls._customers[name] = Customer(name)
        customer = cls._customers[name]
        paid = customer.pay(price)
        total = customer.total()
        if (not isinstance(customer, VIP) and
            total > cls._VIP_price):
            cls._customers[name] = VIP(name, total)

        return paid
```

新派生的 VIPCusManager 类维持了 CustomerManager 的接口，任何使用基类 CustomerManager 的代码都可以原封不动地使用这个派生类。

下面是一段使用 VIPCusManager 的程序：

```
cm = VIPCusManager
cm.new_customer("Li Lei")
cm.new_customer("Han Meimei")
cm.new_customer("Zhang Shan")

print("Li Lei spends: ", cm.pay_price("Li Lei", 253.38))
print("Li Lei spends: ", cm.pay_price("Li Lei", 806.35))
print("Li Lei is VIP: ", cm.is_VIP("Li Lei"))
print("Li Lei spends: ", cm.pay_price("Li Lei", 100.00))
print("Li Lei spends totally:", cm.check_total("Li Lei"))
```

运行这段程序可以看到下面的输出：

```
Li Lei spends:  253.38
Li Lei spends:  806.35
Li Lei is VIP:  True
Li Lei spends:  98.0
Li Lei spends totally: 1159.73
```

可以看到，消费额超过 VIP 的条件之后，Li Lei 确实得到了 98 折优惠。

4.3.3 多继承

定义派生类时经常只指定一个基类，这种继承称为**单继承**。实际上，Python 允许指定多个基类，允许**多继承**（或称为**多重继承**）。多继承有一些典型应用场景，通常是为了组合起若干个已有类的功能，在此基础上进一步派生。下面通过一个简单示例说明可能需要多继承的场景，以及这样做时可能遇到的问题和解决方法。

实例和技术

4.2.2 节定义了一个实例可计数的类 Countable，它能在运行中统计已经创建的实例的个数。4.3.2 节通过继承 list 定义了一个带左右移位操作的类 RotatableList。假设现在需要另一类对象，它们也是带左右移位操作的表，但还需要对象计数功能。

一个显然的解决方案是从 RotatableList 派生，加入对象计数功能。由于对象计数功能很简单，这种做法不难完成。但实际中考虑的两个（或多个）类可能都很复杂，基于一个类重定义另一个（或一些）类的功能，工作量可能很大。还有，基于一个类派生，定义的类不是另一个类的派生类，概念上有缺陷。下面考虑从这两个类派生。

新派生类的头部用 class CRList(RotatableList, Countable)，说明新类 CRList 同时是两个基类的派生类，继承两个基类的操作，都不必重新定义。但初始化的情况不同：RotatableList 和 Countable 各有各的初始化操作，CRList 类的对象需要完成两个类的初始化操作，才能同时作为它们的对象用于两种使用环境。因此，CRList 类的__init__函数定义里必须调用两个基类的__init__操作。这时出现了一个新问题：两个操作的名字相同，而且与正在定义的初始化操作名字也一样；另一方面，我们不知道 list 类初始化函数的参数情况。第一个问题可以用基于类名字的属性调用处理（参看 4.2.4 节），第二个问题可以通过 Python 丰富的函数参数描述形式解决。

下面是 CRList 类的定义：

```
from countable import Countable
from rotatablelist import RotatableList

class CRList(Countable, RotatableList):
    def __init__(self, *args, **kwargs):
        Countable.__init__(self)
        RotatableList.__init__(self, *args, **kwargs)
```

这里假定 Countable 定义在 countable.py 文件里，RotatableList 定义在 rotatablelist.py 文件里，首先导入这两个模块。CRList 里只重新定义了__init__函数，其中通过基类名调用其初始化函数。Countable 的初始化函数的参数只有 self，把 CRList 初始化函数的参数都转给 RotatableList 类的初始化函数。上面的方法结合了两种带星号参数和两种分拆实参，保证所有参数都能正确送达。

与 CRList 有关的定义形成的类继承结构如图 4.2 所示。图中矩形表示类，箭头从派生类指向基类。Countable 默认继承 object，系统的 list 也是 object 的派生类，我们不知道是直接还是间接派生，图中画了一个虚线箭头。RotableList 由 list 派生，而 CRList 由两个基类派生。

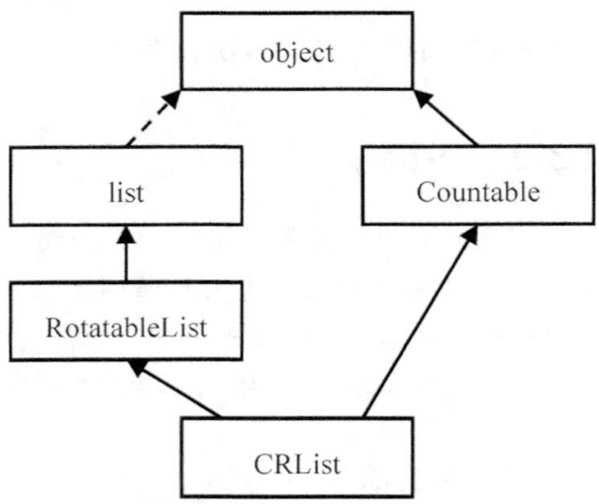

图 4.2 类继承关系

下面是几个使用语句：

```
ls1 = CRList([1, 2, 3, 4, 5, 6, 7, 8, 9, 0])
ls2 = CRList("Hello, countable and rotable list!")

ls2.rot_left(3)
print(ls2[:10])
ls1.rot_right(7)
print(ls1[:5])

print(CRList.get_count())
```

它们产生的输出符合预期：

```
['l', 'o', ',', ' ', 'c', 'o', 'u', 'n', 't', 'a']
[4, 5, 6, 7, 8]
2
```

可以看到，这个类的对象可以当作可移位表，该类也有对象计数功能。

多继承主要用于组合起一些已有类的功能，这样定义的派生类，其对象也是属于每个基类的对象。如果希望把这种派生类的对象作为这些（或其中一些）基类的对象使用，就要满足替换原理，包括正确完成初始化操作，合理地定义其他操作等。覆盖基类操作时经常需要调用各个基类的相应操作，可以参考上面的技术。

在实际程序中，多继承的使用远不如单继承广泛。进一步说，多继承形成类之间的复杂关系，给理解程序带来困难，也容易造成程序错误（例如，实际调用的函数不符合预期），建议谨慎使用。下面讨论多继承下的方法查找，可以看到它带来的其他困难。

多继承下的方法查找

存在多继承时，程序里的类之间可能形成复杂的继承结构。图 4.3 给出了几个类继承关系图，其中最左边的图里只有单继承；在中间的图里，类 A 和 B 各有两个基类；右边的图表现出更复杂的继承关系，不同继承关系相互交错。

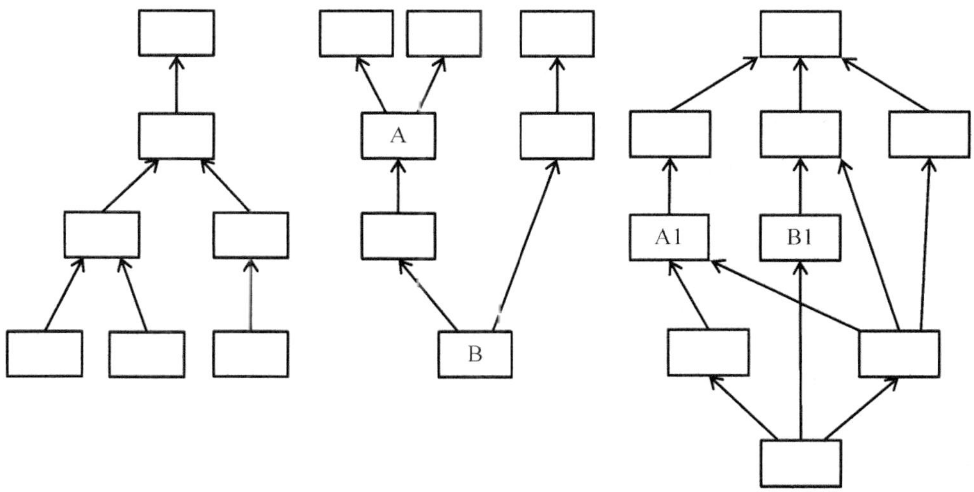

图 4.3 几个继承关系图

前面介绍了解析方法调用时的方法查找。如果在对象所属的类里没有找到所需方法，就要根据继承关系检查上一层的基类。如果每个类只有一个基类（单继承），继承关系形成一条链，查找的过程就很清楚。如果存在多继承，问题就复杂多了。

假设现在需要从类 C 的对象出发调用方法 m，在 C 及其直接或间接基类里可能存在 m 的多个定义。对 m 的查找从 C 开始，如果 C 中有 m 的定义，问题就解决了。如果 C 中没有 m，就要到 C 的基类去找 m 的定义。由于多继承的存在，C 的基类之间可能出现复杂的继承关系，也有些类之间没有继承关系（如图 4.3 右图中的 A1 和 B1），问题是按什么顺序检查这些基类。为此需要定义一种序，保证能处理任意复杂的继承关系图。

Python 开发者设计了一种**方法解析序**（method resolution order，简记为 mro）[①]。对每个类 C，其定义的继承关系（以哪些类为基类）确定了一个方法解析序列，C 及其所有（直接或间接）基类都排列其中。每个类有一个属性`__mro__`，其值是一个元组，按 mro 顺序列出 C 及其所有基类。查找方法时，解释器将根据这个属性检查基类，确定应调用的函数。类`object`定义了方法`mro()`，调用它得到表示上述序列的表。

对前面定义的`CRList`，可以看到：

```
>>> CRList.mro()
[<class '__main__.CRList'>, <class 'countable.Countable'>,
<class 'rotatablelist.RotatableList'>, <class 'list'>,
<class 'object'>]
>>> CRList.__mro__
(<class '__main__.CRList'>, <class 'countable.Countable'>,
<class 'rotatablelist.RotatableList'>, <class 'list'>,
<class 'object'>)
```

也就是说，如果基于`CRList`的对象调用方法，解释器将从`CRList`开始检查这里列出的类，直至`list`和`object`。序列中`Countable`排在`RotatableList`之前，与定义`CRList`时的写法有关。在定义`CRList`列出基类时，我们把`Countable`写在前面。如果交换两个基类的位置，得到的 mro 序列就会不一样。

上面的讨论也说明了多继承中一些诡异和难搞的地方。假设我们需要继承类`A`和`B`定义派生类`C`，头部应该写`class C(A, B)`还是`class C(B, A)`？写法不当，按方法解析序找到的就可能不是我们期望的函数。这又说明了多继承的复杂性。

函数`super`的意义也与方法解析序有关。对单继承（前面的讨论只涉及单继承）的情况，在一个类里调用`super`，意义很清楚。在出现了多继承的环境中，调用`super()`将得到 mro 序列中排在本类之后的那个类。

基于类、继承、多继承等数据构造和组合技术，人们已经开发了许多组织和定义类的**模式**，有关领域和技术称为（面向对象程序的）设计模式，是软件开发经验的总结，有很丰富的内容。有兴趣的读者可以自己学习，这里不再深入介绍。

4.3.4 异常和类

讨论了面向对象的概念和应用之后，本节将对 Python 的异常处理机制做一些说明，主要介绍 Python 中异常和异常处理与类和对象的关系。

---

① 方法解析序（mro）有严格的（数学）定义。对于任意继承关系结构，mro 规则都能将相关基类排成一个序列，这样就保证了唯一性。这里不讨论细节，读者可以查看 Python 手册和相关文档。

再看 Python 异常机制

异常机制的基本情况已在第 3 章介绍。如果执行中发生异常，解释器转入异常处理模式，查找异常处理器。Python 预先定义了一批标准异常，如 ValueError、TypeError、ZeroDivisionError 等。try 结构描述异常处理，它可以带任意多个描述异常处理操作的 except 子句（异常处理器），子句头部说明捕捉和处理的异常。

实际上，Python 的异常处理完全基于面向对象的概念和性质。标准异常是一组特殊类，**异常名就是类名**。3.4.4 节说明了标准异常的一般/特殊关系，实际上是异常类的继承关系：标准异常类构成一个树形结构，最终基类是 BaseException，最重要的是 Exception，主要标准异常类都是 Exception 的直接或间接派生类。运行中产生异常（无论是系统引发，还是 raise 语句引发），就是创建特定异常类的实例。

发生异常需要将异常与检查链上的处理器匹配。假设异常对象是 e，如果某异常处理器处理异常 E，而 isinstance(e, E)为真，该处理器就能捕捉 e。根据异常类的继承关系，以及实例与类的关系，如果运行中出现 ZeroDivisionError，捕捉 ArithmeticError 或 Exception 的处理器也能捕捉这个异常。

上面的说明也解释了正确安排 try 语句后面处理器的方法。如果异常（类）E1 和 E2 之间没有继承关系，处理 E1 和 E2 的处理器的顺序不重要。但如果 issubclass(E1, E2)为真，把 E1 的处理器排在 E2 的处理器之后，处理 E1 的处理器就不可能用到，这显然不是我们期望的情况。因此，应该把处理 E2 的处理器放在后面。

自定义异常

Python 用类表示异常，使人很容易定义自己需要的特殊异常，并利用面向对象的观点组织异常处理过程。如果需要一种新异常以便安排特殊的处理，我们只需选一个标准异常类，从它派生一个新类，这个类就是一个自定义异常。例如：

```
class RationalError(ValueError):
    pass
```

很多时候我们只是希望定义一种新异常，以便利用 Python 的异常处理机制安排专门的处理。这种自定义异常不需要任何特殊功能，派生类的体可以为空。为语法完整，上面写了一个 pass 语句。完全可以从自定义异常继续派生新异常。

4.4 特殊方法名和特殊的类

前面介绍过一些具有特殊名字的方法的特殊作用，例如，名为__init__的方法在对象的构造过程中将被自动调用，与算术/关系运算符对应的特殊方法名可用于模拟算术/关系运算，使自定义对象可以用在算术或关系表达式里。Python 还有一大批特殊方法名，利用它们可以定义功能特殊的对象，或支持特殊使用方式和编程技术等。本节介绍一些情况，顺便介绍一些概念，包括**容器类**、**迭代器**、**上下文管理器**等。

Python 语言手册的 3.3 节说明了所有特殊方法名及其作用。如果一个类里定义了具有特殊方法名的方法，系统就会在一定情况下调用它们。另外，具有特殊名字的方法也可以以常规的方式调用。特殊方法名大致可以分为两类。

- 模拟 Python 语言的特殊表达形式，以方便对象使用。`__add__`、`__lt__`等均属此类，有了这类定义，自定义对象就可以很方便地用于某些特殊上下文中。
- 实现某种特殊的功能，在某些情况下被自动调用。描述对象初始化的`__init__`属于此类。通过重新定义可以改变默认功能，满足程序的需要。

特殊方法名都以两个下划线开头和两个下划线结尾，请不要自己创造这种形式的方法名。

本节还要介绍一些与面向对象编程有关的标准函数和类型（也是函数）。

4.4.1 容器类和迭代器

本节介绍两类常用的特殊对象：**容器**和**迭代器**，说明如何自定义这些对象。

容器对象

Python 一些内置类型的对象包含元素，称为**容器**（container），相应的类称为**容器类**。`tuple`、`list` 和 `dict` 都是容器类，其共性包括可以用下标表达式取元素或做元素赋值（对变动类型），如 `x = s[i]`或 `s[i] = y`，用 `del s[i]`删除元素等。

我们也可能需要自己定义的容器对象，需要把一批元素存入其中，希望用下标表达式的形式操作元素（清晰且方便）。特殊方法名`__getitem__`、`__setitem__`和`__delitem__`服务于这类元素操作的需要，它们的定义形式是：

- *obj*.`__getitem__(self,` *key*`)`，支持 *obj*`[`*key*`]`
- *obj*.`__setitem__(self,` *key*, *value*`)`，支持 *obj*`[`*key*`]` = *value*
- *obj*.`__delitem__(self,` *key*`)`，支持 `del` *obj*`[`*key*`]`

这 3 个方法都是实例方法（带有 `self` 参数）。如果一个类定义了这 3 个方法函数，该类的对象就支持相应的 3 种形式的下标访问，实际执行时所做的操作就是这样定义的方法函数。显然，不变类型不应该定义后两个操作。这里的 *key* 可以是整数，还可以是切片对象。4.5 节将通过例子说明实现切片功能的技术。

前面程序里经常直接对标准容器类的对象做迭代，例如把表或元组作为 `for` 语句、描述式的迭代源等，要求逐个使用其中元素。如果某个自定义类的对象有这类使用需求，我们可以在这个类里定义一个`__iter__`实例方法，方法的返回值应是迭代器对象。对于容器类，应该让返回的迭代器枚举容器元素；对其他情况，也让迭代器产生出一个个对象。情况比较简单时，可以考虑把`__iter__`定义为一个生成器函数，其返回值就是迭代器。如果情况比较复杂，也可以专门定义一个**迭代器类**（见后面的介绍）。

`len` 检查标准容器对象的元素个数。如果一个类里定义了名为`__len__`的实例方法，对其对象调用 `len` 时就会执行这个方法。运算符 `in` 或 `not in` 可用于检查某个对象是否为某个容器的元素。在自定义容器类里定义名为`__contains__`的方法后，运算符 `in` 或 `not in` 就可以用于该类的对象。如果没定义`__contains__`方法但有`__iter__`方法，做 `in` 或 `not in` 判断时解释器会利用`__iter__`方法逐个检查元素。

容器类还可以定义其他方法，Python 语言手册 3.3.6 节有一些建议，可以参考。

迭代器对象

迭代器类也很容易定义，只要求其中有`__next__`实例方法，每次调用给出一个值。如果在迭代值用完后调用，就引发 `StopIteration` 异常，再调用也这样。对于对象 `x` 调用标准函数 `next(x)`，就是调用对象 `x` 的`__next__`实例方法。`for`、描述式等使用迭代器的结构也是反复调用迭代器的`__next__`实例方法，直至其抛出 `StopIteration` 异常时（自动捕捉这个异常并）结束工作。

实际上，如果对象不支持`__iter__`方法，但支持前面说明的`__getitem__`方法，同样也能作为迭代源用在 `for` 语句、描述式等结构里。解释器将自动地递增地用整数下标在其中迭代，直至某次下标访问引发 `IndexError`（表示下标越界），相应的 `for`、描述式等结构（也是捕捉异常并且）结束工作。

简单容器实例

作为实例，现在考虑一个简单容器类，其功能与表类似。

首先考虑容器类的设计。我们希望其对象的使用与表一样，但它不是表，而是另一个类型，命名为 `Box`。为保存元素，我们在 `Box` 对象里用一个 `list` 属性。为使这种对象可以像标准容器对象一样使用，就需要定义一组具有特殊名字的操作。

类定义的梗概如下，为 `Box` 定义与容器有关的如下操作：

```
class Box:
    def __init__(self, elems=None): ...
    def __len__(self): ...
    def __getitem__(self, ind): ...
    def append(self, value): ...
    def __setitem__(self, ind, value): ...
    def __contains__(self, item): ...
    def __str__(self): ...
    def __iter__(self): ...
```

这里的`__len__`支持标准函数 `len`，`__getitem__`和`__setitem__`支持下标表达式的使

用，__contains__支持元素关系判断，__iter__使对象可以用作迭代器。这些方法的实现都非常简单，直接映射到对应的表操作：

```
class Box:
    def __init__(self, elems=[]):
        self._elems = list(elems)

    def __len__(self):
        return len(self._elems)

    def __getitem__(self, ind):
        return self._elems[ind]

    def __setitem__(self, ind, value):
        self._elems[ind] = value

    def append(self, value):
        self._elems.append(value)

    def __contains__(self, item):
        return item in self._elems

    def __str__(self):
        return "Box" + str(self._elems)

    def __iter__(self): #定义一个生成器函数
        for x in self._elems:
            yield x
```

Box 对象的使用与 list 对象类似，只是少了一些操作。

4.4.2 上下文管理

本节介绍一类常见计算过程，以及 Python 为处理这类过程专门设计的 with 语句。文件处理是这类过程的典型实例，这里也牵涉到特殊方法名。

问题和概念

假设现在要打开一个文件，读入其中内容，最简单的想法是像下面这样写：

```
ifile = open("datafile.txt")
… … # 读入文件内容和处理
ifile.close()
```

前面说过，文件打开和关闭操作必须配对，不用的文件应该关闭，尤其是在长期运行的程序中。文件读入和处理的过程中可能出错（文件来自外部，无法掌控），为保证程序能应对各种情况，需要用一个 try-finally 结构把处理文件的代码包起来。

下面的处理模式可以解决问题：

```
ifile = open("datafile.txt")
try:
    … … # 读入文件和处理
finally: # finally 子句里的 close() 总会执行
    ifile.close()
```

这段代码保证，无论文件读入过程中是否出错，打开的文件都能正确关闭[①]。

实际计算中存在着许多类似场景，其共性是：需要执行一段代码完成一些工作，有关工作可能很复杂，代码段可能很长。进而，在进入这段工作之前需要执行某个**进入操作**（开始操作），该段工作结束时都需要做一个**退出操作**（结束操作）。而且必须保证，无论在核心工作过程中出现什么情况，工作正常或异常完成，在结束这段代码前都必须执行退出操作。显然，这类需求都可以用上面的 try-final 模式描述，只是写起来麻烦一点。

with 语句和上下文管理器

Python 为这种有进入和退出操作的工作片段引进了一种专门的 with 语句。采用 with 语句，前面文件处理的代码段可以简化为：

```
with open("datafile.txt") as ifile
    … … # 通过 ifile 读入文件内容并处理的代码段
```

无论处理文件内容的代码段如何结束，文件关闭命令 close() 都会被自动调用。与前面的 try-finally 相比，用 with 语句描述更简单也更清晰。

with 语句的基本形式是：

```
with 表达式 as 变量:
    语句块
```

这样一段代码称为一个**上下文**（context）。在执行 with 语句时，解释器先求值**表达式**，得到的对象应该是一个**上下文管理器**（context manager）。这种管理器对象（下面的 *cm*）支持一对进入和退出操作，它们采用特殊名，因此能被自动调用：

- *cm*.__enter__() 描述进入上下文（with 块）的动作；
- *cm*.__exit__(*exc_type*, *exc_value*, *traceback*) 描述退出上下文时的动作。

with 语句求出上下文管理器对象后立刻执行它的进入操作，并将该操作的返回值绑定到 as 指定的**变量**，然后执行 with 语句的体**语句块**。无论这个**语句块**如何结束，整个 with 语句结束之前都执行上下文管理器的退出操作。

上面两个函数都是实例方法。现在说明这两个方法的参数和返回值：进入方法除了 self 之外没有其他参数，它应该返回相应的上下文管理器对象本身。这个返回值被约束到 as 指定

① 注意，如果 open 出错，第一个语句将引发异常，不会进入随后的 try 结构。

的变量，可以在语句体中使用。退出方法应该有另外 3 个参数，上下文退出时被自动调用时，解释器提供相应的实参。如果 with 语句体正常完成，3 个实参都是 None。如果上下文由于发生异常而退出，*exc_type* 的实参是异常的类型，*exc_value* 的实参是相应异常对象，而 *traceback* 的实参是一个特殊对象，表示当时的追踪信息。

with 语句的一般形式允许有多个 as 子句。出现多个 as 子句相当于写了多个嵌套的 with 语句，排在后面的先退出。例如，下面两段代码等价：

```
with A() as a, B() as b:
    … …

with A() as a:
    with B() as b:
        … …
```

Python 系统和标准库的一些类型中定义了这一对操作，因此可以用于 with 语句。例如，文件对象就支持这对操作，其进入操作是空操作，什么也不做，但返回该文件对象本身；其退出操作就是关闭自己（调用 close()关闭文件）。

自定义上下文管理器

我们也可以自定义上下文管理器类，为此只需要为其实例对象定义一对进入和退出方法。下面是一个简单的上下文管理器类，只为说明一些情况：

```
from random import random

class Context:
    def __enter__(self):
        print("__enter__() executed")
        return self

    def __exit__(self, type, value, trace):
        print("__exit__ () executed", type, value, trace)

    def action(self):
        print("action() executed")
        rm = random()
        if rm < 0.5:
            return "action ends"
        else:
            raise RuntimeError(rm)
```

进入方法在输出一行信息后返回这个对象本身，退出方法也输出一行信息。

在 Context 类里定义了一个简单的 action 方法，就是为了展现该类对象的行为。方法 action 将随机地正常返回或引发异常。

下面定义一个调用函数：

```
def test_with(n):
    for i in range(n):
        try:
            with Context() as con:
                print("Context:", con.action())
        except RuntimeError as ex:
            print(type(ex), ex.args[0])
```

本函数反复执行 with 语句，用 Context 对象作为管理器，执行该管理器的 action 动作。下面是调用 test_with(4)的输出（注意，这里有随机性）：

```
__enter__() executed
action() executed
Context: action ends
__exit__() executed None None None
__enter__() executed
action() executed
Context: action ends
__exit__() executed None None None
__enter__() executed
action() executed
Context: action ends
__exit__() executed None None None
__enter__() executed
action() executed
__exit__() executed <class 'RuntimeError'> 0.7252606804354277
<traceback object at 0x00000000033ED9C8>
<class 'RuntimeError'> 0.7252606804354277
```

在上面显示的执行中，with 语句 3 次正常结束，一次异常结束。但可以看到，无论怎样结束，它都执行了退出操作。最后一行是异常处理器里的 print 产生的输出。

Context 类不是一个实际例子，只用于展示上下文管理器的定义方式，以及这种对象与 with 语句相互作用的情况。需要自定义上下文管理器时可以参考。

4.4.3 一些特殊方法名和标准函数

Python 还有许多特殊方法名，语言手册的 3.3 节列出了所有特殊方法名，并说明了它们的用途和被自动调用的情况。下面介绍几个特殊方法名，它们都与面向对象编程有些关系，然后介绍几个与面向对象有关的标准函数。

几个特殊方法名和属性名

除了__init__，还有几个特殊方法名也或多或少与面向对象编程有关。

- __bool__(self)：实例方法。如果希望本类对象可以用在要求逻辑值的上下文中（如用作 if 语句的条件），就应该定义这个方法。本方法应返回 True 或 False。如果没定义这个方法，解释器需要判断对象的真值时调用__len__，把得到非零值的情况都作为真。如果类中没有这两个方法，该类的对象都作为真。

- __new__(cls[,...])：类方法，其默认定义是创建本类的新实例。该方法至少需要 cls 形参，还可以有其他参数。创建实例时，解释器先调用该类的__new__方法建立对象，再调用__init__完成属性设置等工作。覆盖__new__函数可以改变解释器创建该类实例时的行为，也可以通过用__new__函数只是创建对象，但不初始化（以便实现其他处理方式）。下面将给出一个利用该函数的例子。
- __del__(self)：实例方法，在对象销毁之前自动调用。如果某个类的实例在销毁前需要做一些结束操作，可以覆盖这个方法。
- __call__(self[,...])：实例方法，如果类 C 定义了这个方法，该类的对象就可以作为函数用于调用式中。支持这个方法的对象就是**可调用对象**。假设 x 是类 C 的对象，调用 x(a1,a2,a3)相当于 x.__call__(a1,a2,a3)。
- __hash(self)__：实例方法，它应该返回一个整数值。标准函数 hash 直接调用这个方法，标准类型 set、frozenset 和 dict 中利用它安排元素的存储位置。如果重新定义，仅有的要求是同一个对象的 hash 值应该不变，如果一个类里同时定义了__eq__和__hash__实例方法，该类的对象就能存入集合或作为字典的键（为避免出错，可变类型不应该同时定义这两个方法）。

顺便介绍类对象和实例对象的几个特殊属性名，按默认方式构造时自动设置：

- __dict__属性的值是对象的属性字典；
- __class__属性的值是该对象的类型；
- __module__属性的值是该对象的定义所在的模块名，当这个模块以程序的主模块方式启动时（直接被解释器执行时），模块名为__main__。

用 x.__dict__.keys()得到对象 x 的实际属性，而 dir(x)给出的表里不仅包含 x 的属性，还包含它继承的属性，x 是实例对象时包含其类（及基类）的方法属性。

__new__应用实例

现在考虑__new__的一个应用。

在 4.2.1 节展示的有理数实现中，__init__对参数做了许多检查和操作，包括：确定参数的类型正确，保证有理数表示的规范性（最简形式，规范化表示）。在用户创建有理数时，这些检查和处理都很有必要。但请注意，4.2.1 节各个有理数算术运算的实现中也用 Rational(..., ...)创建新有理数，这时也会对参数做一遍完整的检查，其中有些检查就是多余的了。下面考虑如何尽量避免不必要的检查。

以加法函数__add__为例：

```
def __add__(self, another):       # 模拟 + 运算符
    den = self._den * another.den()
```

```
        num = (self._num * another.den() +
               self._den * another.num())
        return Rational(num, den)
```

函数最后创建新有理数时，num 和 den 一定是整数，而且 den 一定为正，但 num 和 den 可能有公约数。这里用 Rational 构造，还会检查 num 和 den 的类型、检查 den 是否为正，这些检查完全没必要。可见，虽然运算函数里也要创建对象，但与初始化函数中基于用户提供分子和分母的情况相比，这里实际上可以减少一些检查。

利用__new__函数可以解决这个问题。__new__函数只分配存储，不执行__init__的操作。利用这种特性，我们可以定义下面的类方法：

```
    @classmethod
    def create(cls, num, den, sign=1):
        # 假定 num 和 den 是整数，den 为正，创建化简的有理数
        r = Rational.__new__(Rational) # 创建新的有理数对象
        g = Rational._gcd(num, den)
        r._num = sign * (num//g)
        r._den = den//g
        return r
```

第一行建立新的有理数对象，但不调用__init__。现在加法函数可以修改为：

```
    def __add__(self, another):      # 模拟 + 运算符
        den = self._den * another.den()
        num = (self._num * another.den() +
               self._den * another.num())
        return Rational.create(abs(num), den, 1 if num >=0 else -1)
```

函数仍能正确完成加法运算，返回内部表示规范的有理数，又避免了不必要的参数检查。其他有理数运算都可以这样修改。

与对象有关的几个标准函数

有几个标准函数与面向对象编程的关系比较密切，这里介绍一下。其中用 *obj* 表示的参数可以是任何对象，*name* 应是字符串参数，*value* 可以是任何类型的值，*function* 应该是函数对象，其他参数的情况见具体函数的解释。

首先是几个与对象属性有关的函数。程序运行中的各种实体都是对象，都能用这些函数检查和操作，主要用于类对象、实例对象、模块对象等：

- hasattr(*obj*, *name*)是一个谓词，检查对象 *obj* 里是否有 *name* 属性；
- delattr(*obj*, *name*)删除 *obj* 的 *name* 属性；
- getattr(*obj*, *name*[, *default*])获取 *obj* 的 *name* 属性，不存在这个属性时返回 *default* 值，调用中没提供 *default* 时引发 AttributeError 异常；
- setattr(*obj*, *name*, *value*)给 *obj* 设置 *name* 属性值，没有该属性时加入这个属性；

- vars([*obj*])返回 *obj* 的属性字典（*obj* 的__dict__属性值），模块对象、类对象和实例对象都有属性字典，无参时返回当前名字空间的变量及其约束值；
- callable(*obj*)检查 *obj* 是否可以作为函数调用（是否是可调用对象）。

下面几个标准函数实际上是类，但也是可调用对象。

- 类 object 是所有类的基类，其中定义了所有对象都有的公用方法。object()返回一个无属性的空对象，其中没有属性字典，无法加入属性，因此很少有用。
- type 是 object 的子类，作为所有类型的类型。type(*obj*)得到 *obj* 的类型（是一个类型对象）。另一种三参数使用形式 type(*name*, *bases*, *dict*)返回一个新建的类对象，可以看作 class 定义的动态形式，其中 *name* 是新类型的名字，*bases* 是元组，表示该类型的基类（一个或多个），*dict* 是该类型的属性字典。5.3 节将详细介绍使用 type 的三参数形式和一些高级技术。
- slice 是表示切片的类型。slice(*stop*)和 slice(*start*，*stop*[, *step*])创建切片对象，具有特殊名字的容器操作__getitem__、__setitem__和__delitem__允许参数 *key* 为切片对象（描述方式是用冒号分隔的两项或三项）。出现在下标表达式里的切片描述能被解释器正确解析，自动调用 slice 创建切片对象。这种对象有属性 start、stop 和 step 3 个属性，分别表示切片的起始下标，终止下标和步进值。如果在描述中没为某个属性提供值，该属性是值为 None。下面 4.5 节里给出的编程实例中将展示如何写识别和使用切片对象的代码。

__slots__

按照默认的定义方式，自定义类的每个实例都有一个属性字典，保存实例的属性及其约束值。字典对象比较复杂，空间付出也比较大。简单程序里创建的对象不多，直接采用默认方式，不会有太大问题。如果开发的系统很复杂，运行中需要创建某些类的大量实例，每个实例里各创建一个属性字典，带来的空间开销就可能很大。

实例字典能支持运行中的动态属性创建，带来极大的灵活性。然而，在大多数情况中，我们写类定义时就确定了实例的所有属性，不需要动态添加新属性。对这种情况，如果希望节约存储，就可以在类里定义__slots__数据属性，用它说明实例的（所有）属性。__slots__的值可以是字符串，表示本类的实例只有这个属性；也可以是字符串的序列或迭代器，表示实例里只有这些属性。如果一个类里定义了__slots__，创建该类的实例时就不创建属性字典，而是直接安排__slots__说明的属性。例如：

```
class TSlots:
    __slots__ = ("key", "value")
```

这个类的实例将只有 key 和 value 两个属性，给其他属性赋值都是错误的。

有几个问题需要说明。首先，__slots__只对本类实例有效，如果子类希望有这种性质，类中也需要定义__slots__，其中列出增加的实例属性，实例不增加属性时__slots__的值用空序列。如果一个类定义里没有__slots__，其实例就有属性字典，其派生类的实例也会访问这个字典。因此，从这种类派生时__slots__没意义。也就是说，__slots__有效的类或是 object 的直接派生类，或是__slots__有效类的直接派生类。更细节的规定见语言手册 3.3.2.3.1. Notes on using __slots__。

4.5 实例：链接表

作为本章已讨论内容的总结和应用，现在我们以几个链表的开发作为展示面向对象编程技术的综合性实例，也结合讨论另外一些编程技术。

4.5.1 基本考虑

表是计算机专业人士非常熟悉的一类重要数据结构。表是一些元素的序列，维持元素之间的一种线性关系。实现表的基本需要是：

- 能找到表的首元素（无论怎么找，这件事通常很容易做到）；
- 从表里任一个元素出发，可以找到下一个元素。

Python 的 list 就是抽象的表概念的一种实现，它把元素（的引用）存入一块连续存储区（参见 3.5.3 节），能满足上面两条，元素顺序隐含在元素的顺序存储中。

链表

满足上面两条要求未必需要连续存储，对象之间的**链接**（在对象属性里保存其他对象的标识）也可以看作顺序关联，利用链接实现的表就是**链接表**（或**链表**），基本想法是：

- 把表元素分别存储在一批独立的存储块（称为表**结点**）里；
- 保证从存储着任一个表元素的结点出发，能找到存储着下一个表元素的结点，为此需要在结点里显式记录下一结点的链接。

我们将假定每个结点里只存储一个元素（的信息），在一个结点里存储多个元素的实现方式留给读者考虑。链接表也回答了 3.5 节最后的一个疑虑：Python 标准序列都采用连续的存储块，当表非常大时，找到可用的连续存储块也可能变成问题。采用链接结构可以避免这一问题，这里的每个对象规模不大，其存储需求更容易满足。

为了简单起见，下面把“存储着下一个表元素的结点”简称为“下一结点”。显然，掌握了链表的第一个结点，一方面能得到表中第一个元素，另一方面能找到链表的下一个结点。顺着下一结点链接不断下去，就能找到表中所有的元素。

即使确定了在一个结点里保存一个元素，实现链表时也有多种不同的实现方式。下面先讨论最简单的**单链表**，其中每个表结点里只记录下一表结点的标识。然后再讨论单链表的一种变形和双链表，不同实现方法各有特点，支持不同的需要。

我们考虑图 4.4 所示的结构：用一个链表对象表示这个组合结构，通过引用关系链接起一串表结点，结点里存储表元素的信息。我们希望开发出的链表能作为一种可变序列，融入 Python 的编程环境。

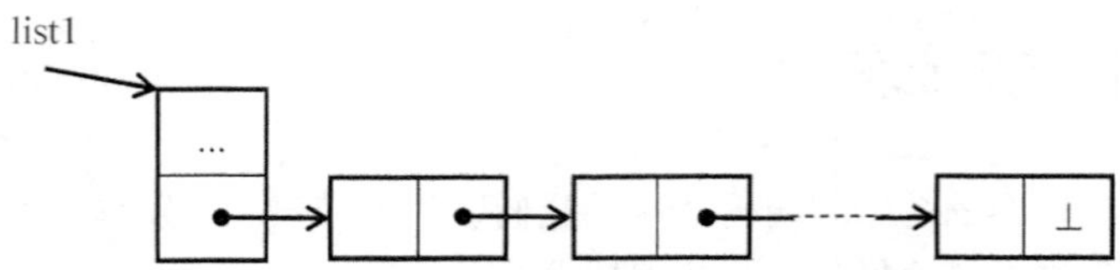

图 4.4 带有表对象的链表结构

由于篇幅关系，我们不准备在这里展示完整的开发工作，只做出最基本部分。但给出的代码足以说明有关工作是可以完成的，省略的工作留给读者完成。

单链表结点

现在考虑单链表类。由于链表需要有结点，我们先定义一个简单的单链表结点类。结点对象包含两个数据属性，elem 保存表元素，next 关联下一结点：

```
## 单链表结点类 list_node.py

class SLNode:
    __slots__ = ("elem", "next") # 避免实例的属性字典，节约空间

    def __init__(self, elem, next_=None):
        self.elem = elem
        self.next = next_
```

我们不准备将表结点本身作为封装，希望链表类可以直接访问其内部的数据属性，所以结点的两个属性名都没用下划线开头。显然，这种结点类是最应该用__slots__机制的类：程序运行中可能创建很多实例，不会考虑它们的动态扩充，而且这种节点很小。每个对象里安排一个属性字典，必然浪费很多存储空间。

SLNode 的初始化函数有两个参数，第二个可缺省。我们希望用 next 作为表示下一结点的参数名，又不希望参数名与标准函数名冲突，加后缀下划线是常见做法。

我们的计划（如图 4.4 所示）是用 SLNode 的对象作为结点，以它们的 next 属性作为链接构造结点链，最后结点（尾结点）的 next 域设为 None 表示结束，供操作中检查（图中用⊥符号表示）。3.1.1 节介绍过用表构造“循环数据结构”。用 SLNode 对象很容易构造出循环数据结构，为此只需要让一组结点的 next 域形成环形链接。当然，使用环形结构时要特别当心，避免无穷循环。有关情况这里不多讨论。

4.5.2 简单单链表

下面考虑单链表类的定义。表操作中可能出错，一种特殊错误就是要求访问空表的元素或删除元素，我们为此定义一个专用异常。单链表模块开头是：

```
## 单链表类 linked_list.py，其中使用链表结点类

from list_node import SLNode

class LinkedListUnderflow(ValueError):
    pass
```

下面考虑单链表类的设计和实现，根据前面的设想（图 4.4），我们在链表对象里设一个数据属性，存储表中首结点的标识，用_head 作为属性名。

初始化

现在考虑单链表对象的初始化。按最简单的想法，创建链表就是创建一个空链表。但我们想尽可能模拟标准类型，在创建各种标准序列类型的对象时，都允许以可迭代对象作为参数，创建单链表时也应该支持这个参数。

上面的考虑实际上确定了初始化函数的头部（类型）。这里还有一个麻烦：可迭代对象可能是序列，也可能是迭代器，它们分别支持不同的使用方式。要创建一串结点，必须先创建一个结点作为首结点，然后通过循环创建其他结点并连入链表。

标准函数 iter 能用于解决这里的问题：它可以作用于序列或迭代器，使我们可以统一处理所有情况。非可迭代对象不能用作 iter 的参数，应用时将引发异常，正好检查了参数合法性。考虑好这些情况后，可以写出下面的初始化函数：

```
class LinkedList: # （开始部分）
    Node = SLNode

    def __init__ (self, inits=()):
        self._head = None
        if not inits:
            return
        try:
            it = iter(inits) #  为统一处理序列和迭代器
            p = type(self).Node(next(it))
            self._head = p
            for x in it:
                p.next = type(self).Node(x)
                p = p.next
            return
        except TypeError:
            print("Non-iterable is used in Initiating LinkedList.")
```

```
        raise
    except StopIteration: # 空迭代器，直接返回
        return
```

这里为 LinkedList 引进了一个数据属性 Node，并将其设置为 SLNode。初始化操作中用的链表结点都通过 type(self).Node 创建。这样做是为了使代码更灵活，以满足派生的需要（派生的链表类可能需要用其他类型的结点）。

如果序列或者迭代器为空，创建第一个结点时调用 next 引发 StopIterartion 异常，这时我们直接返回（空链表已经建好）。如果参数 inits 不是可迭代对象，调用 iter 时就会引发 TypeError 异常，这里的处理方式是输出一行信息后重新引发异常，希望创建链接表的代码段来继续处理这个异常。

几个基本操作

我们希望单链表也能用于条件判断（例如，像 list 对象一样直接用作 if 的条件），还可以求长度。下面两个特殊名字的简单实例方法处理这两个问题：

```
def __bool__(self):
    return self._head is not None

def __len__(self):
    p = self._head
    ln = 0
    while p:
        p = p.next
        ln += 1
    return ln
```

注意，虽然上面的定义使标准函数 len 可以作用于单链表，但操作的代价与标准类型的表不同，求单链表的长度需要线性时间。我们也可以在链表对象里记录长度信息，并在所有变动操作里更新。那样做可以使 len 操作的时间变成常量，但将影响到许多操作的实现，衡量得失并不简单。鼓励读者设法实现该想法，并做一个对比。

为了方便输出，应该为单链表设计一种字符串形式，并据此定义方法__str__。这里的考虑用[[1,2,3]]的形式表示包含元素 1、2、3 的链表，方法定义如下：

```
def __str__(self):
    p = self._head
    s = []
    while p:
        try:
            s.append(str(p.elem))
        except TypeError:
            print("Elem in LinkedList cannot convert to str.")
            raise
        p = p.next
    return "[[{}]]".format(", ".join(s))
```

如果表元素不能转换为字符串，整个转换无法完成，同样输出信息并传播异常。

请注意，这里构造最终字符串时采用了前面建议的方法：先用一个表累积元素字符串，再用字符串的 join 函数构造大字符串，还用到字符串格式化功能。

我们希望链表能作为可迭代对象，用在各种标准上下文中（例如 for 语句、描述式、作为各种要求可迭代对象参数的标准函数，如 map 和 filter 等的实参），使自定义的单链表能很好融入 Python 的编程结构。为此就需要为单链表定义一个迭代器。Python 的生成器函数用在这里非常方便。下面是单链表对象的迭代器方法：

```
    def __iter__(self): # 用生成器函数定义链表的迭代器
        p = self._head
        while p:
            yield p.elem
            p = p.next
```

现在我们就可以写下面代码了（假设 llist 的值是单链表）：

```
[x for x in llist if x % 2 == 1]
```

有了__iter__，这个单链表还能支持 in 和 not in 运算符。由于这里没定义__contains__，这两个运算符将自动利用迭代器方法。

所有数据结构课程或教科书都要讨论遍历问题。用 C 语言写遍历链接表操作时，通常是定义一个高阶函数（包含一个函数指针参数的函数），函数原型大概是：

```
void for_each(LinkedList l, void(*f)(T));
```

要使用 for_each，必须先定义一些表元素操作函数，使用方式也很受限。迭代器支持更灵活的元素使用方式，每个包含元素的类都应该定义一个迭代器。

切片取值

现在考虑一个比较复杂的操作：设 llist 是链表，我们希望可以用 llist[i]的形式取元素，还希望用 llist[i:j]或 llist[i:j:k]的形式得到切片，单链表的切片应该是另一个新建的单链表，其中包含指定元素。

为了支持对单链表使用下标表达式，需要为其定义__getitem__方法。除 self 参数外，该方法还应该有一个 key 参数，实参可以是整数或切片描述。解释器可以正确解析出现在下标方括号里的切片描述，自动构造一个切片对象。取得切片对象后就可以获得其中的 start、stop 和 step 属性，然后建立相应的结果链表。

下面的函数分情况处理 key 为整数或为切片对象的情况。如果 key 值不属于这两种情况，那就是类型错误，抛出异常：

```
    def __getitem__(self, key):
        # key 是整数时返回以 key 为下标的元素
        # key 是切片时构造一个新的 LinkedList
        if isinstance(key, int):
```

```
    if key < 0: # 单链表不支持负数下标
        raise IndexError("LinkedList does not support"
                         " neg index", key)
    p = self._head
    i = 0
    while i < key:     # 按下标找元素
        if p is None:  # 下标值太大越界
            raise IndexError("Index in LinkedList is"
                             " out of range", key)
        p = p.next
        i += 1
    return p.elem
if isinstance(key, slice): # 处理切片参数
    res = LinkedList()
    p = self._head
    if not p: return res

    start = key.start or 0
    stop = key.stop
    step = key.step or 1
    print(start, stop, step) # 输出切片描述
    if not (isinstance(start, int) and
            isinstance(step, int) and
            (isinstance(stop, int) or stop is None)):
        raise TypeError("Index for slice in LinkedList")
    # 切片中的下标都合法，stop 是 None 表示做完整个链表
    if step <= 0:
        raise ValueError("Step cannot be 0 or less",
                         "in slice for LinkedList")
    if stop and start >= stop: # 应该得到空表
        return res
    i = 0
    while i < start:
        if p is None: return res
        p = p.next
        i += 1

    newp = res._head = type(self).Node(p.elem) # 新表的首结点

    while p and (stop is None or i < stop):
        num = 0
        while num < step:
            p = p.next
            num += 1
            i += 1
            if p is None or (stop and i == stop): break
        else:
            newp.next = type(self).Node(p.elem)
            newp = newp.next

    return res
raise TypeError(key, "used as index in LinkedList")
```

函数里最复杂的一段是切片参数的处理。如果切片描述 i:j:k 里的 i、j 或 k 缺失，相应的 start、stop 或 step 属性值就是 None。start 或 step 缺失时很方便得到应使用的值，缺少 stop 值时我们也没有通过遍历确定链表长度，而是保留其值为 None，在随后的循环控制中特殊处理。此外，这里把出现负数的情况都当作 0。

> **注意**
>
> Python 和 C 语言一样，几个字符串字面量之间只有空白字符分隔，将被自动拼接成一个串。上面函数里有几个地方用到这种技术，以避免一行过长。

采用类似的技术还可以定义实例方法`__setitem__`和`__delitem__`、支持单链表的元素赋值和切片赋值、删除元素和删除切片的操作。这两个函数的定义都比较麻烦，同样需要区分下标操作和切片操作。具体定义留给读者作为练习。

基本变动操作

下面考虑几个修改链表结构的操作。前面说过，对 list 类型的对象而言，最方便的操作位置是表尾，因此 list 专门定义了 append 和 pop 操作。单链表的这两个操作都需要先遍历整个表，找到链表尾部。下面是有关函数的定义：

```
def append(self, elem):
    if self._head is None:
        self._head = type(self).Node(elem)
        return
    p = self._head
    while p.next:
        p = p.next
    p.next = type(self).Node(elem)

def pop(self):
  if self._head is None:  # 空表
      raise LinkedListUnderflow("pop empty LinkedList")
  p = self._head
  if p.next is None:  # 一个元素的表
      e = p.elem
      self._head = None
      return e
  while p.next.next:  # 直至p.next 是最后结点
      p = p.next
  e = p.next.elem
  p.next = None
  return e
```

这里的 pop 没有标准序列 pop 操作的可选下标参数，读者不难加入这一功能。

对于单链表，最方便的操作位置是首元素一端，为此增加一对首元素操作：

```
        def prepend(self, elem):
            self._head = type(self).Node(elem, self._head)

        def prepop(self):
            if self._head is None:
                raise LinkedListUnderflow("prepop empty LinkedList")
            e = self._head.elem
            self._head = self._head.next
            return e
```

再给单链表定义一个反转方法，采用的算法非常经典：

```
        def reverse(self):
            p = None
            while self._head:
                q = self._head
                self._head = q.next
                q.next = p
                p = q
            self._head = p
```

前面定义的迭代器方法逐个返回链表里的元素，但不能替换这些元素。现在考虑一个统一替换元素的方法。下面是定义：

```
        def mutate_elements(self, trans):
            p = self._head
            while p:
                p.elem = trans(p.elem)
                p = p.next
```

本方法用一个函数参数描述元素的变换，请参考 2.1.2 节有关表操作的讨论。

排序和反向迭代

list 的唯一特殊操作是排序方法 sort()，单链表也应该支持该方法。实际上，链表排序有两种方法：一种与 list 排序类似，通过调整表元素在表中的位置（在结点之间搬动结点），设法使它们排好序。另一方法考虑到链表包含一串结点，通过调整结点之间的链接关系（并不修改各结点保存的元素），也可以达到元素排序的目的。下面考虑后一方法，这种方法更好地反映了链表的特点。有关操作过程不难理解：一个个取下链表结点，将其插到已排序结点段里的正确位置。首先考虑排序过程中的几个情况。

如果链表为空或只包含一个元素，它本身就是排序的。表更长时，我们用 rem 记录除第一个结点外的结点段，通过循环把这里的结点逐一插入_head 指向的排序段。

内层循环在排序段里查找 rem 结点的插入位置。我们用两个扫描指针 p 和 q，令它们亦步亦趋地前进，直到 p 所指结点的元素更大或者已到达排序段尾，这时结点 rem 应该插入到 q 和 p 之间。表头插入和一般情况插入需要分别处理，最后接好排序段并将 rem 向前推进。大循环结束时全部结点都插入排序段，工作完成。

函数定义如下：

```
def sort(self):
    p = self._head
    if p is None or p.next is None: # 0或1个元素的表已排序
        return

    rem = p.next
    p.next = None  # 设置已排序段的结束
    while rem:
        q, p = None, self._head
        while p and p.elem <= rem.elem: # 查找rem的插入位置
            q = p
            p = p.next
        # p或空，或指向第一个大于rem元素的结点

        if q is None: # rem应该作为排序段的第一个结点
            self._head = rem
        else:         # rem应该接在q之后
            q.next = rem
        q = rem
        rem = rem.next # rem推进
        q.next = p     # rem插入原p/q所指结点之间，包括p为空情况
```

这里的循环也比较复杂，牵涉多个变量和两段表结点：self._head 记录着已排序结点段，以及 rem 记录着未处理段（这就是外层循环维持的不变关系）。内层循环用变量 q 和 p 查找 rem 所指结点的插入位置，两个变量亦步亦趋，q 永远跟在 p 后面。循环还要保证直到 q 所指结点的一段都不大于 rem（这是内层循环维持的不变关系）。把这些问题都考虑清楚并正确处理，就保证了本算法能正确工作。

如果查看 Python 的标准序列操作，就会发现还有许多操作没有实现，请读者进一步考虑，也将其作为练习。仔细考虑，确实存在一些不好实现的操作，例如负数下标，还有支持反向迭代器操作的实例方法__reversed__，原因是单链表不支持反向遍历。

下面用一种变通的方法实现反向迭代器：

```
def __reversed__(self):
    self.reverse()
    try:
        p = self._head
        while p:
            yield p.elem
            p = p.next
    finally:
        self.reverse()
```

这里先把链表反转，然后在其上迭代，最后再次反转链表使之恢复原样。在整个过程中需要 3 次遍历链表，代价大一点，但仍然是一个线性时间的算法。这里有一个问题：如果在这个反向迭代器的使用过程中发生异常，导致迭代中断，我们也必须把链表恢复原样。这里采用

try-finally 结构，就能保证恢复原来的链表结构。

4.5.3 带尾结点指针的单链表

已定义的操作使我们的单链表类就像一种自定义序列，可以继续开发实现所有序列操作。但是不难看到，与 list 类型相比，这种单链表有一个缺点：尾端加元素操作的效率低，必须从头开始找到表中最后的结点。实际中需要从表的两端频繁加入元素的情况比较多见。我们希望改进表的设计，提高后端插入操作的效率。

图 4.5 给出了一种设计，其中为表对象增加了一个表尾结点引用域。这样修改后，用常量时间就能找到尾结点，表尾加入新结点也变成了常量时间操作。

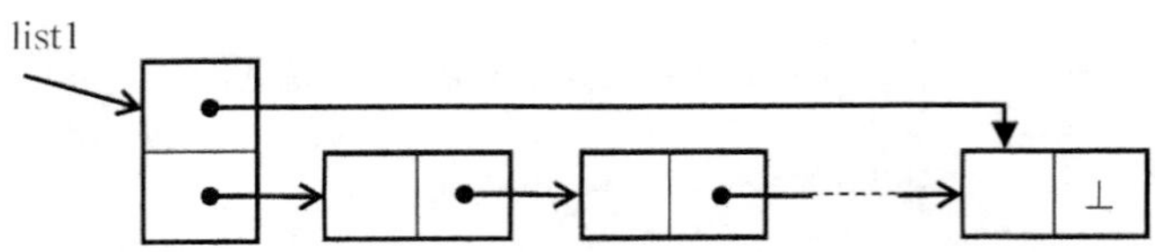

图 4.5　带尾结点引用的单链表

应该看到：链表的这一新设计与单链表的结构近似，这种结构变化应该不影响非变动操作的实现，只影响到变动操作。在这种情况下，我们有可能重用前面定义中的一部分。实际上，单链表类的大部分代码都可以重用，一些方法需要覆盖，原来的函数也可以借用。

初始化

首先考虑初始化。LinkedList 的初始化函数可以解决创建新链表的大部分问题，新链表只是增加了尾结点引用，需要设置。将新类命名为 LinkedList1：

```
class LinkedList1(LinkedList):
    @staticmethod
    def _set_rear(lst):  # 设置尾指针
        p = lst._head
        if p is None: return
        while p.next:
            p = p.next
        lst._rear = p

    def __init__(self, inits=()):
        LinkedList.__init__(self, inits)
        self._set_rear(self)
```

这里专门定义了一个设置表尾引用的静态方法，在函数的内部使用，初始化函数也用到它。如果不调用 LinkedList 的初始化函数，可以拷贝函数代码，参数 inits 非空时最后设置尾结点引用。前面说过，拷贝代码不应该提倡，采用上面做法的代码简单得多，但设置尾指针多做了一次循环。注意：静态方法可以通过类名或实例调用。

其他操作

下面考虑__getitem__的定义，这是前面 LinkedList 类里最复杂的方法。参数为切片时返回链接表，现在需要返回带尾结点引用的表。不难看到，绝大部分工作都可以直接用 LinkedList 的函数完成，只需要最后调用一下_set_rear：

```
def __getitem__(self, key):
    res = LinkedList.__getitem__(self, key)
    if isinstance(key, int):
        return res
    self._set_rear(res)
    return res
```

key 是整数时直接返回第一步得到的结果，否则设置好结果链表的尾结点引用域。

前端加元素的操作需要重新定义：

```
def prepend(self, elem):
    if self._head is None:
        self._head = type(self).Node(elem, self._head)
        self._rear = self._head
    else:
        self._head = type(self).Node(elem, self._head)
```

prepop 不需要重新定义，请读者自己确认这一说法。

最大的收获是 append 操作，但 pop 还是同样的复杂：

```
def append(self, elem):
    if self._head:  # empty list
        self._rear.next = type(self).Node(elem)
        self._rear = self._rear.next
    else:
        self._head = self._rear = type(self).Node(elem)

def pop(self):
    if self._head is None:  # 空表
        raise LinkedListUnderflow("pop_last empty LinkedList1")
    p = self._head
    if p.next is None:  # 表只有一个元素
        e = p.elem
        self._head = None
        self._rear = None
        return e
    while p.next.next:  # 循环到 p.next 是最后结点
        p = p.next
    e = p.next.elem
    p.next = None
    self._rear = p
    return e
```

在定义 pop 时，我们也可以直接调用 LinkedList 的 pop，然后再调用_set_rear。这里直接通过一个循环完成所有工作，也是一种合理做法。

表反转和排序都非常简单，同样调用_set_rear：

```
def reverse(self):
    p = self._head # 记录首结点
    LinkedList.reverse(self)
    self._rear = p # 设置为新的尾结点记录

def sort(self):
    LinkedList.sort(self)
    self._set_rear(self)
```

__reversed__方法不需要覆盖，正好合适。请读者设法确认。

其他方法都不需要重新定义，直接用基类的方法就可以了。这里只用了几十行代码，就实现了一个带尾结点引用的单链表类。能完成这个工作，主要借力于面向对象的继承机制。局部辅助函数_set_rear 也起了一点作用，说明了功能分解的价值。

4.5.4 双链表

对于单链表，有些操作很难实现，例如反向迭代器（虽然我们考虑了一种变通技术），负数下标等。有些操作的代价高，如尾端删除等。造成这种情况的原因是单链表只有一个方向的链接，改变局面的方法就是增加一个反向链接，从后一结点引向前一结点。增加了反向链接的表就是双链表。本小节研究双链表的实现问题。

为同时支持首尾两端的高效操作，我们采用图 4.6 所示的结构，表对象包含尾结点引用域。从双链表中任一结点出发可以直接找到其前后相邻结点（常量时间操作）。此外，首结点的反向链接和尾结点的正向链接都用 None 值。

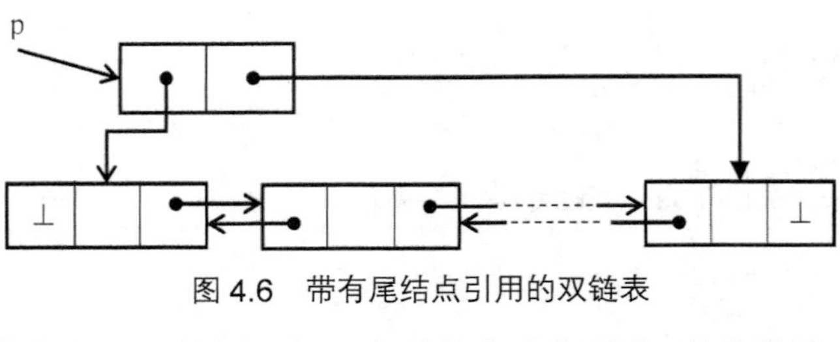

图 4.6 带有尾结点引用的双链表

显然，双链表里的结点与单链表不同，初始化方式也不同。结点类需要重新定义，下面是类定义，每个结点增加一个反向链接属性 prev：

```
## 文件 doublelinked_list.py，带尾结点引用的双链表类

from list_node import SLNode
from linked_list import LinkedList, LinkedListUnderflow
```

```
class DLNode(SLNode):  # 双链表的结点类
    __slots__ = ("prev",) # 实例增加一个域
    def __init__(self, elem, prev=None, next_=None):
        SLNode.__init__(self, elem, next_)
        self.prev = prev
```

这里假设结点类与双链表类定义在同一个文件里。双链表的结点需要加一个前项结点引用，为了维持`__slots__`特性，还需要定义这个属性，其值是一个单元素的序对。如前所述，派生类必须定义这个属性，其实例才能不建立属性字典。

初始化和其他

现在考虑双链表类的定义。双链表的特点就是每个结点都有双向链接，创建时需要设置它们。应该注意一个有趣的事实：只要结点之间有正向链接，我们就可以顺着它设置反向链接。下面的静态函数`_set_prev_and_rear` 完成这一工作，最后还设置了尾结点引用域。有了这个操作，双链表类的初始化函数就变得非常简单了：

```
class DLinkedList(LinkedList):  # 双向链接表类
    Node = DLNode   # 覆盖 LinkedList 的属性设置

    @staticmethod
    def _set_prev_and_rear(lst):  # 设置反向链和尾指针
        p = lst._head
        if p is None:
            return

        p.prev = None
        while p.next:
            p.next.prev = p # 设置反向链
            p = p.next
        lst._rear = p

    def __init__(self, inits=()):
        LinkedList.__init__(self, inits)
        self._set_prev_and_rear(self)
```

注意，类定义里重新设置了 Node 域，其值是双链表使用的新结点类，这保证了即使使用继承的方法，`type(self).Node` 也是正确的结点类型。

下面几个方法的定义与 LinkedList1 差不多：

```
    def __getitem__(self, key):
        res = LinkedList. __getitem__ (self, key)
        if isinstance(key, int):
            return res
        self._set_prev_and_rear(res)
        return res
```

```
    def reverse(self):
        LinkedList.reverse(self)  # 调用 LinkedList 的方法
        self._set_prev_and_rear(self)

    def sort(self):
        LinkedList.sort(self)     # 调用 LinkedList 的方法
        self._set_prev_and_rear(self)
```

最后都调用_set_prev_and_rear 而不是_set_rear。

双链表反转其实很简单，可以一遍完成，但必须另行编程，请读者考虑。从派生的角度看，经常会遇到一些操作可以在继承的基础上修改补充，也可以另行实现。对于这种情况，我们就需要根据具体情况权衡和选择。

两端操作

采用了双向链接之后，两端增删结点的操作都不再需要遍历整个表。当然，由于结点有两个链接，增删时需要维护它们，操作稍微复杂了一点：

```
    def prepend(self, elem):
        p = DLNode(elem, None, self._head)
        if self._head is None:
            self._rear = p
        else:  # 设置 prev 引用
            p.next.prev = p
        self._head = p

    def prepop(self):
        if self._head is None:
            raise LinkedListUnderflow("in pop of LDList")
        e = self._head.elem
        self._head = self._head.next
        if self._head:
            self._head.prev = None
        return e

    def append(self, elem):
        p = DLNode(elem, self._rear, None)
        if self._head is None:  # 空表插入第一个结点
            self._head = p
        else:  # 设置 next 引用
            p.prev.next = p
        self._rear = p

    def pop(self):
        if self._head is None:
            raise LinkedListUnderflow("in pop_last of LDList")
        e = self._rear.elem
        self._rear = self._rear.prev
        if self._rear is None:  # 弹出后变空表
```

```
            self._head = None
        else:
            self._rear.next = None
        return e
```

最后还有一个收获：生成反向迭代器的操作变得非常简单：

```
    def __reversed__(self):  # 供标准函数 reversed 调用
        p = self._rear
        while p:
            yield p.elem
            p = p.prev
```

由于有_rear 和结点的 prev 链接，反向迭代器和正向迭代器完全是对称的。

4.5.5 讨论

本实例中定义的 3 个类，形成一种线性的继承关系。如果需要，还可以继续扩充，定义更多的派生类，例如循环链表类，甚至二叉树类等。这些都留给读者考虑。

从几个类的开发中可以看到 Python 面向对象机制中的许多基本问题，包括实例方法函数和静态方法函数的定义及使用、类中的数据属性和函数属性、类继承机制的使用和由此而来的设计选择等。还说明了定义派生类时可能遇到的问题及其处理等。

程序代码中还展示了用 Python 做面向对象编程的许多技术。包括在被定义的类里用数据属性记录和使用相关的辅助类（以便支持派生类的扩展和重新定义），基于静态方法等的方法功能分解（静态方法经常被用于实现类内部的辅助函数），具有特殊名字的方法的定义和使用，切片对象和下标表达式的处理，用生成器函数实现容器的迭代器，try 结构中 finally 段的功能和利用，方法的继承和覆盖，基类方法的使用，__slots__的使用等。这里还展示了一些链接结构技术，包括递归数据结构（这里结点类）的定义和使用，各种链接操作，以及利用单链表的操作实现双链表操作的技术（如排序）等。在实现链接操作时，语句的顺序非常重要，建议读者自己编写几个操作，进一步熟悉有关技术。有关链接操作的更多情况可以参考数据结构教科书或其他材料。

在定义类时，有时需要保存一些与整个类有关的信息，或需要一些与整个类有关的功能，这些可以通过类的数据属性和类方法实现。实际程序中经常遇到这些情况。

4.6 总结和补遗

本节总结 Python 语言和编程中与面向对象有关的一些情况，讨论相关开发技术。

4.6.1 对象的定义和使用

Python 程序里的数据都是对象，本节首先总结对象定义和使用的一些情况，而后讨论几个特殊的对象类别。

一些一般情况

Python 程序运行中，可能建立很多不同对象，最重要的类别包括模块、类、类的实例、函数等。要访问（和使用）对象，就需要有访问路径。每条访问路径都从一个当时可见的变量开始，该变量可以是全局的、外围作用域的，或者局部的。当变量约束到一个对象时，该变量的出现就表示使用（访问）与之关联的对象，而相关对象的类型决定了使用的方式和意义。例如，字符串对象可以参与一些运算，还支持很多操作；函数对象可以执行，提供了适当数目而且类型合适的实参，可以完成一些计算工作。

各种对象有一个共同点，它们都支持圆点形式描述的属性访问。基本类型的对象也有许多属性，例如，可以看到字符串有一大批属性：

```
>>> dir("abc")
['__add__', ..., '__dir__', ..., 'upper', 'zfill']
>>> "abc".__dir__()
['__contains__', ..., '__dir__', '__str__', ..., 'lstrip']
>>> set(dir("abc")) == set("abc".__dir__())
True
>>> "abc".__contains__("a")
True
```

对一个对象调用标准函数 dir，通常相当于调用对象的__dir__()方法。前两个命令都得到一个挺长的表（有关结果太长，这里删去了大部分内容），下一个命令通过转换到 set 检查两个结果，可知两个表里包含的字符串相同。

数值字面量在这里是例外，因为数值描述中的圆点有特别的字面意义：

```
>>> 3.__dir__()
SyntaxError: invalid syntax
```

出现在数字中间的圆点总看作是小数点，这样分析上面代码片段，解释器的错误信息说这里的描述不合语法。实际上，数值对象也有属性，可以检查和使用：

```
>>> x = -27
>>> dir(x)
['__abs__', '__add__', ..., 'numerator', 'real', 'to_bytes']
>>> x. __abs__()
27
```

上面命令产生的输出属性表里也略去了大部分内容。

dir(x)得到一个表，其中的名字都可以用在 x. 之后表示属性访问，而具体能做什么，同样由属性的值（对象）确定（根据它们是数值、字符串、函数对象等）。常规的情况下，标准函数 dir(x)就是调用对象的__dir__()方法，然后对得到的表排序。如果对象 x 没定义__dir()方法，dir(x)就会去找对象的属性字典（__dict__属性的值）。5.4 节将讨论一些非常规的属性定义方法，dir 无法显示它们。

dir(x)主要用于交互式地检查对象属性，其默认行为（用__dir()__的默认定义）如下：如果 x 是模块对象，dir(x)给出模块的全局变量表；如果 x 是类型或类，dir(x)给出的表里包含类的属性，以及其各层基类的属性（直至 object）；对于其他情况，表中包含 x 的属性、其所属类的属性，以及所有相关基类的属性。

注意，出现在 dir(x)列出的表里的属性不一定是对象 x 本身的独特信息，其中很多是 x 的类型（以及基类）的公共信息。许多对象 x 有属性字典（x 的__dict__属性的值），其中记录这个对象自己的专有信息，同一个类型的不同实例各有自己的属性字典。vars(x)给出 x 的属性字典，相当于写 x. __dict__，其中的关键码是属性名，还有它们的约束值。用 x. __dict__.keys()可以得到 x 的属性名列表。

由上面的说明可以看出，表达式 x.a...其实很不简单。它可能是一个对象自身的局部属性访问，也可能触发一系列复杂的属性查找。由于查找有顺序，所以对象的属性将屏蔽对象所属类型的同名属性，派生类的属性屏蔽上层基类的同名属性。

5.3 节还将介绍一些定制属性查找方式的高级技术，有关技术提供了极大的灵活性，可用于构造出一些有用的解决方案，更好地处理一些复杂问题。

可迭代对象

可迭代对象（iterable）是 Python 语言的一个核心概念，语言里许多机制的设计都与这个概念有关，包括 for 语句、描述式、生成器函数，以及一些标准函数。简单说，可迭代对象就是为支持重复性计算而设计的机制，它们能为反复进行的计算提供基础数据。标准可迭代对象分为两类：序列对象和迭代器。下面总结有关情况。

序列对象是组合数据对象，是一类容器，其中的元素在对象里有顺序位置，通过从 0 开始的下标访问。序列类型是 Python 里几种基本类型的统称，包括字符串（unicode 字符的不变序列）、元组（任意对象的不变序列）、表（任意对象的可变序列）、bytes（可用单个字节表示的小整数的不变序列）和 bytearray（byte 对应的可变序列）。标准库的 array 类型是整数或浮点数的可变序列。

Python 支持用户定义类型的对象模拟序列对象的操作方式，只要有__getitem__ ()实例方法，就可以当作序列对象使用（参看前面 4.5.2 节介绍的链表）。Python 的**序列协议**就是支持__getitem__()操作，并能在下标越界时引发 IndexError。满足序列协议的对象都被看作序列，可以当作序列使用。

序列对象的底层实现牵涉到基础数据的表示问题，3.5.3 节讨论了组合对象的基本实现技术（连续和链接、一体式和分离式）。Python 编程不涉及底层存储，如果自定义序列类型涉及到存储安排，就需要利用 Python 与 C 语言的接口，用 C 语言实现 Python 程序可用的模块。许多重要的 Python 库采用这种实现方式，特别是效率要求特别高的库。

另一方面，迭代器也是 Python 的概念。提供了`__next__`方法的对象就是迭代器，要求这个方法每次被调用时能给出一个值，没有更多的值时引发异常 `StopIteration`。进一步要求是如果某次调用引发 `StopIteration`，再调用还应该引发这个异常。这些规定形成了 Pyhon 迭代器的基本规范，也称为**迭代器协议**，任何对象（包括用户定义的对象），只要支持这一协议，就能作为迭代器使用。

Python 提供了许多构造迭代器的功能，下面简单总结，并补充些情况。

许多标准函数返回迭代器。`range` 返回能生成等差整数序列的简单迭代器，另一些标准函数基于可迭代对象构造迭代器，如 `map` 和 `filter` 基于一个元素函数或谓词生成迭代器（完成变换或选择）；`reversed` 生成序列的反向迭代器；`zip` 从多个可迭代对象做出产生元组的迭代器。另一方面，`enumerate` 和 `sorted` 生成表。

标准函数 `iter` 返回一个迭代器，其调用形式是 `iter(`*object*[, *sentinel*]`)`。如果只有一个实参，它必须是序列（支持下标表达式），或者支持实例方法`__iter__`（可作为迭代器使用）。用两个实参调用时，第一个实参 *object* 必须是可调用对象，第二个实参是任意所需的值。这样调用也得到一个迭代器，标准函数 `next` 作用于它的行为就像是以无参形式一次次调用 *object*，得到它的返回值。如果某次调用得到的值等于第二个实参 *sentinel*（哨卫），就会引发 `StopIteration` 异常。注意，如果希望按这种方式从某个可调用对象得到的迭代器可以作为 `for` 语句或描述式的迭代源，该可调用对象必须是一种数据抽象，调用导致其状态变化，这样才可能在不同调用中产生不同的值。

还有，用圆括号括起的描述式也得到一个迭代器。由于描述式的迭代描述部分需要一个可迭代对象，因此这也是一种从可迭代对象得到迭代器的技术。

上面的技术多半是从已有的可迭代对象产生迭代器，只有 `range` 和 `iter` 的两参数调用形式是生成迭代器。要定义新的满足特殊需要的迭代器，就需要通过编程。存在若干自定义迭代器的方法，可以定义生成器函数或采用生成器表达式，功能更强大的方法是定义迭代器类。只要一个类的实例支持`__next__()`方法，并能在值用完时引发 `StopIteration` 异常，这种对象就可以用作迭代器（无穷迭代器没有后一要求）。

可迭代对象的基本使用方式是放在 `for` 语句头部或描述式 `for` 段的 `in` 关键词之后，为迭代变量提供值。还可以作为数据源创建各种序列类型的对象，或作为上述标准函数的实参。此外，迭代器对象（不能是序列）还可以作为标准函数 `next` 的实参，在用户控制下逐个生成值。3.3.2 节讨论过如何定义代表无穷序列的迭代器，这类迭代器只能在控制下使用（如通过 `next()` 函数使用），也是很有用的结构。

第 1 章介绍循环语句时说 `for` 应该用于简单循环，该说法应该进一步说明。`for` 语句的特点是把循环控制完全托付给头部的迭代器，使 `for` 语句本身的意义变得很简单。如果迭代器简单，例如用 `range` 产生，循环的过程就很简单。如果 `for` 语句头部出现通过复杂方式构造的迭代器，生成下一个值的方式也可能很复杂。但无论如何，`for` 语句很好地划分了循环的描述：

迭代器描述循环控制，语句体描述循环中的具体操作。

可调用对象

可调用对象（callable）也是 Python 语言的一个概念，指所有可以用在函数调用式中作为函数的对象。无论哪种可调用对象，其调用都将执行一段计算（操作），许多可调用对象的执行还会产生一个结果（返回值）。

语言本身提供的可调用对象体现为一组标准函数，但不同对象的功能也有所不同。有一组标准函数实际上是标准类型，例如 `int`、`str` 和 `list` 等，基于它们的调用式实际上是要求做类型转换，相应参数可以是某些类型的对象，返回值就是转换得到的（如 `int`、`str` 和 `list` 等类型）的对象。另一组标准函数是常规函数，如 `abs`、`pow` 等，对它们的调用要求做一段计算，得到计算结果。还有一组函数比较特殊，对它们的调用返回一个迭代器对象，它们都表示某个对象序列（值序列），满足迭代器协议（见上一小节的说明）。此外还有一些功能比较特殊的标准函数，其中几个将在第 5 章介绍。

用户写的函数定义产生函数对象，也是可调用对象，调用它们可以完成某些计算工作。如果函数定义里出现了 `yield` 语句（或 `yield` 表达式，下一章将会讨论），返回的就是生成器函数对象，这也是一种可调用对象，对它们的每次调用得到一个生成器（也是一种迭代器）。此外，用户定义类产生的类对象也是可调用对象，对它们的调用生成本类的实例。下一章还会介绍另一类用户定义的可调用对象，称为协程（coroutine）。

如果需要，我们也能把自定义类的实例做成可调用对象。为此只需在类里定义特殊名字的实例方法`__call__(self, ...)`。前面说过，如果类 `C` 定义了这一方法，`x` 是类 `C` 的对象，调用 `x(a1,a2,a3)`就相当于 `x.__call__(a1,a2,a3)`。

4.6.2 面向对象的技术和方法

本章开始时说过，数据抽象和面向对象的思想非常重要，但也比较复杂。有关语言机制和特征的结构和语义比较复杂，编程中的问题很多。人们在面向对象的设计和编程方面已经积累了丰富的认识和成果。下面介绍一些情况。

设计、定义和维护数据抽象

随着计算机科学技术和应用的发展，人们逐渐认识到数据抽象和过程抽象同样重要。以建立数据抽象为目标的抽象数据类型的思想逐渐发展起来，对程序和软件系统设计，以及编程语言的发展都产生了广泛而深远的影响。新型语言都提供了建立数据抽象的专门结构。所有优良的软件系统，其设计和实现的许多方面都实践着数据抽象的思想。掌握数据抽象的基本思想和实际技术，也是从简单编程走向复杂应用开发的重要一步。

数据抽象的基本思想是抽象和状态封装，以及接口与数据表示和操作实现的分离。实践中可能需要单个的数据抽象，也可能需要通过抽象数据类型描述一批性质相同的对象。无论对于哪种情况，首先都要确定数据对象与外界的接口，通过一组操作（函数）描述有关的接口。一个这种接口在程序中划出了一条明晰的分界线：一边是数据抽象的实现，可以采用满足需要的任何技术；另一边是使用数据抽象的其他程序部分，应该也只需根据给定的操作接口定义，完全不必考虑相关功能的具体实现方法。这种分离能很好支持程序的模块化组织，是分解和实现大型复杂系统的最重要技术。

Python 中的很多机制都可以用于定义数据抽象，例如前面介绍过的生成器函数和闭包技术，最重要的专用于支持构造数据抽象的类定义和模块组织。

如果需要定义一个具体数据抽象，可以考虑定义一个类，用一组类方法定义抽象的接口，用类中数据属性表示状态。本章有采用这种技术的例子，参见 4.2.3 节的客户管理系统及其为加入 VIP 客户而作的扩充（参见 4.3.2 节）。也可以考虑用一个 Python 模块（文件）实现数据抽象：在模块的全局空间里定义一组函数作为接口，用模块里的全局变量表示数据抽象的状态。使用程序直接导入模块（采用 `import` *module_name* 的导入方式），然后就可以通过模块名，采用属性访问的方式使用其中定义的功能了（5.1 节有更多介绍）。采用类定义的优势是可以通过继承的方式扩充，派生类继承基类的接口。采用模块的方式，可以利用程序源文件的物理组织反应程序分解的逻辑结构，还可以利用 Python 的模块导入系统。第 5 章还会更详细地介绍 Python 的导入系统，以及相应的源程序文件组织。

如果需要的是一类数据抽象（一个抽象数据类型），也可以根据问题的需要选择不同的实现方式。生成器函数可用于构造能产生数据序列的简单数据抽象，每次调用这种函数返回一个生成器对象，通过函数参数定制调用生成的具体对象。闭包技术可用于定义各种数据抽象，其内部状态完全不可见，能得到很好的保护。3.3 节的例子也说明，采用这种技术可以构造任意复杂的数据抽象。但闭包只是一种技术，不能得到 Python 语言的最强支持（例如，得到的数据抽象没有类型，不能检查类型关系）。最重要的方式是用类的实例表示数据抽象。本章前面有详细介绍，下面做一些总结和讨论。

面向对象的程序开发

假设现在面临的问题比较复杂，我们计划用面向对象技术去解决它，这时应该怎样开展工作呢？下面简单介绍一些技术和方法。

显然，一个复杂问题的解决不可能一蹴而就，也没有用之万事而皆灵的秘籍。当然，还是有些方略可循，最重要的是看到完成需求分析后的两个重要工作方向：其一是通过功能分解把复杂的系统（以及分解产生的复杂功能模块）分解为更小、有独立性、功能较容易把握的适当大小的模块；其二是通过过程抽象和数据抽象，定义有用的基础功能（例如有用的操作和数据类型），设法提高编程的抽象层次。面向对象的技术可以应用在这两个方向，特别是在提高编程的抽象层次方面。一旦弄清程序中需要的数据类型，就可以考虑定义一个类。如果发现需要一些相互关联的对象类型，继承机制就可能发挥作用。前面已有很多关于功能分解的讨论，这里最重要的是考虑问题的逻辑性质，尽可能做出具有高内聚性和低耦合度的模块化分解。下面集中讨论面向对象技术的实施问题。

Python 系统和标准库提供了许多有用功能，人们已经在这些功能的实现上做了很多工作，使其使用方便，执行效率高。我们还可以考虑第三方开发的资源。实际编程中应该尽可能利用语言和库的功能。如果某个已有类基本满足需要，但有少许不合适，可以用面向对象技术去调整。4.3.2 节的循环移位表是一个能说明问题的例子。

当然，总有时候需要自己去开发一些特殊的类。一旦确定了这方面的需要，就应该设法去理清这些类之间的相互关系，例如，不同的类之间是否应该有继承关系？能否定义一些有用的公共基类，把其余的类定义为它们的派生类？在每个类中应该定义哪些功能，各层次的派生类需要做哪些覆盖和扩充等等。

问题最终归结到一个个类的设计和实现上。下面说明设计和实现一个类的基本过程。当然，这些都是经验之谈，应该根据实际情况借鉴和调整。

1．弄清该类（实例）对象应具有的性质和行为，应支持哪些操作，操作是否可能改变对象状态（变动操作）。注意，这些考虑应该基于对象使用的角度，与实现无关。

2．为这个类选一个合适的名字，列出应该实现的方法表（接口设计）。为每个方法命名，列出所需参数。对每个方法，（用自然语言）简洁地描述其功能（例如，写好它的文档串），但不需要说明其具体实现方式的细节。

3．试着写一些简短的使用代码，检查初步设计能否满足实际使用的需要。发现问题立刻修改，直至得到了一套适合需要的类接口方法。这个步骤很重要。虽然代码不能执行，但这一工作可能发现接口设计的缺点和不足，最大限度地避免后期推倒重来。这些代码需要认真写好，将来有了实现，它们还将成为测试类功能的基本依据。

4．为对象的状态选择合适的内部结构，也就是确定一组对象属性。每个属性具有某种现有的类型，如 Python 基本类型（如整数等）或组合类型（如表等），也可以是某个自定义类型。这组属性的值足以表达对象的状态及其变化（变动对象）。

5．根据已有的分析和认识逐步实现类中方法。应该首先开发初始化方法`__init__`，为它选择合适的参数，在方法里完整地设置对象属性，保证新对象具有合法的初始状态。通常还应该实现字符串转换方法`__str__`（是否需要，采用怎样的字符串形式，视实际情况而定），这个方法对测试有重要作用。完成这两个方法后就可以测试这个部分实现的类，生成其实例对象，输出并检查生成的结果。

6．实现类中其他的方法，这项工作应该一步步完成。选择合适的算法开发了一个方法后，就应该写一些脚本代码去测试它。类中方法的开发，本质上就是完成一组相互有关的函数定义。前面讨论的功能分解，提取公共操作并将其实现为内部使用的函数，利用已有操作的功能实现新函数等，都可能在开发过程中出现。

7. 写好类和方法的功能说明。如果所用实现技术比较特殊，应该有详尽说明。Python 类和函数的文档串服务于这个目的。我们应该在开发过程中及时写好说明，并在修改程序时及时维护，保证文档内容符合程序的实际情况。

定义好的类是实现程序功能的基础，我们还需要创建系统所需要的实例对象，根据需要通过相互的方法调用，实现整个系统的功能。

面向对象技术的另一个重要特征是继承，即是通过继承的方法定义新类。这个问题在 4.3 节有细致讨论。前面介绍了通过派生定义新类的两种主要用途。

1. 为某个已有的类定义一类特殊对象，它们将维持基类对象的基本行为，因此可以作为基类对象使用（重要的替换原理），有时还需要一些自己的特殊功能。从基类派生就能满足这种需要，派生类能继承基类（可以有多个）已有的功能。通过调用基类的初始化方法，可以比较方便地设置派生类对象中与基类对象相同的部分；派生类的对象默认地继承基类的所有方法属性。如果需要，可以通过重新定义的方式覆盖原有的同名方法，改变相应方法的行为，还可以增加新的方法。

2. 定义派生类只是为重用某个已有类的功能。实际中也常有这种需要，主要是为了简化新类的实现工作，提高开发效率。这是继承的另一用途。如果只是为了借用已有代码，替换原理就不重要了，重要的是如何有效利用已有功能满足新的需要。

实际上，继承机制还有另一种作用，主要目的是帮助组织好程序的结构，组织起一组使用方式相同的类，以更好地支持程序的模块化分解，提高程序模块组织的灵活性，提高程序可维护性和可扩充性。

总而言之，面向对象开发也和基本程序开发一样，应该基于经过深思熟虑的设计，通过按部就班的扎实工作。也需要在开发过程中不断调整和完善，通过彻底的检查和测试，才能开发出高质量的功能正确的程序和软件系统。5.3 节还将介绍一些情况。

抽象基类和基于接口的设计

回顾 4.3.1 节的形状类，注意那里展示的技术：我们先定义了类 `Shape`，但不是为了生成实例，只是为了给具体形状类提供一个公共基类。这种做法有两方面的重要意义：首先，它定义了一个公共类型，`Shape` 的所有派生类的实例都是 `Shape` 的实例。这种情况有利于安排程序里的类型检查，也有利于程序扩充，定义更多派生类时，使用形状类的程序有可能不用修改。另一方面，`Shape` 还为所有形状类定了一套规矩，明确说明了要成为形状类，就必须覆盖这里定义的几个实例方法。`Shape` 这样的基类也给所有使用形状的程序提供了一套规则，并保证只要使用代码中只用到 `Shape` 定义的接口函数，这些代码就一定能用于 `Shape` 的任何派生类，包括现在还没开发的派生类。

应该说，`Shape` 为所有形状类定义了一个公共接口（Interface），支持一种基于接口的程序设计技术。接口的基本作用就是上面说的两点。近年来，基于接口的技术在软件开发领域得到了很大发展，被广泛地接受和使用。人们基于这种想法开发了许多重要的软件部件和系统框架，特别是一大批应用框架（Application Framework）。另外，一些语言也为支持基于接口的程序组织提供了专门机制，例如 Java 语言提供了 Interface（接口），还提供了介于 Interface 和常规类之间的**抽象类**。Java 的接口就是为了起到前面说的两个作用：一方面作为一个公共类型，支持基于接口的用户编程；另一方面作为一组类的定义规范，所有“实现”接口的类，都需要正确定义接口中说明的一组方法。

Python 没有接口机制，我们定义 Shape 时采用了一套自定义的规则，设法模拟面向对象技术中需要的（Java 等语言提供的）接口机制。由于接口的概念很重要，Python 通过标准库设计了一套专门机制。下面介绍有关情况。

Python 标准库有一个 abc 包，支持我们在程序中定义**抽象基类**（Abstract Base Class），这种类的基本用途与前面介绍的 Shape 类似。有关功能在 Python 语言里也有应用，例如，标准库包 numbers 里定义一个抽象基类 numbers，是几个数值类型（int、real、complex 等）基类，它不能生成实例，但可以用于判断一个对象是否是数值。

要利用 abc 包里的功能定义公共基类，一种简单方法是从该包里的类 ABC 派生。其中所有要求派生类定义的方法都应加 @abstractmethod 装饰符。以前面的 Shape 类为例，我们用下面的导入语句和新定义取代原定义：

```
from abc import *

class Shape(ABC):
    @abstractmethod
    def area(self): pass

    @abstractmethod
    def move(self, delta_x, delta_y): pass

    def name(self): return "Shape"

    def show(self):
        print("I am a", self.name() +".",
              "My area is", self.area())
```

原来从 Shape 派生的形状类都不用修改，功能不变。这段代码也说明，在抽象基类里也允许定义非抽象的方法，它们可以有具体实现。

抽象基类的功能更合理也更完整。与前面的自定义的抽象基类相比，这个新 Shape 类的功能更全面。首先，它不能实例化生成对象：

```
>>> s = Shape()
Traceback (most recent call last):
  File "<pyshell#2>", line 1, in <module>
    s = Shape()
TypeError: Can't instantiate abstract class Shape with abstract methods area, move
```

错误信息更清晰完全，既说明 Shape 类不能实例化，还说明了它有两个抽象方法 area 和

move，必须定义。进一步说，没有完全定义这些方法的类仍不能实例化。例如，假设我们从 Shape 派生出下面的类（本身没意义，只为说明问题）：

```
class Uncompleted(Shape):
    def __init__(self): self.a = 1
    def area(self): return 1
```

我们仍然不能创建其实例：

```
>>> u = Uncompleted()
Traceback (most recent call last):
  File "<pyshell#5>", line 1, in <module>
    u = Uncompleted()
TypeError: Can't instantiate abstract class Uncompleted with abstract methods move
```

错误信息告诉我们，还有一个抽象方法需要定义。

在 4.3.1 节介绍派生和继承中的动态方法约束时，我们提出了一种分解面向对象程序功能的重要方法：在基类里实现某些功能的操作框架，留下一些操作接口供具体派生类定制。根据上面的讨论，我们可以考虑把这种基类定义为抽象基类，在基类中无法提供有意义实现的需要定制的方法，都应该定义为抽象方法。

在抽象基类里，还可以定义抽象的类方法和静态方法，定义方式是在函数定义前面加上 @abstractclassmethod 或@abstractstaticmethod 装饰符。abc 包还提供了其他功能和使用方法，由于牵涉到其他概念，留待 5.3.4 节介绍。

4.6.3 总结

本章集中讨论面向对象的概念和相关编程技术，介绍了 Python 语言中与此相关的各种结构，以及用 Python 进行面向对象编程的许多技术。现在做一个简单总结。

面向对象的概念

Python 语言中面向对象的核心概念是类和对象（即类的实例），相关语言结构是类定义。解释器执行类定义时构造一个类对象。类对象的最重要功能是支持实例化操作（用函数调用形式描述），生成类的实例，而且可以生成任意多个实例。在 Python 里一个自定义类就是一个用户定义类型，即该类的所有实例的类型。由于继承的存在，子类的实例也属于基类，也就是说，一个类的实例集合包含了它的所有子类的所有实例。

类定义里的属性赋值建立类对象的数据属性，局部函数定义建立类对象的函数属性。类里函数属性包括默认定义的（实例）方法函数，以及加装饰符定义的静态方法和类方法。方法函数用于操作这个类的实例，静态方法就是定义在这个类里的局部的普通函数，而类方法用于操作类对象本身（的数据属性）。

实例化是定义类的最主要目的。类定义中最重要的是方法函数，它们都以调用对象作为第一个参数，完成实例构造或操作。类里常需要定义一个初始化函数（以__init__为名），作为最基本的实例构造操作，还可能定义其他构造操作，以及一些解析操作和变动操作。变动操作改变实例对象状态，构造操作和解析操作都不改变对象状态。

类定义还可用于定义一组相关的类型。通过继承已有的类（基类）定义派生类，就能构造出一组具有层次关系的类。定义派生类时可以继承一个基类（单继承），也可以继承多个基类（多继承）。派生类继承基类的所有方法，可以重定义（覆盖基类的同名方法），也可以增加新方法。从对象调用方法时，如果其所属类里没有相关定义，解释器就检查其基类。每个类有一个严格定义的方法解析序列（mro，见 4.3.3 节）。解释器按 mro 完成方法查找。如果在定义时没说明基类，该类就以内部类 object 作为基类。

Python 异常处理机制也基于类和对象的概念定义。语言定义了一组标准异常类，形成一套内置的异常类层次结构。引发异常就是生成指定异常类的对象，要求找到与异常匹配的处理器。如果异常对象属于某处理器头部描述的异常类，该处理器就捕捉这个异常。注意，由于派生类的对象也是基类的对象，因此，要求捕捉基类异常的处理器也能捕捉属于派生类的异常。自定义异常时，需要从已有的异常类派生。

面向对象编程的基本技术

面向对象编程的基本技术包括类定义和实例生成，需要理解初始化函数的定义和意义，实例方法的定义和使用、静态方法的定义和使用（4.2.1 节，加装饰符@staticmethod，无 self 参数）。为设置和维护与整个类有关的信息和事务，可以通过赋值为类对象设置数据属性，通过加装饰符@classmethod 的方式定义类方法（参见 4.2.2 节）。类方法不需要实例参数 self，但需要一个表示类的参数（通常用 cls）。

复杂程序中经常需要定义一组分层次的类，继承机制支持这类需求（参见 4.3 节）。定义派生类时，通常需要重新定义初始化操作，可能为实例设置更多属性。为了满足替换原理，也为了重用基类的操作，派生类的初始化函数通常首先调用基类的初始化函数（通过基类名或函数 super）。继承机制还可以用于支持重用已有的类定义，修改已有类的部分行为或添加新的行为，满足实际程序的需要（参见 4.3.2 节）。

从一个基类派生称为单继承，Python 允许派生时继承多个已有的类，并根据需要扩充或修改已有的功能（参见 4.3.3 节）。在通过多继承的方式定义派生类时，派生类的初始化函数里常需要逐一调用基类的初始化函数，其他方法也可能这样做。

为了模拟语言本身的运算符，以及模拟各种重要的系统功能，Python 提供了一组特殊方法名，供我们在定义各种类的时候使用。最常用的特殊方法名模拟各种算术运算符和关系运算符（参见 4.2.1 节），若干特殊方法名用于模拟容器类和迭代器（参见 4.4.1 节），上下文管理器等（参见 4.4.2 节），或者用于其他目的（参见 4.4.3 节）。

此外，4.6.1 节总结了对象的属性与属性访问的基本情况，以及 Python 中的可迭代对象和可调用对象，4.6.2 节介绍了抽象基类及其应用。

5.3 节还将介绍 Python 语言里支持面向对象编程一些的特殊结构，以及基于它们的高级技术。有兴趣的读者可以去查看。

一般认为，面向对象技术的开始可以追溯到 1967 年的 Simula 语言，其真正发展是 20 世纪 70 年代末开发的 Smalltalk 语言和系统，以及 20 世纪 80 年代末 C++的开发。大约 50 年的发展已经积累了许多重要的经验和技术，值得使用面向对象开发的程序员参考。囿于本书主旨，这里不能展开更深入的讨论，请关心面向对象编程的读者参考其他书籍，例如专门讨论**面向对象的设计与分析**的著作，讨论**设计模式**的著作等。

编程建议

下面是一些与面向对象编程有关的建议：

- 如果程序里需要一类具有特殊性质和操作的对象，就应该考虑定义一个类，用这个类的实例实现对象所需的功能；
- 定义类时，尽可能做好使用接口与内部实现细节的分离；
- 实例的属性将会屏蔽其所属类的同名属性，需要特别注意；
- 程序中应该遵循 Python 的基本命名规则：用单个下划线开头的名字表示内部使用的属性，用两个下划线开头的名字加强封装，不要自定义两个下划线开头和结尾的名字，该形式的名字保留给 Python 语言使用；
- 用实例方法函数实现实例操作，用类方法函数实现与整个类有关但并不特定于具体实例的操作，用静态函数实现局部的普通函数（通常是类里的辅助函数）；
- 为满足面向对象编程的替换原理，经常需要在派生类覆盖的方法里调用基类的同名方法，此时可以考虑基于具体基名的调用或基于 `super()` 函数的调用，前者指向明确且效率更高，后者具有更好的可维护性；
- 根据需要组织好自定义类的层次结构，把所需属性（数据属性和方法属性）分别安排在适当的类里，参考唯一定义原则确定属性的定义位置；
- 利用 Python 的动态约束规则，把一些公共功能放在适当的基类里定义，并为派生类中的定制留好接口（参见 4.3.1 节，结合 4.6.2 节介绍的抽象基类）；
- 使用多继承时，应特别注意其中的方法查找的顺序，派生类定义中基类列表里基类的排列顺序非常重要，影响 mro 序列；
- 尽可能利用特殊方法名，模拟语言里的数学类型、容器、映射、迭代器等；
- 用迭代器封装复杂的迭代控制，分解所需的循环控制与程序中的应用逻辑；
- 如果程序里要求某种典型的阶段性工作，带有清晰的开始操作和结束操作，可以考虑定义专门的上下文管理器，保证结束操作总会执行；
- 利用异常类的派生关系组织好程序里的异常处理；
- 针对具体需要定义特殊的异常类型，以便区分处理。

第 5 章

Python 编程进阶

前 4 章介绍了 Python 语言的各种基本特征和编程技术，本章将介绍一些高级功能和与之相关的技术。5.1 节讨论程序的模块化组织和执行，导入系统的详情和利用它组织程序的技术。5.2 节讨论 Python 重要的“装饰器”概念，这是以函数或类为参数、返回函数或类的一种高阶函数，在 Python 语言里有重要的地位和作用，应用于实际编程时也有特殊意义。5.3 节介绍更多面向对象编程的机制和技术，主要包括元类的概念和技术，以及属性的定义、管理和使用技术。Python 最新版本引进的“协程”是非常重要的概念，支持用户开发可以并发执行的异步程序，5.4 节将介绍这方面的情况。

5.1 程序和模块

一般而言，一个 Python 程序由一组正文文件组成，文件内容是用 Python 语言描述的代码（各种语句）。这些文件中有一个是程序的顶层主模块，还可能有另外一些模块[①]。程序运行从主模块开始（运行包含主模块代码的文件），该模块里的代码和控制流表示了整个程序的行为，主模块的执行结束就是整个程序结束。当然，顶层模块通常只描述工作的框架和结构，实际工作借助其他模块完成，为此需要导入被使用的模块，被导入模块还可能使用其他模块，需要进一步导入。总之，在一个程序的工作过程中，可能装载很多模块。

大部分被导入模块只是定义了一些功能，除了函数或类定义之外没有其他语句。这类模块的作用就是提供一些服务，例如定义为其他模块使用的类型和操作（如第 2 章和第 4 章定义的有理数模块），或者其他有用功能（如第 3 章定义的读入文件中浮点数的生成器函数）。有些被导入模块里包含了一些直接执行的语句，其功能主要是初始化模块里的全局变量，为本模块正常工作、提供服务做好准备。完成这些初始化工作后，该模块执行结束，所提供的功能都已就绪，可以正确响应来自外部的请求了。

① 当然，一组相关文件中完全可以有多个顶层模块，它们以不同方式使用其他辅助模块，实现不同功能。应该认为这样一批文件实际上实现了几个不同程序，从某顶层模块启动，就是启动其中一个程序。

Python 的模块分解和导入机制是为了支持大型程序的开发，使开发者可以把一个复杂程序（系统）的功能分解为一些部分，把各部分的代码分别放入一批文件。程序的主模块启动后，通过导入语句装配起所需要的系统，而后调用各模块提供的功能完成工作。本节将详细讨论这方面的情况，特别是 Python 的导入系统的功能和使用方法。

5.1.1 程序、模块和执行

执行 Python 程序，就是把它送给 Python 解释器，方式可以有许多种。本书开始介绍过启动解释器后通过交互方式要求执行的情况，随后的讨论一直假定用 IDLE 工具做开发，并在其中测试和运行。前面说过，Python 程序文件也就是采用某种编码表示的文本文件，完全可以用其他编辑器编写，例如用 Windows 的 Notepad 或其他编辑器，或用某种通用开发环境，或用针对 Python 的编程环境（如 PyCharm 等）。开发工作完成后，作为开发结果的 Python 程序可以脱离编辑器或开发环境独立运行。

执行 Python 程序

在操作系统里安装 Python 系统后，安装程序通常已经设置好 Python 的执行环境，将相关目录加入操作系统的程序查找路径（如 Windows 系统的环境变量 PATH，最重要的是 Python 解释器所在的目录），还在环境中记录了 Python 系统的安装目录。

有了这些基本设置，我们就可以打开命令窗口，用命令行方式启动解释器，把要运行的程序送给它，要求执行。图 5.1 显示的是在 Windows 系统的命令窗口启动 Python 并执行了几个语句的情况。在其他系统里看到的情况应该与此类似。

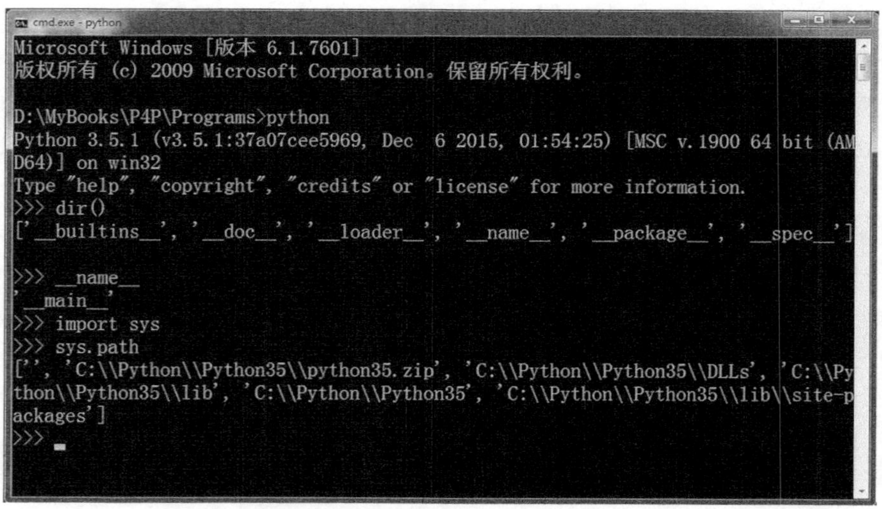

图 5.1 在命令窗口里启动 Python 解释器

可以看到，启动解释器后，我们先执行 `dir()` 命令查看到当前全局环境的情况，得到的表里的 `__builtins__` 已在第 3 章介绍，其值是内置名字空间，包含所有标准内置变量、函数和类型；`__doc__` 是模块文档串，默认值为 `None`；`__package__`、`__spec__` 和 `__loader__` 与模块和导入系统有关，将在 5.1.2 节解释。`__name__` 的值是 `"__main__"`，表示目前正在执行主模块代码。

为了保证程序运行，解释器还要装载一些系统服务，标准库模块 `sys` 提供访问这些服务的接口。导入 `sys` 后，属性 `sys.path` 的值就是解释器的访问路径表（图 5.1），该表在程序执行中起着重要作用。表中元素是一些字符串，第一个空串表示程序执行的当前目录，其余元素描述与 Python 系统有关的一些目录。程序执行与文件有关的操作时，解释器将利用这个表查找相关文件。如执行“`import sys`”命令时，解释器根据表中目录找到 `sys` 模块并将其装入。导入系统的更多细节在 5.1.2 节介绍。以交互方式运行，解释器启动时装载系统服务，装入 `builtins` 并设置 `__name__`。交互式计算就从这样的环境开始。

启动解释器时可以送给它一个模块，要求解释器执行这个模块。这样执行的模块称为程序的**顶层组件**。提供顶层组件的方式有多种，最常用方式是把模块名作为启动命令的参数。图 5.2 展示的是用解释器运行 2.7.2 节开发的电话簿程序的情况。假设文件名是 phonebook.py，位于当前目录下。执行“`python phonebook.py`”后，就可以看到电话簿程序的输出信息和提示符。直接运行用户程序时，解释器不显示自身的版本信息。

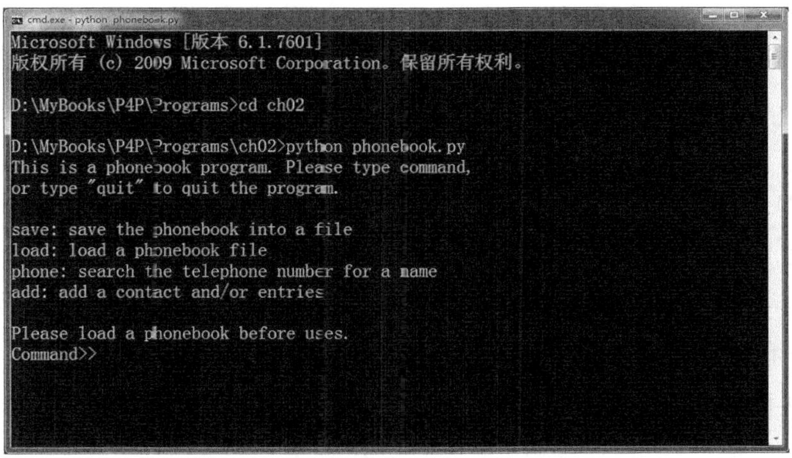

图 5.2 用命令行启动 Python 程序

以执行顶层组件（模块）的方式启动解释器，该模块开始执行时的环境与前面所说的交互式启动后的环境一样，因此在我们的程序可以使用各种 `builtins` 功能。导入 `sys` 模块后，就可以通过它提供的接口功能访问系统服务。由于被启动执行的顶层组件是程序的主模块，程序启动后 `__name__` 的值也是设为 `"__main__"`。

还存在另外一些要求 Python 解释器执行脚本文件的方式，本书不再一一介绍。

我们一直说到 Python 解释器，人们也常说 Python 是一种解释性语言。但是，实际上，这种说法并不准确。当我们要求 Python 解释器执行一个程序时，解释器并不是直接去执行相应源文件里的 Python 代码，而是执行与该文件对应的“字节码”文件。得到要执行的程序文件名之后，解释器先检查是否存在与之对应的字节码文件，如果存在就直接执行该文件；如果不存在，解释器就编译 Python 源文件，生成相应的字节码文件，然后再执行这个字节码文件。如果源文件的名字是 a.py，编译产生的字节码文件名将是 a.pyc，它存放在与源文件相关的某个位置。进一步说，如果解释器找到了所需要的字节码文件，还会比较它与相应源文件的修改时间，发现字节码文件并非最新时也会重新编译。

命令行参数、标准文件和其他

我们不仅可以通过命令行方式启动解释器，要求它执行某个 Python 程序（顶层组件），还可以通过启动命令中的参数，为被执行的 Python 程序提供信息。出现在命令行中的这种参数称为**命令行参数**，C 语言等也有类似概念。

命令行参数写在被执行 Python 程序文件名之后，允许提供任意多个连续的非空白字符串参数，空格作为分隔符。程序启动时，命令行参数被做成一组字符串，存入一个表里供程序代码检查和使用。如果希望自己写的 Python 程序使用命令行参数，就需要导入 sys 模块，sys 模块的属性 argv 约束于命令行参数表，sys.argv[0] 的值是被执行程序的文件名，sys.argv[1]、sys.argv[2]等的值是其他命令行参数。

下面是一个简单的顶层模块 commandline.py：

```
import sys

for x in sys.argv:
    print(x)
```

用命令行启动这个模块时，它将输出命令行参数。用下面命令行启动：

```
python commandline.py first second third fouth
```

能看到程序一行一个地顺序输出：

```
commandline.py
first
second
third
fouth
```

作为实际例子，我们考虑修改 2.7.2 节的电话簿程序，加入命令行参数功能。如果程序启动时有命令行参数，就把 argv[1] 当作应该装入的电话簿文件名。完成这个扩充只需要修改主程序部分，下面代码中省略了主 while 循环体，其代码不变：

```
commands = {
    "load": (load, "load a phonebook file"),
    "save": (save, "save the phonebook into a file"),
```

```
        "phone": (phone, "search telephone number for a name"),
        "add": (add, "add a contact or entries")
        }

from sys import argv

if len(argv) > 1:
    try:
        infile = open(argv[1] + ".bok")
    except OSError as ex:
        print("Commandline arg error:", argv[1] + ".", ex.args[1])
    else:
        phonebook = load_phonebook(infile)
        infile.close()
        del commands["load"]

print("""This is a phonebook program. Commands:
quit: quit the program""")
for cmd, value in commands.items():
     print(cmd + ":", value[1])
if phonebook is None:
    print("Please load a phonebook before uses.")

while True:
    ......
```

如果启动时用户没提供命令行参数（argv 的长度不大于 1），程序按原来的方式执行，在正常工作之前要求用户用 load 命令装入电话簿。如果用户提供了命令行参数，程序读入指定文件的内容建立电话簿字典，用它设置全局变量 phonebook。如果打开文件出错，程序将在输出错误信息后转回正常执行，要求用户通过 load 装入电话簿。

这里还展示了一种在运行中动态改变程序行为的技术：如果用户提供了命令行参数，if 语句体中最后一个语句删除了命令字典里的 load 命令。由于该程序采用数据驱动的编程技术实现，从命令字典里删除一个命令之后，其他命令都能照常工作。相应的命令表显示，以及主循环里的命令调用等，也都完美而且一致地改变了。

目前版本的 IDLE 不支持为正开发的程序提供命令行参数。如果用它做开发，程序需要命令行参数，我们只能脱离 IDLE，转到操作系统的命令窗口来执行。这种情况带来一些不便。专门的 Python 开发环境大都支持直接为程序提供命令行参数。

此外，与 C 语言的情况类似，Python 程序也有标准输入文件、标准输出文件和标准错误文件的概念，这些标准文件可以通过 sys.stdin、sys.stdout 和 sys.stderr 访问。这几个表达式的值都是程序启动时自动建立的正文文件对象，分别作为标准 input 函数的数据源、print 函数的数据目标，以及错误信息输出的目标。我们可以修改这些变量的值，重新定向程序的标准输入输出行为。此外，还有 3 个特殊名字的变量：sys.__stdin__、sys.__stdout__和 sys.__stderr__，其值保持为程序启动时的标准输入文件、标准输出文件和标准错误文件，可用于恢复标准文件的初始设置。

标准库包 sys 包含大量属性（变量）定义，其中记录着程序和解释器的许多信息，可供查询和使用。有关情况请读者查看标准库手册第 29 章 Python Runtime Services。该章还介绍了其他与程序运行时有关的标准库包。

程序所在目录和当前工作目录

绝大多数 Python 程序需要使用文件，主要有两方面需求：（1）导入程序模块，被导入模块通常都是位于外存的文件；（2）完成程序中的输入输出，需要使用数据文件。为了正确理解程序工作中涉及的文件，我们需要了解一些规则和情况。

首先，解释器启动的程序（脚本）位于文件系统中某个目录之下，该目录称为**程序所在目录**（或**主脚本所在目录**）。启动程序时所用主脚本在文件系统中的位置决定了**程序所在目录**，这个目录作为一个基点，在整个的程序执行期间保持不变。

另一方面，程序运行中每个时刻都有一个**当前工作目录**（Current Working Directory，CWD），可以通过操作修改。启动程序的命令执行位置决定了 CWD 的初值。如果在 IDLE 里启动程序，CWD 的初值就是被执行程序的所在目录。如果以命令行方式启动程序，在操作系统状态下输入命令行时的当前目录就是程序启动后的初始 CWD。这个位置可能不是被启动程序文件所在的目录。例如，假设（在 Windows 系统中）执行：

```
D:\Programs>python prog1\main.py
```

这个命令说明 main.py 所在目录应该是“D:\Programs\prog1”，但程序启动后的 CWD 是 D:\Programs，因为后者是执行命令时的当前目录。

在 2.6.2 节介绍文件操作的最后，我们曾简单介绍标准库模块 os 提供的若干文件和目录操作，该模块提供的许多操作与 CWD 有关：

- os.getcwd() 返回表示 CWD（当前工作目录）的字符串；
- os.chdir(*path*) 修改 CWD，将其设置为 *path*。这个参数应该是一个字符串，用绝对路径或相对路径形式描述文件系统中的一个目录；
- 其他一些命令也与 CWD 有关，例如 os.listdir() 默认列出 CWD（目录下）的内容，但可以通过路径参数指定目录，要求列出那里的文件。

这里最重要的命令就是 chdir，它修改 CWD，用参数字符串设置新的 CWD 位置，也就改变了随后的文件操作中使用的当前工作目录。

使用文件的最重要操作是标准函数 open，它的第一个参数是描述文件的字符串参数。第 2 章介绍 open 时提出了**相对路径描述**和**绝对路径描述**的概念，相对路径描述就是相对于 CWD 的文件描述，调用 chdir 修改 CWD，就会影响后面相对路径文件描述的意义。实际上，上面介绍的 chdir 操作以及 listdir 等许多函数都有（或可以有）路径参数。CWD 常被作为路径的默认值，是所有相对路径描述的基点。

另一方面，Python 的程序模块导入系统则不受 CWD 变化的影响。5.1.2 节将详细讨论 Python 的模块导入系统及其使用。该系统有丰富的功能，其作用就是帮助开发者组织大型程序的源文件模块，以利于程序（模块）的开发、修改、维护和扩充。

程序的模块化

一个简单程序的代码通常放在一个程序文件里。前面的许多例子以及本书附带的许多程序，都是这种简单情况。随着需要解决的问题变得更复杂，相应程序的代码量也不断增长，继续把整个程序放在一个模块里将越来越不合适。为了应对这种情况，每个希望被实际使用的编程语言，都需要提供某种代码分解和组织机制。

C 语言为程序提供的模块化机制非常低级。程序文件作为模块，可以在编译时通过包含命令拼装。另一方面，头文件为不同源文件之间交换信息提供通道。源文件可以作为独立模块，分别编译为一组目标模块，最后通过连接程序构造出完整程序。所有这些工作都是静态的，在程序执行前完成[①]。Python 的情况与此完全不同，但与 Java 差不多，模块化机制由语言的基本功能支持，一个程序的模块组成在运行中完成，可以增删，甚至可以动态替换。由于 Python 不像 Java 那样强调面向对象，其模块的设计和组织更灵活，可以根据需要安排。下面简单介绍（和总结）Python 的模块问题，更多细节将在 5.1.2 节讨论。

在一个 Python 模块（为简单起见，现在姑且认为一个模块就是一个文件）里，可以有一些函数定义和一些类型定义，还可以有一些普通的可执行语句，如赋值等基本语句、条件和循环等结构。在模块执行时，定义的执行将创建函数对象或类对象，并把它们关联于相应名字。赋值语句创建模块里的全局变量或修改已有变量，条件和循环语句产生相应效果。执行完模块里的所有语句，这个模块的执行就结束了。

程序执行总从某个（主）模块开始，执行中可能导入一些模块，被导入模块还可能导入其他模块。导入中最重要的操作就是执行模块中的代码，实现其效果，创建的名字定义在相应的模块名字空间里，各自关联着相应对象。模块导入完成后，解释器用这个名字空间创建一个模块对象，模块里定义的全局变量等都成为该模块对象的属性。

开发一个复杂的应用系统，可能需要定义成百成千或更多个函数、许多不同的类型，以及许多被不同功能操作的变量。为了完成开发工作，我们必须考虑把程序分解为一批模块，设计并实现主模块和一批辅助模块，每个模块实现系统的一部分功能。这就出现了一个问题：应该把系统里的哪些功能汇集在一起，定义为一个模块呢？

显然，基本模块分解并不是基于 Python 的开发中独有的问题，用任何语言开发复杂程序，都需要做模块分解。**模块分解（模块化）**与前面讨论的函数分解类似，应该基于代码的逻辑内涵和功能来考虑。人们提出了**高内聚**和**低耦合**的基本指导原则。

---

① 操作系统可能提供动态连接机制，这是语言之外的功能，不具有跨系统的通用性。

所谓高内聚，就是指同一模块里的各个部分（如一组函数和类型等）应该密切相关，相互紧密联系，构成一个逻辑整体，共同实现某种有意义的重要功能。低耦合则指模块之间应该相对独立，耦合程度较低，相互之间联系较少，接口比较简单。

举例来说，2.1.4 节实现有理数功能的代码可以做成一个模块，其中定义了一组函数，它们实现有理数的各种运算，共同实现了一套有理数计算功能。这些函数具有逻辑相关性，构成一个逻辑整体。4.2.1 节里定义的有理数类也可以作为一个模块，它的功能就是定义了一个类型，可用于生成任意多个有理数实例。再比如，我们可以考虑把一个系统里的自定义输入输出功能放在一起，定义为一个模块，其他模块都导入它，利用它提供的功能完成输入输出工作。此外，一个系统里往往需要一批服务性操作，可以考虑做一个服务性模块，在所有开发工作中统一使用，支持整个系统的运行。

程序的模块化分解是系统构造中最重要的工作，应该根据具体系统需求认真分析和设计。这一工作通常出现在系统设计的早期阶段。随着开发工作的深入，也可能发现当前分解不太合理，需要调整。如发现某个模块太大因而难以管理，就需要进一步分解；或者发现某模块里的一些功能应该搬到另一模块中，才更符合高内聚和低耦合的原则；等等。

最后一点也很明显：在一个程序的主模块里，除定义了各种类型、函数和全局变量等之后，还应该有一段启动程序实际执行的代码。

模块封装

模块是独立的软件部件，支持把一些功能封装在模块对象里，提供一种信息保护。另一方面，除主模块外的模块都需要被程序的其他部分使用，因此都有与其他部分交换信息的问题。前面讨论类定义时提出的一些问题，同样也会出现在这里。

在设计（和实现）一个模块时，应该在概念上清晰地区分其**接口**和**实现**。接口是为模块使用方提供的使用方式和规则，具体体现为模块里定义的供外界使用的各种机制，通常是一些类型（类，包括自定义异常类）和函数，还可能包括允许外部自由访问的全局变量。类型、函数等的使用方式（参数形式等）也属于模块接口。另一方面，为实现模块自身功能而定义的、只希望内部使用的函数、类型和变量，则应该看作实现细节而不予暴露，外界也不应该使用，以避免造成不同模块之间的过度耦合，损害程序的可维护性。

如前所述，Python 语言没有真正的访问保护机制，只能通过约定来区分接口和实现。模块里的变量、函数和类型的命名应该贯彻 Python 的基本规则：属于接口的名字用普通标识符，内部使用的功能则用一个或两个下划线开头的名字。

为支持模块接口与实现分离，Python 提出了一套规则，定义了模块的**公用名**（public name）和**非公用名**的概念。当我们用 `from` *module* `import *`形式的语句导入模块 *module* 时，被导入模块里的所有公用名将在该导入语句的当前名字空间里建立定义（因此这些名字将可以直接使用），非公用名则不建立这种定义。

一个模块的公用名可以通过属性`__all__`明确说明，该属性的值应该是一个字符串的序列（表或元组），其中每个字符串应该是该模块的一个属性名，也可以是该模块导入的名字，列出的名字都必须存在。如果被导入模块没有`__all__`属性，模块里定义的所有属性名（只要不是以下划线开头）都将作为公用名。也就是说，如果模块的设计者希望明确说明接口，就应该为模块定义属性`__all__`，并在其中列出希望提供的公用名。如果不显式列出，下划线开头的属性名将不作为公用名，其他都作为公用名。

用模块实现单一抽象

在第 4 章最后的讨论中，我们曾经指出，如果需要单一数据抽象，也可以考虑定义一个模块。下面以 4.2.3 节的客户管理作为例子，研究其合理的模块实现。

根据前面的建议，不难改写原程序，得到下面的模块代码：

```
# 文件 customer_manager.py
# 本模块定义一个客户类，对象中记录了客户消费的历史积累值
# 这个模块还作为客户管理器

class _Customer: ... # 定义体不变，从略。仅作为内部类型

_customers = {}          # 作为模块内部使用的全局变量

# 3 个接口函数，提供给模块用户
def new_customer(name):
    if not isinstance(name, str):
        raise TypeError("Create Record Error: ", name)
    _customers[name] = _Customer(name)

# 下面两个函数的修改方法同上，定义体从略
def pay_price(name, price): ... ...

def check_total(name): ... ...
```

我们希望本模块完全掌控用户管理的所有事务，因此把客户类定义为模块的内部类，客户字典定义为模块的内部变量，就是不希望模块外的代码直接使用它们。

几个函数的定义非常简单，都是原来的类中方法定义的简单修改：去掉函数的 `cls` 参数，修改客户类型名和客户字典变量名，相关工作就完成了。如果一个系统里需要使用这个模块，只需要写出下面导入语句：

```
import customer_manager
```

使用客户管理的程序段可以通过模块名，以属性访问的形式调用各接口函数。

与通过类对象实现单一抽象的技术相比，用模块实现单一抽象有一个缺失：这里没有自动的继承机制。我们可以导入已有模块，但被导入模块的接口并不能自动成为本模块的接口。如果希望新模块支持被导入模块的某些操作，就必须定义“转接函数”。还是以 VIP 管理问题为

例，我们可以定义下面的模块，其中导入客户管理模块：

```
# 文件 vip_customer_manager.py
# 导入 customers_manager，从 _Customer 类派生定义一个 VIP 客户类
# 实现扩充的客户管理功能

import customer_manager as cm # 引入简单的局部名以简化描述

class _VIP(cm._Customer):
    _discount = 0.98

    def __init__(self, name, total):
        cm._Customer.__init__(self, name)
        self._total = total

    def pay(self, price):
        paid = round(price * _VIP._discount, 2)
        self._total += paid
        return paid

_VIP_point = 1000.0

def is_VIP(name): # 原来新增的方法，自然也需要定义
    if (name not in cm._customers or
        not isinstance(cm._customers[name], _VIP)):
        return False
    return True

def pay_price(name, price): # 原来覆盖的方法，现在需要定义
    if (not isinstance(name, str) or
        not isinstance(price, float)):
        raise TypeError("Purshese Error: ", name, price)
    if name not in cm._customers: # 无此客户时自动添加
        cm._customers[name] = cm._Customer(name)
    customer = cm._customers[name]
    paid = customer.pay(price)
    total = customer.total()
    if (not isinstance(customer, _VIP) and
        total > _VIP_point):
        cm._customers[name] = _VIP(name, total)

    return paid

# 原来继承的方法，现在需要定义转接函数
def new_customer(name): cm.new_customer(name)
def check_total(name): return cm.check_total(name)
```

这个模块一开始导入了基本客户管理模块，并为它建立别名 cm（以简化本模块里的使用，避免反复写较长的模块名。有关规则在 5.1.2 节介绍）。_VIP 定义为模块的内部类型。原来派生类里新定义的方法，这里定义为新函数；原来派生类里覆盖的方法同样需要定义，都根据情况做

些修改。原来派生类继承的方法，需要定义相应的转接函数，在其中直接调用被导入模块的函数。通过试验，可以看到本模块确实具有所需功能。

5.1.2 导入系统

一个大型程序可能包含成百上千或者更多的模块，为了便于管理，开发者需要把模块文件分门别类存放在外存文件系统的目录结构中。程序里的模块导入工作需要与相关代码文件的组织形式相互配合。为了支持在程序运行中导入大批模块，并很好地支持程序的开发、修改与维护，Python 语言提供了一个功能强大的导入系统。

基本导入功能由第 1 章介绍的 `import` 语句提供，还有标准函数`__import__()`，以及专门支持导入的标准库模块 `importlib`。下面介绍这些机制的一些细节，并讨论基于它们的程序模块组织技术。Python 语言手册的第 5 节用很大篇幅，详细介绍了导入系统的各方面情况，请读者在需要时查阅参考。下面首先简单回顾导入语句的情况，并补充一些细节，然后详细介绍 Python 的导入系统。

导入语句

第 1 章简单介绍了模块导入语句的使用，实际上这个语句还有一些细节。前面讨论程序运行时，主要讨论主模块的执行，模块导入中还会做一些操作，现在说明有关情况。

在执行 `import` 语句时，解释器首先需要找到被导入模块，然后执行导入操作。从实际效果看，如果导入语句成功执行，最终就是在当前名字空间里加入一些名字和关联，使它们可用。第 1 章介绍了 `import` 语句的 3 种基本使用形式。

- 语句 `import` *module* 导入整个模块。这里的 *module* 是模块描述，可以包含点号记法，本节后面有详细说明。语句执行效果就是导入模块 *module*，主要工作是在一个新名字空间里执行该模块的代码，执行结束后，基于该名字空间（就是一个字典）构造一个**模块对象**，然后把模块名与该模块对象的关联加入当前名字空间。注意，执行模块代码的过程中可能创建一批对象（函数、类型等），并将它们关联于模块的属性。有了模块名及其关联，就能通过点号记法访问这些对象了。
- 语句 `from` *module* `import` *id*, *id*, ...执行时，第一段工作与上面 `import` 语句一样，导入指定模块并建立模块对象。但最后并不把模块名加入当前名字空间，而是把语句中列出的名字加入当前名字空间，并建立这些局部变量与模块里同名属性的值的共享。也就是说，为被导入模块里的一些属性，在当前名字空间里建立局部的别名，所用名字与模块里相应的属性相同，并共享它们关联的对象。当然，要完成这些工作，前提条件是列出的名字确实在被导入模块里有全局定义。
- 语句形式 `from` *module* `import *`。同样导入指定模块（执行模块代码并创建模块对象），确定该模块的所有**公用属性名**，在当前名字空间建立具有这些名字的变量，并令它们共享模块里同名属性的关联对象。公用属性规则已在 5.1.1 节介绍。

这里说的当前名字空间，就是 import 语句所在作用域对应的名字空间。

Python 规定，第三种导入形式只能出现在模块作用域中，不允许局部使用，否则是语法错。这种导入形式涉及模块的公用属性名，应该看作是模块的接口（API）。一个模块里可能定义了很多属性，采用这种形式语句导入模块，有可能在当前名字空间里加入大量新变量。我们知道，在一个名字空间里，一个变量只有一个定义。导入语句引进的变量可能覆盖已有变量的值，或遮蔽在外围名字空间里定义的、可以在当前作用域里可用的同名变量。如果被覆盖或遮蔽的定义很重要，且在程序里有用，就可能导致错误。

从这个角度看，前两种导入方式更加安全，不容易产生隐式错误。当然，采用第二种方式，也会在当前名字空间加入一批新定义。导入当前名字空间的新定义越多，出现名字冲突的可能性也越大。因此，在复杂的程序里建议采用第一种导入形式，只把模块名加入当前名字空间，使用模块里的属性时用**点号记法**。

为了使用更灵活，也为了避免名字冲突，Python 允许在第二种形式的每个导入名后加一个 as 段，为导入对象另取一个名字（不用原名字），例如：

```
from math import asin as arcsin, atan as arctan
```

这使程序员可以根据情况，为导入对象选择本作用域里的别名。

Python 的模块描述基于文件名，原文件名可能很长，用起来不方便。也可能有些情况使我们不希望把原模块名加入当前名字空间。为了解决这类问题，Python 也允许给第一种形式的 import 语句加 as 段，为模块对象指定新的局部名。例如：

```
import math as mt
```

在此之后，mt 就关联于导入产生的数学模块对象，其中属性可以通过 mt.sin 的形式使用。5.1.1 节定义 VIP 管理器类时已经采用了这种技术。

Python 允许用第一种导入形式来导入多个模块，效果相当于多个导入语句；也允许在导入多个模块的过程中为它们重命名：

```
import 模块1 as 名字1, 模块2 as 名字2, ...
```

在一个 import 语句里，允许同时出现带 as 段和不带 as 段的形式。

迄今为止，我们都是在全局作用域里使用 import 语句。但实际上，除了带星号形式的 from-import 语句外，其他形式的导入语句都可以用在局部作用域里。如果用在函数定义或者类定义里，其效果是把相应定义加入函数或类的局部名字空间。

注意，导入操作也为当前名字空间引入新变量。第一种形式的导入语句只在当前名字空间引进一个变量定义（模块名），第二种形式引进若干新变量（具体名字在语句中列出），第三种形式没明确说明引进多少新变量（具体情况依赖于被导入模块），因此不能静态处理。这也是 Python 只允许在模块作用域中写第三种导入语句的原因。

此外，在执行两种 frcm-import 语句的过程中，都会为模块执行中创建的一些对象建立两套约束：在被导入模块的名字空间里，建立属性与这些对象的约束；最后，又在执行导入语句的名字空间里建立一些变量约束。这就使处于不同名字空间里的一对一对变量共享同一个对象，第 3 章讨论过的共享问题都可能出现在这里。

最后还应说明，导入语句里实际写出的是不包含扩展名的文件名，导入系统去查找对应模块时自动添加扩展名，因此，模块文件的名字必须统一地以 .py 作为扩展名。另一方面，由于（去掉扩展名的）模块名需要写在 import（和 from-import）语句里（也可以采用点号分隔的若干个标识符的形式，下面将会介绍），因此模块名的形式必须符合 Python 对程序中标识符的要求。例如，虽然有些操作系统允许文件名包含空格，但这种文件名（即使带 .py 扩展名）不能用在导入语句里。再如 ok-m.py 可能是当前环境中合法的文件名，但也不能出现在导入语句里（解释器将认为 - 是减号，从而导致语法错）。

实际上，这里的解释还是有很大程度的简化，下面将给出准确的说明。

导入操作的过程

讨论了导入语句的一般情况之后，现在我们详细说明模块导入操作的一些细节。

import 语句实现最常用的模块导入功能，执行时对语句中列出的每个模块描述完成两步操作：第一步是根据模块描述找到相应模块，执行模块中的代码并完成模块对象的创建工作；第二步是在当前名字空间中定义相应的变量，完成模块（或属性）的关联。上一小节已经说明了各种 import 语句执行中实际创建变量关联的情况。

实际上，import 语句调用函数__import__(*name*, ...)完成对名为 *name* 的模块的查找和处理工作。Python 提供了标准函数__import__(*name*, ...)，供 import 语句使用，但这个函数有些特殊：在所有标准函数里，只有它采用了特殊名字（以两个下划线开始和结束），这就说明允许用户覆盖（重新定义）。当然，重定义__import__()将改变 import 语句的行为，因此必须非常小心。

标准函数__import__()首先检索模块，如果找到了，它会先把模块内容编译为易于执行的字节码形式[①]，而后完成装载模块的工作。在完成创建模块对象的全部工作后，返回新建的模块对象，import 语句基于该对象完成变量关联。__import__()不做变量关联，但执行中也可能产生副作用，后面将说明具体细节。

执行 import 语句时，解释器首先查看当前模块的全局名字空间，检查这里有没有函数__import__()的定义，如果有就调用这个函数（正是这一步检查，保证了程序员可以覆盖标准函数的功能）；如果没有，就调用标准内置的__import__()。如果是通过其他机制调用

① 前面说过，编译结果仍用原文件名，但扩展名为.pyc。如果查找模块时发现已有相应的字节码文件，解释器会检查修改时间确定是否需要重新编译。如果不需要就直接导入该字节码文件。

导入系统（例如，通过调用 importlib 库的 import_module() 函数)，解释器将直接调用标准的导入功能，而不做上面的第一步检查。

实际上，人们并不建议程序里直接调用__import__()，调用标准库包 importlib 里的 import_module() 更方便，也更安全。importlib 包为使用导入系统提供了丰富的 API，后面专门有一小节介绍这个包的情况。

导入系统用一个字典记录已经导入的所有模块，sys 包中变量 modules 以该字典为值。要求导入某个模块时，导入系统首先检查这个字典，如果发现该模块已经导入，就直接返回以前的导入操作创建的模块对象，这保证了程序运行中每个模块的唯一性。如果没发现指定模块，导入系统就去搜索模块文件（搜索方法见下)。一旦找到就执行该文件的代码并构造出模块对象，找不到时则会引发 ImportError 异常。

假设模块 test.py 的内容如下：

```
x = [1, 2]
def f1(x): print(x + 1)
```

从下面代码的执行效果可以看到模块对象的唯一性，也可以看到导入造成的变量值共享：

```
>>> from test import x, f1
>>> x
[1, 2]
>>> f1
<function f1 at 0x0000000003423D08>
>>> import test
>>> test
<module 'test' from 'D:/Programs\\test.py'>
>>> test.x.append(5)
>>> x
[1, 2, 5]
```

这里先用 from-import 导入 test 模块，并为 f 和 x 创建局部定义，使它们关联于模块执行中定义的表和函数。再用 import 语句导入同一模块，这时，对模块执行中创建的表和函数对象，既存在通过模块名和属性的访问路径，也有当前名字空间的直接变量引用。从最后两个语句可以看到，当前名字空间里的变量 x 和模块属性 test.x 共享同一个表。这一情况也说明第二次导入并没有重新导入模块（因此没有创建新的表)。当然，如果给当前名字空间里的变量 x 或模块 test 的属性 x 赋其他值，共享就会消失。

前面说过，导入操作的第一步是找到所需模块。导入系统规定了一套检索策略，还提供了一套机制，供用户修改或扩充导入过程中的模块检索策略。

标准库 sys 模块的属性 path 记录着当前的模块查询路径。这是一个表，其中每个字符串表示文件系统里的一个目录。下面是笔者在 IDLE 里的执行情况：

```
>>> import sys
>>> sys.path
['D:\\Programs', 'C:\\Python\\Python35\\Lib\\idlelib',
```

```
'C:\\Python\\Python35\\python35.zip', 'C:\\Python\\Python35\\DLLs',
'C:\\Python\\Python35\\lib', 'C:\\Python\\Python35',
'C:\\Python\\Python35\\lib\\site-packages']
```

表中第一项是当前程序的启动目录，其余各项分别表示本机中 Python 安装目录的一些子目录。例如，IDLE 的模块位于目录 C:\Python\Python35\Lib\idlelib 中，大多数标准库模块位于目录 C:\Python\Python35\lib 中。如果本机安装了一些第三方开发的其他程序模块，它们通常存放在 C:\Python\Python35\lib\site-packages 目录里。

一旦程序要求导入某个模块，解释器就逐一检查上述路径表中的各个目录，如果在某目录下找到具有给定名字的模块，查找过程成功结束。如果检查完该表里列出的所有目录，但未找到所需模块，导入系统报告 importError 错误。

当前程序的启动模块所在目录总是模块查询路径表的首项，因此，导入系统对程序模块的查找总是从这个目录开始，如果在这里找到，就不考虑排在后面的目录了。进一步说，正是由于该表中各项的存在，我们只需要写标准库模块或第三方库模块的名字，就可能将其装入。还应注意：表中位于前面目录里的模块名会遮蔽后面目录里的同名模块。

模块描述、模块和包

import 语句的主要部分指明所需模块，实际上，模块描述形式有两种，**绝对描述**和**相对描述**。简单说，绝对描述就是基于 sys.path 描述希望导入的模块，而相对描述是基于本 import 语句所在模块的位置描述希望导入的模块。两者之间的差别就在于描述是否以圆点开始：以圆点字符开头的模块描述就是相对描述，第一个字符非圆点的就是绝对描述。另一方面，只有 from-import 形式的导入语句可以使用相对描述（也可以用绝对描述），其他形式的 import 语句只能使用绝对描述。

我们先考虑模块的绝对描述，简单形式就是一个标识符（表示模块名），一般形式为圆点连接的一系列标识符（采用点号记法），表示一条路径。

要解释（绝对）模块描述的意义，首先需要介绍**包**的概念。Python 只有一种模块对象，导入一个模块就是要求创建与之对应的模块对象。例如：

```
>>> import math
>>> math
<module 'math' (built-in)>
```

如前所述，导入模块 math 的过程中创建了相应的模块对象，最后将该对象约束于 math。为支持程序的文件组织，Python 提供了包的概念。一个**常规包**对应于文件系统的一个目录，其中有名为__init__.py 的文件。假设程序启动目录下有包 package1，也就是说，有子目录 package1，其中有__init__.py 文件，就可以导入这个包：

```
>>> import package1
>>> package1
<module 'package1' from 'D:\\MyProg\\package1\\__init__.py'>
```

导入系统装入 package1，创建一个模块对象，创建过程中将 package1 子目录下的__init__.py 文件装入执行。这样的__init__.py 文件可以包含任意的 Python 代码，也可以不包含任何代码（是空文件）。

下面讨论中假设目录 package1 具有如下结构，其中以 / 结尾的名字表示目录名，缩进结构表示文件和目录的所属关系：

```
package1/
    part1/
        mod1A.py
        mod1B.py
        __init__.py
    part2/
        sub1/
            mod21A.py
            __init__.py
        __init__.py
        mod2A.py
        mod2B.py
    part3/
        namepkg/
            modA.py
    part4/
        sub1/
            mod41A.py
            __init__.py
        __init__.py
        mod4A.py
        mod4B.py
    __init__.py
```

我们可以直接导入 package1/part1/mod1A.py：

```
>>import package1.part1.mod1A
>>> package1
<module 'package1' from 'D:\\MyProg\\package1\\__init__.py'>
>>> package1.part1
<module 'package1.part1' from 'D:\\MyProg\\package1\\part1\\__init__.py'>
>>> package1.part1.mod1A
<module 'package1.part1.mod1A' from 'D:\\MyProg\\package1\\part1\\mod1A.py'>
```

可以看到，这个语句的执行一下子创建了几个模块。实际上，当模块描述是一条路径时，导入语句根据路径上的目录一层层地工作，可能创建若干个模块对象。在上面例子里，系统先导入包 package1，执行其中的__init__.py，创建对应的模块；再创建对应于包 part1 的模块，最后创建对应于文件 mod1A.py 的模块。另请注意，虽然这个导入过程中创建了 3 个模块对象，但只建立了变量 package1 的局部变量约束，使这个包可以直接访问；part1 和 mod1A 都没有直接变量约束，只有在上层包的模块对象里的属性约束。因此，要访问下层模块，只能从 package1 出发通过点号记法进行。

前面说过，导入系统保证程序里已有模块对象的唯一性。因此，如果在导入路径上的某个模块已经导入，导入系统就会直接使用它而非再次导入。例如，在完成上述导入后再导入 package1/part1/mod1B.py，导入系统实际上只导入文件 mod1B.py。

这个例子说明了绝对描述的写法和意义。可以看到，程序文件保存在文件系统里的目录结构直接对应到模块对象的层次结构。如果我们开发的应用系统代码需要组织为一批文件，就可以（而且应该）利用文件系统，把它们分门别类组织在适当的目录——文件结构里，在相应目录里加入适当的__init__.py 文件。

实际应用中，我们还可以利用__init__.py 被默认导入的特点，在其中写一些导入语句，导入该包的组成部分。以前面的包目录结构为例，假设希望在 part1 的__init__.py 执行中直接导入 mod1A.py 和 mod1B.py，使程序里只写 import package1.part1 就能导入整个子包的全部内容，可以在这个__init__.py 写两行代码：

```
import package1.part1.mod1A
import package1.part1.mod1B
```

这个写法完全正确，能完成所需工作。但是，在这种情况下采用绝对描述的写法，存在严重的缺点，主要是不利于程序的维护、修改和重用。假设在我们的系统开发或维护中需要重新组织文件，例如希望修改 package1 子目录名，或者希望把它移到 subsys1 子目录下作为一个子包。如果 part1 的__init__.py 采用上面的写法，由于模块的位置变了，我们就必须找到这个文件，修改其中的模块描述。此外，如果这个包实现了某种有用的功能，我们希望将其用在另一个程序里，其中的模块绝对描述都需要修改。

为使包的使用更方便，提高程序的可维护性，我们可以用相对描述形式处理上面的问题。前面说过，相对描述以一个圆点开头，只能用在 from-import 语句里。根据上面的需要，采用相对描述形式写出的具有同样功能的__init__.py 应包含下面两行代码：

```
from . import mod1A
from . import mod1B
```

这里 from 之后的圆点表示当前目录（包），语句要求导入当前包的两个子模块。

假设还希望导入 part2/sub2 目录下的 mod21A.py，可以把文件内容改为：

```
from . import mod1A
from . import mod1B
from ..part2.sub1 import mod21A
```

如果这几个文件的内容都是：

```
print(__name__ + " is imported.")
```

执行 import package1.part1 时，就会看到下面输出：

```
package1.part1.mod1A is imported.
package1.part1.mod1B is imported.
package1.part2.sub1.mod21A is imported.
```

注意，执行过程中全局变量__name__的值总是正在执行的模块的名字串。

现在说明相对描述的意义：描述开头的圆点（可能有多个）用于确定目录，第一个圆点表示当前目录（本 from-import 语句所在的文件所在的目录），如果有更多圆点，每个圆点表示向上一层目录。圆点后的部分与绝对路径情况类似，表示从确定的目录向下找，在此过程中逐层为导入包建立模块对象（如果以前未创建）。例如，执行上面导入操作后，可以看到为 package1.part2 和 package1.part2/sub1 创建的模块对象。

显然，采用模块的相对描述，在移动整个包目录或者修改表示包名字的目录名时，程序代码都无须修改，提高了程序的可维护性。所以，如果要开发一个提供了某些功能的独立的包，其中包含一些模块，包内部相互关联的导入应该采用相对描述。

总结一下**常规包**的概念：一个常规包表现为文件系统的一个目录（及其包含的整个目录结构），其中包含一个__init__.py 文件。导入该包时自动执行该目录下的__init__.py 文件，这个文件里可以包含任意 Python 代码，常见内容是一些导入语句，还可以有其他语句，例如为这个包的使用做准备的代码等。

现实中存在一些情况，我们希望一个包的代码由一些部分组成，这些部分来自系统里不同的位置，未必对应于一个（子）目录。为了满足这种需要，Python 引入了**名字空间包**的概念。一个名字空间包也有一个包名，导入时创建一个模块对象，但这种包可以由外存目录里不同位置的组成部分（**组分**）构成，这些组分可作为包的内容导入。

先看示例。假设当前程序目录下有前面给出的目录 package1，还有：

```
package2/
    namepkg/
        modB.py
```

注意，package1/part3 和 package2 目录下都有名为 namepkg 的子目录，而且都不包含__init__.py 文件，这样的同名目录就能作为同一个名字空间包的组分。

假定两个 namepkg 子目录下的两个模块文件的内容都是：

```
print(__name__ + " is imported.")
```

现在考虑如何建立名字空间包并导入其组分。要建立和使用 namepkg 包，首先需要把这些组分所在的目录加入到 sys.path 中（sys.path[0]是当前主模块所在目录）：

```
>>> sys.path += [sys.path[0] + "/package1/part3",
                 sys.path[0] + "/package2"]
```

现在就可以导入名字空间包 namepkg 的组分了：

```
>>> import namepkg.modA
namepkg.modA is imported.
>>> namepkg
<module 'namepkg' (namespace)>
>>> namepkg.modA
```

```
<module 'namepkg.modA' from 'D:/MyProg/package1/part3\\namepkg\\modA.py'>
>>> import namepkg.modB
namepkg.modB is imported.
>>> namepkg.modB
<module 'namepkg.modB' from 'D:/MyProg/package2\\namepkg\\modB.py'>
```

可以看到，导入系统创建了表示名字空间包 namepkg 的模块对象，还导入了模块文件 modA.py 和 modB.py，将它们作为 namepkg 模块的两个子模块。

名字空间包还有一个特性也非常有用：可以在运行中为这种包动态增加新组分。假设在我们的目录下还有下面的子目录：

```
Package3/
    sub/
       namepkg/
           modC.py
```

假设已经执行了上面修改 sys.path 和导入的操作。现在希望导入 modC.py 作为名字空间包 namepkg 的子模块。这一工作可以如下完成：

```
>>> sys.path += [sys.path[0] + "/package3/sub"]
>>> import namepkg.modC
namepkg.modC is imported.
>>> namepkg.modC
<module 'namepkg.modC' from 'D:/MyProg/package3/sub\\namepkg\\modC.py'>
```

新的包组分已经导入。

上面的示例已经比较清楚地说明了名字空间包的意义和用法。

- 首先，作为一个名字空间包的各组分应该出现在一些具有同样名字的子目录下，在这个包被导入之后，这个（统一的）子目录名将成为表示名字空间包的模块对象名。另一方面，这些同名子目录可以出现在任何地方，甚至可以出现在 zip 文件里（Python 的标准导入系统包含一个能从 zip 文件提取模块的装载器）。
- 在导入一个名字空间包的组分、建立包模块对象之前，需要把包含其组分的同名子目录的上一级目录加入 sys.path 中，就是做一次序列操作（表操作）。
- 导入工作如常进行，导入第一个组分时系统就会创建相应的包模块对象。
- 名字空间包允许在动态运行中加入新组分。

注意，在这里只能用简单的 import 语句，同样允许加 as 段给模块从命名。名字空间包的基本情况就是如此，怎样使用这种包，就是具体应用的问题了。

现在总结 import mod 语句导入中的情况，基于路径表 sys.path 内容：

1. 检查路径表当前路径，如果找到 mod/__init__.py 文件，就创建一个常规包，执行这个__init__.py 文件，创建模块对象 mod 并结束；

2. 如果 mod（加适当扩展名，如.py 等）是模块文件名，创建相应模块对象并结束；

3. 如果 mod 是目录但不包含__init__.py，记录这个路径；

4. 继续处理路径表中的下一项。

如果在上述查找中一直未创建模块对象，处理完 sys.path 后，导入系统将查看是否存在路径记录。如果有，就创建一个名字空间包，否则就引发 ImportError 异常。

还要说明一下，一般模块对象里都有属性 __file__，其值是创建这个模块时使用的文件（对常规包是__init__.py 文件）的包含路径的全名。名字空间包的模块对象无此属性，但有另一属性__path__，其值记录着这个名字空间包的组分所在的所有目录。这个属性值还会随着名字空间包的动态变化而变化。

标准函数__import__ 和标准库模块 importlib

前面说过，标准函数__import__()是 import 语句中模块查找和导入功能的默认实现，可用于动态导入模块。该函数的参数情况如下：

```
__import__(name, globals=None, locals=None, fromlist=(), level=0)
```

其中 name 描述导入目标，globals 和 locals（如果提供实参）用于确定模块导入过程中的包上下文（标准函数的实现中没用到 locals 参数，但用 globals 指定 import 语句执行所在的包上下文）；fromlist 列出要求从指定模块导入的对象或子模块名（很显然，当 from-import 语句调用__import__()时，会给出适当的 fromlist）。最后一个参数 level 说明导入中采用绝对或相对的导入方式，0 表示采用绝对描述方式，正值表示从当前模块所在目录向上查找父目录的向上层数（参看前面有关相对描述的说明），1 表示本模块所在目录，其余类推。函数成功结束时返回模块对象。

下面是几个使用__import__()的例子。仍然用前面 package1 的目录文件结构作为示例，假设 package1/part4/__init__.py 里有如下导入语句：

```
p1 = __import__("package1.part4.mod4A")
p2 = __import__("mod4B", globals=globals(), level=1)
p3 = __import__("sub1.mod41A", globals=globals(), level=1)
```

由于 level 采用默认值时表示使用绝对描述，第一个调用导入本目录下的 mod4A 模块，期间还可能导入 package1 和 package1.part4（如果以前未导入）。注意，这一调用返回模块 package1，通过 package1.part4.mod4A 可以访问 mod4A 的内容。这个情况与直接执行 import package1.part4.mod4A 一致。

第二个语句要求导入本目录下的模块 mod4B，采用相对描述（level 的值为 1）。这里用 globals 参数告知导入时的包上下文，导入后可以直接通过 p2 访问这个新模块。由于该模块也是 part2 的子模块，也可以通过 package1.part4.mod4B 访问。第 3 个语句导入 sub1 子目录下的 mod41A 模块。

实际上，人们不建议直接调用__import__()，而建议用标准库包 importlib 提供的功能。前面说过，模块 importlib 实现 Python 语言的导入系统，这是一个用 Python 语言自身实现的导入系统，其功能通过一组函数和一些其他机制提供。下面介绍这个模块里的几个函数，用 importlib.xxx 的形式说明这些函数。importlib.import() 就是标准函数 __import__() 的实现，它们具有相同的参数。

另一个函数 importlib.import_module(name, package=None) 的使用方式简单规范，最适合直接调用。参数 name 是要求导入的模块描述，可以用绝对或相对描述形式，如果采用相对描述的形式，就需要用参数 package 说明查找模块的基点（锚点）。实际上，importlib.import_module() 也是调用 importlib.import() 实现导入功能，但自动生成其他参数的值。两者的另一个差异是返回值可能不同，importlib.import() 和标准函数 __import__() 一样返回模块描述中的顶层模块，而 import_module() 总是返回最终导入的那个模块（创建的模块对象）。

导入上面同样模块（用 __import__() 的例子）时，应该写：

```
p1 = importlib.import_module("package1.part4.mod4A")
p2 = importlib.import_module(".mod4B", "package1.part4")
p3 = importlib.import_module(".sub1.mod41A", "package1.part4")
```

实际中可能存在一些情况，使我们希望重新导入一个以前导入过的模块。一个可能场景是在开发过程中发现某个模块需要修改。这时我们可能希望维持当时的运行现场，导入修改后的模块后继续试验。另一个典型场景与长时间运行的系统有关，我们发现系统的某些行为需要修改，但又不希望（或者不能）中断系统运行。这种情况实际上是想在系统的运行过程中动态地改变其行为。如果需要修改的代码牵涉一个（或几个）模块，修改了这个（或这些）模块就能达满足需求，修改后需重新导入。Python 支持重新导入模块，称为**重新装载**（reload），通过函数 importlib.reload() 实现[①]。

来看一个简单示例。假定当前工作目录下有模块 version.py，内容只有一个语句：

```
def printit(): print("First Version.")
```

开始执行的情况如下：

```
>>> import importlib
>>> import version
>>> v = version
>>> v.printit()
First Version.
```

把 version 的值赋给变量 v，使其也关联着导入 version.py 时创建的模块对象。现通过编辑器把文件 version.py 里的 First 改为 Second，然后继续执行：

---

① 在 2.x 版的 Python 里 reload 是内置功能，3.x 的早期版本在标准库 imp 模块里实现 reload。3.4 版将 imp 声明为过时功能，希望程序员都转到 3.2 版新引入专用导入模块 importlib。这个模块是 Python 导入功能的完整且可移植的重新实现，包括 reload 功能。

```
>>> importlib.reload(version)
<module 'version' from 'D:\\MyBooks\\P4P\\Programs\\version.py'>
>>> v.printit()
Second Version.
```

我们假设这两段交互是 Python 解释器的一次会话的两个部分，其间没有重新启动（restart）解释器。可以看到模块 version.py 确实被重新装入，修改了以前创建的模块对象（而不是另构造一个新模块对象），因此从变量 v 能找到修改了定义的函数。

注意，reload 只能用于以前成功导入的模块，以要求重新装载的那个（已有）模块对象作为参数。操作时显示的信息是被装入模块的位置。装载中将再次执行被导入模块的代码，期间可能用构建新对象来覆盖该模块的属性字典里的属性值。

有关 Python 导入系统，本节介绍的情况已基本能满足常规编程的需要。实际上，这个系统还有很多细节，主要是允许开发者控制模块导入过程，实现自己定制的导入方式和操作。有兴趣的读者可以查看 Python 语言手册第 5 章“The import system”和标准库手册的第 31 章“Importing modules”，其中介绍了 importlib 和另外几个包。

5.1.3 模块和程序组织

理解了 Python 导入系统的基本设计和一些细节，现在我们来讨论一些与模块和程序有关的一般性问题。

模块组织

实际 Python 导入系统情况告诉我们，在开发大型程序时应该如何组织程序模块的文件目录结构（物理结构），以及如何根据这种结构安排模块的导入工作。

5.1.1 节介绍了程序模块化的基本原则，也就是高内聚和低耦合的原则，模块的逻辑分解和构造应该遵循这些原则，这是模块结构的逻辑设计问题。显然，程序的物理组织要基于程序的逻辑结构，很好地反映模块之间的关系。

对一个大系统，常规方式是将它的所有模块存放在一个目录下，系统各部分（子系统）的模块分别存放在各自的子目录下，作为 Python 导入系统可以处理的程序包。

- 如果一个子系统应该一次整体装载，可以用包目录下的__init__.py 完成导入工作，包括导入该包的各子部分，完成相关的初始化、设置和准备工作等。
- 如果一个子系统的规模较大，而且其中有些部分并不是每次执行都需要，可以考虑让__init__.py 只导入包的基本部分，其余部分通过其他子包或模块导入。这样既能为系统组装提供灵活性，也能避免导入不需要的代码。
- 作为包和模块代码中的导入操作，如果被导入对象是本系统的其他部分，模块（和包）的描述应该采用相对描述形式，以利于系统的维护和修改。

- 如果一个包的功能有多个来源，例如有些来自已有的库（不适合去修改），有些来自我们的扩充，或有多个开发者（开发团队）分别工作，可以考虑创建名字空间包。为了使导入工作最终能完成，首先需要确定名字空间包的名字，在工作中统一使用。再就是按规则导入，把不同的部分装配成一个包。

这里只是说明了一些原则，具体技术已经在前面讨论，应该灵活使用。

此外，为了创建名字空间包模块，我们经常需要扩充 Python 的模块检索路径 `sys.path`。如果系统里有多个名字空间包，无节制的路径扩充也可能变成问题，例如出现前面路径中的目录或文件名遮蔽后面希望导入的包或模块的情况。因此，有时还需要考虑路径表的恢复问题，为此只需要用表的 `pop()` 操作从后端弹出以前扩充的路径。下面讨论数据文件的读入问题时将提出一些技术，也可以用在这里。

文件操作的问题

我们知道，程序与文件系统打交道主要是两方面。前面集中讨论模块导入问题，实际上，数据文件输入输出也与模块有关，实际上是与模块在系统中的位置有关。由于程序执行中可能转到不同的模块，这样也带来一些问题。下面考虑一个典型场景。

假设我们开发了一个模块或者包，导入这个模块时需要装入一个数据文件，在完成模块功能初始化的过程中，这个数据文件起着重要作用。那么这个数据文件应该放在哪里呢？从数据局部化的角度（这是另一层次的局部化），该文件最好与模块代码文件放在一起，也就是说，保存在同一个子目录里。这样做，将来维护最方便。

这个包是独立开发的，我们在开发过程中建立了相关数据文件，并将它与该模块的文件存放在同一个子目录里，经过反复测试，现已确定该模块能满足要求，可以提供给整个系统使用了。模块开发完成后，我们把这个子目录移到整个系统的目录下，发现该模块无法成功导入了，原因是找不到相关数据文件，因为当前工作路径（CWD）不同了。

问题出在文件打开操作中的文件描述。我们原先采用默认的路径，因为当时模块被作为主程序执行，文件能正常打开。现在文件换了位置，当前工作目录变了，解释器找不到要求的文件，所以出错。这样的问题该如何解决呢？

权宜之计是把那个数据文件搬搬家，移到系统的主目录下。这样做确实能解决问题，但这种做法有几个显著缺点：首先是我们将不得不经常做这种事情，而且可能造成主目录下文件堆积的情况，甚至出现文件名冲突导致有用的文件被覆盖，造成大麻烦。再者是数据文件和程序分离，降低了系统模块的可维护性。此外，如果本模块非常有用，想把它用在其他系统里，甚至不能简单地拷贝整个目录。这些情况都说明，需要有合适的方式建立模块文件和数据文件的关联，将目录结构中相互关联的位置保存起来就是建立物理关联，还需在代码中建立两者之间的逻辑关联。下面考虑这个问题并提出两种方案。

前面说过，每个（非名字空间包的）模块对象有一个属性`__file__`，其中保存着创建这个模块对象的文件路径。如果该对象是通过导入一个包创建的，该属性的值就是这个包的目录路径；如果该对象由一个模块文件创建，该属性的值就是这个文件的路径（包括文件名）。显然，当前模块的路径包含在这个值中。

另外，在标准库 os 包里有一个子包 path，实现了一大批目录文件操作[①]，其中的函数 `dirname`(path) 从任何路径 path 得到相应目录，如果 path 本身就是目录，该函数就返回这个目录。利用上面两种机制，我们可以很容易把 CWD 转过来。这里还有一点值得注意：CDW 是全局机制，设置了 CWD 就会影响后续的文件操作。所以，安全的做法是在本模块的文件操作完成后将 CWD 复原。根据这些讨论，可以考虑下面处理方案：

```
import os

savecwd = os.getcwd()
os.chdir(os.path.dirname(__file__))

## 本模块的相关文件操作
infile = open("file.dat")
... ...

os.chdir(savecwd)
```

采用这种写法，无论这个目录搬到什么地方，代码都能正常工作。

时间长了，就会发现上面的写法不安全。如果本模块的文件处理中出错，就可以出现 CWD 没有正确恢复的情况，可能破坏后续程序的行为。这类问题前面讨论过，一种可行解决方案是把文件处理部分包在 `try` 结构里。

回忆 Python 语言的机制，应该想到，这里的问题也就是上下文管理器和 `with` 语句想解决的问题。我们可以开发一个通用的模块，通过定义一个上下文管理器，一般性地解决这里的问题。下面是一个提供了相关功能的模块 local_dir.py：

```
## local_dir.py: 定义一个上下文管理器，
## 其功能是在上下文中局部地将 CWD 转到指定目录，最后转回原目录

import os

class LocalDir:
    def __init__(self, file):
        self.save = os.getcwd()
        os.chdir(os.path.dirname(file))

    def __enter__(self):
        return self
```

① 请注意，子包 os.path 的介绍在标准库手册第 11 章“File and Directory Access”里的 11.2 节，而 os 包的介绍在第 16 章“Generic Operating System Services”。必要时请自己查阅。

```
    def __exit__(self, type, value, trace):
        os.chdir(self.save)
```

请注意这里的做法：类 `LocalDir` 是我们定义的上下文管理器类，其中定义了上下文管理器的两个核心方法。初始化方法完成 CWD 的保存和设置，`__enter__()` 方法直接返回这个对象本身，而 `__exit__()` 方法恢复 CWD 的原值。

如果在某个文件里需要转到其自身所在目录处理文件，就可以利用这个上下文管理器来处理。下面是一个简单的使用示例：

```
import os

from local_dir import LocalDir

print("Before the context:")
print("CWD is: ", os.getcwd())

with LocalDir(__file__):
    print("Dealing with file in local directory:")
    inf = open("file.dat")
    print(inf.read())
    print("Read local ok.")

print("After the context:")
print("CWD is: ", os.getcwd())
```

这里假定 `local_dir.py` 可以通过导入路径表找到。类似代码可以出现在任何子目录下的模块文件里，只要被读入数据文件 `file.dat` 位于同一目录下。

5.1.4 动态编译和执行

本节讨论 Python 语言的一个特殊问题：动态编译和执行。

概念

人们常说 Python 是一种动态语言，这种说法包括很多内涵，例如：Python 程序中的变量无类型，操作的合法性检查都在动态运行中进行；运算或函数实际执行的代码，需要到运行时才能动态确定；程序的结构也可以动态变化，允许动态装载新模块，或在运行中重新装载不同版本的模块；等等。对 Python 而言，这些动态性质都是最本质的东西。把许多决策推迟到运行时完成，带来了极大的灵活性，也带来明显的运行代价。在 Python 的动态性质方面，最极端的可能就是本节准备讨论的内容：动态编译和运行。

对于各种常规语言，如 C、Pascal 或 Fortran 等，源程序和可执行程序是完全不同的两种东西：一个是正文文本，另一个是机器指令序列。除了分别作为编译工作的加工对象和加工结果外，两种程序形式之间没有任何关系。语言里没有任何可以触动被执行代码的操作，程序执行中不可能去操作被执行的机器语言代码。

Python 的情况与 C 语言完全不同：模块、函数等“代码对象”[①]都是程序里可以操作的对象，可以检查其属性和组成部分，甚至替换其中的部分，整个模块或函数也可以替换。进一步说，函数对象中有一个属性__code__，其值就是函数的体代码对象，其中的属性可以检查和使用（当然，不应该随便修改）。

实际上，Python 还支持在程序运行中把满足语法要求的字符串编译为可执行对象，或把合乎语法的字符串直接当作程序执行。也就是说，可以在程序运行中取得或者构造出新的程序代码，而后执行它们，这就是本节标题所说的动态编译和执行。Python 的动态编译和执行功能通过 3 个标准函数提供，下面介绍有关情况。

我们知道，要执行一段代码，例如求值表达式或执行语句（块），不仅需要代码本身，还需要它的执行环境。动态执行的最简单情况是处理完全由字面量构成的表达式，其执行不依赖于环境。一旦代码字符串里出现了变量或其他名字，例如函数等，这段代码的意义就与环境有关：名字需要从环境中取得意义，对变量赋值的效果，也需要（并必须）体现在环境的变化中。因此，一般而言，要支持动态执行，必须解决如何取得被执行对象，以及如何描述（确定）有关对象的执行环境的问题。下面介绍与动态执行有关的标准函数。

标准函数 eval

求值函数 eval 的参数情况如下：

```
eval(expression, globals=None, locals=None)
```

其参数 *expression* 应该是符合 Python 表达式语法的字符串，表示要求值的表达式，后两个参数分别表示环境的全局和局部名字空间，为表达式的求值提供环境。globals 参数必须是一个字典，locals 参数应该是一个满足映射协议的对象[②]。eval 的语义就是在给定环境中把 *expression* 作为表达式，求出其值并返回。

显然，求值 *expression* 之前首先要对它做语法分析，如果它不符合 Python 表达式的语法，则引发相应的异常。求值出错时也引发异常。

最简单的环境情况是 globals 和 locals 都用默认值，表示在调用 eval 的当前环境里求值 *expression*。如果给了 globals 参数，但这个字典中没有键值"__builtins__"，解释器就把当前全局名字空间的内容拷贝进去，这将使所有内置常量和函数等都能直接使用。允许在字典参数 globals 里包含键字"__builtins__"和自定义关联，用户可以用这种方式阻止

① Python 有一大批内部对象，包括函数、类、模块等。每种对象都有一些可以访问的属性，有的还可以设置。标准库手册 29.12 节“inspect — Inspect live objects”里列出了各种对象的属性并有些解释。该节主要介绍 Python 的 inspect 库，提供了一大批属性检查和操作函数。

② 称为映射（mapping），也就是支持从关键字查找值的操作和一组相关操作。dict 是标准的映射类型，标准库的 collections 里还提供了另外的基本映射类型。我们也可以定义自己的映射类。

使用内置功能。如果有 globals 但没有 locals 参数，eval 就用 globals 的值作为 locals 的值。两者都有时，自然就使用它们。

下面是简单的用例：

```
x, y = 3, 7
z = eval("x + 3 * y - 4")
```

这种例子自然不能反映 eval 的威力。实际上，被求值的表达式字符串有很多可能来源，如可以来自文件或者用户输入，也可以是执行中通过操作生成。

参数 *expression* 的实参还可以是内部类型 code 的对象，下面将要介绍的标准函数 compile() 生成这种对象。另外，标准包 ast 包含一个更简单的函数 ast.literal_eval()，用于求值不含变量的表达式（字符串）。

标准函数 exec

标准函数 exec() 的功能与 eval() 类似，处理目标也是字符串表示的 Python 源代码，也可以是 code 内部类型的对象。对字符串参数，exec() 要求其形式符合 Python 语句组的语法形式，也就是说，可以是一组对齐的语句行。exec() 的参数情况如下：

```
exec(object[, globals[, locals]])
```

其中 *object* 是被执行对象。如果是代码对象就直接执行，如果是字符串则看作脚本，编译后执行之。无论哪种情况，都按来自文件的方式处理（例如，求值结果不输出），函数的返回值是 None。字符串的形式不符合 Python 语法时引发异常。另外，语句的出现应该合理，例如 return 和 yield 不能出现在函数定义之外。

这个函数的功能也有些细节：最简单情况没有 *globals* 和 *locals*，表示在调用 exec 的环境里执行，在当前的局部名字空间里产生作用（例如赋值）。如果只给 *globals* 参数，它将同时作为全局和局部名字空间，类似于在模块表层执行的情况。*locals* 参数可以是任何映射类型的对象，可以不是字典，这时看作是在类定义里执行。进一步说，如果 *globals* 实参字典里不包括__builtins__键值，解释器自动加入这个键值，关联到内置名字空间。与 eval 一样，这里也允许自定义的__builtins__。

可以认为，当我们要求 IDLE 执行编辑器下的脚本时，IDLE 就打开文件读入其中全部内容，将其构造为一个字符串后调用 exec() 函数去执行它。

标准函数 compile

函数 compile() 是动态编译和执行的核心操作，前面两个函数都需要调用它（在处理字符串时）。compile() 的参数情况比较复杂：

```
compile(source, filename, mode, flags=0,
        dont_inherit=False, optimize=-1)
```

这里的 *source* 是编译的源，可以是字符串或者字节串，还可以是 Python 内部表示程序的抽象语法树（AST）结构对象。编译产生的结果是对应的代码对象。

第二个参数应该是读入 *source* 的文件名，但这里也没有强制性。如果 *source* 并不来自文件，人们也需要用某个串说明，常用`"<string>"`以示清晰。参数 *mode* 说明要求采用的编译方式：如果编译一个语句块，这里应该写`"exec"`；如果源代码是一个表达式，这里应写`"eval"`；如果要编译的是一个交互语句（或表达式），应该用`"single"`。采用最后一组编译模式，如果用 `eval` 求值，得到非 `None` 结果就会显示出来。

随后两个可选参数帮助处理代码的版本问题，这里不考虑。最后一个参数指定编译的优化方式，默认值-1 要求做基本优化，0 表示不做任何优化且定义常量`__debug__`[①]为 `True`。值为 1 时关闭所有断言（`assert` 语句），值为 2 时进一步清除所有文档串。

5.1.5 Python 程序的另一些问题

Python 程序开发中还有一些问题，本节简单介绍一些情况。

安装第三方程序包

由于 Python 语言被广泛使用并形成了稳定的社群，人们已为 Python 开发了许多程序包，包括执行不同开源协议的包和商品的包，它们提供了许多基本 Python 系统之外的增强功能。如果要用 Python 做某方面工作，首先应该查一查有没有现成的程序包。

Python 基金会网站有一个专门页面 PyPI——the Python Package Index，记录社群成员上载的程序包，供自由下载。目前这里已有超过 12 万个不同的包，支持基本检索。当然，在这么多包中发现所需，也是一件不太容易的事情。另一方面，包的质量参差不齐，有些带有比较详细的文档，有些几乎只有可执行代码。有些程序包已经发展得比较成熟，有了很大的用户群，如支持高性能数值计算的 NumPy 等。这种包往往有自己的网页，但也在 PyPI 登记。

安装一个包有许多方法。目前安装方法正在逐步统一到 Python 的官方安装工具 pip[②]。如果要安装某个包 `Package1`，应该在命令行方式下执行：

```
python -m pip install Package1
```

这里用到 CPython 的命令行参数，`-m` 表示要求执行随后的指定模块 `pip`，随后的 `install` 和文件名是提供给 `pip` 的命令行参数。

---

① 程序运行中全局的`__debug__`是个常量，由编译器的启动选项确定（注意，调用 `compile()` 也是启动编译器），不能通过赋值修改。该常量还与程序里的 `assert` 语句有关，只有`__debug__`值为 `True` 时 `assert` 才可能抛出异常。如果`__debug__`的值为 `False`，`assert` 语句被直接跳过。有关 Python 编译器的命令行选项，见标准文档中的“Python Setup and Usage”（Python 安装和使用）部分。

② `pip` 本身也是一个 Python 包，新版本 CPython 默认安装，也可通过命令行 `python -m ensurepip` 安装。

已经安装的包可以用 pip 升级，命令是：

```
python -m pip install --upgrade Package1
```

一些程序包有自己的安装指南，可供参考。

程序的发布

当我们完成了一个有用的 Python 包或者 Python 程序，可能希望将其发布，提供给其他人使用。这可能是一种开源社区行为，也可以是商业行为。

总结一下，Python 程序发布可以大致有如下几种情况：

1．我们开发了一个 Python 程序包，提供了支持开发某类程序的有用功能，希望把这个包提供给用户，供他们安装和使用，开发他们的应用。

2．我们开发了一个完整的 Python 程序，例如一个游戏或一个文字处理系统，希望提供给最终用户使用。提供的方式又可以分为两种：

（a）要求用户机器上安装了 Python 系统，通过 python our_progs 启动程序；

（b）希望把程序做成独立的可执行程序，能在用户机器上直接启动运行。

这些事情都可以做，有的工作需要利用外部工具的支持。有关情况可参考 Python 标准文档中“Distributing Python Modules”部分和 Python 官网中的 Python Packaging User Guide 的有关内容。

关于问题 2(b)，标准文档“Python Frequently Asked Questions”的“Programming FAQ”栏目下有一个问题“How Can I Create a Stand-alone Binary from a Python Script?”。完成这种工作需要外部工具，文档中介绍的工具包括 py2exe（专用于创建可以在 Windows 下运行的程序）、cx_Freeze（是一个 Python 包，可以从 PyPI 安装，产生的程序可以跨平台使用）等。另一使用广泛的工具是 Pyinstaller，生成独立的可执行程序。这是一个标准的 Python 程序，可通过 pip 安装，支持在多种平台上使用，能处理许多常用的第三方包，支持 Python 2.7 版以及从 3.3 到最新的 3.6 版。

总之，上述这些工作都能做，但有一些细节。限于篇幅关系，而且有关情况和工具都在不断变化中，这里就不继续讨论了。

代码风格

我们知道程序格式和书写方式的重要性，本节简单介绍编程专家和 Python 社群对 Python 程序格式问题的一些共识。

为了提高程序的可理解性，Python 语言提供了模块分解、类定义、函数分解、层次性的嵌套控制结构等很多机制，支持人们写出结构良好的程序。采用强制性退格的形式突出代码的逻辑结构，相当于引入了一种简单的二维结构（平面结构）。

Python 官方教程中 4.8 节“Intermezzo: Coding Style”，介绍 Python 社群公认的形式良好的 Python 程序应该遵循准则，更详细的编程形式规则见 PEP 8。PEP（Python Enhancement Proposals）是“Python 增强建议书”，这是人们对 Python 语言的发展建议，其中很多已经实现。PEP 8“Style Guide for Python Code”（Python 代码风格指南）讨论程序格式。下面简单介绍两部分情况：对象命名（变量名、函数名等）和代码格式。

程序里需要用名字指称各种对象，如函数名、变量名等。程序中各种名字的命名方式，对读者（包括程序开发者本人）理解程序有很大影响。人们倡导采用适当长度的、有意义的名字，要求所用名字尽可能反映程序里的使用意图。

全局变量名、函数名或其他高层结构的名字作用范围广，通常采用更完整更长的名字，以期有更好的提示作用。作用范围有限的局部变量，如语句体较短小的 `for` 语句头部引进的循环变量，或描述式中迭代描述引进的局部变量等，可采用简单的名字。

此外，对变量、函数、更高层的结构、常量等不同情况，人们提倡采用不同的大小写方式，以便更好地区分它们。PEP 8 有下面建议：

- 全局变量和函数采用全小写的名字，加入下划线分段；
- 模块采用较短的全小写名字，其中可以有下划线（它们还要作为文件名）；
- 异常采用与标准异常类似形式的名字，一般包含后缀 Error；
- 类（第 7 章介绍）采用分段大写开头的连续名字，如 MyClass；

还有一些更细节的建议，读者可以阅读 PEP 8 进一步了解。

PEP 关于代码形式的一些建议如下。

- 空格问题：
  - 运算符前后应该加空格，逗号之后应加空格，但逗号和冒号之前不加空格；
  - 函数名与随后参数表的括号之间不加空格；
  - 每层代码之间统一退 4 个空格，不用制表符 Tab。
- 换行和空行：
  - 一行不要太长，过长时应该换行（必要时使用续行符）；
  - 在函数定义和类定义之间，或逻辑功能上相互有区分的大段连续代码之间加入空行，使代码的不同重要片段更容易识别；
  - 注释尽可能写为独立的注释行。

还有许多具体细节，详情请读者阅读 PEP 8 文档。

5.2 装饰器

专业 Python 程序员讨论编程时，可能提到**装饰器**的概念和技术。“装饰”指不改变程序部件基本行为而增加某种附加功能的技术。例如，我们希望完成某函数的工作，但又希望附加一些功能，而且不希望修改原函数定义，就可以考虑用一个装饰器。

在 Python 语言里，不仅可以装饰函数，还可以装饰类。装饰器技术被称为一种**元编程**技术，因为其作用是完成一种对程序（部件）代码的操作。实际上，装饰器是 Python 语言的重要组成部分，函数定义和类定义开头都可加装饰，我们在前面已经见过并使用过它们。例如，在类里定义静态方法或者类方法函数时，需要在函数定义开始写 `@staticmethod` 或 `@classmethod`，这些就是使用装饰器，`staticmethod` 和 `classmethod` 是 Python 的两个标准装饰器函数，上述写法就是调用它们。

通过装饰器技术，我们可以很方便地给函数或类添加某种通用功能，如增加一点通用的工作代码。通过定义装饰器，我们把程序中一些重要的通用功能抽象出来，形成另一种“模块化”分解，类似于人们提出的**面向方面的编程**。正因为这样，装饰器不仅被库的开发者广泛使用，也受到常规 Python 开发人员越来越多的关注。

在 Python 语言里，并没有定义装饰器的专用结构，也就是说，装饰器只是一种功能部件，而不是一种语言结构。如果一个程序单元能实现某种装饰器功能，它就是一个装饰器。下面将会看到，我们可以通过函数或者类来实现装饰器。

5.2.1 函数装饰器的定义和使用

本小节介绍**函数装饰器**，也就是说，介绍利用装饰器处理函数的技术和方法。我们先考虑定义实现装饰器功能的函数，后面介绍实现装饰器功能的类。

用函数实现函数装饰器

在讨论用函数装饰函数时，总牵涉两个函数，一个是**被装饰函数**（装饰工作的对象函数），另一个是实施装饰的函数，我们将后者称为**装饰器函数**。我们的目标是在不修改被装饰函数的定义的情况下，通过装饰器函数给它（们）增加一些功能。

首先考虑最简单情况：假设需要装饰是**一个确定的函数**，且已存在，要求增加某种功能。很容易定义增加了功能的函数，下面用例子说明。假设需要装饰的函数是 `func(a, b)`，希望在函数调用前后输出一点信息，可以定义一个新函数：

```
def decod_func(a, b):
    print("func starts.")
    x = func(a, b)
    print("func ends.")
    return x
```

`decod_func` 不仅能完成 `func` 的工作，而且增加了所需要的“装饰”。在应用这种技术时，可以根据实际情况确定具体装饰，这里只是示意。显然，在这里，只有增加了装饰的函数，并没有独立存在的装饰器函数。

考虑更一般的情况：假设现在希望定义**一个通用**的装饰器函数，它能对不同函数做相同装饰。不难想到，首先，这个函数应该以被装饰函数为参数（因此，它是高阶函数）。如果被装饰函数的参数个数固定，情况比较简单，可以直接定义。如果它们的参数可能不同，我们就无法列出函数的参数。对这种（更一般的）情况，可以利用 Python 的高级参数机制，用带星号参数（与拆分实参配合）代表任意多个按位置参数，用双星号参数和字典拆分实参处理关键字参数。还有，函数对象的`__name__`属性记录着函数名。

采用这些技术，完成类似上面装饰工作的装饰器函数可以定义如下：

```
def deco1(func, *args, **kwargs):
    print(func.__name__ + " starts.")
    x = func(*args, **kwargs)
    print(func.__name__ + " ends.")
    return x
```

有了 `deco1`，把原来应该写调用 `func(… …)`的地方都改写成 `deco1(func, … …)`，就既能完成原来的工作，又实现装饰的效果。

再进一步：我们希望装饰得到的函数具有与装饰前相同的使用方式，有相同的参数并返回相同的值。根据这种要求，装饰器函数应该返回一个函数，它是被装饰函数的某种特定扩充，是基于被装饰函数构造出的参数和返回值相同的一个新函数。

要求一个函数构造和返回函数，`lambda` 表达式和第 3 章介绍过的闭包技术都能完成这种工作。由于装饰的情况可能很复杂，应该考虑闭包技术。结合装饰的需求和闭包技术，我们应该在闭包里记录被装饰函数，并用一个内部函数实现对不同函数的统一装饰。下面是一个装饰器函数的例子，它完成与前面例子类似的装饰工作：

```
def deco(fun):
    def wrapper(*args, **kwargs):
        print(fun.__name__ + " starts.")
        x = fun(*args, **kwargs)
        print(fun.__name__ + " ends.")
        return x

    return wrapper
```

假设有函数定义为：

```
def func1(a, b):
    print(a + b)
    return a + b

def func2(a, b, c):
    print(a + b * c)
    return a + b * c
```

我们就可以写：

```
deco_func1 = deco(func1)
deco_func2 = deco(func2)
print(deco_func1(1, 4))
print(deco_func2(2, 3, 4))
```

现在我们有了两对函数，每一对中的两个函数的调用形式相同，功能也相同（参数相同，对同样参数返回同样的结果），只是其中一个增加了装饰的功能。

另一种需求也很常见：我们已经有了一个有用的装饰器函数，它可以对任意函数（或某一类函数）完成某种有用装饰。现在需要定义一些新的增加了这种装饰的函数。进一步假设，有了被装饰的函数，未加装饰函数本身就不再需要了。完成这种工作，自然的方式是先定义自己的函数，然后再修改其定义。例如：

```
def func1(…):
    … …
func1 = deco(func1)

def func2(…):
    … …
func2 = deco(func2)
```

这里先定义了两个函数，而后用上面定义的装饰器函数扩充它们的定义，并把加了装饰的函数重新赋给原来的函数名（变量），完成了所需工作。

在实际中，这类需求很多，也是 Python 语言里一些技术的基础。为使程序员能很方便地使用这种技术，Python 扩充了函数定义的形式。在函数定义最前面，都可以用专门的@记法描述要求使用的装饰函数。下面是这种定义的例子：

```
@deco
def func3(a, b, c, d):
    print(a + b * c - d)
    return a + b * c - d
```

这样写，就相当于先定义 func3，然后用装饰器函数作用并重新赋值。

前面几个例子只是用来引入装饰和装饰器的概念，以帮助理解。在 Python 编程领域，人们特别地把上面最后一种功能和通过@记法的使用称为**装饰器**。装饰器函数也就是一类高阶函数，它们的操作对象可以是一个函数，产生出保持原函数功能并有所扩充的函数。通过@记法定义被装饰的函数时，就是在函数定义完成后用装饰器作用一次。下面有关装饰器及其应用的讨论，都将局限于这样的装饰器概念和使用方法。

装饰器函数应用于函数时构造一个闭包，其主体是一个函数对象。前面讨论中说过，闭包里可以维持任意数量的信息。例如，我们可以扩充前面的装饰器：

```
def deco1(fun):
    num = 0
    def wrapper(*args, **kwargs):
```

```
            nonlocal num
            num += 1
            print("Call {} to {} starts.".format(num, fun.__name__))
            x = fun(*args, **kwargs)
            print(fun.__name__ + " ends.")
            return x

        return wrapper
```

这里维持了一个调用次数记录，每次调用被装饰函数时计数值加一。这个值也在函数产生调用信息输出的时候使用。

Python 允许给函数定义添加任意多个装饰器。下面是一个简单例子，说明多个简单装饰器的叠加应用：

```
def decodeco(fun):
    def wrapper(*args, **kwargs):
        print(fun.__name__ + " ......")
        x = fun(*args, **kwargs)
        print(fun.__name__ + " ------")
        return x

    return wrapper

@decodeco
@deco
def func4(a, b, c, d, e):
    print(a + b * c - d + e)
    return a + b * c - d + e
```

装饰器函数本身也可以有参数，下面是这种情况的一个使用示例：

```
@decodeco1(args)
@deco
def fun(): ... ...
```

上面的代码相当于：

```
def fun(): ... ...
fun = decodeco1(args)(deco(fun))
```

不难想到，这里的 decodeco1 应该是返回一个装饰器函数的函数，对一组具体实参 args，它返回一个具体的装饰器函数。下面是一个例子：

```
def decodeco1(num):
    line = '*' * num
    def deco(fun):
        def wrapper(*args, **kwargs):
            print(line)
            x = fun(*args, **kwargs)
            print(line)
            return x
```

```
        return wrapper
    return deco

@decodeco1(30)
@deco
def func5(a, b, c): ... ...
```

函数 decodeco1 对整数参数返回一个装饰器。

实际上，decodeco1 也就是一个装饰器，只是带有允许定制的参数：

```
@decodeco1(30)
def func5(a, b, c): ... ...
```

decodeco1 显示了装饰器的一般结构，由嵌套的三层可调用对象构成：最外层对象处理参数，支持某种定制，返回居于中层的可调用对象，该对象就是实际使用的装饰器。最内层的可调用对象实现装饰后的功能，是最终使用的可调用对象。函数和类（以及定义了__call__方法的类实例）都是可调用对象，它们都可能用在这种结构中。

用类作为函数装饰器

一般而言，一个装饰器就是一个可调用对象，它以可调用对象为参数，返回可调用对象。类也是可调用对象，也可以用于定义函数装饰器。这里的基本思想是用类实例模拟装饰后的函数，创建实例时以被装饰函数作为参数。类中定义了一个__call__()方法，实现装饰后的函数的功能。这样，该类的实例就可以用作函数，实现所需的功能了。

完成与前面函数 decc()类似功能的类可以如下定义：

```
class decoc:
    def __init__(self, fun):
        self.fun = fun

    def __call__(self, *args, **kwargs):
        print(self.fun.__name__ + " starts.")
        x = self.fun(*args, **kwargs)
        print(self.fun.__name__ - " ends.")
        return x
```

这个类的使用也与函数 deco()一样。一般规则是：把需要装饰的函数作为类实例初始化方法的参数，记录在实例属性中，用__call__()作为调用被装饰函数的接口。

虽然上述两种定义都能用于装饰普通函数，但只有装饰器函数可用于类方法，如上的采用朴素方法定义的装饰器类却不行。看一个例子：

```
class C:
    def __init__(self, v):
        self.v = v

    @deco
```

```
    def add(self, n):
        self.v += n

    @deco
    def value(self):
        return self.v
```

这里采用装饰器函数，可以产生正确的效果：

```
>>> x = C(8)
>>> x.add(4)
add starts.
add ends.
>>> x.value()
value starts.
value ends.
12
```

把类定义里的 deco 改为前面定义的 decoc，运行中就会报错。原因是在 decoc 里调用被装饰的方法时，self 引用的是 decoc 的实例，而不是 C 类的实例。

我们可以通过技术手段定义出特殊的类装饰器，使之不仅能用于装饰普通函数，也能用于装饰类方法。相关技术比较复杂，需要了解类定义的其他技术，留待后面 5.3.3 节讨论。如果希望定义的装饰器能同时用于两类函数，采用装饰器函数最方便。

上面介绍了装饰器的原理和相关问题，给出的例子都很简单，主要是为了说明概念和技术。5.2.2 节将给出几个更实际的例子。实际上，装饰器可以对函数做任何有用的装饰，也可以利用装饰器机制完成其他工作，例如函数注册等。总之，了解了装饰器定义和应用的基本描述方式和技术之后，可以在编程中灵活地使用。

5.2.2 函数装饰器实例

本节讨论几个函数装饰器实例，帮助读者理解有关情况，也展示装饰器的意义。

计时装饰器

作为一个简单实例，现在我们考虑一个增加计时功能的装饰器。采用基于闭包技术定义的装饰器函数，非常方便，而且是通用的。下面是有关定义：

```
import time

def timing(fun):
    accum = 0.0
    def timer(*args, **kwargs):
        nonlocal accum
        print(fun.__name__ + " starts.")
        start = time.clock()
        x = fun(*args, **kwargs)
```

```
        duration = time.clock() - start
        accum += duration
        print("{} ends: {:12.6f}, {:12.6f}".format(fun.__name__,
                                                  duration, accum))
        return x

    return timer
```

这里还引进了一个闭包的局部变量 accum，用于记录函数多次调用的累积时间。其他部分都非常规范。下面是上述装饰器函数一个简单应用：

```
@timing
def func(a, b):
    sum = 0
    for i in range(a, b):
        sum += i
    return sum
```

如果有下面的调用：

```
print(func(10000, 20000))
print(func(100000, 200000))
print(func(1000000, 2000000))
```

我们可能看到下面的输出：

```
func starts.
func ends:     0.000696,     0.000696
149995000
func starts.
func ends:     0.006711,     0.007407
14999950000
func starts.
func ends:     0.068036,     0.075443
1499999500000
```

显然，这个装饰器函数确实能正确完成所需工作。

日志文件

在实际系统的执行或测试中，经常需要把一组函数的调用轨迹（或其他信息）记入一个文件，这种文件称为**日志文件**或 log 文件[①]。在实际中，我们可能需要把不同函数组的调用轨迹记录在不同文件里。现在考虑一个装饰器函数，对它的每次调用返回一个装饰器函数对象，这个函数对象能给被装饰函数添加记录日志的功能。

不难想到，要定义的函数应该有一个文件名参数，供使用者指定日志文件。它应该返回一个装饰器函数对象，可用于装饰任意的一个或多个具体函数，要求把它们的调用信息记录到指

① 这种文件常以.log 为扩展名。在计算机系统里可以看到许多 log 文件。

定的文件里。这种带有定制功能的函数应具有前面提出的三层嵌套结构。

下面是一个能完成这种工作的函数：

```
def log_func(fname):
    def deco(fun):
        def wrapper(*args, **kwargs):
            logfile.write(fun.__name__ + " starts.\n")
            logfile.flush()
            x = fun(*args, **kwargs)
            logfile.write(fun.__name__ + " ends.\n")
            logfile.flush()
            return x

        return wrapper

    if fname[-4:] != ".log":
        fname = fname + ".log"
    logfile = open(fname, "w")

    return deco
```

函数执行中先检查参数是否以“.log”结尾，必要时添加文件扩展名，然后打开日志文件。返回的 deco 函数是个装饰器函数，通过它装饰的函数就会把自己的调用情况记入指定日志文件。下面两个函数调用建立了两个装饰器函数对象：

```
log1 = log_func("logfile1")
log2 = log_func("logfile2")
```

下面定义了几个函数及其运行：

```
@log1
def func1(a, b):
    x = func2(a, b, 3)
    return x + b

@log1
def func2(a, b, c):
    return a + b * c

@log2
def func3(a, b, c, d):
    return a + b * c - d

@log2
def func4(a, b, c, d, e):
    x = func3(a, b, c, d)
    y = func3(b, c, d, e)
    return x * y
```

执行下面的代码段：

```
print(func1(1, 4))
print(func2(2, 3, 4))

x1 = func3(2, 3, 5, 1)
x2 = func3(2, 3, 4, 2)

a = func4(2, 3, 4, 2, 10)
b = func4(2, 3, 2, 5, 4)

print(x1 + x2, a - b)
```

这时查看日志文件，可以看到相应的函数调用记录。例如，在文件 logfile1.log 里可以看到下面内容：

```
func1 starts.
func2 starts.
func2 ends.
func1 ends.
func2 starts.
func2 ends.
```

这说明我们的装饰器函数确实完成了所需的工作。

函数 log_func 实现了一种有用功能，但上面定义也有缺点：没有合适的地方关闭文件。从另一角度看，日志就是希望记录程序运行中的所有活动，任其一直工作到程序结束也很合理。如果程序正常结束，系统将主动关闭所有尚未关闭的文件。但如果程序非正常结束，文件内容就没有保证了。在上面装饰器函数里，每次输出后调用 flush 冲刷缓冲区，就是为了保证把日志记入文件，当然，这样做可能影响程序执行的效率。

检查参数的装饰器

我们知道，Python 对函数调用时的参数没有任何检查，但它提供了参数和返回值的标注机制（3.1.4 节）。作为例子，现在考虑一个简单的参数检查装饰器。这里假定被装饰函数的参数都是数值，合法参数值有一定范围，可以用一对数来表示。再假定参数的情况非常简单，只有按位置参数，而且没有缺省值。我们希望被装饰函数能检查实参值的合法性，遇到非法实参值时引发 ValueError 异常并给出一些信息。

下面是一个简单的能完成这种工作的装饰器函数：

```
def checkarguments(fun):
    annotations = fun.__annotations__
    code = fun.__code__
    argnames = code.co_varnames[:code.co_argcount]
    print(argnames)

    def deco(*args):
        for i in range(code.co_argcount):
            value = args[i]
```

```
                anno = annotations[argnames[i]]
                if value < anno[0] or value > anno[1]:
                    raise ValueError("Arg {} for {} is out of range.".
                                     format(i, fun.__name__))
            return fun(*args)

        return deco
```

这里需要做些解释：

- 函数对象的`__code__`属性的值是函数的体代码对象，`__annotations__`的值是一个字典，从函数的参数名关联到相应的标注值（标注表达式的值）；
- 代码对象的`co_varnames`属性值是该函数的形参和局部变量的序对，形参排在前面，co_argcount 属性值是形参的个数。

函数 `checkarguments` 访问这些属性，取得所需的信息，然后一个个地检查实参（来自函数的打包参数 `args`）是否满足标注的声明。

下面是一个简单的应用实例，被装饰函数计算一天里的秒数：

```
@checkarguments
def daysecond(hour:(0,23), minute:(0,59), second:(0,59)):
    return (hour * 60 + minute) * 60 + second
```

如果我们调用 `daysecond(20,28,99)`，就会看到报告参数 2 超范围（注意，参数表里的第一个参数的下标为 0）。

很容易修改上面装饰器的定义，改为检查参数的类型。此外，这一装饰器也可以扩充，允许函数有带默认值的参数，或者允许关键字实参。做这类工作，都需要根据 Python 内部对象的结构查找各种信息，Python 标准库手册 29.12 节提供了有关的信息。

函数装饰器的若干问题

前面一直说装饰器就是为了给函数或类增加某种通用功能，给出的示例都是对原函数做一些包装，在该函数被调用时，在原有工作的前后做一些规范的操作。但是，从 Python 的观点，装饰就是一种特殊的调用描述方式，要求在函数或类的定义完成后，再对它们做一些修改或扩充。我们完全可以利用这种机制做任何事情。

举个例子，应用中经常需要把一些函数注册到某种记录中，如特殊应用编程接口（API）或模块，使 API 或模块可以在某些情况下调用这些函数。常见写法是：

```
def display(......): ......

def update_state(......): ......

def notify_others(......): ......

GUI.register(display)
```

```
GUI.register(update_state)

GUI.register(notify_others)
```

很容易定义一个完成注册工作的装饰器 register，而后就可以利用装饰器语法：

```
@register(GUI)
def display(......): ......

@register(GUI)
def update_state(......): ......

@register(GUI)
def notify_others(......): ......
```

这种写法代码更紧凑，而且注册与函数定义出现在一起，意义更清晰明确。如果需要，还可以非常方便地统一控制和修改（例如加参数或用全局变量控制等）。显然，这里应该让装饰器函数 register 完成注册并返回原函数对象。

总而言之，函数装饰器既可以用于处理函数的调用，完成某些功能附加，也可用于处理函数对象本身。应用得当，函数装饰器可以增强程序的模块化，使程序更易读易维护。

5.2.3 类装饰器

Python 也允许给类定义加（一个或多个）装饰器，使用的语法形式与函数定义时加装饰器相同，就是在关键字 class 之前加一个由@开头的装饰描述：

```
@decorator
class C:
    ......

x = C(...)
```

类装饰器的语义也与函数装饰器类似，当我们用这个类创建实例时，实际上是调用装饰后的那个对象。用函数实现类装饰器，这个函数应该接受一个类对象参数，返回一个可调用对象，调用该对象应该生成原类的一个实例，但却是扩充了功能的对象。同样可以定义用于装饰类的装饰器类，但是，用装饰器函数去装饰类定义的情况更为常见。

类装饰器函数的一种基本定义方式采用如下结构：

```
def decorator(cls):
    ...... # 处理类对象 cls
    return cls
```

中间一段代码直接修改作为参数的类对象 cls。完全可能采用其他结构。我们先看采用上述结构的两个示例。

增加实例计数功能

首先考虑一个简单的例子：定义一个类装饰器函数，为被装饰类增添对象计数功能。如上所述，这个函数以类作为参数，返回修改后的类。下面是函数定义：

```
def add_counter(cls):
    cls.__objnum = 0 # 给类 cls 增加一个数据属性

    init = cls.__init__ # 得到原来的__init__函数对象

    def tmp(self, *args, **kwargs): # 定义新版本的初始化函数
        init(self, *args, **kwargs)
        cls.__objnum += 1

    cls.__init__ = tmp # 设置新版本的初始化函数

    # 定义一个新的类函数，取对象计数值
    cls.objnum = classmethod(lambda cls: cls.__objnum)

    return cls
```

函数 add_counter 首先给被装饰类 cls 增添一个数据属性 __objnum（用两个下划线开始的名字是为了保护，也为尽可能减少与被装饰类的属性名冲突的可能性）。随后的赋值把 cls 的__init__属性（原初始化函数）记入局部变量。这里基于原初始化函数定义了一个局部函数 tmp，增加了对象计数操作，然后把 tmp 设置为新的初始化函数。最后还有一个类属性赋值，给类对象加入了取对象计数值的类函数，注意，要作为类函数，我们必须用标准装饰器 classmethod 装饰一下，这里的被装饰函数用 lambda 表达式定义。函数 add_counter 最后返回修改过的类对象。

下面的代码定义了一个经过装饰的 Shape 类（4.3.2 节）：

```
@add_counter
class Shape: ...... # 省略的代码不变

class Point(Shape): ......

class Rectangle(Shape): ......

def area(slist): ......
```

这样就使 Shape 类就有了实例计数功能。由于 Shape 的派生类的初始化函数中都调用 Shape 的初始化函数，因此，创建这些派生类的实例对象时，都会做好 Shape 的数据属性__objnum 里的记录。这样，如果我们调用 Shape.objnum，得到的将是所有 Shape 实例的个数，其所有派生类的对象也包含在内。

假设执行下面的几个语句：

```
x = Point(2, 3)
y = Rectangle(x, 3, 5)
z = Rectangle(x, 6, 8)

x.show()
y.show()

print("Total Area:", area([x, y, z]))

print(Shape.objnum())
```

我们会看到下面的输出：

```
I am a Point. My area is 0
I am a Rectangle. My area is 15
Total Area: 63
3
```

最后一行的 3 说明执行中创建的 Shape（的子类）对象能正确计数。

定义单例类

对面向对象编程技术有所了解的人们，或多或少都听说过**设计模式**的概念[①]。这是一组来源于常见问题和面向对象解决方案的重要设计框架，是面向对象领域编程专家们的经验总结，已经被专业开发人员广泛接受和使用。在这些模式中有一个**单例模式**。这种模式应该由一个独立的类实现，其特点是这个类只能创建一个实例，多次实例化总得到这个实例。在采用面向对象技术实现的系统里，单例模式有许多重要应用。

现在把实现单例模式作为一个问题，考虑如何通过装饰器技术实现。也就是说，我们希望定义一个装饰器，无论一个类有什么功能，经过装饰就成了单例类。我们还是想采用直接操作被装饰的类对象的技术，把它修改为一个单例类。

可以看到，单例类与一般类的差异，就在于其实例化时的行为不同：一般的类每次实例化创建一个新对象，而单例类只在第一次实例化时创建一个新对象，而后再次实例化时总返回这个已创建的对象。4.4.4 节介绍过，类实例化时首先调用`__new__`方法创建这个类的对象，而后对这个对象执行`__init__`方法，完成初始化。显然，要改变实例创建方式，我们需要劫持（重新定义）这个类的`__new__`方法。

下面是能完成类的单例化改造的一个装饰器函数：

```
def singleton(cls):
    instance = None

    def create(*args, **kwargs):
```

① 设计模式的概念由于重要技术著作《Design Patterns》一书而被计算机专业人士广泛了解和使用，其四位作者也被称为“四人组”。该书有中译本，由机械工业出版社出版。

```
            nonlocal instance
            if instance is None:
                instance = object.__new__(cls)
            return instance

        cls.__new__ = create

        return cls
```

这里采用闭包技术完成所需工作，用闭包里的局部变量 instance 记录被装饰类的唯一实例（不需要给被装饰类增加属性），如果没有实例就构造一个实例并用这个变量记录。这里定义的局部函数 create()用作被装饰类的__new__方法。

当函数 create()（也就是被装饰类的__new__）被调用时，它首先检查闭包里的（非局部的）变量 instance 是否为 None，如果是就创建一个 cls 类的对象返回，否则就直接使用 instance 的值，该值就是被装饰类的唯一实例。

下面是一个简单的应用示例：

```
@singleton
class Test:
    num = 0

    def __init__(self, n):
        self.value = n
        Test.num += 1

    def getnum(self):
        return Test.num
```

这里用 singleton 装饰了类 Test。下面是一段试验代码：

```
for i in range(4):
    x = Test(i)

print(Test.num)

y = Test(10)
print("Singleton" if x is y else "Not-Singleton")
```

程序执行时将产生下面的输出：

```
4
Singleton
```

第一个输出 4 说明在循环语句的执行中确实做了 4 次实例化，初始化函数__init__被调用了 4 次。随后的语句又做了一次实例化，返回的对象赋给变量 y，但 print()语句中的检查说明得到的还是同一个对象。

类装饰器的一些情况

前面两个类装饰的例子展示了一些情况。可以看到，由于类的结构和功能比函数复杂，因此可能发现更多的装饰需求，希望完成的装饰也可能变得很复杂。在这两个例子里，我们通过修改类对象的方式完成装饰，这种技术的优点是仍然得到原来的类，可以维持所有面向对象的功能，如可以作为基类派生新的类，生成的对象仍然是这个类对象的实例等。但另一方面，完成每个装饰器的技术是特殊的，代码也比较晦涩难懂。如果遇到更复杂的装饰需求，采用上面这类技术，有关装饰器未必很容易定义。

装饰类的另一种（比较通用的）方式是在函数里构造一个包装类，包起原来的类，让这个新类的实例维持原类实例的基本功能，而且增加需要装饰的功能，最后返回这个新类。下面是一个简单的装饰器函数，也可用于定义单例类：

```
def singleton1(cls):
    instance = None

    def wapper(*args, **kwargs):
        nonlocal instance
        if instance == None:
            instance = cls(*args, **kwargs)
        return instance

    return wapper
```

这个装饰器函数的定义很简单，主要是采用了闭包技术，在闭包内部记录被装饰类，返回局部定义的函数。这个装饰器能用于简单的类，请读者自己确认被装饰类的单例性质。然而，这样定义的装饰器函数的功能有很大局限性：函数 singleton1 返回的是一个函数对象，被装饰类的名字将以这个对象为值。虽然调用它可以产生原类的实例，但原类已经变成一个无名的存在（可以通过其实例的__class__属性找到）。作为例子，这个装饰器不能用于装饰上面的 Test 类，原因是函数返回的不是类，也不会有原类的属性。总之，这种装饰器技术改变了类的实例创建方式，对类本身并无作用。

另一种简单的类装饰器技术也是定义一个类。还以单例类做例子，我们可以定义下面的装饰器类，它可以用于把一个类转换为单例类：

```
class singleton2:
    def __init__(self, cls):
        self.cls = cls
        self.instance = None

    def __call__(self, *args, **kwargs):
        if self.instance == None:
            self.instance = self.cls(*args, **kwargs)
        return self.instance
```

这里的基本技术是用装饰器类的实例包装起被装饰类。由于 singleton2 类为实例定义了 __call__方法，使其实例成为可调用对象，每次调用生成一个原类实例。

这种技术的问题与前一技术类似：原类的名字现在关联到 singleton2 类的一个实例，而不是原来的类对象，因此很难支持各种面向对象编程技术，例如不能基于它定义派生类，检查对象类型等。这个类同样不能装饰前面的 Test 类。

定义类装饰器时，既可以采用劫持实例创建的技术，也可以直接修改类对象。前面例子展示了这些技术的情况，具体如何利用，还需我们根据实际情况考虑和开发。在 5.3 节里，我们将结合类的一些高级机制，讨论与类装饰器有关的一些问题。

还应该看到，所有可能用装饰器实现的功能，都可以通过基本编程技术实现。因此，在程序中某些地方是否使用装饰器，是一种设计选择，需要我们根据实际情况，权衡各方面利弊，如装饰器的有用性、开发工作量、程序的良好分解和清晰性等。

5.3 面向对象编程进阶

本节介绍 Python 与面向对象编程有关的一些高级机制和实现过程，包括类创建的细节控制，对象属性的管理和使用等，还介绍一些相关的概念和技术。

5.3.1 类的创建及其定制

本节讨论类的创建过程，以及类创建过程的定制问题，这种定制技术可以用于方便地实现一批具有类似性质的类，服务于特殊的应用需求。

type 类型和元类

第 1 章介绍了标准函数 type，4.4.3 节说明它也是一个类型（是一个类）。type 的 3 个参数的调用形式，把 type 作为类型的构造函数使用。调用：

type(*name*, *bases*, *dict*)

将得到一个新的类型对象（类对象），其中 *name* 是类名，是新建类对象的__name__属性值；*bases* 列出本类的基类（应该是一个序列），其顺序影响本类的 mro 序列；*dict* 给定类对象的属性字典，将成为新类的__dict__属性值，其内容应是该类的属性约束。

当然，type 不了解这些参数的来源，只是简单地检查它们的类型等情况，然后就基于这组参数创建一个类型对象。看一个简单例子：

```
>>> Test = type("Test", (), {})
>>> t = Test()
>>> type(t)
```

```
<class '__main__.Test'>
>>> Test.__mro__
(<class '__main__.Test'>, <class 'object'>)
```

Test 是一个不包含任何属性的类，但它可以创建实例，也有 mro 序列等。

实际上，在默认情况下，class 定义就是调用 type 创建类对象。在程序执行中，我们也可以以三参数的形式调用 type，动态地创建新的类（类型）。前面说过，我们可以通过属性赋值为类添加数据属性和函数属性，而且，只要加入的函数属性符合实例方法函数的基本要求，就可以作为实例方法调用。

如果检查一个标准类的类型（用函数 type），例如 int、object，甚至 type 本身，解释器给出的回答都是<class 'type'>，也就是说，type 是所有标准类型的类型。类型的类型称为**元类**（metaclass），type 就是一个元类。按照 Python 的对象模型，类本身也是对象，是其元类的实例。采用默认方式自定义的类都是“标准”元类 type 的实例，所以它们的类型都是 type。另一方面，Python 语言的各种标准类型也是 type 的实例，包括公用基类 object 也是 type 的实例。最特殊的就是 type 的类型还是 type 本身。另一方面，所有类型的最终基类都是 object。type 作为一个类，其基类也是 object：

```
>>> type(object)
<class 'type'>
>>> type.__mro__
(<class 'type'>, <class 'object'>)
>>> type(type)
<class 'type'>
```

通过检查 type 的 mro，可以看到 object 是 type 的基类。

元类的功能就是创建类对象（创建类型）。在绝大多数情况下，程序员都不需要考虑元类问题，直接使用默认方式就可以了。但也存在一些情况，使元类可能作为有用的编程工具，帮助我们更方便而优雅地解决问题。下面将介绍这方面的情况。

类创建过程

前面多次提到类的创建问题，但只是简单说明其间将创建一个名字空间，在其中执行类体代码，最后把构造好的类对象关联于类名。现在更仔细地说明这个过程。

在类定义中，在类名之后的参数表里，常规的按位置实参表示本类的基类。实际上，这里还可以出现关键字实参，关键字实参 metaclass 用于选择创建类时使用的元类（默认为 type），如果还给有其他关键字实参，这些实参都直接传给元类，实际上是传给创建过程中调用的元类方法（见下）。也就是说，以如下形式定义类时：

```
Class C(metaclass=CMeta): ... ...
```

解释器就不用 type，而是用 CMeta 作为创建 C 的元类。这里同样可以有表示基类的参数，还可以有其他关键字参数，提供给创建类对象的函数使用。现在详细说明由类定义创建类对象的过程，元类的作用就体现在这个过程中。

一个类定义的完整处理过程分为 4 步。

1. 确定使用的元类：如果没基类，也没有 metaclass 实参，就以 type 作为元类；如果有 metaclass 实参而且它不是 type() 的实例[①]，就用这个实参作为元类。如果所给 metaclass 实参是 type() 的实例，或者有（一个或几个）基类，就用 type(*cls*) 求出它们的类型，得到一集元类。如果有 metaclass 实参 *m* 且 *m* 不是 type 的实例就把它加入元类集，否则把 type 加入。如果最终得到的元类集里有一个是其他元类的派生类，就用它作为元类；不存在这样的元类时就报告 TypeError。

2. 为类对象准备名字空间：默认调用标准函数 dict()，但如果所用元类有（类方法）属性__prepare__，就以 metaclass.__prepare__(name, bases, **kwds) 的形式调用它，获得特定的名字空间。这里的 kwds 是类定义头部的其他关键字参数，由解释器自动传入，可以在__prepare__() 的定义里使用。

3. 执行类定义体：以类定义所在的局部作用域为外围作用域，类体里的代码可以访问全局作用域和外围作用域里的变量。执行中创建的数据和函数属性都加入前一步准备好的名字空间。这里还要注意一点（前面说过）：如果类方法和实例方法的代码希望访问类属性，必须通过方法的第一个参数（通常是 cls 或 self）进行。静态方法里不能访问类属性（除非代码中提供特殊的访问路径）。

4. 调用 metaclass(name, bases, namespace, **kwds) 创建类对象：创建对象后将其约束于类名，存入当前名字空间。kwds 是类定义头部的其他关键字参数。实际上，类定义还可以有装饰器应用（见 5.2 节），装饰器可能对类对象进行加工。如果类定义有装饰器描述，在约束到类名之前先完成装饰。

第 1 条确定元类过程有点复杂，但常见情况很直观：如果没指定元类，有基类时就用基类的元类（多个基类的元类相同是常见情况），否则直接用 type 作为元类。如果指定了元类且无基类，就用这个元类。有多个基类，还可能指定了元类是最复杂的情况，这时要收集起所有元类（包括所有基类的元类），按规则确定一个元类。

类创建过程通过两个机制支持用户定制：首先是允许自定义元类，用在类创建过程中的第 4 步。其次是可以不用标准字典，采用特殊映射为类定义安排属性空间，这时需要为元类定义特殊的__prepare__属性。该属性的值应该是支持上述第 2 条所列调用形式的可调用对象，调用返回的对象应该是一个映射，具有与字典相同的使用方式。

元类

如前所述，元类的功能就是用于创建类，它又将作为被创建类的类型。按默认方式定义的

---

① A 是 type 的实例，意味着 type(A)的结果是 <class 'type'>。

类都通过元类 type 创建的。元类就像是类型（类）的工厂。

元类可以是任何可调用对象，可以通过类定义或者函数定义来描述，只要求它支持上面第 4 条说明的调用形式，能创建并返回实际可用的类对象（也就是说，返回的对象支持创建实例）。定义元类的最常见方式是从 type 派生，这样就继承了 type 在创建类对象方面的所有功能。但 Python 并不强制要求这样做。

基于元类定义类也就是实例化，这一情况说明，要想从 type 派生新元类，就应该覆盖（劫持并重定义）type 中与实例化有关的方法。根据在第 4 章中我们知道，与实例创建有关的特殊方法有两个，一个是常见的__init__()，另一个是为实例准备对象的__new()__。覆盖方法时必须用同样的参数形式，type 中这两个方法的参数情况是：

```
type.__new__(cls, clsname, bases, attrdict, **kwds)
type.__init__(cls, clsname, bases, attrdict, **kwds)
```

自定义的__new__()方法将用于建立有关的类对象，自定义的__init__()方法将在创建了实例对象后，作为最后一步调用。这两个函数的参数相同，解释器调用时，送给参数 cls 的是被创建的类，clsname 是类名，bases 是基类元组，attrdict 是属性字典，最后的 **kwds 的意义见上，这些参数都可以在方法定义里使用。

显然，通常应该在自定义的__new__()里调用 type.__new__()实际地创建类对象。此外，如果需要，还可以为元类定义__prepare__()方法。

下面看几个元类实例，从中可以看到一些技术和元类的应用可能性。

增加实例计数功能的元类

这里还用前面多次使用的熟悉的问题作为示例：定义具有实例计数功能的类。前面我们曾经定义过支持这种工作的装饰器，现在考虑用元类技术来实现。

我们考虑用类定义的方式实现所需的元类，通过继承 type，使定义出的元类自动满足元类的各方面需求。注意，元类是在被创建的类已经创建之后再作用的，这个情况与装饰器有些类似，这时可以非常方便地取得被创建类的属性。

下面是一个简单的元类定义：

```
class Counter(type):
    def __init__(cls, clsname, bases, attrdict, **kwds):
        init = cls.__init__

        def tmp(self, *args, **kwargs): # 定义新版本的初始化函数
            init(self, *args, **kwargs)
            cls.__objnum += 1

        cls.__objnum = 0
        cls.__init__ = tmp # 设置新版本的初始化函数
        cls.objnum = classmethod(lambda cls: cls.__objnum)
```

这里只是定义了元类的初始化函数。注意，要创建的类对象就是所用元类的实例，因此这里的初始化函数就是操作那个类，这里用 cls 作为第一个参数名，相当于普通类定义中初始化函数的 self。这里的初始化函数给被操作的类加入必要的属性，包括扩充原来的初始化函数。有关做法在前面定义功能类似的装饰器时已有解释，无须赘述。

如果我们基于 Counter 定义 Shape 类：

```
Class Shape(metaclass=Counter): ... ...
```

Shape 类就有了实例计数功能，而且其类型也不同了：

```
>>> type(Shape)
<class '__main__.Counter'>
>>>
```

也就是说，这个 Shape 类就是 Counter 元类的一个实例。请读者自己检查，确认通过这个元类定义的类都具有实例计数功能。

本示例说明了一类特殊情况，对于这些情况，采用元类技术或装饰器技术都可以完成工作，做法也类似。但元类还可以介入类创建的前期步骤，因此可以更灵活方便地处理类定义中的各种特殊需要，其中有些问题很难用装饰器处理。

自定属性字典

在默认情况下，类对象用一个字典保存其属性。字典中的项没有顺序，因此丢失了定义中的一些信息。现在假设我们希望定义一些这样的类，这种类的特点就是能维持创建类时属性定义的顺序关系，以满足某些特殊用途的需要。

维持属性顺序关系可以采用各种技术，最简单的方法是用一个维持线性序的字典保存属性。根据前面介绍的情况，我们可以定义一个元类，给这个元类定义__prepare__()方法，采用某种维持顺序的映射取代默认的 dict。

下面是元类 OrderedClass 的定义[①]：

```
import collections

class OrderedClass(type):

    @classmethod
    def __prepare__(metacls, name, bases, **kwds):
        return collections.OrderedDict()

    def __new__(cls, name, bases, namespace, **kwds):
        result = type.__new__(cls, name, bases, dict(namespace))
        result.members = tuple(namespace)

        return result
```

① 这个例子取自 Python 语言手册 3.3.3.5 节。

在基于 OrderedClass 定义的类里都有一个元组属性 members，其内容是一些字符串，实际上是本类中各属性的名字。元组中的元素顺序记录了这些属性的创建顺序（也就是类定义里的描述顺序）。这个例子展示了与元类有关的多方面情况。

OrderedClass 定义了__prepare__属性，它以特殊方式为类对象准备名字空间字典。这里没有用常规字典，而是用 collections 包提供的 OrderedDict。这也是一个映射对象，特殊之处是其中的键值对维持着加入时的顺序。__prepare__属性是一个类方法，加 @classmethod 装饰。最后的__new__是实例方法，用于创建 OrderedClass 的实例。OrderedClass 是元类，其实例就是基于它定义的类。

__new__方法具有所需的参数形式，第一个参数用 cls 而非 self（用 self 也一样），只是为了表明这里定义的是元类（__prepare__参数表中第一个参数用 metaclass，也出于类似考虑）。这个函数首先调用 type 的同名函数创建类对象，而后通过赋值给这个类对象加入一个 member 属性，tuple(namespace)得到有序字典的键序列。注意，在调用 type.__new__()时，这里基于已有的有序字典创建了一个普通字典，只是可能提高字典查询效率，直接用 namespace 创建的类在功能上是完全一样的。

下面是用 OrderedClass 创建类的一个简单示例：

```
class A(metaclass=OrderedClass):
    zero = 0
    def one(self): pass
    def two(self): pass
    three = 3
    def four(self): pass

print(A.members)
```

程序将输出：('__module__', '__qualname__', 'zero', 'one', 'two', 'three', 'four')，其中'__module__'和'__qualname__'是解释器建立的两个内部属性，'__module__'表示定义所在的模块，'__qualname__'是本类的完全限定名，根据定义所在的位置生成。后面是类的各个属性的记录。

很显然，这个例子无法通过装饰器技术实现。原因很简单：装饰器只能在类定义完成之后作用，而到了那个时候，类属性的顺序信息已经丢失了。

另一个例子

最后考虑一个结合装饰器和元类技术的示例。现在假设我们希望给一些类中的每个方法增加计时功能。显然，在类定义里为每个方法定义加装饰，可以解决这个问题。但这样做有些麻烦。进一步说，假设我们希望只在开发调试时（__debug__的值为真时）给方法计时，实际运行时取消计时功能，修改所有这种类里的所有方法，就太麻烦了。

结合使用元类，可以非常优雅地解决这个问题。这里假设装饰器函数 timing 已定义，可以直接使用。相关元类的定义非常简单：

```
class MetaTiming(type):
    def __new__(cls, clsname, bases, attrdict, **kwds):
        if __debug__:
            for attr, val in attrdict.items():
                if callable(val):                  # attr 是方法
                    attrdict[attr] = timing(val)   # 装饰这个方法
        return type.__new__(cls, clsname, bases, attrdict)
```

在这个元类定义里，我们覆盖了__new__()方法[①]，其中用一个循环检查正在创建的类的属性字典，遇到属性是函数时就给它加装饰，否则什么也不做。把这个循环放在__debug__的控制下，很自然地解决了不同编译方式下方法定义的转换问题。

用这个元类定义一个简单的类：

```
class C(metaclass=MetaTiming):
    def f1(self, a, b):
        sum = 0
        for i in range(a, b): sum += i
        return sum

    def f2(cls, n):
        s = 1
        for i in range(n): s *= i
        return s
```

执行其中的方法，就能看到计时信息。

实际上，元类以及本节（5.3 节）介绍的许多问题都可以作为专门课题进一步讨论和研究。由于篇幅关系，这里不再继续深入探讨。人们提出了许多可能利用元类技术解决的问题，也开发了许多有用技术。有兴趣的读者可以自己进一步研究。

5.3.2 属性管理和操作

一个对象可以看作一个容器，其中包含一组属性，每个属性有名字和值。作为属性容器，对象需要支持一些**属性操作**，基本属性操作包括访问操作“x.a”、修改（和创建）操作“x.a = v”，以及删除操作“del x.a”。这里假定 x 是以（某种）对象为值的变量，a 是其属性，访问或删除不存在的属性时将会报 AttributeError。

定制属性操作

实例 x 有属性 a 就能直接访问，这里好像没有什么问题。但是，很多对象对其（一些）数

① 这里用标准函数 callable()是为了简单，如果需要更仔细的控制，可以利用标准库 types 包提供的类型。例如 types.MethodType 是实例方法类型（标准库手册 8.9.2 节）。

据属性的值有要求，用不符合要求的值设置属性，就会破坏对象的完整性，可能导致后来的对象操作出错，带来难以预料的后果。在每个对象操作时检查属性合法性，既烦琐也不合理，正确做法应该是管住属性设置，在数据入口避免错误，保证对象的完整性。对 Python 而言，由于变量和属性都没有类型，这件事更是特别重要。

下面结合一个简单例子，介绍 Python 的语言机制和相关技术。假设被操作对象有一个时间属性_time，对象的设计要求该属性用元组 (h, m) 的形式记录时间，两个整数成员分别表示时和分。假设我们还允许_time 属性的值为 None 来表示具体时间未定。如果 x 的值是这种对象，下面是一些合法或非法的赋值操作：

```
x._time = (12, 40) # 合法
x._time = "12:40"  # 非法
x._time = 1240     # 非法
x._time = None     # 合法
```

显然，允许程序直接设置_time 是非常危险的。如果将这种对象用在关键系统里，表示预定的重要时间，错误设置（无论有意、无意，还是恶意）可能成为埋藏的定时炸弹。还有，给属性命名为_time，也是希望屏蔽其使用，直接设置也是不合适的。

特殊名方法__setattr__(self, name, value)服务于这一需要，可用于定制对象的属性赋值操作。回到例子，我们可以在类里定义下面方法：

```
class Important:
    def __init__(self):
        self._time = None

    def __setattr__(self, name, value):
        if name == "_time":
            if (value is None or
                isinstance(value, tuple) and len(value) == 2 and
                isinstance(value[0], int) and 0 <= value[0] < 24 and
                isinstance(value[1], int) and 0 <= value[1] < 60):

                super().__setattr__(name, value)
            else:
                raise ValueError
        else:
            super().__setattr__(name, value)

    ... ...
```

如果 x 的值是 Important 类的对象，赋值语句 x._time = (12, 40)就会调用本类中覆盖的__setattr__()完成属性赋值，参数不正确时将报告 ValueError。条件语句的 else 部分是为了支持其他属性的正常赋值。注意，定制了这个方法之后，本类对象的所有属性赋值都被这个方法定义劫持，因此在这个方法的定义里不能直接出现对属性的赋值，必须调用基类的同名方法，否则将导致无穷的自递归调用。

应该看到，上面函数里用字符串形式表示属性名。我们完全可以利用这一点，屏蔽对象的实际属性名。例如，把方法定义改为：

```
def __setattr__(self, name, v):
    if name == "time":
        if (v is None or
            isinstance(v, tuple) and len(v) == 2 and
            isinstance(v[0], int) and 0 <= v[0] < 24 and
            isinstance(v[1], int) and 0 <= v[1] < 60):

            super().__setattr__("_time", v)
        else:
            raise ValueError
    else:
        super().__setattr__(name, value)
```

这样，写 x.time = …时实际设置的是_time 属性。这样做，既屏蔽了实例的真实属性名，也使 time 成为使用方与类实现之间的封装接口。完全可以在这种函数里做任何事情，例如设置多个属性（例如，对象里实际上用两个整型属性，分别记录时间的时和分），或者做一些内部需要的工作。注意，赋值语句 x.a = v 的右边只能是一个表达式，但可通过打包把一组数据的元组传进函数，在函数里分解使用。

注意

类里定义的__setattr__完全接管本类实例的属性赋值操作，也就是说，它描述了对本类实例做属性赋值时的所有行为。如果在上面__setattr__定义里没说明 name 是其他值时该怎么处理，那么，在执行 x.a=3 时就什么也不做。可以利用这种性质禁止创建其他属性，或抛出异常来说明出现了给未说明的属性赋值的情况。

Python 还有下面几个与属性有关的特殊方法名。

- __getattr__(self, *name*)用于定制实例的属性取值操作，获得本对象中名为 *name* 的属性值。需要注意，这个函数与__setattr__不同，它并不完全接管属性取值操作，只在常规操作找不到给定属性时才被调用。
- __getattribute__(self, *name*)用于定制实例的属性取值操作。与__getattr__不同，这个方法完全接管本类的实例属性取值操作，因此函数体里不能直接写属性赋值，必须调用基类的同名方法，否则将导致无穷的自递归调用。
- __delattr__(*obj*, *name*)删除 *obj* 的 *name* 属性。操作中的情况与__setattr__类似，但是它是完成删除。定义中也应该调用基类的同名方法。

注意

除__getattr__外的 3 个方法都全面接管实例的属性操作，它们不仅控制类定义之外的实例对象属性操作，也控制类方法代码里的属性操作。为一个类定义这 3 个方法时需要特别注意，必须全面考虑，有关定义要满足该类实例操作的全部需求。而__getattr__则是作为常规访问规则的补充，在常规访问失败后调用。一旦我们修改程序，实例属性的情况发生变化，就可能需要修改这几个函数。

采用上面第二个__setattr__定义之后，直接写 x.time 将得到错误 AttributeError: 'Important' object has no attribute 'time'，因为 x 没有 time 属性。如果需要访问对象的属性，可以考虑定义下面方法：

```
def __getattr__(self, name):
    if name == "time":
        return self._time
```

由于__getattr__ 并不接管属性访问，而是作为后续的补充动作；在这个定义里，我们只需定制对 time 属性的访问操作，不影响其他属性访问。

我们可以利用上面的属性访问函数实现一些类装饰器。例如，我们希望追踪程序里对某个类中所有属性的访问情况，可以定义下面的装饰器：

```
def traceattrs(cls):
    class Wrapper:
        def __init__(self, *args, **kwargs):
            self.wrapped = cls(*args, **kwargs)

        def __getattr__(self, attr):
            print("Accessing {}.{}.".format(cls.__name__, attr))
            return getattr(self.wrapped, attr)

    return Wrapper
```

这个装饰器函数为被装饰的类增加属性访问的追踪功能，采用的方式是为被装饰类的每个实例创建包装类 Wrapper 的一个实例，让包装类实例完全劫持对原类实例的属性访问，通过这种方式统一地构造追踪信息。

考虑下面的类定义：

```
@traceattrs
class Point:
    def __init__(self, x, y):
        self._x = x
        self._y = y

    def getx(self):
        print(self._x)
        return self._x

    def gety(self):
        print(self._y)
        return self._y
```

```
    def area(self):
        print(0)
        return 0

    def move(self, delta_x, delta_y):
        self._x += delta_x
        self._y += delta_y
        print("moves to {}".format((self._x, self._y)))
```

如果有调用：

```
p = Point(3, 5)
x = p.getx()
y = p.gety()
p.move(3, 7)
```

可以看到输出：

```
Accessing Point.getx.
3
Accessing Point.gety.
5
Accessing Point.move.
moves (6, 12)
```

本小节讨论的技术与将在 5.3.4 节讨论的代理技术有关。最后还要特别说明，Python 3 中定义`__getattr__`等操作都不会覆盖具有特殊方法名的操作（这方面的规定与 Python 2 不同）。需要特别说明的是，`__getattr__`和`__getattribute__`访问属性时不处理特殊方法名，特别是`__getattribute__`也不会劫持对特殊方法名的访问。

代码中出现直接属性访问，主要是两个方面的应用：最重要的是类中方法定义里需要频繁访问对象的数据属性，还要通过属性访问调用方法函数；另一方面，在类定义之外使用实例时主要是调用方法。`__getattr__`、`__getattribute__`、`__setattr__` 等函数是通用操作，定义它们会造成代码中的深度纠缠，影响程序的可读性和可维护性。因此，直接定义这 3 个操作，常常不是最好的方法。为避免程序里的非模块化特性，支持对于个别化的属性访问控制，Python 引进了下面的 `property` 机制。

property 机制和应用

要控制对于对象里的一个属性的访问，常规方法是为之定义专门的**设置函数**（常称为 setter）和**取值函数**（getter），还可以定义**删除函数**（deleter）。显然，针对一个具体属性定义这几个函数，所做定义与对象的其他属性无关。

还是用前面讨论的例子，我们可以定义：

```
class Important:
    def __init__(self):
        self._time = None
```

```
    def time_getter(self):
        return self._time

    def time_setter(self, value):
        if (value is None or
            isinstance(value, tuple) and len(value) == 2 and
            isinstance(value[0], int) and 0 <= value[0] < 24 and
            isinstance(value[1], int) and 0 <= value[1] < 60):

            self._time = value
        else:
            raise ValueError
```

使用方式就是常规的方法调用。这些定义不影响其他属性的使用。

注意，采用设置函数和取值函数的技术，同样隔离了实例的实现和使用，屏蔽了实际的属性名。此外，我们完全可以在设置函数里做更多工作，满足其他需要。如果修改本类的实现，只需要修改属性操作函数，都是局部修改，得到了模块化的效果。

上述技术解决了问题，但使用起来比较麻烦。我们自然希望在能控制属性使用和操作的前提下，又让操作的描述简单，就像是 Python 里的普通属性访问。property 就是为此而设计的一套机制，可用于把方法调用包装成基本的属性访问形式。

property 是一个标准函数，有两种基本使用方式。第一种方式是把 property 作为方法函数（假设是 fun）的装饰符，如果这样做，就为类定义了一个名字为 fun 的 property 属性，还把函数 fun 的定义转换为本类实例的同名属性的取值函数。这个 property 属性还有两个成分——fun.setter 和 fun.deleter，可以作为方法函数的装饰符，用于定义实例属性 fun 的设置函数和删除函数。看一个例子。

采用 property 装饰技术重新解决前面的问题，有关的类定义如下：

```
class Important:
    def __init__(self):
        self._time = None # 也用自定义的 setter

    @property
    def time(self):  # time 被定义为一个 property 属性
        return self._time

    @time.setter
    def time(self, value):
        if (value is None or
            isinstance(value, tuple) and len(value) == 2 and
            isinstance(value[0], int) and 0 <= value[0] < 24 and
            isinstance(value[1], int) and 0 <= value[1] < 60):

            self._time = value
        else:
            raise ValueError
```

现在就可以用属性访问的语法来操作实例属性了。例如：

```
i1 = Important()
i1.time = (12, 40)
print(i1.time)
del i1.time # 将引发异常AttributeError: can't delete attribute
```

由于没有为 time 定义删除函数，最后一个语句将引发异常。

定义了一个 property 属性后，用这个 property 属性名加 setter 和 deleter 装饰的函数将关联于这个 property 属性，作为该 property 属性的设置函数和删除函数。另一方面，装饰后的函数仍将绑定到相应的函数名。

上面的做法已经很好地解决了我们的问题，但它还有一些缺点：property 属性的相关描述比较松散，不像一个完整的性质，也没地方写常规的文档串。property 的另一种用法能更好地反映了它的实质，而且可以解决这些问题。

实际上，property 是一个内部定义的类，其实例是 property 对象，前面用 property 作为装饰符就是构造这种对象。这个类的构造函数形式是：

```
property(fget=None, fset=None, fdel=None, doc=None)
```

构造函数有 4 个参数，均为可选。前 3 个参数都应该是实例方法，分别作为该 property 属性（实际上是本类实例的 property 属性）的取值函数、设置函数和删除函数。doc 参数为该属性提供文档串，未提供实参时就用取值函数的文档串。

用这种技术重新定义前面实例：

```
class Important:
    def __init__(self):
        self.time = None # 也用自定义的 setter

    def __time_getter(self):
        return self.__time

    def __time_setter(self, value):
        if (value is None or
            isinstance(value, tuple) and len(value) == 2 and
            isinstance(value[0], int) and 0 <= value[0] < 24 and
            isinstance(value[1], int) and 0 <= value[1] < 60):

            self.__time = value
        else:
            raise ValueError

    time = property(__time_getter, __time_setter,
                    doc="Time attribute takes the form (h, m)")
```

这里用两个下划线开头的名字隐蔽所定义的实际属性和操作。还请注意，初始化函数里也用了本类定义的设置函数，在整个类定义里，具体赋值取值各出现了一次。

现在我们可以看到：

```
>>> Important.time
<property object at 0x00000000034CE3B8>
>>> Important.time.__doc__
'Time attribute takes the form (h, m)'
```

说明 time 是 Important 类的一个属性。

property 机制还可能在许多情况中利用。假设我们要修改已有系统里的一个类，把原来暴露的某个属性封装起来，可能还需要增加设置检查等功能。这时可以修改类的内部表示，把原有属性改为内部名（可以做任何必要的修改，包括采用完全不同的数据表示）。与此同时定义一个与原来暴露的属性同名的 property 属性，定义它的设置函数和取值函数，模拟原对象的功能。这样做，使用该类的已有代码都不需要修改。

进一步说，property 机制实现了属性操作的封装：从外部看就是简单的属性访问，但实际上是执行 property 内部封装的代码。我们完全可以在这些代码中加入任意所需的操作，一旦这些属性被访问，有关操作就会自动执行。

5.3.3 描述器

描述器（descriptor）是与属性访问和操作相关的最底层机制。初看起来这种机制与 property 类似，两者都是针对具体属性，但描述器的功能更强大得多，它甚至是许多基本语言机制的实现基础。实际上，定义 property 也就是定义一类比较规范的描述器，只是写起来比较方便而且易读。进一步说，property 机制本身也是用描述器实现的。描述器的强大功能可以有许多应用，读者可以从下面的讨论中看到一些情况和线索。

概念和基本情况

描述器是一种特殊类的实例。在定义一个类时，只要为其实例定义几个特殊名方法，这个类的实例就是描述器。描述器协议包含下面 3 个特殊名方法：

```
descriptor.__get__(self, instance, onwer)
descriptor.__set__(self, instance, value)
descriptor.__delete__(self, instance)
```

其中__get__方法应该返回值，另外两个方法都不返回值。任何对象只要支持这几个方法中的至少一个，它就是描述器。支持__set__()或__delete__()（或者两个都支持）的对象是**数据描述器**，只支持__get__()的对象是**非数据描述器**[1]。

描述器的使用规定是：如果一个类（下面称为客户对象类[2]）的某个属性被设置为一个描

---

① 注意，特殊名方法__del__()与这里的 __delete__()是完全不同的。__del__()的用途更广泛，用于定义实例对象被销毁时的操作，而__delete__()专用于定义描述器。

② 一个描述器提供了一套服务，使用它的对象，以它为属性值，就是它的客户对象。

述器，当访问、设置或者删除其实例的这个属性时，有关操作将转到相应描述器的操作。如果该描述器未定义某个操作，该操作就按常规方式处理。

请注意 3 个操作的参数，self 不必解释，instance 参数是客户对象，value 的意思也很清楚。__get__()的情况特殊：其 owner 参数值是当前客户类，instance 可以是被访问的对象，也可以是 None，表示操作访问的属性在类对象里（从客户类出发访问该属性就是这种情况）。无论参数是什么，这个函数都应该返回一个值，可以是用任意所需方式计算出的值；操作中出错时应引发 AttributeError 异常。

从功能上看，描述器使我们可以控制（客户）对象中特定属性的访问和设置操作，把它们导向另一个类的对象去，这样就有可能在属性访问中完成任意的需要自动执行的操作。同样，也可以对属性的删除中插入任意的操作。

看一个简单例子，理解描述器中的方法被自动调用的情况。执行下面代码：

```
class Descriptor:
    def __get__(self, instance, owner):
        print(self, instance, owner, sep='\n', end="\n\n")

class Client:
    attr = Descriptor() # 以描述器作为类属性的值
```

注意，描述器实例应该作为类的属性，从对象和类都能访问。

下面是几个操作及其效果：

```
>>> x = Client()
>>> x.attr
<__main__.Descriptor object at 0x0000000003472358>
<__main__.Client object at 0x00000000034BC748>
<class '__main__.Client'>

>>> Client.attr
<__main__.Descriptor object at 0x0000000003472358>
None
<class '__main__.Client'>
```

这里既显示了从 x.attr 访问的输出，也显示了从 Client 类访问 attr 的输出。在调用__get__()时，有关参数由解释器自动设定。

由于上面的 Descriptor 类里没定义__set__()，对这个属性赋值就会设置对象的属性，也导致该属性值屏蔽相应的类属性：

```
>>> x.attr = 3
>>> x.attr
3
```

描述器失联了。当然，如果创建另一个 Client 对象，它还是有描述器，与 x 无关。

如果希望客户类实例中的某个属性只能读，就需要定义__set__()劫持对这个属性的设置。例如，可以考虑让设置操作引发异常：

```
class Descriptor:
    def __get__(self, instance, owner):
        print(self, instance, owner, sep='\n')
    def __set__(self, instance, value):
        print(self, instance, value, sep='\n')
        raise AttributeError('Set is forbidden.')

class Client:
    attr = Descriptor()
```

再给 Client 的 attr 属性赋值，解释器就会引发异常。怎样定义设置操作应该根据实际需要考虑，这里引发异常只是示例。

上面说明了描述器的基本情况，下面看几个例子。

简单示例

我们还是用 5.3.2 节有关时间属性检查的问题，考虑定义一个功能类似的描述器。下面是描述器类的定义。有意加入几个输出语句，显示描述器方法的调用情况：

```
class Time:
    def __get__(self, instance, owner):
        print("__get__ is called")
        return instance._time

    def __set__(self, instance, value):
        print("__set__ is called")
        if (value is None or
            isinstance(value, tuple) and len(value) == 2 and
            isinstance(value[0], int) and 0 <= value[0] < 24 and
            isinstance(value[1], int) and 0 <= value[1] < 60):

            instance._time = value
        else:
            raise ValueError

    def __delete__(self, instance):
        print("__delete__ is called")
        if instance._time is None:
            raise ValueError
        instance._time = None

class Important:
    def __init__(self):
        self._time = None

    time = Time()
    # ... ...
```

```
x = Important()
print(x.time)
x.time = (10, 38)
```

运行这段代码，可以看到：

```
__get__ is called
None
__set__ is called
```

注意，描述器方法可以根据需要任意处理各种操作。例如，上面的__delete__()并不是真的做删除，而是删去有效时间。在上面的状态下继续执行，可以看到更多情况：

```
>>> x.time = (10, 38)
__set__ is called
>>> print(x.time)
__get__ is called
(10, 38)
>>> del x.time
__delete__ is called
>>> print(x.time)
__get__ is called
None
```

属性赋值调用描述式的__set__()方法，del x.time 调用描述器的__delete__()方法，将对象里的属性设置为 None。一切皆如所愿。

如果客户类用到的描述器只是为自己提供服务，并不希望作为公共服务，可以将描述器类局部化，定义在客户类内部。例如，下面的 Important 类具有同样功能：

```
class Important:
    class Time:
        def __get__(self, instance, owner): ... ...
        def __set__(self, instance, value): ... ...
        def __delete__(self, instance): ... ...

    def __init__(self):
        self._time = None

    time = Time()
    # ... ...
```

Time 类的定义不需要任何修改。读者可以自己验证这个类具有同样的行为。

可用于独立函数和类方法的装饰器类

5.2.1 节介绍装饰器时，提出了可以用函数或类来定义装饰器的技术。但也提到用类定义构造的装饰器的局限性：按最直接的方式定义，只能用于装饰普通的独立定义的函数，不能用于装饰类定义里的方法。讨论了描述器的概念之后，我们现在已经可以定义出能同时装饰独立函数和类中方法的装饰器类了。下面说明一种方法。

仍以 5.2.1 节显示函数调用的简单装饰问题为例，新的装饰器类定义如下：

```
class decoc:
    class Wrapper:
        def __init__(self, descriptor, instance):
            self.desc = descriptor
            self.instance = instance

        def __call__(self, *args, **kwargs):
            return self.desc(self.instance, *args, **kwargs)

    def __init__(self, fun):
        self.fun = fun

    def __call__(self, *args, **kwargs):
        print(self.fun.__name__ + " starts.")
        x = self.fun(*args, **kwargs)
        print(self.fun.__name__ + " ends.")
        return x

    def __get__(self, instance, onwer):
        return decoc.Wrapper(self, instance)
```

装饰类 decoc 的实例的初始化函数只是在对象里记录被调函数，而当这个装饰对象被真正调用时，它将实际调用以前记录的函数，并在调用的前后输出追踪信息。decoc 类里定义了一个局部类 Wrapper，用于承载和传递一些重要信息。

完成工作的关键在于 decoc 类的__get__() 方法，由于有这个方法，decoc 类是一个描述器类，其实例是描述器对象。当我们用这个类去装饰一个客户类的方法时，创建的 decoc 对象就会被作为客户类里该方法的实际定义值（注意，该 decoc 对象里记录着原方法的定义）。调用客户对象的被装饰方法时，首先要获取该方法，这就导致相应 decoc 对象的__get__() 方法被调用执行，返回一个新建的 Wrapper 对象，其中包装着本 decoc 对象和由__get__() 的参数 instance 得到的客户对象。随后实际调用 Wrappper 对象时，该对象的__call__() 方法被执行，而这个方法将描述器对象作为可调用对象去调用，导致执行描述器对象（decoc 类的实例）的__call__() 方法，在这个方法的执行中进一步调用了客户类里的被装饰的方法，并在调用前后输出追踪信息。

下面这个简单的例子展示了装饰器的使用：

```
class C: # decoc 装饰器能用于方法
    def __init__(self, v):
        self.v = v

    @decoc
    def add(self, n):
        self.v += n
```

```
    @decoc
    def value(self):
        return self.v

@decoc
def func1(a, b):
    print(a + b)
    return a + b
```

执行下面的语句：

```
    c = C(10)
    c.add(3)
    print(c.value())

    print("func1:", func1(1, 4))
```

可以看到下面的输出：

```
add starts.
add ends.
value starts.
value ends.
13
func1 starts.
5
func1 ends.
func1: 5
```

说明这个装饰器类确实完成了所需要的装饰。

虽然这里的装饰器能完成工作，但是其实现还是太过复杂，完成工作的过程也非常迂回曲折，不易理解。从这个例子里可以看到两个情况：首先，一般而言，采用函数和闭包技术实现装饰器，是最简单而且普遍有效的技术。采用类实现装饰器，简单技术不适用于类方法的装饰，通用的技术又过于复杂。另一方面，从这个例子中也可以看到，描述器确实是一种威力强大的技术，在描述器的几个特殊函数里，我们同时掌握所用的描述器对象和客户对象，因此可能完成很复杂的工作。

定义 property

前面说过，Python 的 property 就是用描述器实现的，而且，property 定义也就是构造一类比较简单规范的描述器。本小节以此为例说明描述器的应用，展示如何用描述器定义一种简单的 property 功能。

下面定义的描述器类 Property 具有标准 property 的基本功能：

```
class Property:
    def __init__(self, getter=None, setter=None,
                 deleter=None, doc=None):
```

```
        self._getter = getter
        self._setter = setter
        self._deleter = deleter
        self.__doc__ = doc

    def __get__(self, instance, owner):
        if instance is None:
            return self
        if self._getter is None:
            raise AttributeError("Attribute has no getter.")
        return self._getter(instance)

    def __set__(self, instance, value):
        if self._setter is None:
            raise AttributeError("Attribute has no setter.")
        self._setter(instance, value)

    def __delete__(self, instance):
        if self._deleter is None:
            raise AttributeError("Attribute has no deleter.")
        self._deleter(instance)
```

这个定义中的逻辑非常简单，就是把创建 property 时给定的 getter、setter 和 deleter 作为所构建的描述器的几个方法的基础，如果它们有实际定义，执行操作时就调用它们。

当然，这一实现做了大幅度简化。Python 语言里的 property 本身还是一个装饰器，可以用在类定义里，以装饰 getter 方法的方式创建相应 p 的 roperty 描述器对象。这种描述器对象还应该有 property.setter 和 property.deleter 属性，它们都是装饰器，用于为 property 对象增添属性。完整的实现留给读者考虑。

有关描述器的讨论

面向对象编程中最重要的操作环节就是从对象出发的属性访问，描述器的基础就是在某个环节劫持属性访问，因此在面向对象编程领域有极其广泛的应用。

描述器是一种比较低级的机制，就像汇编语言，功能十分强大，但写出的程序代码语义可能比较晦涩难懂，也容易写错。从前面例子中可以看到一些端倪。因此，在编程中，描述器只应作为最后的处理手段。可以用其他属性操作机制（例如 property 等）解决的问题，最好就使用其他机制。另一方面，由于描述器的灵活性，其潜在应用非常广泛。开发描述器的应用本身也是一项研究工作，已经有了很多成果。

描述器的应用总牵涉两个对象，一个描述器对象和一个客户对象，在描述器函数里可以同时使用和操作这两个对象的状态（还有客户类的状态）。这一能力是描述器的威力的重要根源。另外，描述器工作中可能需要保存一些局部的信息，这时就出现了把信息保存在哪里的问题。很自然，保存在描述器方法里的信息只能持续到方法结束，如需长时间保持，就应该存入某个对象作为属性，这时就要考虑存储的位置。

应该看到，描述器的每次应用将创建一个新的描述器对象，这个对象被关联到客户类，作为客户类的一个属性的值。因此，存储在这个描述器对象里的信息可能被该客户类的所有实例共享。另一方面，如果描述器函数把信息存入客户实例对象，该信息就是这个客户对象的内部信息，只能由这个对象使用，与本类的其他对象无关，因此得到了更好的保护。前面有关信息共享等问题的全部讨论，在这里也都有效。

还有一个问题也值得注意：如果描述器类定义在客户类的内部，它就是局部的，和客户类一起定义，相互有紧密的关联也很自然。但如果一个描述器类的意图是实现一类通用操作，描述器函数内部对客户对象的使用就可能对（未来的）客户类的定义产生影响。请看本节前面用描述器实现客户类时间检查的例子，那个描述器的`__set__()`中实际设置了客户类实例的属性值。这个属性的名字将影响到使用本描述器的每个客户类：它们都必须统一地使用`_time`属性名。这是代码中的一种深度关联，需要特别注意。

5.3.4 若干面向对象技术

前面几节介绍了 Python 面向对象的高级机制，本节将介绍若干重要的面向对象编程技术，其中牵涉本节介绍的面向对象机制和本章的其他内容。

抽象基类的再讨论

前面讨论过接口与实现分离在程序模块化设计和实现中的重要作用。在面向对象领域，实现接口与实现分离的最重要技术就是为接口提供专门的定义，此后可以根据需要，开发一个或多个实现类。这样，客户程序可以参考接口的信息，使用相应实现类的对象。这种技术在近年受到高度重视。4.6.2 节介绍了 Python 语言对这个问题的考虑，以及它通过各种机制的结合，用标准库包支持基于接口的设计。

在 4.6.2 节里，我们以 4.3.2 节开发的 `Shape` 为例，说明了基于普通继承机制模拟接口的缺点。实际上，我们还可以提出一些问题，如派生类可能未贯彻前面提出的常规原则，不在初始化函数里调用 `Shape` 的初始化函数。再者，即使一个派生类没实现 `area` 或 `move` 方法，它仍然可以实例化，直至调用未实现方法时才会报错，确实有些太晚了。此外，虽然我们不希望做 `Shape` 类的实例化，但是为了报错，还需要定义初始化函数。进一步说，调用 `Shape()` 时，解释器还是会为其实例分配空间，直到执行其初始化函数时才会报错。这些情况都不能令人满意（还可能有其他问题，请读者自己分析考虑）。

4.6.2 节介绍了标准库包 abc 提供的基础类 `ABC`，并通过从 `ABC` 类派生的 `Shape` 类的实例，说明了在 Python 语言里做基于接口的编程的基本方法。实际上，abc 的基本功能是定义了元类 `ABCMeta`，而 `ABC` 是为了方便编程而定义的辅助类，是基于元类 `ABCMeta` 定义的。我们也可以直接用 `ABCMeta` 定义抽象类。下面 `Shape` 类与 4.6.2 节的定义等价：

```
from abc import ABCMeta, abstractmethod

class Shape(metaclass=ABCMeta):
    @abstractmethod
    def area(self): pass

    @abstractmethod
    def move(self, delta_x, delta_y): pass

    def name(self): return "Shape"

    def show(self):
        print("I am a", self.name() +".",
              "My area is", self.area())
```

由前面有关元类的讨论可知，ABC 类的类型应该是 abc.ABCMeta，我们从 ABC 派生的类，以及用元类 ABCMeta 创建的类，都以 abc.ABCMeta 作为类型。另外，也很容易发现，ABCMeta 也是基础元类 type 的派生类：

```
>>> ABCMeta.__base__
<class 'type'>
```

Python 类中不但有常规的实例方法，还有类方法和静态方法。在定义抽象类时，我们也可以把抽象方法说明为**抽象**的类方法或静态方法，方法体同样用 pass。如果派生类中没有定义这些方法，也不能实例化。下面是一个示例：

```
class CC(ABC):
    @classmethod
    @abstractmethod
    def acm(self): pass
```

这里把 acm 说明为类 CC 的抽象类方法。abc 包还提供了 abstractclassmethod 和 abstractclassmethod 装饰器，可用于直接说明抽象类方法和抽象静态方法，但这两个装饰器已作为贬斥特征，将来可能被删除，不要再使用了。

我们还可能要求一些相关类都支持某个（或多个）特殊的 property，可以在抽象类定义中描述这种需求。下面抽象类 C 的定义里包含一个可读写的 property：

```
class C(ABC):
    @property
    @abstractmethod
    def apro(self): pass

    @apro.setter
    @abstractmethod
    def apro(self, value): pass
```

这个类也是抽象类，不能实例化。从它派生出一个实现类：

```
class D(C):
    @property
    def apro(self): pass
```

```
    @apro.setter
    def apro(self, value): pass
```

这个类就可以生成实例了。

实际上，Python 对如何实现抽象类的抽象 property 并没有限制，只要我们在派生类里重新定义了同名的属性（数据或函数属性），派生类就能实例化：

```
class E(C):
    def apro(self): pass

e = E()
print(e)
print(E.mro())
```

可以看到如下输出：

```
<__main__.E object at 0x00000000032120F0>
(<class '__main__.E'>, <class '__main__.C'>, <class 'abc.ABC'>,
<class 'object'>)
```

说明类 E 可以实例化，它也确实是 C 的派生类，但这里 apro 已经不是 property 了。实际上，抽象类只要求派生类中重新定义其抽象方法或 property 属性，无法对重新定义的属性类型提出强制性要求，这是 Python 抽象类的定义方式的结果。

除了可以从一个抽象类派生，定义实现类之外，Python 还提供了为抽象类关联实现类的另一种方法。从 ABCMeta 元类构建的抽象类都有一个类方法 register(subclass)，支持为这个抽象类注册子类。对于抽象类 CC，下面的语句：

```
CC.register(D1)
CC.register(D2)
```

把类 D1 和 D2 注册为 CC 的子类。当然，要想 D1 和 D2 能用在要求抽象类 CC 的环境中，自然要求它们实现了抽象类中定义的方法。

这种注册机制使抽象基类更符合其名字表达的意义：只要一个类实现了某个抽象基类要求的操作，就可以注册为它的子类，无论该类是否由这个抽象类派生定义。提供注册机制，可以使一些实际应用的开发更方便。我们可以把独立开发的类注册到一个接口抽象类上，使这些类的对象可以通过该接口使用。注意，这种注册不会给被注册类的对象增加任何功能（来自抽象类的功能），只是注册类对自己具有所需功能的一种承诺。例如 Python 标准库包 numbers 定义的类 Number 就是一个 ABC 类，各种数值类型都注册为它的子类，使我们可以方便地检查一个对象是否是数值对象。

为注册方便，还允许在抽象类的定义中覆盖类方法 `__subclasshook__`(*subclass*)（与标准的特殊名方法类似）。这个方法应该返回一个逻辑值或者引发 NotImplemented 异常。对某个类返回 True，就表示该类是这个抽象类的实现（子类）。

基于接口的面向对象编程在实际中的应用非常广泛。由于篇幅关系，这里主要是介绍Python的有关机制，不再给出更有意义的实例。

委托和代理

委托（delegation）是面向对象编程中的一种重要技术，指一个对象将其部分或全部功能委托给另一个对象完成。相对于被委托对象，委托任务的对象可以称为其客户。各种面向对象语言都以某种方式支持委托技术，Python 的`__getattr__`、`__getattribute__`、`__setattr__`等函数（5.3.2 节介绍）可以很好地支持委托。

另外，代理（proxy）指一种对象的功能就是包装起某种具体功能，为被包装的功能提供使用接口。被代理对象包装的可以是任何东西，例如网络连接，或者大型而且复杂的数据结构，或者外存的一个或一批文件等。代理本身没有自己的功能，只是作为有用功能的包装和易用接口。从某种角度，代理可以看成是特殊形式的委托。

下面的类 `Proxy` 定义了一种简单的代理对象：

```
class Proxy:
    def __init__(self, obj):
        self._obj = obj

    def __getattr__(self, attr):
        return getattr(self._obj, attr)
```

这个 `Proxy` 的实例本身没有任何功能，创建该类的实例时可以以任何对象（被代理对象）作为参数，其实例将成为参数对象的代理，收到的所有操作要求都通过`__getattr__`转发给被代理对象。转发的方式就是调用标准函数 `getattr()`。

下面是一段简单的应用代码：

```
x = Proxy([1, 2])
for i in range(3, 11, 2):
    x.append(i)
print(x._obj)
```

这里被代理的对象是一个表。执行这几个语句将看到输出`[1, 2, 3, 5, 7, 9]`。

我们也可以采用类装饰器的方式，把被代理的类包装起来：

```
def proxy(cls): # On @ decoration
    class Proxy:
        def __init__(self, *args): # On instance creation
            self._obj = cls(*args)
        def __getattr__(self, name): # On attribute fetch
            return getattr(self._obj, name)

    return Proxy
```

现在用 proxy 装饰一个类，例如：

```
@proxy
Class C(...):
    ... ...
```

定义完成后，类 C 以装饰后的 Proxy 类对象为值，实例化时也是生成 Proxy 实例，而在该实例内部有一个_obj 属性，属性值是原 C 类的对象。

Python 中__getattr__的设计考虑了一般委托的需要，只有在属性访问中找不到相应的属性时才会调用它。一般的委托类具有下面的形式：

```
class Client:
    def __init__(self, obj):
        self.delegatee = obj

    def action1(self, *args):
        print("action1 in Client.") # 根据需要实现
    def action2(self, *args):
        print("action2 in Client.") # 根据需要实现

    def __getattr__(self, attr):
        return getattr(self.delegatee, attr)
```

如果 Client 的实例执行 action1()或 action2()，本类的相应方法就会被调用。如果要求执行其他操作，Client 的实例就会把工作委托给构造函数的参数对象。

有时需要把一部分工作委托给多个对象，这种情况也很容易实现。例如，下面的 Client1 类的对象使用了两个受托对象：

```
class Client1:
    def __init__(self, obj1, obj2):
        self.delegatee1 = obj1
        self.delegatee2 = obj2

    def action1(self, *args):
        print("action1 in Client.") # 根据需要实现
    def action2(self, *args):
        print("action2 in Client.") # 根据需要实现

    def __getattr__(self, attr):
        try:
            return getattr(self.delegatee1, attr)
        except AttributeError:
            return getattr(self.delegatee2, attr)
```

当 self.delegatee1 不支持有关属性时，Client1 对象就把工作转托给另一个被委托对象。当然，这样实现的话，第一个被委托对象将有处理属性的优先权。

前面说过，__getattr__仅在本类对象中找不到有关属性时才被调用，而另一个特殊名方法__getattribute__将全面拦截对本类对象的属性访问。如果需要，我们也可以考虑通过定义后一方法来实现代理工作。

最后还请读者注意，无论__getattr__还是__getattribute__，都不拦截对于特殊名方法，如__str__和__add__等的访问。一般而言，如果需要，我们就必须在相关的类里定义这些方法。

面向对象的编程技术

面向对象的思想和技术从 1980 年前后逐渐兴起。在至今大约 40 年的时间里，由于广泛的应用开发和研究工作，人们已经积累了大量有用的面向对象的设计、开发和具体的编程技术。由于本书的目标不是专门讨论面向对象技术，不可能深入讨论这些方面的更多情况，这里只能做一些简单的介绍，供不太了解有关情况的读者参考。

面向对象不仅是一种编程技术，它首先是对系统的一种观点，这种思想可以应用到软件开发的整个过程，从对问题的分析和设计，直到具体设计和编码实现。有关专业书籍也涵盖非常广泛的题目，如“面向对象的分析和设计”“面向对象的开发”“面向对象编程”等。还有许多针对具体面向对象语言编程的技术书籍。

面向对象编程领域最重要的著作之一是前面提到过的《设计模式》（Design Pattern）一书，其中总结了一批采用面向对象技术解决实际问题的重要编程模式。人们也针对各种面向对象语言，开发了实现重要设计模式的技术，包括用 Python 实现各种设计模式的编程技术。从本书最后的参考文献可以找到这方面的信息。

此外，许多与 Python 有关的专业书籍都包含了 Python 和面向对象开发和编程的内容，本书最后的参考文献列出了几本，供读者参考。

5.4 异步程序和协程

作为本书的最后一节，本节将介绍 Python 3 以来的最重要发展，即新近逐步兴盛的**异步程序**的概念和新近加入 Python 语言的**协程**等异步编程机制。在这一发展中，Python 语言的开发者们甚至修改了 Python 语言的语法，加入了新的关键字。这个领域的概念发展和相关技术开发还在进行中，所涉及内容广泛，应用潜力巨大。本节只能介绍有关的基本概念和机制，并给出一些简单示例，更多情况留待读者自己进一步探究。

下面首先介绍异步程序的概念，说明其在现代软件领域的价值和重要性，而后介绍 Python 为支持编写一类很重要的异步程序而引进的协程机制，以及 Python 3.6 新引进的与异步程序和协程有关的异步迭代器（异步生成器）和异步描述器等机制。

5.4.1 异步和并发

前面讨论的 Python 程序基本上都是**顺序程序**，在这些程序的运行中只有一条控制流，执行从主模块的全局代码块开始。程序运行中的每个时刻，只有一项工作任务正在进行。某个代码单元代表这项任务，CPU 正在执行该单元的代码。显然，函数调用使控制流从一个代码单元（当前代码块）转到另一个代码单元（被调函数的代码体），但与此同时，原代码体的执行暂停在调用处，直到被调函数结束时才能继续。这种调用代码段暂停而被调函数启动，以及被调函数（操作）结束返回，然后调用代码段启动执行下一个操作等，都是操作之间的**同步**。需要顺序执行的一系列操作也相互同步，一个操作完成后，下一个操作才能执行。顺序程序采用的都是这种同步执行的模式。

仔细考虑程序运行中的各种情况，不难发现，完全的同步执行方式有时并不合适，尤其是在今天的计算和应用环境中。一方面，今天的 CPU 具有极高的性能，每秒能执行数以十亿次计的操作（每操作耗时不超过 10^{-9} 秒量级）。另一方面，各种应用系统在运行中，经常需要与外存文件、数据库、外部设备，甚至与互联网中远程的服务器交换信息，而这种操作通常需要毫秒级别甚至秒级别（10^{-3}～10^{0} 量级）的时间。如果程序为完成一次输入等待了半秒，就意味着 CPU 执行数亿次操作的工作潜力被白白浪费了。

为了充分利用现代 CPU 的能力，人们开发了各种**并发编程机制**，支持程序员编写各种并发程序。在一个并发程序中，可以有多个任务同时处于工作过程中，CPU 不断地执行这些任务的工作，将它们一起向前推进，直至完成。当然，这时就有如何为同时存在的任务安排各种资源（最重要的是 CPU 的执行时间）以支持它们运行的问题。另外，不同的并发编程机制也提供了不同的编程模型，需要特殊的运行时支持。

Python 通过标准库支持多种非顺序编程模型：标准库的 `threading` 包支持基于**线程**的并发编程，可用于创建能并发执行的线程，启动和控制其执行，实现线程间的信息交换和合作。另一个包 `multiprocessing` 支持基于**进程**的并发，支持进程的分裂、合并等各种操作，并能支持真正的并发执行（如果系统中存在多个 CPU）。

这些编程模型都非常有用也被广泛应用，但它们也有一些缺点，首先是创建并发执行部件的时间和空间成本都比较高。以其中较轻量级的线程为例，有资料说在 Python 里创建一个线程大约需要 8MB 的额外存储。如果系统运行中需要创建几十个或者上百个线程，相关开销还可以接受；如果需要创建成千的线程，普通计算机硬件就很难支持了。独立进程的资源开销更大。此外，启动线程或进程的时间代价很大，CPU 在线程（或进程）之间切换也要消耗大量时间。因此，实际应用开发迫切需要一种超低开销，能支持同时存在大量的并发执行单位，而且启动执行和转换的代价都比较低的并发编程机制。

应该看到，生成器的使用已经突破了基本顺序程序的执行框架，例如：

```
for x in Gen(...): for_body_code
```

假设这里 Gen 是已有定义的生成器函数，调用 Gen(...) 创建的生成器对象控制着生成器函数 Gen 的体代码的执行。在这个 for 语句的整个执行过程中，该生成器控制的代码单元始终处于工作过程中（其工作就是根据需要产生出一个个迭代值），这一执行过程与 for 语句主体代码的执行同时存在，交替进行：Gen 的体代码执行一段，生成下一个迭代值后暂停等待，然后是 for 语句体的代码一次完整执行，再后又轮到 Gen 体的一次执行，并如此反复，直到生成器对象完成工作，for 语句也结束。

进一步说，3.6.2 节也介绍过，生成器对象的几个方法与 yield 表达式配合，可以实现主程序与生成器的双向通信，交换信息、交替执行，可能完成复杂的合作。这是典型的**协作程序**（coroutines，即**协程**）的工作方式。在 Python 3.5 正式引入协程的概念之前，人们讨论协程时，通常就指使用了 yield 表达式定义的生成器函数的程序。

然而，即使有了 yield 表达式，生成器对象的协程行为仍然很有局限性。控制只能在调用生成器对象的主程序与相应生成器对象之间来回切换，而且受主程序方面的完全控制。主程序每次唤醒生成器对象（可能用 send 送入信息）导致其执行到下一个 yield 表达式，生成器送出一个值后挂起，直到主程序再次将其唤醒。

为了支持各种重要的应用开发，Python 3.5 正式在核心语言中引进了协程的概念，突破了生成器的这些限制。Python 协程通过协程函数描述，在这种函数的体定义中可以说明交出控制的位置，执行到这些位置时该协程就会挂起，使其他协程得到执行机会。

协程实现了一种**异步执行**模型。与函数不同，解释器不必等待一个协程的执行结束，就有可能去执行另一个协程的操作。从另一方面看，可以有多个完成不同任务的协程都在执行中，它们交替地推进自己的工作，这就是多个任务的并发执行。

实际执行的协程应该在某些执行点主动交出对 CPU 的控制权，使其他协程有机会执行。特别的，当一个协程需要等待某些特殊事件时，例如要求等待若干时长或等到某个特定时刻（这些都是可能在未来发生的事件）；或等待某些特殊外部事件，如一次输入或输出完成，它就应该交出对 CPU 的控制。这种通过主动交出控制而实现的并发程序，称为**合作式**并发程序。在这种并发程序里，通常有一个**调度器**或**事件循环**。当一个协程交出控制时，调度器或事件循环选出下一个可以执行的协程，将执行权交给它。

协程执行中交出控制是其执行的暂时中断，这时我们说这个协程**挂起**。挂起的协程维持着自身当时的执行状态，等待着被调度器或事件循环重新**唤醒**，再次获得执行权。被唤醒的协程将从其挂起点和维持的状态继续执行。协程被唤醒经常是由于发生了某个特殊事件，例如该协程等待的输入操作完成，所需输入数据已经就绪等。除了必须等待的情况外，在定义协程时，我们还需要描述一些挂起点，使这个协程可以在执行中友好地交出控制权，以便其他协程获得执行的机会，这是合作式并发的基本需求。

合作式并发执行有许多优点，最重要的优点之一是每个执行单元的额外存储开销很小，对于 Python 协程，大约要付出 2KB 的内存代价，与前面说的线程开销有千倍之差。在这种情况下，一个程序里启动成千甚至数万个协程，是完全可能的。另外，在协程之间切换的代价也非常低。还有，不同协程共享全局存储空间，使我们比较容易安排数据的存储和交换。这些优点都使协程成为一种很有竞争力的并发编程工具，存在广泛的应用可能性。协程的缺点也在于其合作式的执行方式：如果一个协程长期霸占控制权，不主动挂起，就会导致其他协程得不到执行机会，影响整个系统的正常运行。

了解了上面这些的概念和情况之后，下面介绍 Python 协程的概念、相关机制和编程技术。协程是 Python 3 以来的最重大扩充，第一次引进了新的关键字，扩充了一批基本结构的功能，用于支持一套新的编程模式。这种新机制及其应用应该有专门的一章来讨论。但鉴于本书的篇幅，以及协程相关机制的新颖性，且其开发还远不成熟，本节下面部分只能介绍相关机制的基本情况，展示几个实例，为读者进一步学习和应用提供一个基础。

5.4.2 Python 协程

前面说过，Python 早已通过标准库（还有更多第三方库）提供了并发执行功能，而协程及其相关机制是目前 Python 核心语言支持的唯一并发编程机制，用于支持一个线程内的并发执行，基于这些机制开发的是一类超轻量级的并发程序。Python 的 3.5 正式在语言层面引进了协程的概念，在 Python 3.6 中又做了很大扩充。

Python 语言的协程机制包括几个方面：引入了新的关键字 async 和 await（后者目前只在协程函数定义内部作为关键字），定义了异步可等待对象 awaitable 和协程对象的概念，引入了协程函数的定义方式，引入了一种新的 await 表达式，还引入了异步迭代器的概念和异步 for 语句，以及异步上下文管理器的概念和异步 with 语句。在此基础上，Python 3.6 又增加了异步生成器函数的定义和异步生成器，以及异步描述式和异步生成器表达式。此外，标准库也做了一些重要扩充，包括对 types 模块和 inspect 模块的扩充（引进了一些新功能和新类型检查谓词等），引进和完善了若干个专门支持异步编程的模块，其中最重要的是 asyncio 包，该包中定义了基本事件循环和许多其他机制。

同步和异步程序：一个简单例子

我们先通过一个例子，展示协程的价值和异步编程的一些情况。

假设我们的程序需要完成几件工作，它们自己需要计算的东西不多，但都有一些由环境操作带来的时间延迟。为了简单并能展示这种程序的工作情况，下面模拟程序里用 sleep 操作模拟外部延迟。3 个任务的工作情况用下面 3 个函数描述：

```
import time

def task1():
    print("task1 starts...")
    time.sleep(1)
```

```
    print("task1 ends.")
    return "task1"

def task2():
    print("task2 starts...")
    time.sleep(3)
    print("task2 ends.")
    return "task2"

def task3():
    print("task3 starts...")
    time.sleep(2)
    print("task3 ends.")
    return "task3"
```

任务 1、2、3 分别需要 1 秒、3 秒和 2 秒的延迟（模拟外部操作的时间开销）。我们用一个驱动程序调用 3 个任务函数，返回得到的结果的表。这里还做了计时：

```
def main():
    start = time.time()
    print("tasks starts...")
    x = [task1(), task2(), task3()]
    print("tasks ends.")
    print("Run time:", time.time() - start)
    print(x)
    return x
```

调用 `main()` 可以看到下面的输出：

```
tasks starts...
task1 starts...
task1 ends.
task2 starts...
task2 ends.
task3 starts...
task3 ends.
tasks ends.
Run time: 6.00934362411499
['task1', 'task2', 'task3']
```

完成所有任务耗时 6 秒，这种情况很正常：构造表元素也是一项顺序执行的操作（同步操作），在 `task1` 等待环境的操作结束时，仍然占据着 CPU，其他任务需要等 `task1` 结束后才可能执行。这就是顺序程序的同步执行中的典型情况。显然，如果在 `task1` 等待（休眠）期间，CPU 有可能转去做其他工作，当然是更理想的情况。

采用协程完成同样任务的函数定义如下：

```
import asyncio

async def task1co():
    print("task1 starts...")
```

```
    await asyncio.sleep(1)
    print("task1 ends.")
    return "task1"

async def task2co():
    print("task2 starts...")
    await asyncio.sleep(3)
    print("task2 ends.")
    return "task2"

async def task3co():
    print("task3 starts...")
    await asyncio.sleep(2)
    print("task3 ends.")
    return "task3"
```

函数定义的 def 之前增加了关键字 async，表示这里定义的是协程函数而不是普通函数，相应的协程对象可以并发执行。函数里的 sleep 改为调用 asyncio 包提供的函数，这也是一个协程，执行时休眠指定的秒数，但会让出 CPU 使其他协程可能执行。还有一点：这里的几个 sleep 调用中都用了 await 关键字，表示可以在这里等待。

现在需要的主函数比上面那个复杂一些：

```
def main():
    start = time.time()
    print("tasks starts...")
    loop = asyncio.get_event_loop()
    task = asyncio.gather(task1co(), task2co(), task3co())
    x = loop.run_until_complete(task)
    loop.close()
    print("tasks ends.")
    print("Run time:", time.time() - start)
    print(x)
    return x
```

调用这个 main() 函数可以看到下面的输出：

```
tasks starts...
task3 starts...
task1 starts...
task2 starts...
task1 ends.
task3 ends.
task2 ends.
tasks ends.
Run time: 3.0161726474761963
['task1', 'task2', 'task3']
```

得到同样效果，现在只用了 3 秒，大约是完成工作时间最长的 task2 所需的时间。从上面输出还可以看到，各任务的启动顺序未必符合代码中的描述。此外，需时最短的 task1 最先完成，需时最长的 task2 最后完成。

函数 main() 中最神秘的是中间 3 行，现在做一个简单说明（下面还有更详细的介绍）。这里的 asyncio.get_event_loop() 创建一个消息循环，asyncio.gather() 要求把几个协程组合成一个任务，loop.run_until_complete(task) 要求事件循环运行指定的任务，直至相关工作完成。调用 gather 函数组合起一组任务，各项具体任务的返回值最后生成一个表，这正是我们希望的结果。

这个简单例子说明了协程的一些情况，也体现出协程的价值，从中可以看到事件循环的作用。下面介绍协程的定义和使用的一些具体情况。

定义协程

Python 为协程引进的语言特征使我们可以定义协程函数，每次调用这种函数就会创建一个协程对象。这一点与生成器函数类似，每次调用生成器函数就会创建一个生成器对象。定义协程函数的方法就是在定义函数的 def 前加上新关键字 async，用 async def 定义的函数就是协程函数。例如，下面是一个简单的协程函数：

```
async def coro_fun(...):
    print("A coroutine function.")
```

与普通函数不同的是，协程函数里可以出现 await 表达式，形式上是：

```
await 可等待表达式
```

对这种表达式求值将得到一个 awaitable 对象[①]，使协程函数的执行可以在这个位置等待，直到某个时刻该 awaitable 对象求出值之后，协程的执行就能继续。一个 await 表达式定义了协程里的一个可挂起点，协程执行到这里可以交出控制权。await 关键字之后的表达式应求出 awaitable 对象，这里经常写协程调用，以协程对象作为操作对象。

注意，await 的优先级很高，高于乘幂运算符，只低于函数调用的元括号、数据元素访问和切片的方括号，以及属性访问的圆点记法。因此，表达式 await coro() ** 2 相当于写 (await coro())**2。此外，await 表达式只能出现在协程函数的定义里，出现在其他地方将被认为是语法错误。还有一点也需注意：如果在一个协程函数里未定义任何可挂起点，这个函数生成的协程对象就不会（也不能）与其他协程对象并发执行。

为试验 Python 支持多个协程的能力，我们用下面这个稍微修改的协程函数：

```
async def task_co(n):
    print("task{} starts...".format(n))
    await asyncio.sleep(3)
    print("task{} ends.".format(n))
    return "task" + str(n)
```

① awaitable 对象意为异步可等待对象，是与协程对象同时引入的一类对象，下面经常称为 awaitable。协程对象是 awaitable，我们也可以自己定义具有 awaitable 性质的类，只要求有特殊名方法 __await__(self)。

将前面的 gather 方法调用改为运行 50 个协程：

```
task = asyncio.gather(*[task_co(i) for i in range(50)])
```

把 50 改为 500 和 5000 就可以启动 500 或 5000 个协程。在作者的一台老笔记本（Thinkpad X220i，赛扬 1.2 双核/4GB 内存/Win7）上得到下面的计时结果（时间以秒计）：

```
50 tasks:   Run time: 3.0401740074157715
500 tasks:  Run time: 3.2521860599517822
5000 tasks: Run time: 5.609320640563965
```

在这里，随着协程增加时间也增长，其中很大一部分时间花在函数的屏幕输出上。从这里的情况看，普通计算机支持上万个协程是毫无问题的。

与生成器对象类似，协程对象也支持几个方法，使我们可以自己控制协程对象的执行。但这种控制非常麻烦，实际中很少使用（通常都是通过消息循环使用协程），这里就不介绍了。有兴趣的读者可以查阅 Python 语言手册。

asyncio 包和消息循环

前面说了，我们定义的协程通常是通过消息循环管理和执行，前面的例子也显示了消息循环的基本使用方式。Python 并没有将协程的概念绑定到特殊的消息循环，只是规定消息循环应该提供的 API。asyncio 包里的 AbstractEventLoop 抽象类描述了相应的 API，提供这套 API 以及相应功能的类，都可以作为消息循环使用。目前 asyncio 提供了两个消息循环，其中 SelectorEventLoop 是默认的，另一个 ProactorEventLoop 只能在 Windows 系统中使用。人们还为 Python 异步编程开发了若干编程基础结构，比较重要的如 Twisted 和 Curio 等，它们都提供了自己的消息循环。不同消息循环之间的差异主要在选择下一协程的策略上。下面只介绍 asyncio 的情况，因为它是标准库包，而且已确定将始终维护。

asyncio 是一个非常大的包，提供了许多与异步编程有关的功能，有些是普遍有用的基本功能，也有些专门针对某些特定应用方面，如支持网络通信应用的功能。实际上，网络应用也是异步编程最重要的应用领域。前面例子中涉及的功能包括消息循环、集成多个协程的 gather 功能和异步延时的 sleep 功能，都属于基本功能。本书无法全面介绍 asyncio 包，只准备介绍其中最常用的功能。

下面列出 asycio 包里的几个常用函数。

- asyncio.get_event_loop()，无参函数，返回默认消息循环。asyncio 也允许重新设置默认消息循环。但在常见情况中，使用默认值就可以了。
- asyncio.iscoroutine(*obj*) 检查 *obj* 是否为一个协程对象。
- asyncio.sleep(*delay*) 是一个协程函数，返回的协程对象要求以异步方式休眠 *delay*

秒。该函数有可选关键字参数 result，其默认值为 None。如果明确给出这个参数的实参，协程结束时将这个实参值返回调用方。

- asyncio.gather(*args)用于把任意多个协程对象汇集在一起，使之可以通过一个消息循环并发地执行。如果所有协程都成功结束，gather 将返回所有协程的结果的表，按原参数的顺序。如果可选参数 return_exceptions 的值是 True，任一个协程运行中发生的异常也作为该协程的返回值放入结果表中。该参数的默认值是 False，这时运行中发生的第一个异常就会传回来，导致消息循环结束，异常继续传播。

后两个函数都有一个可选关键字参数 loop，可用于明确地设定所用的消息循环，不指定时使用默认的消息循环。

前面说过，消息循环必须支持一些方法，我们在前面用到两个。

- *EventLoop*.run_until_complete(*arg*)，其参数应是一个协程或具有类似性质的异步可执行对象。本函数启动该对象的执行直至其执行结束，返回 *arg* 执行的结果，或者传回其执行中引发的异常。
- *EventLoop*.run_forever()启动消息循环使之运行，直到对应的 stop()方法被调用时结束运行（5.4.6 节有对这个函数的进一步解释）。
- *EventLoop*.stop()停止消息循环的运行，使 run_forever()在适当时刻退出。
- *EventLoop*.close()关闭消息循环。调用时消息循环不能处于运行状态。

启动消息循环运行协程的常见编码形式是：

```
loop = asyncio.get_event_loop()
# task = asyncio.gather(...)
try:
    x = loop.run_until_complete(task)
finally:
    loop.close()
```

也就是说，要求在任何情况下都关闭消息循环。

前面两个简单例子展示了上面大部分函数的使用，5.4.6 节还将给出两个稍大一些的编程实例。

另一种协程定义方式

Python 语言支持通过 async def 定义的协程（函数和对象），在英文文献（包括 Python 手册）里称为 native 协程，下面将称之为**本真协程**。实际上，Python 还支持另一种通过标准库定义协程的功能，现在简单介绍有关情况。

标准库包 types 里定义了一个 types.cotoutine 装饰器，将其作用于一个生成器函数，就能把该函数转换成一个协程函数。调用这种协程函数得到的也是协程对象。这样定义的协程称为基于生成器的协程，它们也是 awaitable 对象，可以被调度器或消息循环控制和使用[①]。在基于生成器的协程函数定义里，不但可以使用 yield 表达式（和语句），也可以使用 yield-form 表达式（和语句）[②]。

在基于生成器的协程里，yield-from 表达式（语句）具有特别重要的意义。在这种函数定义里的 *res* = yield from *exp* 相当于在本真协程里的 *res* = await *exp*，它们都定义了协程里的挂起点，导致协程挂起直到 *exp* 完成。这里的 *exp* 应该是 awaitable 对象，两个表达式都返回 *exp* 的结果。*exp* 执行中发生的异常也都向外传播。

在本真协程里可以调用基于生成器的协程，可以将其放在 await 表达式里，定义协程里的挂起点。另一方面，由于 await 表达式只能用在 async def 定义的函数体里，在基于生成器的协程定义里无法写 await 表达式。如果要在基于生成器的协程里调用本真协程，就应该把调用写在 yield from 表达式或语句里。

Python 的新版本仍然支持基于生成器的协程，一个原因是为了与前面的版本兼容。如果使用 3.6 之后的 Python 编程，而且不需要支持 Python 的老版本，我们就应该用本真协程，而不用基于生成器的协程。由于这个原因，也因为其与本真协程的功能和使用方式类似，这里就不给出基于生成器的协程的编程实例了。

5.4.3 异步迭代

迭代器是 Python 中最重要的编程概念之一，是许多重要编程技术的基础。考虑异步程序的问题时，必须考虑异步迭代器。这里有两方面的问题：异步迭代器的定义，以及异步迭代器在异步程序里的使用。Python 里有多种定义异步迭代器的方式，也提供了方便使用异步迭代器的异步 for 语句。此外，异步迭代器还可以用在 5.4.5 节介绍的异步描述式和异步生成器表达式里，描述异步的元素生成。另一方面，异步生成器表达式也是异步迭代器。

下面首先介绍异步可迭代对象和迭代器的基本协议，而后介绍异步 for 语句及其使用，最后介绍 3.6 版引进的定义异步迭代器的方便方式：异步生成器。

异步迭代和 async for 语句

与普通迭代有关的概念包括可迭代对象和迭代器，与其类似，在 Python 中，与异步迭代有关的概念也有**异步可迭代对象**和**异步迭代器**。它们相互关联又有区别。异步可迭代对象必须支

① 标准库不仅有 types.coroutine 装饰器，asyncio 包也提供了 asyncio.coroutine 装饰器，同样可用于将生成器函数转换为协程函数，生成协程对象。Python 希望这两种装饰器生成的协程功能相同，asyncio 包的装饰器实现较早，types 的协程装饰器是 3.6 版开始提供的新功能，保留前者主要是为了与前面的版本兼容，使原来的程序仍能运行。两个装饰器在功能上有微妙的差异，主要是在应用于非生成器函数等情况时。如果用 3.6 版以后的系统，应该统一用 types 的装饰器。

② 在 3.6 版 Python 里，用 async def 定义的函数里可以出现 yield 表达式，这样定义出的不是普通的协程函数，而是异步生成器函数（在下面章节中介绍）。但目前在协程函数定义里不允许出现 yield-from 表达式（和语句）。未来的 Python 版本可能消除这种限制。

持一个特殊名方法：

object.__aiter__(self)

这个方法应该返回一个**异步迭代器**对象，在这个方法的实现中可以执行异步代码。另一方面，异步迭代器也是一种迭代器，只是其中的迭代动作都可以成为协程函数的挂起点，可以导致协程函数挂起，等待相关操作完成。异步迭代器应该实现`__aiter__(self)`方法，通常就是返回自己，还必须实现

object.__anext__(*self*)

方法。这个方法必须返回一个 awaitable 对象，因此经常采用 `async def` 的方式定义（定义为协程函数，但并不是必须的）。迭代结束时，该方法应引发 `StopAsyncIteration` 异常。由于异步可迭代对象和异步迭代器都支持`__aiter__()`方法，因此它们都可以用在异步 `for` 语句（见下）和各种异步描述式里（5.4.5 节）。

我们完全可以采用面向对象技术定义自己的异步迭代器对象，Python 3.6.4 语言手册给出了一个很能说明问题的例子（框架），下面是该示例的扩充和修改：

```
class Reader:
    def __init__(self, fname):
        # 打开异步文件，……

    async def readline(self):
        # 以异步方式读入一行的函数

    def __aiter__(self):
        return self

    async def __anext__(self):
        line = await self.readline()
        if line == b'':
            raise StopAsyncIteration
        return line
```

这里假设我们有以异步方式读入文件内容的能力，也就是说，可以在基础硬件和软件读入文件的过程中交出对 CPU 的控制权。初始化方法首先打开文件并创建一个支持异步文件操作的正文文件对象，协程函数 `readline` 一次读入文件里的一行正文。另外两个方法实现异步可迭代对象和迭代器协议，使这个类的对象可以用在异步 `for` 循环等上下文中。在 5.4.6 节的程序实例里，我们可以看到，已经有程序包实现了这种功能。

下面是一个简单的异步迭代器类，其功能就是把普通的可迭代对象包装为一个异步迭代器，使得在这个可迭代对象上的运行可以挂起：

```
import asyncio

class AsyncIter:
    def __init__(self, iterable):
        self.iter_ = iter(iterable)
```

```
    async def __aiter__(self):
        return self

    async def __anext__(self):
        await asyncio.sleep(0)
        try:
            object = next(self.iter_)
        except StopIteration:
            raise StopAsyncIteration

        return object
```

创建 AsyncIter 实例时以一个（普通）可迭代对象为参数，方法__anext__()里的 await 语句定义了一个挂起点，使迭代器的每次迭代都可以挂起。asyncio.sleep(0)表示这里的挂起并不要求真正的延迟执行，可以立刻唤醒。

循环迭代是最重要的程序控制方式。为支持人们编写异步程序，必须允许描述异步方式的迭代。Python 为此提供了异步 for 语句，其语法形式是 for 的扩充：

```
async for 变量 in 表达式:
    语句块
```

这种语句使我们可以非常方便地描述异步迭代执行，其中的**表达式**应该求出一个异步可迭代对象。在这种语句执行时，解释器将以异步方式（await 的方式）一次次从异步迭代器取得下一个值并执行语句体，直到迭代器引发 StopAsyncIteration 异常时循环正常结束。这种语句也可以有尾随的 else 子句。

下面的协程函数里使用了异步 for 语句，其中用到上面定义的异步迭代器：

```
async def amain(text):
    await asyncio.sleep(0)
    async for char in AsyncIter(text):
        print(char)
```

用下面的事件循环运行这个协程：

```
text = 'Good morning!'
loop = asyncio.get_event_loop()
loop.run_until_complete(amain(text))
```

可以看到协程一行一个地输出 text 里的字符。

异步 for 语句只能用在协程函数的定义体内，程序里的其他地方不允许出现这种语句，否则解释器将报 SyntaxError。

异步生成器

为了方便地构造异步迭代器，3.6 版引进了异步生成器函数：如果在一个协程函数里出现了 yield 表达式（或 yield 语句），定义的就不是一个普通协程函数，而是一个异步生成器函数。调用这种函数得到的不是一个协程对象，而是一个异步生成器对象。异步生成器对象可以当作异步迭代器使用，还有更强的功能，下面将会介绍。

我们先看看怎样用异步生成器函数定义与前面 AsyncIter 类的对象功能类似的异步生成器对象。这个异步生成器函数的定义非常简单：

```
async def async_gen(iterable):
    for x in iterable:
        await asyncio.sleep(0)
        yield x
```

修改前面 amain 协程函数，让它调用 async_gen，得到的协程功能与前面协程一样：

```
async def amain(text):
    await asyncio.sleep(0)
    async for char in async_gen(text):
        print(char)
```

下面是通过消息循环运行上述协程的一段代码：

```
text = 'Hello, world!'
loop = asyncio.get_event_loop()
loop.run_until_complete(amain(text))
```

运行时可以看到 text 串的字符被一行一个地输出。

与生成器函数和生成器对象的情况类似，调用异步生成器函数 async_gen，将得到一个异步生成器对象，这个异步生成器对象控制着 async_gen 函数的一次执行。上面的函数 amain 用一个异步 for 语句使用异步生成器的 yield 值，这是最规范的用法。异步生成器也可以用于 5.4.5 节介绍的异步描述式等。

异步生成器对象的方法

与生成器对象的情况类似，异步生成器对象也提供了一组方法，我们可以通过这些方法与异步生成器对象交互，控制相应的异步生成器函数的执行。下面介绍这几个方法，而后用一个例子说明其基本使用方式。这几个函数都返回 awaitable。

- *agen*.__anext__()：返回的 awaitable 执行时将启动相应异步生成器函数的执行，或唤醒其执行，使之执行到下一个 yield 表达式（或语句），给出相应的值后再次挂起。异步生成器被__anext__()唤醒时，相应 awaitable 里，当前 yield 表达式的值总是 None，其运行继续到下一个 yield 表达式。如果 *agen* 的生成器函数没有 yield 值就结束了，会引发 StopAsyncIteration 异常。
- *agen*.asend(*value*)：非 None 参数的调用只能用于唤醒处于挂起状态的异步生成器，参数 *value* 将成为当前 yield 表达式的值（相当于把 *value* 值送入异步生成器函数）。本函数返回的 awaitable 执行时将返回 *agen* 的下一个 yield 值。如果 *agen* 的生成器函数没有 yield 值就结束，同样引发 StopAsyncIteration 异常。

- *agen*.athrow(*type*, [*value*, [*traceback*]])：本方法具有与生成器的相应方法同样的参数和类似的意义。athrow()得到的 awaitable 执行时将在 *agen* 的生成器函数的当前挂起点引发类型为 *type* 的异常，并返回 *agen* 的下一个 yield 值。如果 *agen* 的生成器函数没有 yield 值就结束了，将引发 StopAsyncIteration 异常。如果 *agen* 的生成器函数未捕捉 athrow()送入的异常或者引发了其他异常，本函数得到的 awaitable 执行时也将引发相应异常。
- *agen*.aclose()：得到的 awaitable 执行时将在 *agen* 的生成器函数的当前挂起点引发 GeneratorExit 异常。如果 *agen* 生成器函数捕捉这个异常并正常结束或者已经结束，或者引发 GeneratorExit（包括没有捕捉这个异常），该 awaitable 的执行将在本函数的调用处引发 StopIteration 异常。此后再出现对这个异步迭代器对象的调用时，返回的 awaitable 执行时都会引发 StopAsyncIteration 异常。如果生成器函数执行时再 yield 值，该 awaitable 就引发 RuntimeError 异常。有关生成器引发的其他异常将传到 awaitable 的调用处。如果被调用 aclose()的异步生成器已结束（无论是正常结束还是异常结束），这个调用就返回一个无操作的 awaitable。

注意，启动异步生成器的执行时，只能对其调用__anext__()或 asend(None)，因为当时不存在可以接受值的 yield 表达式。唤醒生成器时，asend()的参数可以是任何值，__anext__()相当于 asend(None)。

下面给出一个调用异步生成器的方法的例子。先定义一个异步生成器函数：

```
import asyncio

async def agen1():
    x = yield "Hello,"
    try:
        while True:
            await asyncio.sleep(0.1)
            x = yield x
    except StopAsyncIteration:
        await asyncio.sleep(0.1)
        yield 'Bye!'
```

这个异步生成器先 yield 一个字符串"Hello,"，而后在一个循环里不断 yield 一系列的值，直到遇到异常时退出循环。在 StopAsyncIteration 的异常处理器里再 yield 字符串"Bye!"。我们定义下面的协程来使用 gen1()产生的异步生成器：

```
async def coro():
    ag = agen1()
    for s in None, "Alice,", "Bob,", "Charlie!":
        v = await ag.asend(s)
        print(v, end=" ")

    v = await ag.athrow(StopAsyncIteration)
```

```
    print("\n" + v)

    return v
```

这个协程通过 asend 把 None 和几个字符串依次送给由 gen1()产生的异步生成器对象，循环结束后用 athrow 送入 StopAsyncIteration 异常。循环中还输出由该生成器得到的一个个 yield 值。通过下面的事件循环运行我们的程序：

```
loop = asyncio.get_event_loop()
x = loop.run_until_complete(coro())
print(x)
```

可以看到下面的输出：

```
Hello, Alice, Bob, Charlie!
Bye!
Bye!
```

最后一个"Bye!"是最后一行 print 输出的协程返回值。

这个例子本身没有任何价值，但它很好地说明了异步生成器函数的定义，以及异步生成器的各个方法的使用情况。

5.4.4 异步上下文管理器和 async with 语句

在上下文管理的环境中也可能出现异步需求。一个程序部件在运行中要求进入一个上下文时，通常总是需要获取一定的资源，而某些资源可能来自外部，获取它们需要等待一定时间，而且，在这个操作和等待的期间，通常不需要 CPU 参与。采用同步方式，这个部件等待资源的时间将导致 CPU 停滞，浪费了系统里的最重要资源。

为了处理这类问题，Python 3.5 引进了异步 with 语句和异步上下文管理器。异步 with 语句采用在 with 语句前加 async 的语法形式：

```
async with 表达式 as 变量:
    语句块
```

其中的**表达式**求值应得到一个异步上下文管理器，其进入操作应得到一个 awaitable 对象，可通过 as 子句将其约束于**变量**，以便在 with 语句体中使用。异步上下文管理器对象也是上下文管理器，但它们应提供与普通上下文管理器不同的两个特殊名函数。

- *object*.__aenter__(*self*)：本方法的功能应该与上下文管理器的__enter__(*self*)类似，但它应该返回一个 awaitable 对象，常见情况是将该方法定义为协程函数；
- *object*.__aexit__(*self*, *exe_type*, *exe_value*, *traceback*)：本方法在功能上应与上下文管理器的 __exit__(*self*)类似，但返回一个 awaitable 对象。

执行上面的 async with 语句时，解释器求出管理器对象后调用其__aenter__()方法，求出相应的 awaitable 对象，该对象得到结果（可能赋给**变量**）后进入执行语句体。无论该语句体如何完成，都执行对应的__aexit__()方法，这个方法结束时，整个 with 语句完成。如果当时有异常，那么最后将重新引发异常。

async with 语句只能用在协程函数定义里，否则将是语法错误。

Python 手册里给出了一个简单的异步上下文管理器的示例：

```
class AsyncContextManager:
    async def __aenter__(self):
        await log('entering context')

    async def __aexit__(self, exc_type, exc, tb):
        await log('exiting context')
```

这里假设在进入和退出执行上下文时，都需要调用异步的日志记录函数。前面多次讨论过给函数增加日志记录功能的问题，与那里的解决方法相比，采用异步操作的做法更为可取。日志记录是外部操作，通常涉及文件。采用同步方式，每次调用日志记录操作，程序就要等待到操作完成，可能大大影响程序的运行速度。采用异步操作，发出日志命令的程序不需要等待操作结束，额外的时间开销可能大大降低。

注意，这个例子里的两个方法都是 async 方法，它们定义的是协程函数。调用这两个方法得到的值是协程对象，因此都是 awaitable 对象。5.4.6 节的示例中多次用到异步上下文管理器和 async with 语句。

5.4.5 异步描述式

第 2 章介绍了各种标准数据结构的描述式，通过描述式可以以简洁的形式生成复杂的数据结构。此外，语言还提供了与描述式的形式类似的生成器表达式（用一对圆括号括起），作为描述迭代器的一种方便结构。这些机制都是同步编程机制。例如，如果一个描述式的工作是生成一个 10000 个元素的表，无论这些表元素如何生成，对该描述式的求值都将一直占用 CPU，直到生成出这个很大的表。当然，生成器表达式的情况有所不同，由它们得到的是迭代器，可以被主程序一次次要求执行，给出一系列值。

有了异步程序的概念和 awaitable，Python 3.6 版很自然地引进了异步描述式的概念。显然，由于有异步 for 语句，我们可以以异步方式构造组合对象，例如：

```
alist = []
async for i in aiter(…):
    if some_condition(i):
       x = await aop(i)
       alist.append(x)
```

假设其中的 aiter()是一个异步迭代器，aop()是异步操作，通过这个 async for 语句的控制，在构造表的过程中，程序可以一次次交出执行控制。

异步描述式可以大大简化这种构造过程的描述，下面的语句构造出同样的表：

```
alist = [await aop(i) async for i in aiter(…)]
```

实测说明完成同样工作，用异步描述器比用前面的异步循环快得多。

异步描述式的基本语法扩充包括两个方面：首先，描述式中的 for 段可以加 async 修饰符，改为异步迭代描述，这里的迭代器应该用异步迭代器。描述式中出现多个 for 段时，可以根据需要任意地加 async 修饰符，允许在同一个描述式里同时出现带 async 的 for 段和不带 async 的 for 段。当然，带有 async 的 for 段应该用异步可迭代对象作为迭代源，不带 async 的 for 段用普通可迭代对象。此外，其中的生成表达式可以用 await 表达式，表示另外的挂起点。无论表描述式、元组描述式、集合描述式，还是字典描述式，只要其中出现了 async for 段或 await 关键字，就是一个异步描述式。

通过异步描述式构造表，最终得到的也就是一个普通的表，对元组、集合或字典的情况也一样。异步描述器的异步特征表现在它所定义的构造过程。如果一个协程函数里出现了异步描述式，该描述式中的异步点也能导致协程函数的执行挂起。

在生成器表达式里，也可以出现 async for 段和 await 表达式，这样写出的就是异步的生成器表达式，其求值得到一个异步迭代器对象，可以用在 async for 语句中，也可以用在各种异步描述式的 aync for 段中。

异步描述式和异步生成器表达式都是 3.6 版的新增特征，它们改变了语言的语法结构。这两种表达式形式只能出现在协程函数定义里，出现在其他地方是语法错误。

下面通过一个简单例子说明异步描述式的使用。假设 numbers(n) 是一个能生成整数 0 到 n 的异步迭代器（例如生成器函数），下面的协程 seq0：

```
async def seq0(n):
    res = []
    async for i in numbers(n):
        if i % 3:
            res.append(i)
    print(res)
```

现在可以写下面更简单的等价定义：

```
async def seq(n):
    res = [i async for i in numbers(n) if i % 3]
    print(res)
```

通过下面主函数可以看到两个协程产生同样的输出：

```
import asyncio

loop = asyncio.get_event_loop()
loop.run_until_complete(seq0(15))
loop.run_until_complete(seq(15))
loop.close()
```

5.4.6 示例和讨论

为了给读者多提供一些信息，本小节将给出两个更有实际背景的示例，最后再简单讨论一些与 asyncio 有关问题。这里的程序只是示例，要将其应用于实际，还需考虑一些问题，特别是运行中可能出现的各种错误。

互联网客户端程序

现在考虑开发一个互联网客户程序，其工作是下载一组网页。Python 标准库为支持互联网程序开发提供了丰富的功能，有关情况见 Python 标准库手册第 21 章。

然而，互联网程序有一个鲜明的特点：程序运行中需要与远端的程序连接和通信，经常需要等待远端响应，而这种情况通常不需要 CPU 参与。如果开发一个同步程序，一个个地下载网页，所用时间至少是所有等待网页下载时间的总和。如果能采用异步编程技术，让程序在等待网络响应的期间启动下载其他网页，有可能节约很多时间。以同步方式下载网页的程序留给读者考虑，下面讨论以异步方式下载网页的问题。

使用 asyncio，或者和标准库的另外两个异步包 asyncore 和 asynchat 配合，可以完成这一工作。但写出的程序可能较长，也比较复杂。Python 社区为支持异步互联网程序开发的 aiohttp 包提供了更方便的 API，利用这个包可以非常简洁地完成工作。由于 aiohttp 不是标准库包，使用前需要先安装。下面我们假定已经安装了 aiohttp。

实现上面需求的程序非常简单，下面是程序的完整代码，只有二十几行。程序用一个元组描述需要下载的网站页面，程序运行中将下载这些页面，并将它们的内容存入全局变量 `pages` 关联的表。程序运行中还用 `print` 输出了一些运行信息：

```
import asyncio
import aiohttp

URLS = (
    'http://www.baidu.com/',
    'http://news.sina.com.cn/',
    'http://www.xinhua.org/',
)

pages = []

async def fetch(session, url):
    global pages
    print("Connecting {}...".format(url))
    async with session.get(url) as site:
        text = await site.text()
    pages.append(text)
    print("Read {} bytes from {}.".format(len(text), url))
```

```
async def fetch_all():
    async with aiohttp.ClientSession() as session:
        await asyncio.gather(*[fetch(session, url) for url in URLS])

loop = asyncio.get_event_loop()
resp = loop.run_until_complete(fetch_all())
loop.close()
print("Done.")
```

协程 fetch_all 完成所有页面的下载工作，其主要部分只有一个 async with 语句，语句体就是一个 await 语句，要求运行通过 asyncio.gather 汇集的一组希望并发执行的协程。with 语句头部调用 aiohttp 的 ClientSession 方法，创建一个实现客户端会话的异步上下文管理器。gather 汇集的协程通过另一个协程函数 fetch 创建，以 session 和网址作为参数。fetch 调用 aiohttp 的 ClientSession 对象的 get 方法，完成一个页面的下载工作。程序中的其他代码都很容易理解。

作者执行上面的程序，得到了下面的输出：

```
Connecting http://www.baidu.com/...
Connecting http://news.sina.com.cn/...
Connecting http://www.xinhua.org/...
Read 216532 bytes from http://news.sina.com.cn/.
Read 112141 bytes from http://www.baidu.com/.
Read 146515 bytes from http://www.xinhua.org/.
Done.
```

读者可以写一个具有同样功能的同步互联网客户端程序，并做些比较，看看下载同样的一组页面，异步程序在时间上是否真有优势。

如前所说，异步程序在互联网领域具有广泛的应用。aiohttp 提供了设计良好的 API，是开发异步互联网应用程序的很好选择。由于篇幅关系，本书不进一步介绍这个包的功能。有兴趣的读者可以从其官网得到需要的信息。

文件处理程序

现在考虑数据处理的问题。在 2.7 节中，我们讨论了数据处理的问题：对实际的数据处理程序，被处理的数据通常保存在外存文件里，需要在程序运行中装入和使用。另一方面，程序处理的结果可能得到另外一批数据，也需要保存到外存文件。因此，数据处理程序的运行中需要完成 3 部分操作：被处理数据的读入和处理结果的输出，另外就是实际的处理工作，由实际问题需求决定，其中可能涉及很复杂的计算工作。

分析上述 3 部分操作，可以看到一些有趣的情况：数据的读入和输出工作很少使用 CPU，主要时间花在等待外存设备操作的完成上；另一方面，实际数据处理通常是 CPU 密集型的工作，可能需要做大量计算，因此需要占用大量的 CPU 时间。

前面解决这类问题时，都是用同步的顺序程序完成工作，执行中很可能出现大量 CPU 闲置，即等待完成输入输出操作的时间。这种情况提示我们，采用异步程序实现数据处理，有可能大大减少处理时间。下面通过一个示例讨论这个问题。

假设我们需要处理一种正文文件，文件里存储着一大批整数，用换行和空格分隔，每行可能包含数目不等的若干整数。需要完成的工作是找到每个整数的素因子分解，并将这些整数和对应的素因子分解存入另一个结果文件。这个简单问题反映了实际数据处理工作的许多特点：被处理的数据可能非常多，数据行可能长短不一，素因子分解也是复杂性很高的计算工作。现在考虑如何通过异步程序完成这一工作。

5.4.3 节曾经展示了 Python 手册提供的一个例子，在那里我们说明，要用异步程序处理文件数据，需要异步文件功能的支持。我们可以自己开发这种功能，但更好的事情是，Python 社区里已经有人帮我们做了这方面工作，开发了一个异步文件功能包 aiofiles，实现了各种异步文件操作，它们都模拟标准文件功能的调用形式和功能。例如，aiofiles 提供了一个文件打开函数 `open`，其参数形式与标准函数 `open` 相同，功能类似，但是是一个异步操作。这里的正文读文件对象也是（异步）迭代器，可以用在需要异步迭代器的地方。下面我们将利用这个包实现程序，同样假设所用 Python 系统已经安装了 aiofiles 包。

还有一个问题需要考虑：假设在要开发的程序里，数据输入、数据处理和数据输出都用协程实现，通过它们的合作完成工作。这里就出现了在协程之间传递数据的问题。而且，还应该注意一种情况：不同协程处理每项具体工作的时间也可能有变化。假设我们让输入协程把得到的数据行存入某个特定变量 `x`，让处理协程从 `x` 取得数据行。如果处理线程对第 k 行的处理还没完成，输入线程已经把第 k+1 行存入 `x`。在这个时刻，即使输入协程已经完成了对第 k+2 行的读入，它也不能把这个行存入 `x`，否则就会造成第 k+1 行数据的丢失。因此，在这种情况下，输入协程只能等待处理协程取走第 k+1 行的数据。这种等待，实际上是另一个层面上的同步，也必须考虑。

注意，上面程序模式是典型的生产者—消费者问题。输入协程是文件数据行的生产者，处理协程是数据行的消费者。另一方面，处理协程是计算结果的生产者，而输出协程是对应的消费者。这里的问题，也就是要缓解生产者—消费者之间的产出速率和消费速率的波动，典型技术就是在两者之间加一个缓存。这里应该用先进先出队列做缓存，保证输入数据和输出结果的顺序。asyncio 包提供了一个异步队列类 `Queue` 类，其实例可用作这里的缓存。`Queue` 实例方法 `put()` 和 `get()` 都是协程函数，非常适合我们的程序。

有了上面的准备，实际程序的开发已经不太困难了。我们首先导入必要的程序包，并为两个数据传递工作创建两个 `Queue` 对象，保存在全局变量：

```
import asyncio
import aiofiles
import sys

inqueue = asyncio.Queue()
outqueue = asyncio.Queue()
```

完成文件数据读入的协程非常简单，我们采用基于行的输入：

```
async def reader(fname, inq):
    async with aiofiles.open(fname) as infile:
        async for line in infile:
            await inq.put(line)

        await inq.put("end")
    print("Reader finished.")
```

注意，aiofiles 定义的异步文件对象同样可以作为异步上下文管理器，也可以作为迭代器。async for 语句实现对文件行的异步循环，把一行行数据送入队列。注意，文件内容全部处理完时，协程将特殊串"end"压入队列作为结束标志。

处理协程中调用第 2 章一个实例中定义的函数，它返回参数的素因子的表：

```
def prime_factors(n):
    def nextpf(n): # 给出下一个素因子
        d = 2
        while d * d <= n:
            if n % d == 0:
                return d
            d += 1
        return n

    flist = []
    while n != 1: # 反复求素因子并从 n 中除掉它
        p = nextpf(n)
        flist.append(p) # 在表中积累素因子
        n //= p

    return flist

async def worker(inq, outq):
    while True:
        line = await inq.get()
        if line == "end":
            break
        for numstr in line.split():
            num = int(numstr)
            factors = prime_factors(num)
            await outq.put("{}: {}\n".format(num, str(factors)))

    await outq.put("end")
    print("Worker finished.")
```

处理协程的定义也比较直接，用 split()分解行，在其结果上迭代处理，都是标准的做法。内层循环的 await outq.put()语句是协程的挂起点，保证这个协程每处理一个整数就会让渡一次控制权。送给输出协程的是构造好的输出串。这里还检查由 inq 得到的字符串，遇到"end"时就知道工作都做完了。

输出协程也非常简单：

```
async def writer(fname, outq):
    async with aiofiles.open(fname, "w") as outfile:
        while True:
            line = await outq.get()
            if line == "end":
                break
            await outfile.write(line)

    print("Writer finished.")
```

这个协程与输入协程的定义对称。

最后，我们编写一段主程序启动整个处理工作：

```
tasks = asyncio.gather(
    reader(sys.argv[1], inqueue),
    worker(inqueue, outqueue),
    writer(sys.argv[2], outqueue)
    )

loop = asyncio.get_event_loop()
resp = loop.run_until_complete(tasks)
loop.close()
print("Done!")
```

唯一值得提出的是这里用了命令行参数，使用户调用时可以指定数据和结果文件。

这个例子很简单，本身意义不大。但这个程序的设计和基本结构还是很有意思的，反映了异步数据处理程序的基本框架。这一框架有可能用于任何数据处理工作，为此，只需要用适当的程序片段替换掉其中的数据处理部分。

有关 aiofiles 的更多信息可以查看 Python 官网。

有关 Python 异步编程机制的进一步说明

引入了 `async def` 定义和 `await` 表达式，Python 通过协程支持异步编程的基本框架已经确立。但另一方面，协程的使用还要依靠事件循环和其他辅助机制。在（本真）协程概念正式引进 Python 语言之前，人们已经在支持异步编程方面做了许多研究和开发，其中相当多的成果凝结在 asyncio 包的实现中。应该看到，相关概念、技术和实现方式还都在继续发展中，Python 的未来版本还可能做一些扩充和调整。

前面说过，asycio 包是一个功能非常丰富的包。这个包除定义了与事件循环有关的功能外，还涉及许多重要概念和功能。包括回调（callback）、期程[①]（future）、任务（task）等。下面简单解释这些概念，说明它们与异步计算和协程的关系。在前面的讨论中，我们采用了一套简化

① 这里参考“期货”（英文也是 future）的译法，把 Future 译为期程，取可期例程之意。一个期程表示一个在未来能得到的结果，包装着一段可执行代码，其效果和结果可期。

的比较容易理解的语言来解释协程的执行，实际上，在 Python 的 asyncio 文档中，上面列出的概念（和相关机制）都参与了这一执行过程。

回调在 Python 异步编程方面没有实质性表示，是一个基础概念。一个回调就是传入函数或在某处注册的一个可执行对象，期望在将来的某个时刻被调用。前面讨论的高阶函数都包含函数参数，调用高阶函数时传入的函数对象就是一个回调。我们把一个协程送给消息循环，也是期望该协程在未来适当的时刻被执行，因此也是传了一个回调。

asyncio 定义了一个 `Future` 类，该类的实例就是**期程**。一个期程表示未来能得到的一个结果（结果可期），其中包装了一段计算。期程的完成或得到一个结果，或引发一个异常。实际上，asyncio 消息循环的调度和执行对象就是期程，例如 `run_until_complete` 要求一个期程参数，我们把协程送给它时，它首先把协程包装为期程，使之能调度执行，还保证期程完成时能返回协程的返回值。期程支持一些操作，最重要的是可以注册一些回调，要求期程完成时执行它们。有关操作的细节这里不讨论了。

asyncio 的 `Task` 类（作业类）是 `Future` 的子类，负责协程的执行，采用的方式就是把协程包装成期程，使消息循环可以执行它。协程的执行过程还有些细节，`Task` 类和对象也有几个方法，这里不介绍了。读者可以参考 asyncio 文档。

asyncio 提供了一组与 `Task` 有关的操作，包括前面介绍的 `asyncio.gather()`，`asyncio.iscoroutine()` 和 `ayncio.sleep()`。另外还有一个比较重要的函数 `asyncio.ensure_future(`*coro_or_future*，`loop=None)`，用于把协程包装成期程，参数是期程时返回其本身。包装时可指定消息循环。`async.gather(`*coros_or_futures*`)` 也是把一组协程包装成一个期程。

消息循环可以找到所有与之关联的期程，这一点对 `loop.run_forever()` 特别重要。注意，这个方法无参，它将执行与消息循环 `loop` 关联的所有期程，包括在消息循环执行中创建的新期程。下面的例子说明了使用 `run_forever` 的一些情况：

```
# 基本协程：future 和 loop.run_forever()
# run_forever() 是同步命令，其执行只能被异步协程终止
# run_forever() 执行其活动过程中存在的所有 future，包括执行期间创建的

import asyncio

async def task_co(n):
    print("task{} starts...".format(n))
    await asyncio.sleep(1)
    print("task{} ends.".format(n))

async def task_stop(loop):
    print("task main starts...")
    await asyncio.ensure_future(task_co(2)) # 动态加入的期程
    await asyncio.sleep(2)
    print("task stop ends.")
    loop.stop()
```

```
loop = asyncio.get_event_loop()

asyncio.ensure_future(task_co(0))
asyncio.ensure_future(task_co(1))
asyncio.ensure_future(main(loop))

loop.run_forever() # 启动事件循环，运行到 loop.stop() 结束

loop.close()
```

运行这个程序，可以看到下面的输出：

```
task0 starts...
task1 starts...
task main starts...
task2 starts...
task0 ends.
task1 ends.
task2 ends.
task main ends.
```

注意，task2 是 main 执行期间创建的协程，并被包装为期程。此时消息循环已经在执行中。上面的输出说明，动态创建的期程仍然可以被调度和执行。

在这个例子里还有一点值得注意：main 协程最后调用 loop.stop()，停止消息循环的执行。如果把这个语句移到 loop.run_forever()之后，再运行程序，会看到它输出了上面信息后就再也没有信息了，实际上是进入了无穷循环，这也是 run_forever()的本意，这个函数本身是同步函数，它不结束，其后的语句就不可能执行。

asyncio 还提供了许多功能，值得指出的如用于协程同步的 Lock、Event、Condition、Semaphone 和 BoundedSemaphone 类。对并发编程有所了解的读者应该熟悉这些概念，它们都是常见的同步原语，类似机制被用于线程和进程同步。在异步程序里，有时也需要控制不同协程的相对执行速度，这时就需要使用同步原语。在前面文件数据处理实例中使用的 Queue 也能起到这方面的作用。举例来说，如果 reader 还没有完成一个新字符行的读入，worker 已经处理完已有的所有字符行，它就只能等待了。

基于本书的主题考虑，有关异步编程的讨论就此打住。作者希望这里的介绍已经为读者勾勒出了 Python 的异步编程框架，为读者进一步学习和实践提供了基础。

5.5 总结和补遗

本章介绍了 Python 几个方面的高级编程机制，其中有些是在许多程序的开发中都可能用到的，或者与 Python 的基本语言机制有关，也有一些在日常编程中可能很少用到，但是，了解有关情况，也能使读者对 Python 语言的理解更深入一层。

5.5.1 总结

本章讨论了 4 个方面的重要内容，分别总结如下。各节都提供了许多示例，一方面是为了帮助理解有关概念，同时也展示了有关机制的使用和相关编程技术。Python 语言和编程系统基于一套非常灵活，具有特别强的可定制性的编程构架，很好地利用这个框架，可以开发出结构良好、具有高度可维护性和适当的灵活可变性的系统。理解本章的主要内容，对于个人在 Python 编程领域的发展进步，可能起到重要的作用。

程序与模块

本节首先总结了 Python 程序的基本结构、模块和程序的关系，以及程序执行的基本情况。最重要的内容是 5.1.2 节讨论的 Python 导入系统，以及应该如何基于这个导入系统，设计和实现 Python 程序的模块化结构。如果要用 Python 开发大型的、复杂的或者有特殊需求的系统，必须很好理解和利用 Python 的模块导入功能。本节还介绍了动态编译的基本概念和标准函数，以及安装程序包和发布所完成程序的一些情况。

装饰器

装饰器是 Python 的基本程序机制，函数定义和类定义都可以使用装饰器。装饰器就是一类高阶函数，它们基于已有的函数定义或类定义，构造出新的具有类似功能但可能增加了新功能的对象。由于用途不同，装饰器可以分为函数装饰器和类装饰器。类中的方法也可以装饰，前面介绍的类方法和静态方法都是通过装饰器技术实现的，我们也可以对类中方法做其他装饰。装饰器可以采用不同的技术实现，主要技术是用嵌套函数和闭包技术，或者定义装饰器类。通过函数和闭包实现装饰器的技术更简单实用。

面向对象编程的高级机制

5.3 节介绍了面向对象编程的一些高级机制。这里首先详细介绍了类的构造过程，类型 `type` 的作用和元类的概念，并讨论了如何通过定义元类改变类的定义方式。然后介绍了属性操作的定制和相关特殊名方法、`property` 机制及其应用。提供这些机制，都是为了我们能定义方便使用的属性，支持把必要的动作包装在属性访问中。5.3.3 节介绍的描述器是许多重要技术的基础，对这个概念有所理解，有利于我们进一步理解 Python 的面向对象机制。本节最后还介绍了抽象基类和接口的概念，以及一些相关技术。

协程和异步编程

作为本书的最后一节，5.4 节集中关注 Python 语言的最新发展，介绍了 3.5 版和 3.6 版新引进的协程定义和使用机制，以及异步编程的重要思想和技术。Python 还引进了许多与异步编程相关的结构，包括异步迭代和异步迭代器，异步生成器函数的定义、异步上下文管理器和异步 `with` 语句，以及异步描述器和异步生成器表达式。5.4.6 节通过两个比较接近实际的例子，进一步展示了异步编程的技术和应用，讨论了一些相关问题。而后还进一步介绍了 asyncio 库的若干重要概念和一些重要情况。

5.5.2 编程技术

本章讨论了很多重要的编程技术，这里列出其中一些要点：

- 命令行参数的使用技术（5.1.1 节）；
- 标准库包 os 提供的文件和目录操作（5.1.1 节）；
- 程序模块化的基本考虑和基本技术（5.1.1 节）；
- 模块的实现和接口分离（5.1.1 节）；
- 用模块实现单一抽象的技术、转接函数（5.1.1 节）；
- 导入语句的语义和基本使用技术（5.1.2 节）；
- 模块的重新装载技术（5.1.2 节）；
- 实现动态编译的标准函数和使用技术（5.1.4 节）；
- 安装第三方程序包和开发结果的发布（5.1.5 节）；
- 装饰器函数和装饰器类的定义和使用（5.2.1 节）；
- 利用装饰器定义单例类（5.2.3 节）；
- 元类定义技术和实例（5.3.1 节）；
- 利用属性函数检查和处理属性的设置（5.3.2 节）；
- 利用 `property` 定义属性的访问、设置和删除函数（5.3.2 节）；
- 可用于装饰独立函数和类方法的装饰器类的实现技术（5.3.3 节）；
- 抽象基类和接口的定义（5.3.4 节）；
- 实现委托和代理的技术（5.3.4 节）；
- 协程的定义和使用（5.4.2 节）；
- 事件循环的使用（5.4.2 节）；
- 将普通迭代对象包装为异步迭代器（5.4.3 节）；
- 用异步生成器函数构造异步生成器（5.4.3 节）；
- 异步生成器对象的方法及其使用（5.4.3 节）；
- 利用异步描述式，以异步方式创建各种（标准）数据结构，如表和字典；用异步生成器表达式创建简单的异步迭代器（5.4.5 节）；
- 利用 aiohttp 包的功能开发互联网程序（5.4.6 节）；
- 利用 aiofiles 包创建异步文件对象，实现异步文件操作（5.4.6 节）；
- 利用 `asycio.Queue` 建立协程之间的信息缓冲区，传递信息（5.4.6 节）。

附录 A

Python 语言简明手册

本附录总结 Python 语言的基本特征，其中形如 2.1.1 的标记为本书章节编号。

A.1 标识符和关键字

标识符是程序里的名字，用于命名变量、函数、类型等。常用标识符形式为字母开头的字母数字序列，下划线符作为字母看待。实际上，Python 允许在标识符里使用更多 Unicode 字符，但为了清晰性和易读性，人们不常用其他字符。

Python 是大小写敏感的语言，同一字母的大小写形式被看作是不同的字符。

Python 语言的关键字共如下 34 个：

```
and     as       assert   async    break     class   continue   def     del
else    except   elif     False    finally   for     from       global
if      in       import   is       lambda    None    nonlocal   not     or
pass    return   raise    True     try       while   with       yield
```

在协程定义里，await 作为关键字。

A.2 代码结构和解释器

Python 以程序行作为代码单位，一行结束（至换行符）表示一个代码单元或结构成分（如表达式、语句、语句头部等）结束。解释器的基本工作方式是按行读入和处理。

- 默认方式，遇到换行就认为语句（或表达式）结束，去执行这个语句（或求值表达式）。因此程序不能随意地在语句（或表达式）中间换行。
  - 如果被读入行最后是反斜线符号\，解释器丢掉反斜线符及随后的换行符，把下一行的内容看作是本行内容的继续（续行）。
  - 如果被读入行中存在尚未配对的括号，解释器认为下一行是本行的继续。

以换行结尾的一系列字符构成一个**物理**（的程序）**行**，解释器根据上面规则，把连续几个物理行拼接成一个逻辑的程序行（逻辑行），一次处理一个逻辑行。

- 如果被读入行是一个复杂结构的头部，解释器继续读完这个结构（根据代码的退格形式），而后一次完成这个结构的处理。

在交互式的工作方式下，解释器的基本处理循环中顺序做 3 件事：

- 读入一个逻辑程序行或一个几行的复杂结构，如 `def`、`if`、`for`、`while` 等；
- 处理读入的结构（执行这个结构，完成要求的操作）；
- 输出计算结果（如果结果非 `None`），或者报错。

处理模块中的代码时，解释器也采用同样处理规则，只是不显示求值结果。

A.3 基本类型和字面量

表 A.1 列出了 Python 的基本类型，并用实例说明其字面量形式。

表 A.1 Python 的基本类型

类　　型	字面量举例
`bool`（1.3.1 节）	`True` 和 `False`
`int`（1.1.1 节）	`1  0b11  0o20  0x12`
`float`（1.1.1 节）	`.3  2.  1.0  2.3e-2`
`complex`（1.1.1 节）	`1+2j  3.5+0.6J`
`str`（1.1.3 节，换意序列 1.6.2 节，各种操作和格式化 2.3 节）	`'abc'  "abc"` 三引号形式 原始字符串 `r'abc\def'`
`bytes`（2.2.4 节）	`b'abc'  br'ab\cd'`
`bytearray`（2.2.4 节）	只能用 `bytearray(...)` 构造
`NoneType`	`None`

从 Python 3.6.4 开始，整数字面量中允许加下划线符分节，`123_456_789` 等于 `123456789`。

Python 系统还定义了一些内部使用的类型，见标准库手册。

A.4 组合类型和描述式

序列类型 `list`（表，可变类型，2.1.1 节）和 `tuple`（元组，不变类型，2.1.3 节），映射类型 dict（字典，2.5 节），两种集合类型 set（可变类型，2.6 节）和 frozenset（不变类型，2.6 节）等。这些都是组合类型，用于组合一批任意类型的数据对象，构成一个组合数据对象。range 是受限序列类型，str 和 bytes 也是不变序列类型，bytearray 是可变序列类型。

所有序列类型的对象都支持一组公共操作，可变序列还支持另一些操作（2.2.1 节）。list 还有一个 sort 操作。range 对象（通过标准函数 range 生成）支持多数公共序列操作，但不能做拼接和整数乘，也不能用负数下标。dict 支持一些与映射有关的操作（2.5 节），set 和 frozenset 支持一批集合操作（2.6 节）。

组合类型的对象可以通过表 A.2 中说明的方式直接描述。

表 A.2 Python 中的组合类型

类 型	直接构造的描述形式（例举式）和实例
list	[表达式,...]，如[1,'a',3.24]，空表用[]或 list()
tuple	(表达式,...)，单元素时必须有逗号(1,)，空元组用 tuple()
set	{表达式,...}，如{1,'a'}，空集合用 set()
frozenset	frozenset(表达式,...)，空集 frozenset()
dict	{关键码:值, . . .}，空字典用{}或 dict()

集合和字典都用花括号描述，差别在于元素描述的形式：集合元素可以是任意表达式，字典元素是冒号分隔的关键码和值对。集合元素和字典关键码只能是不变对象。

序列都是可迭代对象（iterable），对字典迭代就是对其关键码迭代，对集合迭代就是对其元素迭代。对字典和集合迭代时，顺序由内部确定，无法控制。

可用描述式（2.2.2 节）或异步描述式（5.4.5 节）生成 list、tuple、dict、set 和 frozenset 对象：生成 tuple 和 frozenset 时只能用类型名转换；方括号括起时生成的是表；花括号括起时生成 set 或 dict，具体结果由元素表达式的形式确定。

A.5 表达式

表达式基于字面量、变量等与运算符构成。不同类型的对象可使用的运算符不同。基本表达式包括各种原子表达式（字面量、变量等），用圆点形式描述的属性引用，用方括号描述的下标和切片表达式，用圆括号描述的函数调用式。

运算符包括算术运算符（1.1.1 节）、关系运算符（1.3.1 节）、逻辑运算符（1.3.1 节）、组合类型的运算符等。所有运算符及其优先级见表 A.3，高优先者在下：

表 A.3 Python 中的运算符

运 算 符	解 释
yield exp yield from exp	生成表达式（3.3.3 节）
lambda args: exp	匿名函数、lambda 表达式（1.5.4 节）
x if b then y	条件表达式（1.3.1 节）
a or b	逻辑或（1.3.1 节）
a and b	逻辑与（1.3.1 节）
not b	逻辑否定（1.3.1 节）
x in y, x not in y, x is y, x is not y, x < y, x <= y, x >= y, x > y, x == y, x != y	成员关系（可迭代对象，集合、字典），对象标识相同/不同，关系
x | y	按位或（1.6.1 节）
x ^ y	按位异或（1.6.1 节）
x & y	按位与（1.6.1 节）
x << y, x >> y	左移、右移（1.6.1 节）
x + y, x - y	加、减（1.3.1 节）
x * y, x / y, x // y, x % y	乘、除、整除、取模（1.3.1 节）
+x, - x, ~x	正负号（1.3.1 节）、按位否定
x ** y,	乘方（1.3.1 节）
await x	await 表达式（5.4.1 节）
x[i], x[i, j, k], x(...), x.attr	下标、切片、函数调用、属性访问
(...), [...], {...}	元组、表达式、生成式表达式、表、字典、集合，以及各种描述式

优先级决定表达式的求值顺序。对于相邻的优先级相同的运算符，乘方运算符从右向左结合，其他运算符（可相邻出现的）从左向右结合。一元运算符总从右向左应用。

如果运算符牵涉多个运算对象，各运算对象表达式从左到右依次求值。对函数调用，先求值描述函数的表达式，再依次求值参数表达式。对下标和切片表达式的求值方式类似。对赋值表达式，先求值赋值符右边的表达式，再求值左边表示赋值目标的（变量）表达式。逻辑运算符 and 和 or 采用特殊的“短路求值”规则（1.3.1 节）。

用作逻辑判断时，None、False、各种数的 0 值、各种组合对象和字符串的空值都当作逻辑假，其他值都当作逻辑真（3.1.3）。

A.6 语句

如果一种语句（或语句部分，如 if 语句的 else 部分）包含头部和**语句组**，语句组是简单语句时可以放在头部之后的同一行里。任何情况下语句组（包括是简单语句）都可以在头部换行后以退格方式写在随后的行里。语句组包含多个语句时必须对齐。

表 A.4 列出各种语句，方括号括起部分可选，(...)*括起的部分可以没有也可以多次出现。表达式列表可以是逗号分隔的多个表达式，构成元组。各种列表用逗号作为分隔符：

表 A.4 各种语句

语 法 形 式	简 要 说 明
表达式(,表达式)*[,]	表达式语句（1.2.3 节等）
目标列表 = **表达式列表**	两列表项数相同（1.2.1 节、1.2.3 节）
assert **表达式列表**	断言语句（1.4.1 节）
pass	空语句（1.2.3 节）
del **目标列表**	删除指定目标（2.2.1 节、2.5.1 节等）
return **表达式列表**	返回对象或元组（1.4.1 节）
yield **表达式列表** 或者 yield from **表达式**	第二种形式中**表达式**的值应是迭代器（3.3.3 节）
raise **表达式** [from **表达式**]	**表达式**表示异常对象（3.4.3 节、3.6.1 节）
break	（1.3.2 节）
continue	（1.3.2 节）
import **模块名** 或者 from **模块名** import (* | **目标列表**)	第二种形式的 import 后可为 * 或目标列表（1.1.2 节、5.1.2 节）
global **变量列表**	（1.5.5 节）
nonlocal **变量列表**	（1.5.5 节）
简单语句(;**简单语句**)* [;]	一行多个简单语句用分号分隔

续表

语法形式	简要说明
if **表达式：语句组** (elif **表达式：语句组**)* [else: **语句组**]	（1.3.1 节）
while **表达式：语句组** [else: **语句组**]	（1.3.2 节、1.6.3 节）
[async] for **目标列表** in **可迭代对象：语句组** [else: **语句组**]	（1.3.2 节、1.6.3 节、5.4.3 节）
try: **语句组** (except **异常描述列表：语句组**)+ [else: **语句组**] [finally: **语句组**]	(...)+ 表示至少出现一次，也可以出现任意多次（3.4.2 节、3.6.1 节）
[async] with (**表达式** [as **标识符**])+: **语句组**	（4.4.2 节、5.4.4 节）
[@**装饰器**] [async] def **函数名 参数表：语句组**	（1.4 节、1.5 节、3.2 节、第 4 章、5.4.2 节）
[@**装饰器**] class 类名[(**基类列表**)]: **语句组**	（第 4 章、5.3 节）

其中**变量列表**可以是一个或（逗号分隔的）一组变量名，**目标列表**与之类似，但可以出现属性引用表达式、下标表达式等。

函数定义、类定义都是复合语句，负责执行完成相应程序对象（函数对象或类对象）的构建和命名（命名就是变量赋值）。有 async 修饰符的函数定义是协程函数定义。

附录 B

标准函数

本附录说明所有标准函数，先说明描述约定，而后列出标准函数及简短解释。

B.1 描述方法说明

每个函数的说明包括一个调用形式描述和一段简单文字说明，文字说明里可能提到调用形式描述中的一些名字（参数标识符等）。

在调用形式描述中，函数名后的圆括号表示参数表，其中方括号括起的部分为可选，参数用逗号分隔。原则上说，实参可为符合 Python 语法的任何表达式，但很多函数对实参有类型要求，文字说明中有些内容与此有关。此外，参数表中用的字母或单词也可能提供这方面的信息。函数调用形式描述基本取自标准库手册，有少许修改。下面是一些需要注意的情况：

- object 说明实参可为任何对象，x 对实参没有任何特殊的性质说明；
- i 说明实参应是整数，function 说明实参应该是函数（可调用对象）；
- name 说明实参应是表示名字的字符串，filename 说明实参字符串应该是文件描述（文件名，可能包含路径描述）；
- iterable 说明实参应该是可迭代对象，default 说明实参作为某种默认值。

有些写法无特殊意义，或其含义在文字说明给出。有多种调用形式的函数一起说明。

B.2 标准函数表

调用形式	说明
`abs(x)`	返回 x 的绝对值。x 应为 int 或 float，对 complex 返回复数的模
`all(iterable)`	参数 iterable 为空或其中所有值都真时返回 True，否则返回 False
`any(iterable)`	参数 iterable 中至少有一个值为真时返回 True，否则返回 False
`ascii(object)`	与 repr 类似，得到 object 的一个字符串表示，但其中非 ASCII 编码的字符用换意表示形式（用`\x`或`\u`或`\U`的形式）

续表

`bin(x)`	参数应为整数，返回其二进制串（结果为字符串）
`bool([x])`	从 x 得到 True 或 False（根据逻辑判断的规定），bool()得到 False
`bytearray([source[, encoding[, errors]]])`	见 2.2.4 节
`bytes([source[, encoding[, errors]]])`	见 2.2.4 节
`callable(object)`	判断 object 是否可调用对象。注意，类对象也是可调用对象
`chr(i)`	返回一个字符，其 Unicode 编码等于整数 i
`classmethod(function)`	装饰器函数，返回对应于 function 的类方法
`complex([real[, imag]])`	基于实部 real 和虚部 imag 构造出相应的复数。两个参数都可以缺省，都缺时得到 0，也可以只提供实部
`compile(source, filename, mode, flags=0, dont_inherit=False, optimize=-1)`	Python 的编译函数（5.1.4 节），把表示代码的字符串等翻译到解释器可执行的字节码
`delattr(object, name)`	删除对象 object 中名字为 name 的属性。name 应该是字符串，而且是 object 的一个属性的名字
`dict(…)`	创建字典对象，有多种参数形式：dict(**kwarg)中的 kwarg 应是“关键码-值”对的序列，dict 基于它创建字典；dict(mapping, **kwarg)基于映射对象 mapping（如字典）创建字典；dict(iterable, **kwarg)要求 iterable 是元素为二元组的可迭代对象，基于它创建字典。后两种调用形式包含 kwarg 参数时，把其中元组加入新建字典，出现关键码同名时覆盖已有值
`dir([object])`	无参形式返回当前局部作用域的名字表，有参数时返回 object 的属性表。返回值是 list。如果 object 有__dir__()方法，该方法应返回一个属性名的表，对这种对象调用 dir 时就调用它的__dir__()函数
`divmod(a, b)`	对整数返回数对 (a // b, a % b)；对浮点数返回 (q, a % b)，使 q * b + a % b 是最接近 a 的值（其中 q 是一个不包含小数部分的浮点数）
`enumerate(iterable, start=0)`	生成二元组的 list，这些二元组的第二个元素依次为 iterable 的各迭代值，对应第一个元素是其在 iterable 中的序号（下标）。序号默认从 0 开始，可以通过 start 指定起始序号
`eval(expression, globals=None, locals=None)`	参数 expression 应是符合 Python 表达式的语法形式的字符串，eval 将其看作表达式进行求值。可以通过后两个参数提供两个字典，作为 expression 求值时的全局和局部名字空间（5.1.4 节）

续表

`exec(object[, globals[, locals]])`	用于动态执行 Python 代码，其中 object 或为表示 Python 代码的字符串，或为一个代码对象（5.1.4 节）
`filter(function, iterable)`	返回一个迭代器，其元素是 iterable 中所有使 function 为真的对象，按原顺序排列（丢掉不满足 function 的元素）
`float([x])`	从 x 构造一个浮点数。x 可以是数值对象或形式合适的字符串
`format(value[, format_spec])`	根据 fomat_spec 生成 value 的格式化表示（参看 2.3.2 节及标准库手册 6.1.3.1 节）。无第二个参数时相当于 str(value)
`frozenset([iterable])`	根据 iterable 创建一个 frozenset 对象（非变动的集合对象）
`getattr(object, name[, default])`	返回 object 的 name 属性值。调用时如果没给出 default，当 object 没有 name 属性时引发 AttributeError 异常；如果有 default 参数，在 object 无 name 属性时返回 default 的值
`globals()`	返回一个字典，元素为当前模块的所有全局符号（名字）及其约束值
`hasattr(object, name)`	当 object 有 name 属性时返回 True，否则返回 False
`hash(object)`	计算并返回 object 的 hash 值，这是一个整数。每个 object 对应唯一的一个的 hash 值（反之不然，可能存在不同对象有相同 hash 值的情况），用于字典的快速保存和查找，也可用于其他目的
`hex(x)`	得到整数 x 的十六进制形式的字符串
`id(object)`	返回 object 的标识，该值对同时存在的对象唯一且在对象的存在期间不变
`input([prompt])`	取得用户输入，有 prompt 时将其输出作为提示符
`int(x=0), int(x, base=10)`	基于 x 创建整数。如 x 是字符串，默认按十进制表示处理。可用第二个参数指定其他进制（如二进制、八进制、十六进制等）。字符串内容不符合需要时报 ValueError
`isinstance(object, classinfo)`	判断 object 是否类（类型）classinfo 的实例
`issubclass(class, classinfo)`	判断 class 是否 classinfo 的派生类（子类）
`iter(object[, sentinel])`	返回迭代器。没有第二个参数时，object 可以是元素汇集对象而且支持迭代器（有__iter__()方法），得到相应的迭代器；或者 object 是序列对象，提供__getitem__()方法，下标从 0 开始。不是这两种情况就引发 TypeError 异常。有第二个参数时，解释器反复以无参形式调用 object 的__next__()并返回其值，直至返回值等于 sentinel 时引发 StopIteration

续表

`len(s)`	返回 s 的长度。s 可以是序列或字典
`list([iterable])`	基于 iterable 构造一个 list，无参时得到空 list
`locals()`	返回一个字典，其中包含当前局部环境中的所有符号及其约束值
`map(function, iterable, ...)`	返回迭代器，元素为 function 顺序作用于 iterable 各元素的结果
`max(iterable[, key][, default]),` `max(arg1, arg2, *args[, key])`	取得最大元素。只有一个按位置实参时必须是 iterable，得到其中最大元素。如果 iterable 空且没有 default 时引发 ValueError 异常。如有两个或更多按位置参数，得到其中最大者。可选参数 key 必须用关键字参数形式给出，实参应是一个单参数函数，用于从被比较元素算出用于比较的值。存在多个最大元素时返回第一个最大元素
`min(iterable[, key][, default]),` `min(arg1, arg2, *args[, key])`	返回 iterable 中的最小元素，或两个或更多参数中的最小对象。其他情况与 max 类似
`memoryview(object)`	返回 object 的“内存观察对象”，详见标准库手册
`next(iterator[, default])`	取得 iterable 的下一个元素（调用其__next__()方法）。如果没有下一元素，有 default 参数时就返回它，否则引发异常 StopIteration
`object()`	返回一个不包含任何属性的新对象
`oct(x)`	得到整数 x 的八进制表示字符串
`open(file, mode='r', buffering=-1, encoding=None, errors=None, newline=None, closefd=True,opener=None)`	打开文件 file，见 2.4 节
`ord(c)`	c 应该表示一个 Unicode 字符，得到其编码值（一个整数）
`pow(x, y[, z])`	返回 x 的 y 次幂。有参数 z 时结果取模 z
`print(*objects, sep=' ', end='\n', file=sys.stdout, flush=False)`	顺序输出各 object。其他参数必须用关键字参数。sep 表示输出项分隔符，end 表示输出终结符，file 指定输出位置（默认为标准输出），flush 说明是否强制刷新，默认为允许缓存
`property(fget=None, fset=None, fdel=None, doc=None)`	用于在类中定义一种性质属性对象，以方便地使用该类实例（通过访问实例的这个属性），见 5.3.2 节
`range(stop),range(start, stop[, step])`	生成一个 range 对象
`repr(object)`	返回 object 的一个可输出并可重新读入的字符串表示

续表

`reversed(seq)`	返回一个 iterable，其元素是序列 seq 的反序序列
`round(number[, ndigits])`	返回对 number 取整的近似值，默认为小数点之后 0 位，可以用 ndigits 指明要求的小数点之后的位数
`set([iterable])`	从 iterable 构造一个 set，默认返回空集
`setattr(object, name, value)`	给 object 的 name 属性赋值
`slice(stop), slice(start, stop[, step])`	求切片
`sorted(iterable[, key][, reverse])`	返回 iterable 的全部元素排序后得到的表。key 的作用与前面 max 的 key 参数类似，reverse 参数为真时做出反序的表
`staticmethod(function)`	返回对应于 function 的静态方法
`str(object=''),` `str(object=b'', encoding='utf-8', errors='strict')`	返回 object 的字符串表示
`sum(iterable[, start])`	求 iterable 的元素之和，可以用 start 指定开始位置
`super([type[, object-or-type]])`	返回一个代理对象，通过它把方法调用指派到基类
`tuple([iterable])`	构造一个元组
`type(object),type(name, bases, dict)`	用一个参数 object 调用时返回其类型。三个参数时构造一个类，name 作为类名，bases 为基类，dict 是类的名字空间（5.3.1 节）
`vars([object])`	无参时相当于 locals()，参数是模块、类或类实例时返回其属性
`zip(*iterables)`	要求若干个 iterable 参数，得到一个元素为元组的 iterable，每个元组由各参数 iterable 中相同位置的元素组成。用完最短的 iterable 时结束
`__import__(name, globals=None, locals=None, fromlist=(), level=0)`	完成文件导入，import 语句工作中就是调用这个函数。详情见 5.1.2 节和标准库手册

附录 C

IDLE 开发环境

本附录首先介绍 IDLE 的调试功能，而后列出 IDLE 的菜单命令。

C.1 调试功能

官方 Python 系统自带的开发环境 IDLE 提供了一套支持程序调试的功能，使用这些功能时，需要配合使用编辑窗口和与之关联的执行窗口。本附录介绍相关情况。

为理解 IDLE 的调试功能，先总结一下 Python 程序的执行。注意，各种定义语句（函数定义等）相当于赋值；导入模块相当于转去执行另一模块里的代码（可以是一部分），并在当前模块中建立约束（模块名或导入名字的约束）。程序执行的基本情况是：

- 一个个地执行当前模块中的语句；
- 执行函数调用时，解释器转去执行被调函数的体代码；
- 被调用函数的体执行结束时退出函数，返回原调用点之后继续。

在任何时刻，解释器或者正在执行位于某模块的一个表层语句，或者正在执行位于某函数里的一个语句。下面是与程序执行有关的一些重要情况。

- 每个函数都可以有局部变量，还可以访问其外围作用域里定义的（`nonlocal`）变量和全局变量。函数执行有一个名字空间（函数的活动记录）。函数被调用而启动时建立一个新名字空间，函数退出时抛弃这个名字空间。
- 在程序执行中的任何时刻，可能存在一串已经（被调用而）开始执行但尚未完成的函数调用，因此存在一串名字空间，每个名字空间对应一个函数调用活动。
- 这些名字空间和当时的函数调用关系保存在一个**运行栈**里。随着新的函数调用或正在执行的函数退出，运行栈里的名字空间也会增加或减少。
- 最后一个调用就是现在正处于执行中的函数，其名字空间记录位于当时的栈顶，称为当前名字空间（或当前活动记录）。

IDLE 为支持调试的提供了一套基本功能，最重要的就是支持用户查看当时存在的各个名字空间（活动记录），查看其中各个变量的取值（和变化）情况。

通过编辑窗口的 run 命令启动模块执行，默认方式是完整地执行当前模块的代码，直至其中所有代码执行完毕时回到交互状态，在执行窗口等待进一步输入。如果执行中出错，解释器将在输出错误信息后回到交互状态，同样等待输入。

IDLE 调试功能提供一组控制程序的执行过程的操作：

- **单步执行**，一步执行程序里的一个语句；
- 进入或完成一个函数调用，或一步完成一个函数调用；
- 在代码中设置**断点**，执行中遇到断点就暂停，等待检查或进一步命令；
- 在控制执行中任何时刻，或程序执行的暂停状态，都可以检查当前函数调用，以及所有尚未结束的函数的状态（当时局部变量、非局部变量和全局变量的取值情况）；
- 其他相关操作。

IDLE 的调试功能主要由执行窗口的菜单 Debug 提供。在菜单中勾选 Debugger 命令，使解释器进入**调试模式**，可以看到执行窗口中显示[DEBUG ON]。在此之后执行程序，程序以调试方式执行，就会启动调试器控制器窗口（见图 C.1）。关闭调试器窗口（或取消 Debug 菜单中 Debugger 勾选），就使系统退出调试模式。

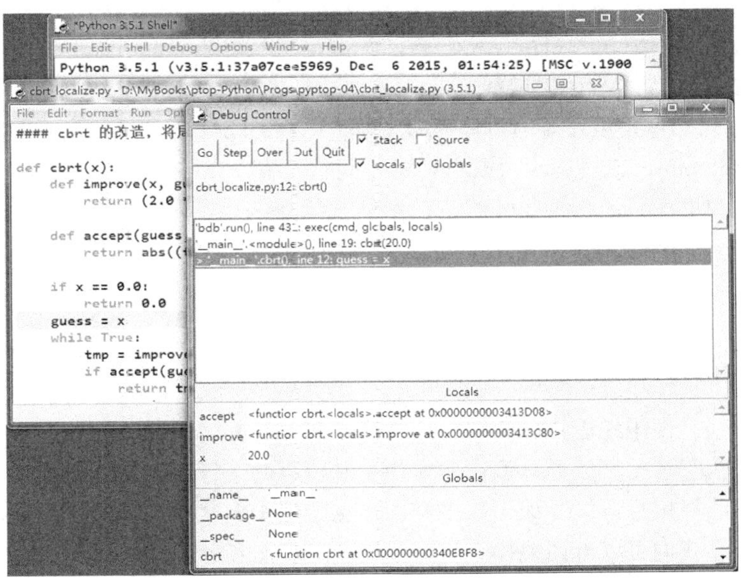

图 C.1 IDLE 的调试运行情况与控制窗口

菜单 Debug 里的 Stack Viewer 命令要求显示上次出错（前一次异常）时的运行栈。如果程序执行报错结束时点击这个选项就会弹出窗口，其中显示出错时的运行栈情况。如果勾选 Auto-open Stack Viewer 选项，程序运行出错时就会自动打开追踪窗口。

从图 C.1 可以看到，Debug Control（调试控制）窗口上部有几个复选框和命令按钮，下面有几个大块的矩形显示窗格。现说明一些情况。

- Stack 复选框要求显示调用栈，即窗口中最上的窗格。该窗格显示函数调用情况，从上到下一行一个调用，最下一行是当前执行的函数。图 C.1 中显示主程序执行到第 19 行调用 `cbrt(20.0)`，进入函数 `cbrt`，现在将要执行函数体里第 12 行的赋值语句。
- Locals 复选框要求显示局部名字空间，标着 Locals，窗格里显示当前函数的局部变量及其取值。图 C.1 中的 Locals 包含 3 个局部变量，`accept` 和 `improve` 是局部函数，变量（参数）`x` 的值是 20.0。再执行就会看到建立了另一局部变量 `guess`。
- Globals 复选框要求显示全局名字空间，默认为不选，如勾选就会增加一个窗格，标着 Globals，其中显示全局变量及其取值。在图 C.1 中的这个窗格里可以看到一些名字，前面都是 Python 系统和 IDLE 引进的，只有 `cbrt` 是我们程序定义的全局函数。
- Source 复选框要求在执行中反向追踪编辑窗口的源程序。如果勾选它，运行（Run）程序时就会看至源程序中有一行高亮，即为被执行的当前行。

调试器（Debugger）窗口上部有几个运行控制按钮：

- Go：要求持续程序运行，直至结束或遇到下一个断点；
- Step：要求运行一步（执行一个基本语句，遇到函数调用时进入函数）；
- Over：执行完一个函数调用（一直运行到被调函数执行完成并返回）；
- Out：执行到当前函数退出，执行到函数调用语句后的位置；
- Quit：立即结束本次调试运行。

在 IDLE 编辑器里可以设置（程序执行）断点（breakpoint）。鼠标位于某程序行时选右键菜单里 Set Breakpoint，该行即设为断点。可以同时设置任意多个断点，运行中可以随时设置/清除（用右键菜单的 Clear Breakpoint），包括调试运行中。如果设置了断点，无论以什么方式执行（如通过 Go、Over、Out 命令），执行到断点语句就会暂停。

执行暂停时，可点击调试器窗口的复选框要求显示各方面信息。如前所述，执行中每个时刻可能存在一串处于执行中的函数调用，它们的状态都是当前程序执行状态的一部分。点击运行栈中的函数调用行，相应函数的当前状态就会显示在 Locals 窗格里。

一般使用方法：在 IDLE 执行窗口中启动调试器，打开调试控制窗口。而后从编辑器或执行窗口启动程序执行，就可以通过调试器窗口控制程序的运行了。可以根据需要在源程序里设置必要的断点，选择执行方式。如果程序停在断点，点击调试器的某执行按钮，程序就会继续执行下去。这样，我们可以方便地检查执行中的全局状态和各函数的局部状态，以及状态变化情况。但如 Python 标准库文档所说，这个调试器还不完善。

C.2 菜单命令

下面列出 IDLE 开发环境的菜单命令并给出简单解释，括号里是快捷键名。有的菜单或命令只出现在某种窗口中，下面标出有关情况，其中[执行窗口]或[编辑窗口]标记说明命令只出现相应窗口，无标记命令在两种窗口都有且功能相同。

File 菜单（两种窗口）	
New file (Ctrl+N)	打开一个新编辑窗口
Open... (Ctrl+O)	通过 Open 对话框打开一个已有文件
Open Module... (Alt+M)	打开一个已有模块（查找路径 sys.path）
Recent Files	显示最近打开的文件列表，允许从中选择并打开文件
Class Browser (Alt+C)	[编辑窗口]以树形结构显示当前文件中的函数、类及其中方法；[执行窗口]首先弹出对话窗口要求被显示的文件名
Path Browser	以树形结构显示 sys.path 路径的目录、模块、函数、类及其方法
Save (Ctrl-S)	把内容存入关联文件，当时无关联文件时弹出对话框要求文件名
Save As ... (Ctrl+Shift+S)	弹出对话框指定文件后存入，该文件将成为关联文件
Save Copy As ... (Alt+Shift+S)	把窗口内容存入另一文件，不改变窗口的关联文件
Print Window (Ctrl+P)	把窗口内容送到打印机
Close (Alt+F4)	关闭本窗口
Exit (Ctrl-Q))	关闭所有已打开的窗口，退出 Python 系统

Edit 菜单（两种窗口）	
Undo (Ctrl+Z)	取消最后一次编辑操作，最多取消 1000 个操作
Redo (Ctrl+Shift+Z)	在窗口中重新执行最后一次取消的操作
Cut (Ctrl+X)	剪切
Copy (Ctrl+C)	复制
Paste (Ctrl+V)	粘贴
Select All (Ctrl+A)	选定窗口的全部内容
Find (Ctrl+F)	打开一个查找对话框，在窗口内容中查找
Find Again (Ctrl+G)	重复前一次查找
Find Selection (Ctrl+F3)	查找当前选择的串
Find in Files... (Alt+F3)	打开一个文件对话框，查找结果将显示在一个新窗口里
Replace... (Ctrl+H)	替换，打开一个查找和替换对话框
Go to Line (Alt+G)	把光标移到指定行，使该行可见
Show Completions (Ctrl+Space)	打开一个可滚动表，允许在其中选择关键字或属性

续表

Expand Word (Alt+/)	把当前输入的（单词）前缀扩展为当前窗口中某个完整单词，重复执行这个命令将给出另一个可能扩展
Show call tip (Ctrl+\)	键入函数调用的左括号后，执行本命令将打开一个小窗口，其中给出函数的参数提示
Show surrounding parens (Ctrl+0)	高亮显示当前光标位置的外围括号
Format 菜单（编辑窗口）	
Indent Region (Ctrl+])	把选定的行缩进一个单位（默认为 4 个空格）
Dedent Region (Ctrl+[)	把选定的行退回一个缩进单位
Comment Out Region (Alt+3)	在所选行前加“##”，将其变为注释
Uncomment Region (Alt+4)	删除所选行开头的一个或两个“#”
Tabify Region (Alt+5)	把每行开头的空格转为制表符（注：建议用 4 个空格实现缩进）
Untabify Region (Alt+6)	把所有制表符转为正确个数的空格
Toggle Tabs (Alt+T)	打开一个对话框，用于在空格和制表符之间切换
New Indent Width (Alt+U)	打开对话框修改缩进空格数，Python 社团建议用 4 个空格
Format Paragraph (Alt+Q)	格式化由空行界定的一个段落，把这段代码修改到每行至多 N 个字符，默认为每行的字符数为 72 个
Strip trailing whitespace	清除一行最后非空白字符之后的空格
Run 菜单（编辑窗口）	
Python Shell	打开一个（或唤醒现有的）执行窗口
Check Module (Alt+X)	检查正在编辑的模块的语法
Run Module (F5)	运行当前模块，print 和 input 的效果在执行窗口实现
Shell 菜单（执行窗口）	
View Last Restart	滚动执行窗口到它本次重新执行的开始位置
Restart Shell	从一个新环境重新开始执行解释器
Debug 菜单（执行窗口），参看前面介绍	
Options 菜单（两种窗口）	
Configure IDLE	显示设置窗口的一些选项
Code Context (toggle)[编辑窗口]	如勾选，将在编辑窗口上部打开一个小显示区，其中显示通过向上滚动已移出显示范围的代码的摘要

续表

Windows 菜单（两种窗口）	
Zoom Height (Alt+2)	在当前窗口高度与最大高度之间切换
菜单下部列出当前打开的所有窗口，可用于激活特定窗口	
Help 菜单（两种窗口）	
About IDLE	显示版本、版权等信息
IDLE Help	打开一个窗口，其中显示 IDLE 使用帮助
Python Docs (F1)	打开一个窗口，显示 Python 文档
Turtle Demo	运行 turtledemo 模块，包括 Python 代码和 turtle 绘图
修改 IDLE 配置，可能在这旦加入其他帮助菜单项	
上下文菜单（右键菜单）	
Cut/Copy/Paste	剪切、复制、粘贴
Set Breakpoint	在当前行设置断点
Clear Breakpoint	清除当前行的断点

C.3 键盘操作

Python 执行窗口和编辑窗口支持常规的键盘输入操作、光标移动操作和各种编辑操作。回车后输入光标根据缩进需要自动定位，Tab 键插入指定个数的空格。在一行开始没有非空格字符输入的状态下，Backspace 将光标回退一个缩进单位（如果本行有缩进）。

Python 执行窗口支持如下特殊键盘操作：

Ctrl+C	中断目前正在执行的命令（当程序正在执行中）
Ctrl+D	发一个 EOF（文件结束）信号，紧跟提示符“>>>”输入时关闭窗口
Alt+/	自动扩展已经部分输入的单词
Alt+P	提取与已有输入匹配的前一个命令，在 OS X 上用 Cmd+P
Alt+N	提取与已有输入匹配的下一个命令，在 OS X 上用 Cmd+N

附录 D

本书中使用的标准库包

Python 官方系统带有一个很大的标准库，目前提供了 300 多个程序包。本书中根据讨论情况用到一些标准库包，在此列出并给出简单的说明。

math 和 cmath	浮点数数学函数包和复数数学函数包（1.1.2 节）
time	与时间有关的一些功能，特别是 `time()` 返回当时运行时间（1.4.2 节）
random	与随机数和随机选择有关的一组函数（1.5.3 节、2.7.1 节）
array	提供了数组类型 `array`（2.2.4 节）
os	提供了与操作系统有关的操作，特别是一些文件和目录操作（2.4.2 节、5.1.3 节）
pickle	数据持久性功能（2.7.3 节）
datetime	实现了一些与日期和时间有关的类型和操作（4.2.1 节）
abc	抽象基类及相关功能，标准库定义的一些抽象基类（4.6.2 节、5.3.4 节）
sys	定义了一批系统服务和相关操作（2.7.1 节、5.1.1 节）
importlib	基本导入系统的实现，提供了一些与导入有关的操作（5.1.2 节）
os.path	实现了一批文件目录操作功能（5.1.3 节）
numbers	实现数值类型的抽象基类（5.3.4 节）
asyncio	定义了基本事件循环和与异步编程有关的许多其他机制（5.4.3 节、5.4.6 节）
types	定义了一些与内置类型有关的功能（5.4.3 节）

第三方程序包（安装和使用）

5.1.4 节介绍了第三方程序包的安装方法。第 5 章实例用到两个第三方程序包：

aiohttp	异步互联网功能包（5.4.6 节）
aiofiles	异步文件操作功能包（5.4.6 节）

推荐阅读书目

1．Mark Lutz 的两本书都非常厚，内容很多，特点之一是 2.X 版和 3.0 版的 Python 并重，有时一个问题说两遍，还有些对比。其中 *Learning Python* 主要介绍 Python 的特征和基本编程技术，主要采用演示性的例子，以 Python 特征为线索分章。*Programming Python* 侧重编程技术和应用，分为系统编程、GUI 编程、Internet 编程、工具和技术等几部分。

- Mark Lutz. Learning Python. 5th Edition. O'Reilly Media，2013 July.
  李军，等，译．Python 学习手册（第 4 版）．北京：机械工业出版社，2011.
- Mark Lutz. Programming Python. 4th Edition. O'Reilly Media，2011.
  邹晓，等，译．Python 编程（上下册）．北京：中国电力出版社，2015.

2．Python Cookbook 是一本分门别类的点单式问题解答、可供查阅的参考书。

- David Beazley and Brian K. Jones. Python Cookbook. Third edition. O'Reilly Media, June 2013.
  陈舸，译．Python Cookbook（第 3 版）中文版．北京：人民邮电出版社，2015.

3．下面两本书比较多地讨论了面向对象编程有关的一些问题。

- Dusty Phillips. Python 3 Object-oriented Programming, Second Edition: Building Robust and Maintainable Software with Object Oriented Design Patterns in Python. Packt Publishing, 2015.
  肖鹏，等，译．Python 3 面向对象编程．北京：电子工业出版社，2015.
- Steven F Lott. Mastering Object-oriented Python, Packt Publishing, 2014.
  张心韬，等，译．Python 面向对象编程指南．北京：人民邮电出版社，2016.

4．下面第一本书是“设计模式”领域的经典著作，第二本书专门讨论用 Python 实现各种设计模式的技术和应用。

- Erich Gamma, Richard Helm, Ralph Johnson, and John Vlissides. Design Patterns: Elements of Reusable Object-Oriented Software. Addison-Wesley. 1 edition, 1994.
  李英军，等，译．设计模式：可复用面向对象软件的基础．北京：机械工业出版社，2004.

- Chetan Giridhar. Learning Python Design Patterns - Second Edition. Packt Publishing. 2016 February.

  韩波，译．Python 设计模式第 2 版．北京：人民邮电出版社，2017．

除了这些，市面上还可以找到不少将 Python 用于具体应用领域的或讨论具体应用技术的著作，例如数据处理、互联网应用、机器学习、科学计算、游戏、机器人、生物信息学、量化投资交易、自然语言处理、系统管理、仪器管理、GUI、可视化等，以及专门针对一些 Python 应用编程框架的图书等，还有很多学习 Python 的基础图书。